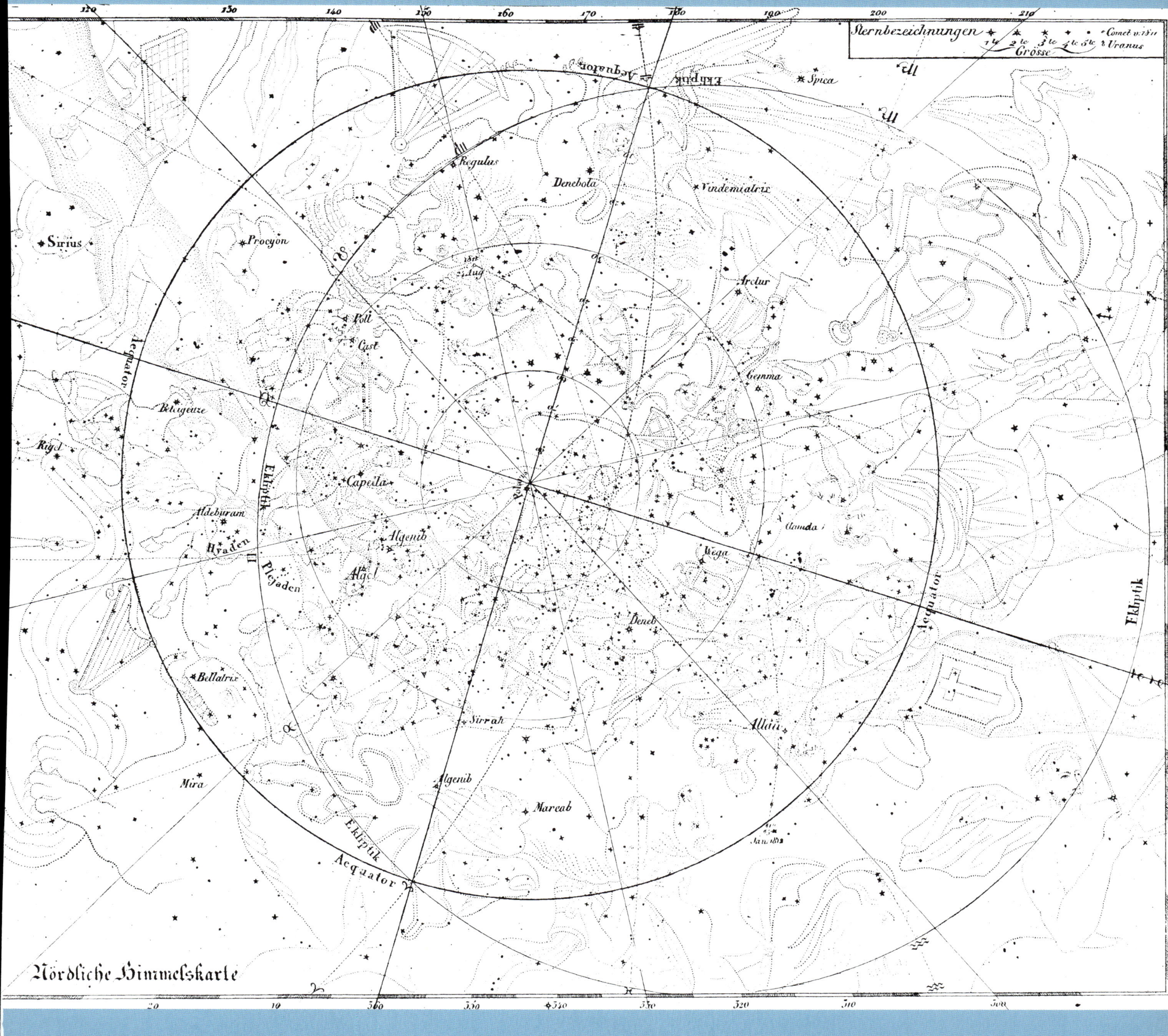
Sternbezeichnungen
1te 2te 3te 4te 5te Grösse
Comet v. 1811
Uranus
Spica
Regulus
Denebola
Vindemiatrix
Sirius
Procyon
Arctur
Poll
Cast
Gemma
Beteigeuze
Rigel
Capella
Aldebaram
Hyaden
Plejaden
Algenib
Algol
Vega
Deneb
Bellatrix
Sirrah
Atair
Mira
Algenib
Marcab
Ekliptik
Aequator
Polus
Nördliche Himmelskarte

Die Sonnenuhr macht die Zeit messbar

Mesopotamien

Seit Beginn der Menschheit stand die Sonne als Leben spendende Gottheit im Mittelpunkt vieler Kulturen. Als die Astronomen erkannt hatten, dass der Stand des wichtigen Gestirns zur Erde variierte, waren sie plötzlich in der Lage, eine bislang ungelöste Frage anzugehen: die Zeit zu messen.

4000 v. Chr.

UM 4000 V. CHR.

- Ab 4000 v. Chr.: Die Ägypter setzen auf dem Nil Segelschiffe ein.
- Um 4000 v. Chr.: Die Mesopotamier beginnen mit der Glasmacherei.
- Ab dem 4. Jahrtausend v. Chr. führen die Phönizier Zahnbehandlungen durch. Die älteste Überlieferung berichtet von Schneidezähnen, die mit Golddraht an den daneben liegenden Zähnen fixiert werden.

△ **Die Zeitmessung mithilfe des Sonnenstandes funktioniert auch heute noch nach dem gleichen Prinzip.**

Bevor die Menschen die Zeit messen konnten, bestimmten Sonnenaufgang und Sonnenuntergang den Wechsel von Arbeit und Ruhe. Um den richtigen Zeitpunkt für Saat und Ernte zu finden, orientierten sie sich an wiederkehrenden Naturerscheinungen oder bestimmten Sternen. Darüber hinaus gab es keine allgemein verbindlichen Anhaltspunkte, um die Spanne zwischen Morgen und Abend zu strukturieren. Ein grobes Hilfsmittel war die Position, welche die Sonne im Laufe des Tages im Verhältnis zu markanten Stellen der Landschaft einnahm. Aber anders als den Mond, nach dessen Phasen man bereits Kalender aufgestellt hatte, konnte man die hell strahlende Sonne nicht direkt beobachten. Eher zufällig machten die Mesopotamier 4000 v. Chr. eine Beobachtung, die ihnen zeigte, wie sich der Sonnenstand im Tagesverlauf änderte: Der Schatten eines Obelisken wanderte in dieser Zeitspanne gleichmäßig um die Säule herum. Bei Sonnenaufgang wies der Schatten nach Westen, mittags nach Norden, abends nach Osten. Morgens und abends war er länger als zur Mittagszeit.

Nach diesem Vorbild konstruierten Mesopotamier und Babylonier die ersten Sonnenuhren: Auf einer horizontalen Platte befestigten sie einen senkrechten Schattenstab (Gnomon). Seine Schattenspitze wanderte an auf der Platte markierten Linien entlang. Nach dem Sexagesimalsystem – die Zahlen 6, 24 und 600 hatten eine besondere Bedeutung – teilten die Babylonier einen Sonnenlauf und damit einen Tag in 24 Stunden zu 60 Minuten. Die Sonnenuhr veränderte den Alltag der Menschen zutiefst: Erstmals konnten sie Zeitangaben präzisieren und Verabredungen treffen. Zunächst ging das aber nur regional begrenzt, denn man zählte in Temporalstunden: Unabhängig von der unterschiedlichen Tageslänge im Jahreslauf war die Stunde stets der 24. Teil der Spanne zwischen den Sonnenaufgängen und damit verschieden lang. Die Sonnenuhr misst also die wahre Ortszeit.

Die Ägypter übertrugen die babylonische Methode auf handlichere Modelle. Erhalten ist das Fragment einer tragbaren ägyptischen Sonnenuhr um 1500 v. Chr. Die Längsseite dieses gewinkelten Bretts weist sechs Markierungen zur Messung der Schattenlänge auf. Anhand einer Tabelle konnte man diese in jeweils für einen Monat und eine bestimmte geografische Breite gültige Zeit umrechnen.

Griechen und Römer bauten ihre Zeitmessgeräte auf Grundlage der Hohlsonnenuhr, die vermutlich der babylonische Astronom Berosos um 300 v. Chr. entwickelt hatte. Bei diesen so genannten Skaphen befand sich der Schattenwerfer im Innern einer halbkugelförmigen Schale. Aufschluss über Zeit und Datum gab ein Liniensystem aus Stundenlinien und Tagbögen. Auch die Sonnenhöhe und die geografische Breite (Polhöhe) ließen sich bestimmen. Mit der Erfindung der mechanischen Uhr im 14. Jahrhundert verlor die Sonnenuhr allmählich an Bedeutung. Ohne sie wäre es der Menschheit jedoch nicht gelungen, wichtige Tätigkeiten planbar zu machen und so eine wichtige Grundlage für die Kommunikation und den Handel zu schaffen.

Die Sonne stand am Beginn der Zeitmessung – diese Sonnenuhr in einem Kirchenfenster aus der frühen Neuzeit verweist noch nach Jahrtausenden darauf.

·1·5·5·3·
M
8 16
9 15
10 14
11 13
20 20
13 11
14 10
tag 15 9 nacht
16 8
1 12 11

Brückenbau - Flüsse und Schluchten werden passierbar

Menschen aller Kulturkreise

4000 v. Chr.

UM 4000 V. CHR.

- Ab 4000 v. Chr.: Auf der Insel Malta entstehen verschiedene Tempelanlagen.
- Um 4000 v. Chr.: Die Mesopotamier bauen ihre Häuser mit gebrannten Tonziegeln.
- Um 3800 v. Chr.: Die ersten befestigten Siedlungen Westeuropas entstehen.

Brücken bringen Personen und Waren sicher über breite Ströme und tiefe Schluchten. Alexander der Große hätte Indien ohne diese Konstruktionen nie erreicht. Der römische Kaiser Trajan wäre ohne sie niemals nach Dakien gekommen, mit dessen Eroberung das Römische Reich seine größte Ausdehnung erfuhr.

Bevor sie Brücken kannten, suchten sich die Menschen seichte Stellen, so genannte Furten, um breite Flüsse zu überqueren. Mit Opfergaben wollten sie das unberechenbare Wasser zusätzlich besänftigen. Denn es war stets gefährlich, die Fluten zu passieren. Doch auch der Bau einer Brücke, ein aus Holz, Stein oder Pflanzenfasern gebauter Übergang, stellte die vorgeschichtlichen Menschen vor Probleme: Eine solche Konstruktion musste das Gewicht von mehreren Menschen und Fuhrwerken aushalten. Außerdem durfte Hochwasser sie nicht zerstören oder unbegehbar machen.

Die einfachste Form der Brücke ist die Balkenbrücke: Ein Balken aus Holz oder auch Stein überquert ein schmales Gewässer oder einen Abgrund. Wann und wo diese ersten Konstruktionen nach dem »Bauklötzchenprinzip« erstmalig zu finden waren, ist unklar. Wahrscheinlich wurden sie an verschiedenen Orten und zu allen Zeiten immer wieder errichtet. Schon die neolithischen Menschen errichteten Häuser als Pfahlbauten an Flüssen oder Seen. Möglicherweise ging die Idee der Brückenkonstruktion – eine auf Pfeilern liegende Platte – von dieser Tradition aus. Die hochwertigsten Holzpfahlbrücken bauten die Römer. Die eisernen Pfahlschuhe ihrer Brückenfundamente sind teilweise noch heute erhalten.

△ **Bereits die Ureinwohner des afrikanischen Regenwaldes beherrschten den Bau komplexer Hängebrücken aus einfachsten Materialien.**

Die ältesten nachweisbaren Steinbrücken stammen aus Babylon und Ägypten, sie datieren in die Zeit um 4000 v. Chr. Auf senkrechten Stützen liegt waagrecht eine Steinplatte, manchmal auch ein massiver Steinblock. Die Baumeister dieser ersten Brücken verließen sich dabei wohl auf ihre Erfahrung, über Statik wussten sie noch wenig. Die spätere Kragbogenbrücke wies bereits einen Bogen auf: Er setzte sich aus gestapelten, immer weiter vorragenden Steinblöcken zusammen, die sich gegenseitig stützten. Die Römer perfektionierten diese ursprünglich von den Etruskern entwickelte Bauweise. Um eine reibungslose militärische und zivile Verwaltung ihrer Provinzen zu garantieren, benötigten sie ein gut ausgebautes Wegenetz. Sie konstruierten Halbkreisbogen von erstaunlichen Spannweiten wie etwa die Brücke über den spanischen Fluss Tajo Anfang des 2. Jahrhunderts n. Chr.

Ein weiteres Grundbedürfnis der Römer erklärt ihre Spezialisierung auf dem Gebiet des Brückenbaus: Sie brauchten Unmengen von Wasser, um damit Thermen, Privathaushalte und Abwassersysteme zu versorgen. Um das Wasser zu transportieren, bauten sie steinerne Leitungen auf kilometerlangen Brückenkonstruktionen – die Aquädukte. Die Römer waren die Ersten, die den Brückenbau genau planten. Sie vermaßen das Gelände, verwendeten normierte Steinblöcke und berechneten Größe und Winkel der Keilsteine. Doch schon das europäische Mittelalter hatte keine Verwendung mehr für die Aquädukte. Das Prinzip der Steinbrücke blieb erhalten, die Wasserbrücken aber verfielen mit der antiken Lebensart.

Das Prinzip der Steinbrücke im Halbkreisbogen geht auf die Antike zurück.

Fig. 12

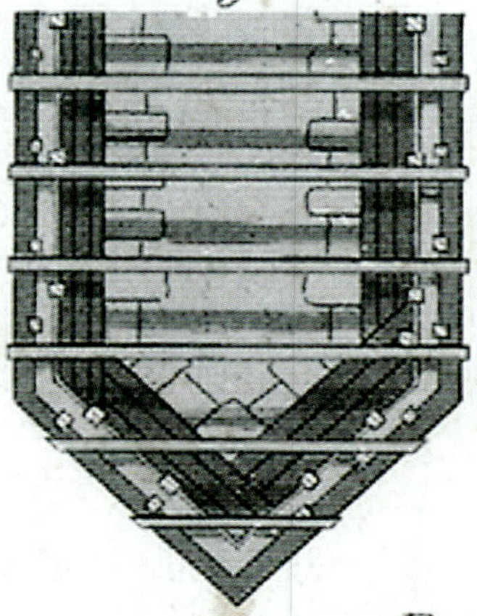

Fig. 11

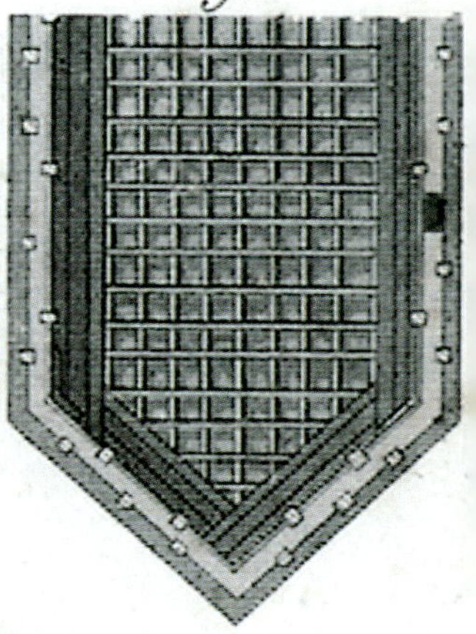

Fig. 8

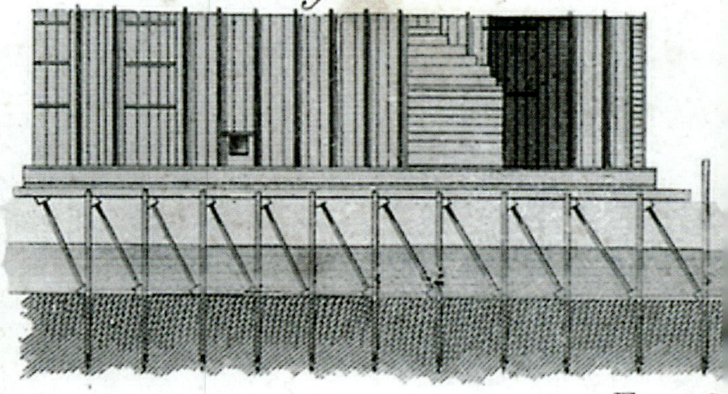

Fig. 10

Fig. 14 a

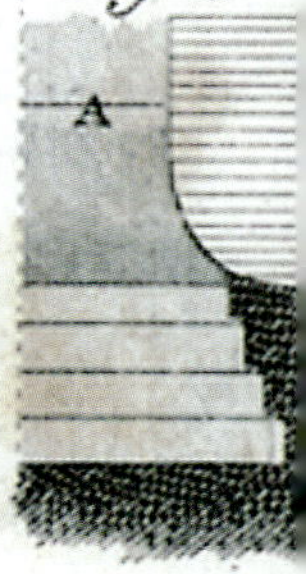

Fig. 14

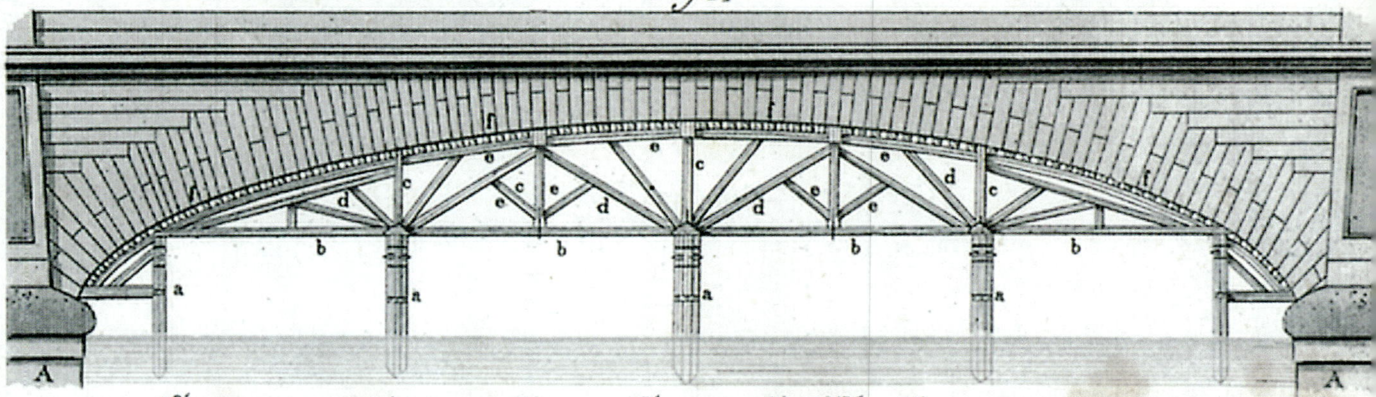

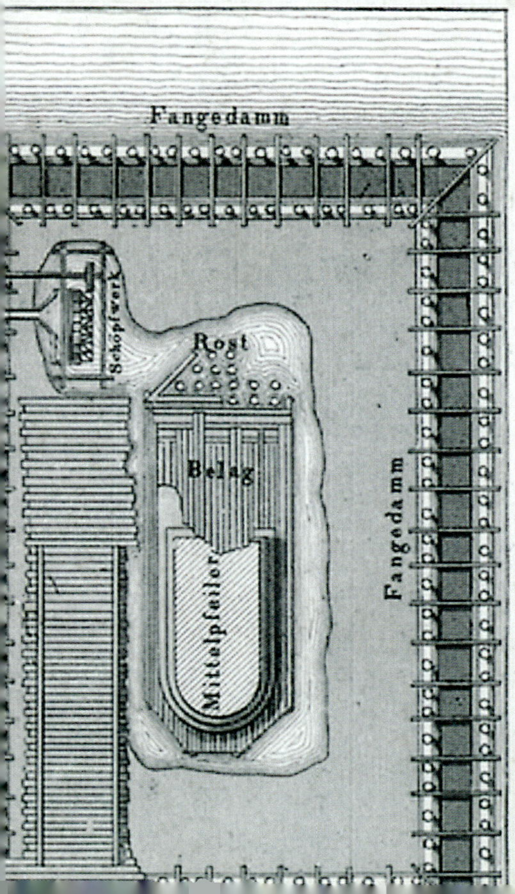

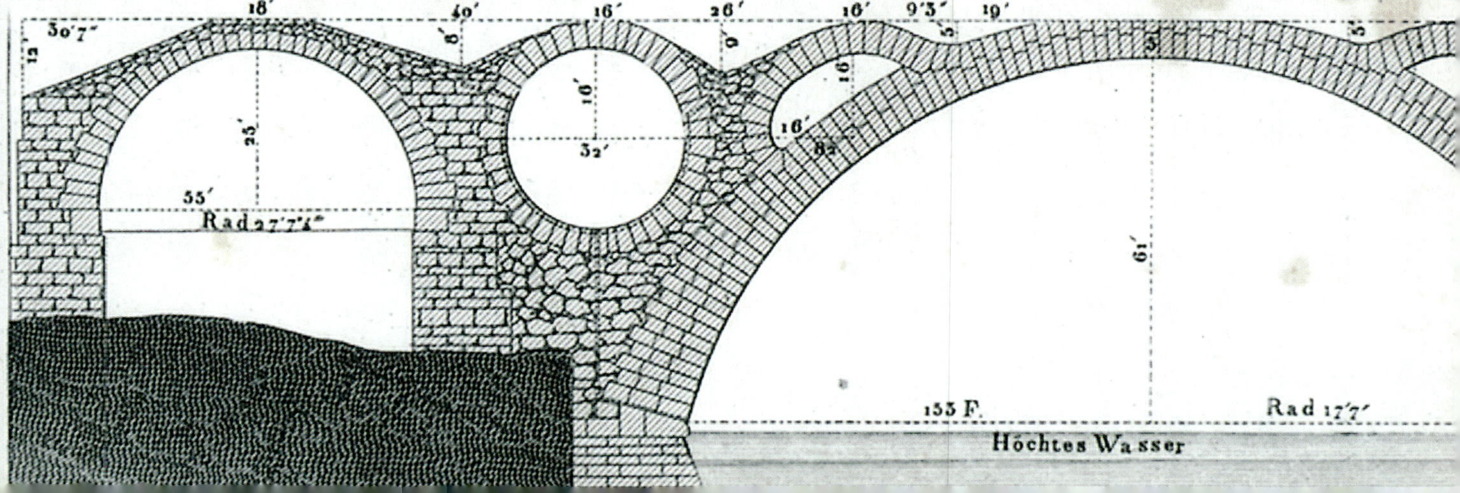

Megalithen – Monumente der Jungsteinzeit

West- und Nordeuropa

4000 v. Chr.

UM 4000 V. CHR.

- Ab 3400 v. Chr.: In Ägypten entstehen die ersten von Mauern umgebenen Ansiedlungen.
- Ab 3200 v. Chr.: Die Menschen Mittel- und Südamerikas beginnen mit dem Anbau von Mais.
- Um 3000 v. Chr.: Bauherren im heutigen Peru konstruieren die ersten Häuser mit Balkon.

Kaum ein vorgeschichtliches Monument Europas hat über Jahrhunderte hinweg die Fantasie der Menschen so angeregt wie die Megalithbauten. Die Steinkreise von Stonehenge in Südengland sind das berühmteste Beispiel dafür. Entgegen früherer Annahmen scheinen sie aber nicht als astronomische Observatorien, sondern als Stätten des Ahnen- und Totenkultes gedient zu haben.

Vor allem entlang der Küsten West- und Nordeuropas sowie der Britischen Inseln sind auch heute noch erstaunliche prähistorische Monumente zu bewundern – die Megalithbauten. Der Name kommt aus dem Griechischen und bedeutet »Großer Stein«. Er weist bereits auf die Ausmaße der verwendeten Steinblöcke hin. Ab dem Übergang vom Jungneolithikum zur Kupferzeit (4000–2500 v. Chr.) entstanden verschiedenste Varianten dieser kolossalen Kultstätten. Doch welchem Zweck dienten sie?

△ Berühmtestes Beispiel prähistorischer Megalithbauten: die Steinkreise von Stonehenge.

Die Suche nach den Menschen, die diese Bauwerke unter enormer Kraftanstrengung ohne Transportmittel oder Kenntnis des Rades errichteten, führt zu den ersten sesshaften europäischen Ackerbauern. Sie bestellten Felder und hielten sich Haustiere. Obwohl die Dorfgemeinschaften meist nur für eine Saison bestanden, waren ihre Kultplätze, die Megalithmonumente, sehr dauerhaft eingerichtet. Oft in der Mitte mehrerer solcher Dörfer gelegen dienten sie den Bewohnern als Treffpunkt und zentraler Ort für ihre Rituale.

Insbesondere das vergleichsweise spät (um 2000 v. Chr.) errichtete Kreismonument von Stonehenge animierte Archäologen zu der These, alle Megalithbauten hätten als Himmelsobservatorien gedient. Das trifft wahrscheinlich nur auf wenige Monumente zu. Der Versuch, Parallelen zu den in der Astronomie geübten Kulturen des Vorderen Orients – wie den Babyloniern oder Ägyptern – zu ziehen, führt ins Leere. Auch die Annahme, Reisende aus diesen Gebieten hätten die Megalithe gebaut, lässt sich nicht bestätigen. Eine Analyse der jeweiligen Entstehungszeit ergibt, dass viele der nordeuropäischen Megalithbauten älter sind als etwa die ägyptischen Pyramiden oder die gerne zum Vergleich herangezogenen Schachtgräber von Mykene. Es handelt sich bei den Megalithbauten also höchstwahrscheinlich um rein europäische Erscheinungen, die an verschiedenen Orten mehr oder weniger gleichzeitig entstanden.

Die Frage nach dem Zweck findet sich also wohl in den Steinkreisen selbst. In einigen finden sich geringe Reste verbrannter menschlicher Knochen. Denkbar wäre also eine Nutzung als zentraler Verbrennungsplatz, wie er später in römischer Zeit auf vielen Brandgräberfeldern existierte. Die zu den Megalithmonumenten gehörenden Grabstellen liegen – wie auch im Fall von Stonehenge – in weiterem Umkreis um das Monument gestaffelt. Das Geheimnis dieser mystischen Orte bleibt trotz dieser neuen Erkenntnisse bestehen.

Megalithbauten finden sich über ganz Europa verteilt. Womöglich handelt es sich um Stätten des Ahnen- und Totenkultes.

Die Töpferscheibe treibt die Tonwarenproduktion voran

Mesopotamien

3500 v. Chr.

UM 3500 V. CHR.

- Um 3500 v. Chr.: Die Sumerer entwickeln die erste städtische Zivilisation.
- Ab 3500 v. Chr.: Die ägyptischen Glasmacher geben Pottasche, Salz oder Soda zu Quarzsand. So senken sie seinen Schmelzpunkt beim Glasherstellen.
- Um 3000 v. Chr.: In Ägypten werden erstmals Kerzen verwendet.

△ Diese prähistorische Tonschale wurde auf einer Unterlegplatte mit der Hand geformt – ein aufwändiges Verfahren, mit dem nur geringe Stückzahlen hergestellt werden konnten.

Die Töpferscheibe ist eine jener Erfindungen aus vorgeschichtlicher Zeit, die ihren Einfluss auf das tägliche Leben über Jahrhunderte hinweg behaupten konnte. Zusammen mit dem schnurgetriebenen Bohrer ist sie das älteste mechanisierte Handwerksgerät des Menschen.

Die frühesten keramischen Produkte entstanden in der Altsteinzeit um 30 000 v. Chr. Es handelt sich dabei nicht um Gefäße, sondern um ungebrannte Tonfiguren und Reliefs, die häufig in kultischem Zusammenhang standen und sowohl Jagdbeute als auch erste Abbilder von Gottheiten und Menschen darstellten. Den Künstlern gerieten einige dieser Statuetten möglicherweise zufällig ins Feuer – so entdeckten sie einen Weg, Tonobjekte durch Hitze haltbar zu machen. Der erste Schritt zur Entwicklung der Keramiktechnologie war damit getan.

Doch nutzten die Menschen das Material nicht nur für Kultgegenstände, sondern auch für Dinge des täglichen Gebrauchs, etwa für Töpfe, Krüge und Geschirr. Die frühesten erhaltenen Tongefäße wurden in Japan gefunden, sie stammen aus dem 11. Jahrtausend v. Chr. Erst 3000 Jahre später tauchen Tongefäße in Mesopotamien auf, bald darauf auch in allen anderen steinzeitlichen Kulturen. All diese Gefäße bauten die Töpfer ohne Verwendung einer Drehscheibe auf einer Unterlegplatte per Hand auf. Anschließend wurde das Tongut getrocknet und gebrannt. Diese archaische Technik praktizieren einige Kulturen bis heute. Doch das grundlegende Problem blieb, dass Tonwaren nur in geringer Stückzahl und sehr zeitaufwändig hergestellt werden konnten.

Um die Mitte des 4. Jahrtausends v. Chr. erfanden die Töpfer schließlich das Instrument, das die Massenproduktion von Keramik möglich machen sollte: die Töpferscheibe. Dabei legt der Handwerker den Ton auf eine rotierende Scheibe und formt so schnell und einfach gleichmäßige Gefäße. Der früheste archäologische Nachweis für Drehscheibenware führt uns nach Mesopotamien. Es sind die Gefäße der dortigen Uruk-Warka-Kultur (mittleres 4. Jahrtausend v. Chr.). Von Mesopotamien aus verbreitete sich diese neue Technologie über Kreta nach Griechenland und von dort bis in den westlichen Mittelmeerraum. In Asien stammen die frühesten Nachweise aus der Longshankultur (ca. 2700–1900 v. Chr.) Chinas.

Die heute bekannte Töpferscheibe ist zunächst eine Weiterentwicklung der unzentrierten Scheibe, dann des einfachen, nur auf einem Zapfen laufenden Drehtellers. Erst als die immer höheren Drehgeschwindigkeiten eine stabilere Achse erforderten, wurde eine fest im Boden verankerte Achse eingeführt. Als Antrieb der frühen Töpferscheiben waren der Handantrieb, der Anschub durch Gehilfen, der Riemenzug oder der Stabantrieb bekannt, wobei in letztgenanntem Fall häufig Speichenräder statt der Scheiben verwendet wurden. Die Töpferscheibe mit Fußantrieb ist eine ptolemäische Erfindung aus den letzten vorchristlichen Jahrhunderten. Diese aufgrund ihrer Konstruktion auch Blockscheibe genannte Töpferscheibe blieb bis zur Einführung der fabrikmäßigen Serienproduktion im 19. Jahrhundert in Gebrauch. Die großen Vorteile der Blockscheibe waren ihr ruhiger Lauf und ihre überdurchschnittlich lange Drehzeit.

Mit der Töpferscheibe wurde die Massenproduktion von Keramik möglich. Bis in die heutige Zeit funktioniert sie nach dem gleichen Prinzip.

Geschichte der Astronomie: Wunsch und Wirklichkeit

Der Blick in den Himmel

Der Sternenhimmel faszinierte die Menschen von alters her. Doch er warf auch Fragen über Fragen auf. Wie weit sind die sichtbaren Planeten von der Erde entfernt? Wie groß ist das Universum? Wo endet das Weltall? Wie entstand die Erde entstanden? Den brennenden Wunsch, das Unfassbare zu durchschauen, hegten bereits die Gelehrten der alten Hochkulturen in Ägypten, Babylon und China 3000 Jahre vor Christi Geburt. Intensiv setzten sie sich also mit der geheimnisumwitterten Entstehungsgeschichte des Kosmos auseinander. Da sie den Himmel ausdauernd und systematisch beobachteten, waren jene Sternforscher schon imstande, besondere Ereignisse wie Sonnen- oder Mondfinsternisse und Planetenbewegungen vorauszuberechnen. Die Astronomie diente aber damals in erster Linie der kalendarischen Zeitbestimmung – so wussten zum Beispiel die Bauern sehr genau, wann es Zeit zum Säen und zum Ernten war.

Die Mitte des Universums

Bei der Kernfrage, welcher Punkt im Weltraum als Zentrum des Universums anzusehen sei, veränderten sich die Ansichten im Laufe der Geschichte grundlegend. Lange Zeit gingen die Astronomen davon aus, dass die Erde den Mittelpunkt allen Seins bilde. Im Altertum herrschte in der Bevölkerung die Meinung vor, dass die Erde die Form einer Scheibe habe und im Weltenmeer ruhe. Die Astronomen der Antike wussten jedoch bereits, dass die Erde die Gestalt einer Kugel hat und sich um die eigene Achse dreht. Für die Menschen von damals stand dennoch unverrückbar fest, dass die Erde der Nabel der Welt sei. Eine Idee des Aristarchos von Samos (310–230 v. Chr.) erschütterte dann das geozentrische Weltgefüge: Der griechische Astronom schlug damals schon vor, die Sonne stehe im Zentrum des Kosmos. Dieser neue Denkansatz konnte sich aber fast 2000 Jahre lang nicht durchsetzen.

Vielmehr hat der alexandrinische Gelehrte Claudius Ptolemäus (um 90–um 160) die altertümliche Sicht der Erde als Mittelpunkt des Weltalls nachhaltig verfestigt. Erst gegen Ende des Mittelalters setzte der Arzt und Astronom Nikolaus Kopernikus (1473–1543) einen wichtigen Meilenstein in der Entwicklung der Astronomie: Er erklärte die Sonne zum Mittelpunkt aller Planetenbewegungen. Sein geradezu revolutionärer Denkansatz sorgte für heftigen Aufruhr in religiösen und philosophischen Kreisen, die sich weiterhin mit aller Kraft gegen eine solche Idee wehrten. Selbst 100 Jahre später wurde der Astronom Giordano Bruno (1543–1600) noch angeklagt und auf dem Scheiterhaufen verbrannt, weil er die Lehre des Kopernikus vertrat.

Nikolaus Kopernikus (1473-1543)

Die Sonne rückt ins Zentrum

Neue Einsichten in die himmlischen Sphären gewährte schließlich die Erfindung des Fernrohrs (1608) und des Teleskops (1610). Der Astronom Galileo Galilei (1564–1642) hatte von diesen Erfindungen gehört, die Idee nachgebaut und damit Sonnenflecken, Mondgebirge und Jupitermonde ausfindig gemacht. Mit der Entdeckung der Jupitermonde war die Sensation perfekt: Ihre bloße Existenz erschütterte die Sonderstellung der Erde als Zentrum des Universums: Wenn sich alle Himmelskörper um die Erde drehen sollten, durfte der Jupiter keine um ihn kreisenden Monde besitzen!

Es dauerte aber noch Jahre, ehe diese Erkenntnis allgemein Anerkennung fand. Schuld daran waren die Inquisitoren der katholischen Kirche. Sie wollten die Erde als Mittelpunkt des Weltalls nicht aufgeben und machten Galileo mundtot: Sie zwangen den Wissenschaftler unter Androhung der Folter, seinen Lehren abzu-

Galileio Galilei (1564-1642)

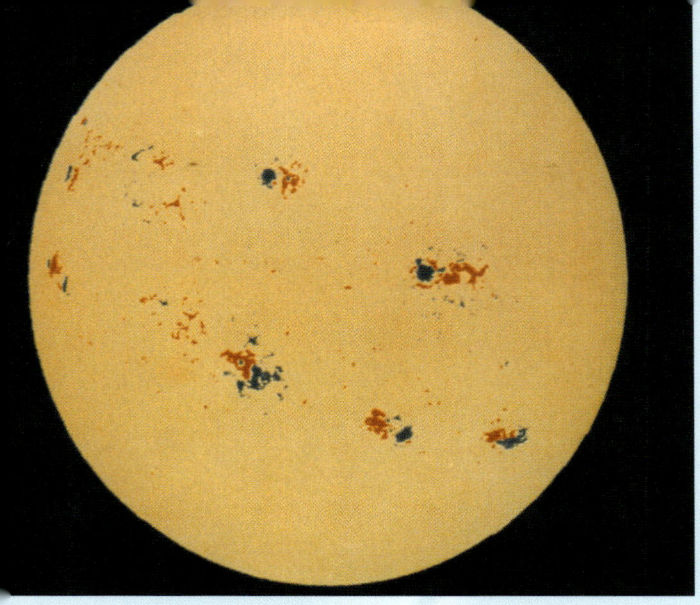

Bei seinen Himmelsbeobachtungen mit einem der ersten Fernrohre entdeckte Galilei die Sonnenflecken.

schwören. Es dauerte übrigens bis 1992, ehe Galileo offiziell rehabilitiert wurde. Doch trotzdem er widerrufen hatte, zweifelte der Astronom nicht im Geringsten an der Richtigkeit seiner Idee. Ihm war klar, dass sich nur der Mond um die Erde bewegt, die Erde aber um die Sonne.

Der Gelehrte und Zeitgenosse Galileis, Johannes Kepler (1571–1630), machte ebenfalls eine Schlüsselerkenntnis, die bis heute Gültigkeit hat: Kepler hat als Erster herausgefunden, dass sich die Planeten auf einer Ellipsenbahn um die Sonne bewegen, nicht wie jahrtausendelang angenommen auf einer Kreisbahn. Wenig später setzte Isaac Newton (1643–1727) einen weiteren Meilenstein in der Geschichte der Astronomie: Er fand heraus, warum sich die Planeten um die Sonne bewegen. Seine Erkenntnis, dass Massen die Eigenschaft haben, sich gegenseitig anzuziehen – die Gravitation – erklärte das Phänomen. Die Anziehungskräfte sind nämlich umso stärker, je größer die Masse ist. Und alleine wegen ihrer großen Masse und der entsprechend großen Anziehungskraft beherrscht die Sonne das gesamte System. Immerhin vereint sie insgesamt 99,87 Prozent der Masse aller Himmelskörper im Sonnensystem in sich.

Isaac Newton (1643-1727)

Neue Welten tun sich auf

Die Astronomen des 17. Jahrhunderts hatten mit ihren Teleskopen bereits in neue Galaxien geblickt – allerdings ohne sich dessen bewusst zu sein. Sie machten nebelartige Erscheinungen am Himmel aus, die sie nicht näher zuordnen konnten. Erst im darauf folgenden Jahrhundert präsentierte der deutsche Philosoph Immanuel Kant (1724–1804) eine mögliche Deutung dieser Nebel: Er ging davon aus, dass es im Universum unzählige andere, der Milchstraße ähnliche Sternsysteme gebe, die als Nebel zu sehen sind. Letztlich blickten die Astronomen aber mehr als 300 Jahre lang zu den Nebelgebilden im Weltall empor, ehe sie auch tatsächlich beweisen konnten, dass unsere Milchstraßengalaxie nur eine von vielen ist. Zu dieser Einsicht gelangten die Forscher erst mit den riesigen Spiegelteleskopen, die ihnen seit Anfang des 20. Jahrhunderts zur Verfügung stehen. 1917 gelang es, damit einige Nebel im Weltall zu erklären, die auf weitere Sternsysteme schließen ließen.

Wie entstand der Kosmos?

Der US-Astronom Edwin Powell Hubble (1889–1953) machte eine revolutionäre Entdeckung, die später sogar die Entstehung des gesamten Weltalls erklären sollte. Er legte mit seinen Ideen den Grundstein für die Urknalltheorie, indem er erklärte, dass das Universum kein statisches System ist, sondern sich dynamisch ausdehnt. Verfolgt man diesen Prozess zu seinem Ursprung zurück, gelangt man sowohl zum zeitlichen als auch zum räumlichen Ausgangspunkt für die Entstehung des Kosmos – die Idee des Urknalls ist geboren.

Spezielle im Weltraum installierte Teleskope ermöglichen den heutigen Astronomen ungeahnte Einblicke in unser Universum.

Die Astronomen des 20. Jahrhunderts erzielten also phänomenale Erkenntnisse und landeten sogar auf dem nächstgelegenen Planeten, dem Mond. Dennoch tasteten sie sich damit erst einen winzigen Schritt näher an die Unendlichkeit des Kosmos heran: Im Vergleich zur gesamten Dimension des Weltalls ist der Weg zum Mond mit knapp 400 000 Kilometern verschwindend kurz. Die meisten anderen Himmelskörper, die wir als funkelnde Sterne wahrnehmen, sind derart weit von der Erde entfernt, dass ihr Licht Milliarden von Jahren unterwegs ist, ehe es unser Auge erreicht. Bei der Erkundung des Weltalls klafft also immer noch eine Riesenlücke zwischen dem Wunsch der Menschheit, alles darüber zu wissen, und der Tatsache, dass dies unmöglich ist. Obwohl die Astronomie eine der ältesten Naturwissenschaften der Welt ist, birgt das Universum selbst nach Jahrtausenden der Forschung immer noch unendlich viele Geheimnisse in sich.

Papier – Die Basis jeder Bürokratie

Ägypten

3500 v. Chr.

UM 3500 V. CHR.

- Um 3500 v. Chr.: Die Mesopotamier verwenden Nägel, um Holzteile zu verbinden.
- Um 3000 v. Chr.: Die Ägypter fertigen Spiegel aus poliertem Kupfer.
- Um 3000 v. Chr.: Die Nubier beginnen mit dem Kupfer- und Goldbergbau.

Ein Staat kann nur richtig verwaltet werden, wenn er eine Bürokratie aufbaut – und diese muss Schriftstücke und Dokumente anfertigen. So wurde das Papier in einem großen und verwaltungstechnisch aufwändigen Reich erfunden: im alten Ägypten.

Direkter Vorläufer des Papiers war der seit ungefähr 3500 v. Chr. aus Schilfgras (Cyperus papyrus) hergestellte Papyrus. Da die Sumpfpflanze ausschließlich im Nildelta wuchs, wurde Papyrus hauptsächlich in Ägypten produziert. Man schnitt das weiche Mark der geschälten Pflanzenstängel in dünne Streifen, wässerte sie und walzte sie flach.

Papyprus wurde in Ägypten seit 2700 v. Chr. zum Beschriften genutzt. König Eumenes II. aus Pergamon in Kleinasien (197–159 v. Chr.) gelang im 2. Jahrhundert v. Chr. die verfeinerte Herstellung von Pergament aus bearbeiteten Häuten von Kalb, Rind, Schaf oder Ziege. Dieses neue Material verdrängte den Papyrus ganz allmählich und fand bis ins Mittelalter hinein Verwendung.

Die Wiege der modernen Papierherstellung liegt jedoch in China. Um 105 n. Chr. fertigte der kaiserliche Verwalter Tsai Lun aus der Provinz Hunan ein Schreibblatt, indem er gekochte Maulbeerbaumrinde, Hanf und alte Fischernetze zerkleinerte und im Wasser zerstampfte. Mit Bambusmatten schöpfte er dann die Faserschnitzel ab und legte sie auf flachen Steinen zum Trocknen aus – damit hatte er erstmals »Papier« geschaffen.

China hütete die Papiermacherkunst wie ein Staatsgeheimnis. So dauerte es über 1000 Jahre, bis sie ihren Weg von Asien nach Europa fand. Als erstes europäisches Land wurde in Spanien im Jahr 1144 Papier hergestellt. Italien folgte im Jahr 1268 mit dem Bau einer Papiermühle, Frankreich produzierte um 1270 aufwändiges Leinen- und Hanfpapier. Die erste deutsche Papiermühle – die Gleismühle – errichtete der Kaufmann und Ratsherr Ulman Stromer 1390 bei Nürnberg.

Bis zum Beginn des 19. Jahrhunderts bestand Papier aus Lumpen (Hadern), die man anfaulen ließ, unter großen Stampfhämmern zerfaserte und in einem mit Wasser gefüllten Fass (Bütte) auflöste. Der Brei wurde dann mit flachen Sieben abgeschöpft und die zu einem Blatt verfilzten Fasern abgegautscht (vom Sieb genommen) und gepresst.

Der technische Fortschritt erfasste bald auch die Papierfabrikation: 1798 baute Nicolas-Louis Robert eine von Hand betriebene Maschine, mit der man erstmals eine fortlaufende Papierbahn herstellen konnte. Auf der Suche nach neuen Rohstoffen entdeckte der sächsische Webermeister Friedrich Gottlob Keller 1840 geschliffene Holzfasern (Holzschliff). 1846 meldete er zusammen mit dem Papiermacher Heinrich Voelter das Patent an. 1854 gelang der chemische Aufschluss von Holz zu Natronzellstoff.

Holzschliff und Zellulose revolutionierten die Papiererzeugung zweifellos. Doch ohne die Erfindung des Papyrus wäre die Zeit von 3000 v. Chr. bis weit ins Mittelalter wohl ein weißer Fleck auf der Landkarte der Kulturgeschichte geblieben.

Papierherstellung: in einem mit Wasser gefüllten Fass werden Lumpen aufgelöst, der so entstehende Brei abgeschöpft und gepresst.

△ **Die alte Kunst des Papiermachens wird heute noch von Liebhabern praktiziert.**

Bronze – Wichtigster Werkstoff einer ganzen Epoche

Mesopotamien, Ägypten, China

3000 v. Chr.

UM 3000 V. CHR.

- Um 3000 v. Chr.: In Europa verwenden die Menschen Kupfer, um Werkzeuge herzustellen.
- Um 3000 v. Chr.: Norddeutschland, Dänemark und das südliche Skandinavien werden besiedelt.
- Um 2750 v. Chr.: König Gilgamesch besteigt im mesopotamischen Uruk den Thron.

Über 2000 Jahre lang diente die Bronze, eine Kupferlegierung, der Menschheit als wichtigster Werkstoff für Waffen und Rüstungen, handwerkliche Geräte und Schmuck. Sie war in allen frühen Kulturen verbreitet und gab einer ganzen Epoche der Geschichte ihren Namen – der Bronzezeit.

Ob im Mittelmeerraum, in Indien oder in China – alle frühen Hochkulturen verwendeten über einen kürzeren oder längeren Zeitraum ihrer Geschichte die Bronze als wichtigsten Werkstoff. Bronze ist eine »Legierung«, eine Verbindung mehrerer Metalle, in der Regel von Kupfer und Zinn. Die Ägypter verwendeten zunächst vornehmlich Kupfer für die Fertigung von Waffen und Werkzeugen. Wann und wo zuerst entdeckt wurde, dass sich das weiche Kupfer mit Zinn zur härteren und widerstandsfähigeren Bronze zusammenschmelzen ließ, ist heute nicht bekannt. Die ältesten, Anfang des 3. Jahrtausends v. Chr. datierten Gegenstände aus Bronze finden sich jedoch im Vorderen Orient, auf Kreta und in Ägypten.

Bronze herzustellen war zur damaligen Zeit nicht einfach. Das Hauptproblem lag in der Beschaffung des Zinns. Mögliche Abbaugebiete lagen im Iran und auf Zypern. Erst ab 1600 v. Chr. – als die Ägypter in der Lage waren, sich ausreichende Mengen an Zinn zu besorgen – spielte Bronze bei ihnen eine Rolle. Über sehr ergiebige Vorkommen verfügten dagegen die Handwerker der Induskultur: Ihre Bronze enthielt bis zu 15 Prozent Zinn.

Die neuen bronzenen Werkzeuge revolutionierten das Handwerk von Grund auf: Metallene Sägen, Meißel und Schnitzmesser fanden bei der Herstellung von Möbeln, aber auch im Bauwesen und beim Schiffbau Verwendung. Bereits Mitte des 2. Jahrtausends v. Chr. erwiesen sich die Chinesen als Meister des Bronzegusses. Glocken und Glockenspiele gehörten zu den Glanzstücken ihrer Metallgießerkunst.

Auch die Waffentechnik profitierte von dem neuen Werkstoff. Die Griechen waren zum Beispiel Meister der Herstellung von Bronzerüstungen. Bronzene Helme wurden schon im sumerischen Ur um 2500 v. Chr. verwendet. In der europäischen Antike, wo der Helm seit der Zeit der mykenischen Kultur, also seit etwa 1300 v. Chr. bezeugt ist, wurde er zunächst aus Leder gefertigt. Erst die Helme der klassischen Antike waren dann meist aus Bronze. Ein besonders formschöner Helm war der korinthische Helm mit seinen großen Wangenklappen und dem auffälligen Nasenschirm, wie er auf zahlreichen griechischen Vasenbildern zu sehen ist. Frühe Bronzehelme aus dem europäischen Kulturkreis sind weiter von den Etruskern sowie aus Dänemark bekannt. Kulturgeschichtliche Berühmtheit erlangten zwei bronzene Hörnerhelme, die bei Viksö in Dänemark gefunden wurden und aus dem 8. Jahrhundert v. Chr. stammen.

Die Epochenbezeichnung »Bronzezeit« führte 1836 der Altertumsforscher Christian Jürgensen Thomsen (1788–1865) ein. Heute versteht man in Mitteleuropa unter der »Bronzezeit« den Zeitabschnitt zwischen 2200 und 800 v. Chr. Ab etwa 1000 v. Chr. verdrängte, insbesondere in der Waffenherstellung, das viel härtere Eisen die Kupfer-Zinn-Legierung.

In frühen Kulturen war Bronze neben Eisen der wichtigste Werkstoff für Waffen und Rüstungen, wie bei diesem Schildbuckel eines Wikingers.

Hieroglyphen – Heilige Zeichen für wichtige Worte

Ägypten

3000 v. Chr.

UM 3000 V. CHR.

- Um 2950 v. Chr.: König Narmer vereinigt Unter- und Oberägypten und wird zum ersten Pharao des Reichs und zum Begründer der Ersten Dynastie.
- Um 2750 v. Chr.: Ägypten führt einen Mondkalender ein. Das Jahr umfasst 365 Tage und beginnt mit dem Erscheinen des Sirius am nächtlichen Himmel. Nach unserem Kalender ist das der 19. Juli.
- Um 2500 v. Chr.: Die ersten ägyptischen Mumien stammen aus dieser Zeit.

Der Wunsch nach Verständigung über Wort und Bild unterscheidet den Menschen schon seit seinen Anfängen von anderen Lebewesen. So ist es nicht verwunderlich, dass die frühen Hochkulturen im Nahen Osten bereits maßgeblich an dem langwierigen kulturellen Prozess von der Erstellung erster einfacher Höhlenmalereien über Einkerbungen in Tontafeln bis hin zur heutigen Schrift beteiligt waren.

Schon im ausgehenden 4. Jahrtausend v. Chr. entstand im südlichen Mesopotamien das Keilschriftsystem. Eine der ältesten Schriften war die Keilschrift der Sumerer, die mit einem Spachtel auf Tontafeln einfache Bildzeichen ritzten. Unter dem Einfluss anderer Völker entwickelte sich die Keilschrift zu einer Lautschrift, die etwa 1000 Zeichen aufwies und auch von benachbarten Kulturen verstanden wurde.

Um 3000 v. Chr. verbreitete sich in Ägypten – unmittelbar nach der Vereinigung Unter- und Oberägyptens zu einem großen Reich – die Verwendung von Hieroglyphen. Der Begriff leitet sich aus dem griechischen Wort *hieroglyphikòs grammata* (heilige Zeichen) ab. Da die Ägypter den Gott Thot als Erfinder der Schrift ansahen, nannten sie die Hieroglyphen auch »Gottesworte«. Im Gegensatz zum deutschen Alphabet, das sich aus 26 Buchstaben zusammensetzt, gebrauchten die Bewohner des Pharaonenreichs 800 Zeichen. Eine Besonderheit der Hieroglyphen ist das Fehlen von Vokalen. Bereits 2500 v. Chr. unterschied man zwei verschiedene Schriften: Die Hieroglyphen, die in Stein und andere dauerhafte Materialien gearbeitet wurden, verwendete man nur für religiöse Texte. Das Hieratische war die Schreibschrift, die mit Tinte auf Papyrus geschrieben wurde. Seine Zeichen bestanden aus Strichen, nicht wie die Hieroglyphen aus Bildern.

Beiden Schriften lag das gleiche Prinzip zugrunde, die Einteilung in Lautzeichen (Phonogramme), Deutzeichen (Semogramme) und so genannte Determinative, die die Bedeutung eines Wortes in einem bestimmten Zusammenhang erklären. Die Verwendung der Hieroglyphen war einer gebildeten Elite vorbehalten, den Berufsschreibern, die wichtige Funktionen in Verwaltung und Regierung innehatten. Eine weitere Vereinfachung der hieratischen Schrift erfolgte erst im 7. Jahrhundert v. Chr.: Es entstand die verkürzte demotische Schrift für den Gebrauch auch im Alltag.

Ein völlig neues Schriftsystem – ein Konsonantenalphabet bestehend aus 22 Zeichen – entwickelten die in Kleinasien lebenden Phönizier um 1200 v. Chr. Über Handelsrouten gelangte dieses erste Silbenalphabet nach Griechenland. Das griechische Alphabet erweiterte das phönizische System um Vokale und ermöglichte nun eine vollständige und lautgetreue Wiedergabe des gesprochenen Wortes.

An der Entzifferung der Hieroglyphen war Jean François Champollion maßgeblich beteiligt. Den Schlüssel dazu lieferte ihm der so genannte »Dreisprachenstein«, ein schwarzer, polierter Basaltstein, den ein napoleonischer Soldat 1799 bei Rosetta im Nildelta gefunden hatte. Durch das Studium seiner Inschriften in hieratischer, demotischer und griechischer Sprache konnten Wissenschaftler das Rätsel der vergessenen alten Schriften lösen.

Die Anwendung der Hieroglyphen, der »Gottesworte«, war einer Elite der Gebildeten vorbehalten.

Reines Gold - Der reine Luxus

Ägypten und Nubien

3000 v. Chr.

UM 3000 V. CHR.

- Um 3000 v. Chr.: Die sumerischen Stadtstaaten treiben regen Handel bis in das Indusgebiet.
- Um 3000 v. Chr.: Aus der mesopotamischen Bilderschrift entsteht die Keilschrift.
- Um 3000 v. Chr.: Am Nil gibt es zwei Königreiche: Unterägypten im Nildelta und Oberägypten im oberen Niltal.

△ **Die Insignien der Macht wurden zu jeder Zeit kunstvoll und filigran in dem wertvollen Edelmetall gestaltet.**

Da das weiche Gold nicht für Werkzeuge und Waffen taugte, war es seit frühester Zeit ein reines Luxusgut. Gold war bei den Herrschern heiß begehrt, denn es symbolisierte Macht und Autorität: Schon der legendäre phrygische König Midas wünschte sich nichts sehnlicher, als dass alles, was er anfasste, sich in Gold verwandele.

Die Anfänge der Metallurgie sind jedoch im Nahen Osten zu suchen. Im 4. Jahrtausend v. Chr. besaßen die Kulturen zwischen Kleinasien und dem Nordosten Persiens erste Kenntnisse, Metalle zu gewinnen und zu schmelzen. Dieses Wissen breitete sich in der Folgezeit über die Ägäis nach Europa sowie nach Afrika und auch Asien aus. Etwa ab 3000 v. Chr. verarbeiteten ägyptische Schmiede Gold aus Nubien.

Die technischen Voraussetzungen der Metallurgie sind das Vorhandensein von Holzkohle und die Erfindung des Blasebalgs im 4. Jahrtausend v. Chr. Der Blasebalg wurde speziell zum Metallschmelzen entwickelt, um mittels gezielter Luftzufuhr höhere Temperature zu erreichen. Auch die Kenntnisse der Töpfer, die mit dem Gebrauch des Feuers, verschiedenen Ofentypen und der Temperaturregulierung experimentierten, kamen den Goldschmieden zugute.

Die Gewinnung des Goldes war vergleichsweise einfach: Oft musste man nur die Erde auswaschen, oder man ließ die goldhaltigen Erze in Bergwerken abbauen. Weil Gold in der Natur nur in Legierungen mit Silber, Kupfer und Eisen vorkommt, bestand der nächste Schritt darin, das Gold mittels Schmelze (Kupellation, Amalgamierung) zu läutern. Hatte das natürlich vorkommende Gold einen hohen Silberanteil, nannte man es Electrum. Es wurde in der Antike als eigenständiges Metall hoch geschätzt.

Die Herkunftsgebiete des antiken Goldes lagen vor allem in Ägypten und Nubien, dessen Name übersetzt »Goldland« bedeutet. In Griechenland kam Gold auf den Inseln und in Thrakien vor. Die Römer erschlossen neue Vorkommen in Spanien und Dakien, dem heutigen Rumänien.

Da die Nachfrage nach verarbeiteten Goldwaren ständig stieg, öffneten immer mehr Goldschmiede ihre Werkstätten. Das technische Repertoire der Handwerker hat sich von der pharaonischen Zeit bis heute kaum verändert. Die wichtigsten Techniken der Goldverarbeitung sind Filigran, Granulation, Treiben, Gießen, Löten, Punzen sowie die Vergoldung von Gegenständen aus anderen Materialien.

Gold kann aufgrund seiner Weichheit nur für Gefäße, Schmuckstücke und anderen Zierrat verwendet werden, nicht dagegen für Waffen oder Werkzeuge. Goldschmuck ist aus diesem Grund bis heute ein Symbol, mit dem der Einzelne seinen persönlichen Reichtum zum Ausdruck bringt.

Speziell für Bestattungszwecke hergestellte Goldobjekte waren die altägyptischen Särge, Schreine und Totenmasken, die jedoch nicht immer aus massivem Gold bestehen, sondern oftmals »nur« eine Blattgoldauflage aufweisen. Geradezu legendär ist der Goldschatz des ägyptischen Pharaos Tutenchamun (Regierungszeit 1358–1350 v. Chr.), dessen Grab der Archäologe Howard Carter im Jahr 1923 entdeckte.

Filigran verzierte, goldene Rückenlehne des Stuhls von Pharao Tutenchamun. Seit jeher symbolisiert das Edelmetall Macht und Autorität.

Das Rad beschleunigt das Rad der Geschichte

Mesopotamien

3000 v. Chr.

UM 3000 V. CHR.

- Um 2550 v. Chr.: Der älteste Teil der Stadt Troja entsteht.
- Um 2500 v. Chr.: Die Erste Dynastie von Ur unter Mesannepada begründet sich.
- Um 2500 v. Chr.: Der Sage nach regiert König Minos auf der Insel Kreta.

Ohne die Erfindung des Rades sähe die Kulturgeschichte des Menschen völlig anders aus: Völkerwanderungen, Kriegszüge oder die Eroberung neuer Gebiete wären ohne Wagen viel mühsamer verlaufen. Mit Wagen wurden schwere Materialien zum Bau von Häusern oder Kultstätten herangeschafft. Nicht zuletzt symbolisierte die unendliche Bewegung des Rades in vielen Kulturkreisen das ewig Göttliche.

Auch wenn Menschen sich an einem Ort niederließen, eine gewisse Mobilität brauchten sie doch: sei es, um auf Jagd zu gehen oder die Umgebung zu erkundschaften. Die relevanten Fragen der Urmenschen lauteten: Wie kommen wir innerhalb eines Tages zu möglichst vielen Sammelplätzen von Wildkräutern und -pflanzen und wie transportieren wir die Vorräte oder ein erlegtes Wildtier am schnellsten und einfachsten zurück zum Wohnplatz? Zu Fuß gestaltete sich all das langwierig und anstrengend. Mit den Siedlungen wuchs der Bedarf an Vorräten und an Baumaterial für Unterkünfte. Die Bewohner benötigten große Mengen Holz als Brenn- und Baumaterial. Einen Teil der mühsamen Arbeit erledigten Pferde oder Rinder.

Aus der Methode, aneinander gereihte Baumstämme als rollendes »Transportband« zu verwenden, entwickelte sich schließlich das Rad. Im 3. Jahrtausend v. Chr. zersägten Mesopotamier die Stämme in massive Scheiben, befestigten sie an Achsen und montierten diese an Wagen. Die älteste bekannte Darstellung zeigt solche Vehikel als Streitwägen: Die »Mosaikstandarte« von Ur (um 2600 v. Chr.) zeigt eine Prozession von Soldaten mit Pferdewagen.

Bald zeigte sich aber, dass massive Holzräder dem Gewicht der Last oft nicht standhielten. Um den Druck gleichmäßiger zu verteilen, setzten die Radbauer Scheibenräder aus mehreren Kreissegmenten zusammen. Spätere Räder mit halbmondförmigen Aussparungen waren einerseits nicht so schwer wie massive Scheibenräder, andererseits konnte ein in den Löchern steckender Stock die Bewegung abbremsen. Ab 2000 v. Chr. konstruierten die Mesopotamier die noch leichteren und wendigeren Speichenräder. Da sie nicht so belastbar waren und schneller brachen, eigneten sie sich nur für den Transport leichter Lasten. Von Pferden gezogene Streitwagen, auf denen eine Person Platz fand, waren meist mit Speichenrädern ausgestattet. Sie kamen fast gleichzeitig im gesamten Vorderen Orient auf. Nur der Herrscher durfte auf dem Kriegszug auf einem solchen Wagen fahren. Natürlich brauchten diese Gefährte die passenden Zugtiere: leichtfüßige, speziell für diesen Zweck gezüchtete und trainierte Pferde.

Nördlich der Alpen kamen Wagen aufgrund der feuchten Bodenverhältnisse seltener zum Einsatz als im Mittelmeerraum. Erst mit dem Ausbau des Straßennetzes im Römischen Reich wurden Warentransport und Reisen in Wagen auch in diesen Gebieten selbstverständlich.

Im Laufe der Bronzezeit lösten schließlich aus Metall gegossene Speichenräder das Holzrad ab. Auch spielte das Rad, das ja keinen Anfang und kein Ende hatte, in den religiösen Vorstellungen der Menschen eine große Rolle. So verkörpert die Drehung des Rades die Macht des Schicksals.

△ Mittelalterliche Darstellung des Rades in einer Initiale des Psalters von Corbie aus dem 8. Jahrhundert.

Die ältesten Darstellungen von Rädern zeigen sie an Streitwagen – hier auf einer griechischen Vase aus dem 8./7. Jahrhundert v. Chr.

Pyramiden - Rätselhafte Monumente für den Gottkönig

Pharao Djoser (um 2644-2623 v. Chr.)

2630 v. Chr.

UM 2630 V. CHR.

- Um 2630 v. Chr.: Kaiser Huang Ti und seine Ehefrau Hsi Ling-shi begründen in China die Seidenweberei und Seidenstickerei.
- Um 2630 v. Chr.: In Ägypten und China kommt der Gebrauch von Tusche auf. Zur Herstellung wird Sesamöl verbrannt und der Ruß mit Wasser oder Leimlösung verrührt.
- Um 2600 v. Chr.: Auf Kreta beginnt die so genannte minoische Frühzeit mit der Entstehung von Hafenstädten im Osten und dem Bau von Rundgräbern in der Mesara.

△ **Die Stufenmastaba von Sakkara leitete den Bau der ägyptischen Pyramiden ein.**

Ungebrochen groß ist die Faszination, die von den monumentalen Pharaonengräbern der Ägypter ausgeht. Die einzigen noch existierenden Weltwunder der Antike gehören rund 4500 Jahre nach ihrer Errichtung noch immer zu den rätselhaftesten Bauwerken der Menschheit.

Mit der Stufenmastaba in Sakkara leiteten Pharao Djoser und sein Architekt und Arzt Imhotep um 2630 v. Chr. ein neues Zeitalter der Baukunst ein. Bis zu dieser Zeit hatte man die Könige in Mastabas (Tafelgräbern) bestattet. Dies waren unterirdische Grabkammern, deren Oberbau aus Kulträumen und Kammern für die Grabbeigaben bestand. Die Djoser-Grabstätte – der erste monumentale Steinbau der Ägypter – bestand aus sechs übereinander gebauten Mastabas und hatte eine Höhe von 60 Metern. Die Anlage, deren Bestandteil die Stufenpyramide war, diente der Verehrung des toten Königs.

Als eigentlicher Erfinder des Pyramidenbaus gilt Pharao Snofru (2575–2551 v. Chr.). Er ließ gleich drei solcher Bauwerke errichten: die Stufenpyramide in Meidum, die Knickpyramide und die so genannte Rote Pyramide von Dahschur, in der er sich selbst bestatten ließ. Das 220 Meter lange und 105 Meter hohe Bauwerk aus roten Kalksandsteinen verfügt bereits über ein ausgeklügeltes Grabkammersystem. Zu den großartigsten ägyptischen Grabmonumenten gehört die auf dem Felsplateau von Gizeh, 13 Kilometer westlich von Kairo errichtete Pyramidenanlage. Diese Stätten ließen sich die Pharaonen Cheops, Chephren und Mykerinos erbauen.

Die Cheopspyramide ist mit einer Grundfläche von 53 000 Quadratmetern und einer ursprünglichen Höhe von 147 Metern die größte der Welt. Ihre Seitenflächen wenden sich exakt den vier Himmelsrichtungen zu. Die Seiten sind 365,24 »Pyramidenmeter« lang, der Anzahl der Tage eines Jahres. Ein Pyramidenmeter umfasst 0,635 Meter, das entspricht einem Zehnmillionstel des Polarradius der Erde. Auch sind verschiedene Schächte exakt an den Sternen, zum Beispiel dem Polarstern ausgerichtet. Diente die Pyramide also der Himmelsbeobachtung? Die astronomischen Bezüge sind unverkennbar. Es scheint also wahrscheinlich, dass die Ägypter bereits über tief greifende astronomische Kenntnisse verfügten. Auch in der Mathematik mussten die Erbauer sehr bewandert gewesen sein: Der Umfang der Pyramidenfläche ist annähernd identisch mit dem Umfang eines Kreises, dessen Radius der Höhe der Pyramide entspricht. Dividiert man also den Umfang der Pyramide durch die doppelte Höhe, erhält man den Wert 3,14. Kannten die Ägypter die Kreiszahl Pi?

Der Grabbau besteht aus etwa 2,5 Millionen Kalksteinblöcken. Nach neuesten Erkenntnissen arbeiteten rund 36 000 Maurer, Ingenieure und Hilfsarbeiter daran, die Mauerblöcke aufzutürmen. Weitere 10 000 Steinmetze waren damit beschäftigt, die weißen Verkleidungssteine aus den unterirdischen Brüchen von Tura am Ostufer des Nils herauszubrechen. Legt man zugrunde, dass Cheops nur 23 Jahre regierte, müssen täglich 800 Tonnen Stein gebrochen, transportiert, verarbeitet und aufgebaut worden sein. Wie war das möglich?

Die Zeit der ägyptischen Pyramiden dauerte knapp 100 Jahre (2551–2472 v. Chr.) – nur ein Augenblick im Vergleich zu ihrer Lebensdauer. Ihr Geheimnis ist bis heute nicht gelüftet.

Pyramiden – die einzigen noch existierenden Weltwunder der Antike bergen bis heute zahlreiche Rätsel.

Erste Aufzeichnungen über eine Kometenerscheinung

China

2296 v. Chr.

UM 2296 V. CHR.

- Um 2400 v. Chr.: Die Stadt Ur verfügt über eine komplette Kanalisation der Häuser.
- Um 2400 v. Chr.: Die Mesopotamier konstruieren Räder mit Speichen anstelle von Scheibenrädern.
- Um 2155 v. Chr.: In Ägypten zerfällt das Alte Reich aufgrund von Hungersnöten und Naturkatastrophen. Das Mittlere Reich entsteht als dezentralisierter Staat.

Aus allen antiken Kulturen von Griechenland und Ägypten bis Babylonien und besonders China sind Berichte über Kometen erhalten. Von frühester Zeit an verbreiteten diese Himmelserscheinungen Angst und Schrecken – obwohl der Einschlag eines Kometen selten viel Unheil anrichtete.

Schon in der Steinzeit beobachteten chinesische Astronomen den Himmel sorgfältig. Sie erkannten, dass manche Sterne konstante Positionen am Himmel einnahmen und auf regelmäßigen Bahnen über das Firmament liefen. Daraus schlossen sie, dass die Götter den Himmel als unveränderlich geschaffen hatten. Sie teilten ihn darauf in »Asterismen«, Gruppen von benachbarten Sternen auf. Bis zur zweiten Hälfte des 3. Jahrhunderts v. Chr. hatten chinesische Astronomen 283 dieser Asterismen mit insgesamt 1464 einzelnen Sternen in 28 Mondhäusern registriert. 550 v. Chr. bauten sie die erste Armillarsphäre, ein plastisches Himmelsmodell, mit dessen Hilfe sie die Position von Himmelskörpern erkennen konnten.

Die wohl früheste Beobachtung dieser außergewöhnlichen Himmelskörper machten chinesische Priester-Astronomen im Jahr 2296 v. Chr.: Solche Astronomen standen in enger Verbindung zum Kaiserhaus und berieten die Herrschenden in politischen und religiösen Fragen. Ihre Erkenntnisse dienten also hauptsächlich der Anwendung in den Regierungsgeschäften. Eine unabhängige astronomische Theorie wollten sie nicht entwickeln.

Zeigten sich am Himmel Erscheinungen, die von der Norm abwichen, reagierten die Menschen darauf mit Angst und Unsicherheit. Priester der Shangdynastie (1500–1000 v. Chr.) ritzten beispielsweise Aufzeichnungen von Sonnen- und Mondfinsternissen in Schildkrötenpanzer und Knochen, die für Orakel Verwendung fanden. Besonders die Kometen brachten die Menschen seit jeher mit Unheil in Verbindung. Diese Schweifsterne passten nicht in das übliche Himmelsbild: Sie verschwanden so plötzlich, wie sie erschienen waren, und sahen ganz anders aus als »normale« Sterne. Der Lauf eines Kometen entzog sich allen Vorhersagen und schnitt die Bahnen anderer Planeten.

Ab dem 11. Jahrhundert v. Chr. mehrten sich die schriftlichen Belege über Kometen und Meteoritenschwärme. Der Halleysche Komet zum Beispiel erschien im Laufe der Jahrhunderte insgesamt 31-mal über China. 635 n. Chr. erkannten chinesische Astronomen, dass die Richtung der Kometenschweife immer von der Sonne abgewandt ist. Die früheste Illustration eines Kometen fand sich in einem Buch mit seidenen Seiten, das in einem Grab (datiert 168 v. Chr.) gefunden wurde. 250 Zeichnungen zeigen Kometen, Wolken, Regenbogen und Sternenkonstellationen. Dabei handelt es sich jedoch wohl eher um eine Typologie möglicher Erscheinungsbilder als um Darstellungen tatsächlich gesichteter Kometen.

Nachdem die Kometen über Jahrtausende überall auf der Welt Angst und Schrecken verbreitet hatten, erscheint ihre inzwischen entschlüsselte wahre Natur beinahe prosaisch: Sie entstehen aus einem Eiskern, der größtenteils Wasser und kosmischen Staub enthält. Nähert er sich der Sonne, geht er teilweise in einen gasförmigen Zustand über – so bildet sich der Schweif. Der Forscher Fred Whipple verglich Kometen darum mit einem »schmutzigen Schneeball«.

Zwar richtete der Einschlag eines Kometen selten viel Unheil an – dennoch verbreiteten diese Himmelserscheinungen zu allen Zeiten Angst und Schrecken.

△ **Darstellung eines Kometen aus dem Jahr 1532.**

Maße, Gewichte und Waage – Feste Regeln für den Handel

Ägypten und Mesopotamien

2130 v. Chr.

UM 2130 V. CHR.

- Um 2650 v. Chr.: Den Ägyptern gelingt die endgültige Einigung von Unter- und Oberägypten. Sie errichten eine zentralistische Verwaltung und bauen die Handelsbeziehungen mit Vorderasien weiter aus. Wenige Jahre später machen die Pharaonen Memphis zu ihrer dauerhaften Residenz.
- Um 2630 v. Chr.: Bei Sakkara in Ägypten wird die erste Pyramide gebaut.
- Im benachbarten Mesopotamien beherrschen die Sumerer das Land zwischen Euphrat und Tigris, aufgegliedert in mehrere Stadtstaaten und der Stadt Ur an der Spitze.
- Noch weiter östlich, am Indus und am Gelben Fluss (Huanghe) in China, entstehen die Voraussetzungen für zwei weitere frühe Hochkulturen.

△ Die Waage symbolisierte den Ägyptern Wahrheit und Gerechtigkeit.

Einheitliche Maße und Gewichte regeln den Güteraustausch und damit das soziale Gefüge in einer Gesellschaft. Ihre Festlegung ist Grundvoraussetzung, damit das Alltagsleben funktioniert.

Der Aufstieg der frühen Hochkulturen im Nahen Osten, in Ägypten und Mesopotamien, führte zu einem raschen Anwachsen des Handels zwischen zum Teil weit auseinander gelegenen Siedlungsgebieten. Nur mit untereinander vergleichbaren Maßen und Gewichten war ein reibungsloser Warenaustausch möglich.

Das Problem bei der Festlegung einheitlicher Maße und Gewichte bestand vor allem in der Wahl der »Bezugsgrößen«. Bei den Längen bedienten sich die Menschen fast 5000 Jahre lang in erster Linie der Maße ihres eigenen Körpers – eine »Handbreit«, eine »Elle« oder ein »Fuß« waren die »Urmaße«, die sich bis etwa 3200 v. Chr. zurückverfolgen lassen. Spätestens seit dem frühen 3. Jahrtausend v. Chr. verwendeten auch die Ägypter die »Elle« zum Messen von Holz und Stoffen. Größere Längen, etwa in der Feldmessung, bestimmten sie mit dem 100-Ellen-Knotenseil. Den frühesten archäologischen Beleg eines Längenmaßes bietet eine Statue des sumerischen Herrschers Gudea aus der Zeit um 2130 v. Chr., die ihn mit dem Maßstab einer halben mesopotamischen Elle zeigt.

Vielfältige Handelsaktivitäten und ein kompliziertes System von Abgaben zwangen das ägyptische Reich, genaue Mess- und Wiegemethoden zu entwickeln. Bis in die Ptolemäerzeit (323–30 v. Chr.) kannten die Ägypter keine Münzen, Warenpreise wurden in Getreide oder Kupferstücken ausgedrückt. Dabei wurden die Mengen nicht eigentlich gewogen, sondern mit Hohlmaßen bestimmt. Das Normalmaß war eine Menge von etwa 4,8 Litern. Wirklich mit einer einfachen Balkenwaage gewogen haben die Ägypter meist nur Metalle; als Einheit diente ihnen der Goldstandard, der einer Masse von etwa 14 Gramm entsprach.

Vor allem aber symbolisierte die Waage den Ägyptern Wahrheit und Gerechtigkeit: Entscheidend für die Aufnahme der Toten in das Jenseits war in der ägyptischen Überlieferung das »Wiegen« des Herzens durch die Götter, das heißt die Prüfung des Verstorbenen auf seine Wahrhaftigkeit und Gerechtigkeit. Und dieser versicherte dabei meist, dass er nie das »Kornmaß verkleinert« oder »auf den Waagebalken gedrückt«, also niemals andere betrogen habe.

Die Fälschung von Maßen und Gewichten war also schon in der alten Welt keine Seltenheit. Die Sumerer versahen daher ihre aus Stein oder Bronze gefertigten Gewichte mit königlichen Inschriften, welche diese als »geeicht« auswiesen. Regelrechte Präzisionswaagen konstruierten später die Römer. Die römische *statera* bestand aus einer Waagschale und einem Laufgewicht, das an einem Waagebalken mit Skala aufgehängt war. Aber das Problem der absoluten Bezugsgrößen lösten auch sie nicht.

Bis in das 19. Jahrhundert existierte so eine verwirrende Vielzahl von Maßen und Gewichten. Erst der französische Nationalkonvent legte am 30. März 1791 den 40-millionsten Teil des Erdumfangs, den Pariser Urmeter, als maßgebliche Längeneinheit fest. Seit 1875 werden auf der ganzen Welt Längen, Gewichte und Zeiteinheiten nach dem *Système International d'Unités* (Internationales Einheitensystem) bestimmt.

Die Festlegung einheitlicher Maße und Gewichte gehört zu den wichtigsten Voraussetzungen für die Entstehung von Hochkulturen.

- > Um 1715 v. Chr.: Die Assyrer gründen die Stadt Ninive.
- > Um 1500 v. Chr.: Der minoische Palast von Knossos wird nach einem Vulkanausbruch zerstört. Es folgt der Niedergang der minoischen Vorherrschaft im Mittelmeerraum.
- > Um 1450 v. Chr.: In ägyptischen Schmelzöfen kommt der Blasebalg zum Einsatz, der die Metallgewinnung erleichtert.

Eisen - Der Stoff, aus dem der Fortschritt ist

Hethiter

Eisen, das spröde Metall, das die Hethiter vor allen anderen Völkern zu bearbeiten verstanden, war über Jahrtausende Symbol militärischer und wirtschaftlicher Macht. Die Verarbeitung des lange ungenutzten Metalls bedeutete für die Menschheit einen so großen Fortschritt, dass es einer ganzen Epoche seinen Namen gab.

Eisen (gotisch *isarn* = festes Metall), ein silberweißes Metall, ist das vierthäufigste Element der Erde und gilt als das wichtigste Schwermetall. Technisch verwertbare Eisenerze enthalten zwischen 25 und 70 Prozent Eisen. Während »Roheisen« wegen seines hohen Anteils an Kohlenstoff, Silicium, Phosphor und Schwefel nicht schmiedbar ist, steht »Stahl« in der Fachsprache für jedes schmiedbare Eisen.

Das älteste Zeugnis von bearbeitetem Eisen ist ein Dolch aus der Mitte des 3. Jahrtausend v. Chr. Entdeckt wurde das Fundstück im nördlichen Anatolien. Trotzdem blieb Eisen noch lange ein eher unbedeutendes Metall. Erst zu Beginn des 2. Jahrtausend v. Chr. ersetzten die Hethiter – ein indogermanisches Volk im östlichen Kleinasien – einen Großteil ihrer Metalle durch den neuen Werkstoff: Sie entwickelten Schweißeisen, das aufgrund seiner Verunreinigungen noch mehrmals geglüht und gehämmert werden musste. Zunächst war das neue Metall aber wegen seiner zu weichen Beschaffenheit noch immer kaum einsetzbar. Als Schmiede das Eisen zuerst im heißen Feuer glühten und dann im kalten Wasser abschreckten, sollte sich dies grundlegend ändern. Mit dieser neuen Methode der Verarbeitung, dem so genannten »verstählen«, begann Mitte des 2. Jahrtausend v. Chr. schließlich der Siegeszug des Metalls. Von nun an konnte es auch in größeren Mengen hergestellt werden – die Epoche der so genannten Eisenzeit begann.

In der klassischen Antike – ab ca. 1000 v. Chr. hielt das Eisen Einzug in den Armeen und diente den großen Reichen zum Ausbau ihrer Macht: Die Griechen verwendeten es ab dem 6. Jahrhundert v. Chr. zur Waffenproduktion und im Alpen- und Donauraum waren die Kelten für ihre geschmiedeten Schwerter gefürchtet. Die Römer richteten auf Elba ihre erste Waffenschmiede ein und gründeten auf den neuen Waffen und Geräten die Macht des römischen Imperiums. Zum Inbegriff der spätantiken Stahl- und Schmiedekunst wurde der »Damaszenerstahl«, bei dem die Schmiede verschiedene Eisen- und Stahlsorten miteinander verbanden. Da Eisenerze anders als Kupfer oder Zinn in größeren Vorkommen zu finden sind, verbreitete sich der Werkstoff rasch. Spätestens zu Beginn des 2. Jahrhundert v. Chr. war Eisen zu einem Alltagsgegenstand geworden. Im heutigen Manching fanden sich bei Ausgrabungen unzählige keltische Eisenwaren: Beile, Zangen, Scheren, Feilen, Radreifen, Nägel und Nadeln.

Im 14. Jahrhundert gingen die ersten Hochöfen zur Verhüttung des Eisenerzes in Betrieb. Aber erst nachdem die Gebläsetechnik verbessert worden war, lief der Hochofenbetrieb nach 1760 in großem Maßstab an. Im 18. Jahrhundert stellten die Hütten das Eisen pfund-, Ende des 19. Jahrhunderts tonnenweise her. Wie stählerne Burgen ragten die Eisenhütten aus den Industrielandschaften des 19. und 20. Jahrhunderts und markierten den Beginn des modernen Zeitalters, dessen wichtigstes Transportmittel sich auf geschmiedetem Eisen fortbewegte – die Eisenbahn.

Eisen, ein Geschenk der Götter. Auf Waffen aus Eisen stützte sich jahrtausendelang militärische Macht.

Der Kompass weist Reisenden den Weg

China

1200 v. Chr.

UM 1200 V. CHR.

- Um 1250 v. Chr.: Der ägyptische Pharao Ramses II. lässt den Tempel von Abu Simbel und die Ramsesstadt in Theben erbauen.
- Um 1250 v. Chr.: Der königliche Schreiber Hunnefer verfasst das ägyptische Totenbuch. Es überliefert, die Verstorbenen müssten sich vor einem Gericht für ihre Taten zu Lebzeiten verantworten.
- Um 1230 v. Chr.: Moses führt die Israeliten aus Ägypten zurück nach Kanaan.

Bevor sie mit dem Kompass den Weg finden konnten, orientierten sich die Menschen am Gang der Sonne, an den Sternen oder an markanten Punkten der Landschaft. Erst mit dem Kompass war es ihnen möglich, die Himmelsrichtungen exakt zu bestimmen. Ohne den Kompass hätte Kolumbus es wohl nicht gewagt, den Seeweg nach Indien zu suchen, hätte Vasco da Gama nicht Afrika oder Magellan die Welt umsegeln können.

Einen Vorläufer des Kompasses entwickelten die Chinesen, ohne den Erdmagnetismus zu kennen: Auf dem »südwärts weisenden Wagen« stand eine Figur auf einem Ausgleichsgetriebe. Dieses glich den in einer Kurve auftretenden Drehzahlunterschied zwischen innerem und äußerem Rad aus. Die Figur stand also auch bei Richtungsänderungen des Wagens stabil – ihr ausgestreckter Arm wies stets nach Süden.

Der Kompass ist das älteste Instrument zur Ermittlung der Himmelsrichtungen auf der Erde. Er funktioniert nach den Prinzipien des Magnetismus. Menschen können ein Magnetfeld mit den Sinnen nicht wahrnehmen, doch bereits im 5. Jahrhundert v. Chr. entdeckten sie das Phänomen: Bestimmte Steine (Magnetitsteine) zogen Eisenteilchen an, die sich dann an Polen sammelten – die ersten Magneten waren gefunden. Dass auch die Erde solche Pole besitzt, war zu dieser Zeit noch unbekannt. Diese fallen fast mit den geografischen Polen im Norden und Süden der Weltkugel zusammen. Eine frei bewegliche Magnetnadel – etwa eine an Magnetitsteinen geriebene Metallnadel – richtet sich immer an diesen Polen aus.

Die Eisenvorkommen der Erde lassen eine Magnetnadel an manchen Stellen der Erde zwar leicht abweichen, die grobe Richtung stimmt aber doch. Der Prototyp eines Kompasses besteht aus einer Scheibe, welche die Himmelsrichtungen anzeigt, der Windrose. In ihrem Zentrum ist eine magnetische Nadel angebracht.

Ab der Songzeit (420–479) benutzten Gelehrte des Feng Shui, die den idealen Standort für Häuser oder Gräber suchten, dieses Gerät als Handwerkszeug. Die Plätze sollten in völligem Einklang mit der Natur und dem kosmischen Prinzip von Yin und Yang stehen. Auch der im 3. Jahrhundert v. Chr. bekannte »Sinan«, ebenfalls ein Magnetzeiger mit Nord-Südausrichtung, diente nur kultischen Zwecken.

Von Shen Kuo stammt die erste überlieferte Beschreibung des Magneten. Sie entstand um 1080. Im Jahr 1135 beschrieb Shi Lin Kuang Shi zwei Kompasstypen: einen auf dem Wasser schwimmenden Holzfisch mit einem Magnetit im »Bauch« und eine auf einem Bambusstab angebrachte drehbare Holzschildkröte.

Chinesische Seefahrer verwendeten den Magnetkompass auf dem Weg nach Indien und Ostafrika erstmals auch zur Navigation auf dem Ozean. Die Verwendung des Kompasses in der Seefahrt läutete im 12. und 13. Jahrhundert ein neues Handelszeitalter ein.

Nach Europa gelangte der Kompass entweder auf dem Seeweg über Indien und Persien oder über die Seidenstraße. Ab 1200 nutzten auch europäische Seefahrer das praktische »Navigationssystem«. Nur kurze Zeit später begleitete der Kompass die großen Entdeckungsreisen.

Früher chinesischer Kompass: Der Prototyp dieses Instruments besteht aus einer Scheibe mit den Himmelsrichtungen.

子
丑
寅
卯
辰
巳
午
未
申
酉
戌
亥

Das Spinnrad revolutioniert die Textiltechnik

China und Indien

1000 v. Chr.

UM 1000 V. CHR.

- > Um 1100 v. Chr.: Die Assyrer erobern Babylon.
- > Um 1100 v. Chr.: In Afrika entsteht das Äthiopische Reich.
- > 1000 v. Chr.: David wird König Israels, nachdem König Saul sich das Leben genommen hatte.

Die rasche Entwicklung des Webstuhls machte ein Gerät nötig, das den Faden schnell herstellen konnte. Mit dem hohen Arbeitstempo konnte das Spinnrad besser Schritt halten als die einfache Handspindel. Beide Erfindungen revolutionierten zusammen die Textilherstellung.

Das exakte Datum der Erfindung des Spinnrades ist nicht bekannt. Während einfache Vorläufer in China und Indien bereits für das 1. Jahrtausend v. Chr. belegt sind, tritt die differenzierte europäische Variante erst gut 2000 Jahre später auf. Bevor sie das Spinnrad kannten, praktizierten die Menschen eine ganz einfache Methode der Fadenherstellung mithilfe der Handspindel. Diese Fertigkeit war eine der grundlegenden des Menschen und bedeutet nichts anderes als das Zusammendrehen oder Verdrillen kurzer Fasern zu einem langen Faden. Um diese Leistung zu vollbringen, mussten die frühen Kulturen erst das Prinzip der ununterbrochen in dieselbe Richtung laufenden Drehbewegung erkennen. Die Spindel stellte somit die wichtigste Erfindung der frühen Textiltechnik dar.

Die frühesten Belege für Spinnwirtel (Schwunggewichte an der Spindel) finden sich ab dem 5. Jahrtausend v. Chr. in allen neolithischen Kulturzentren der Erde. Das Gegenstück zur Spindel war der Rocken, auf den man das ungesponnene Fasermaterial steckte. Aus dem Ballen zupfte die Spinnerin in gleichmäßiger Geschwindigkeit Fasern heraus und verdrehte sie mit der Hand zu einem »endlosen« Faden, der sich um die rotierende Spindel wickelte.

Mit der fortschreitenden Entwicklung des Webstuhls und dem Wunsch nach farbenfroheren und komplizierter gemusterten Stoffen stieg die Nachfrage nach Fäden unterschiedlicher Qualität immens. Mit der einfachen Handspindel konnte die Nachfrage nicht gedeckt werden.

Da das Rad als solches schon lange bekannt war, schien es nur nahe liegend, auch die Spinn- und Spularbeiten mittels Raddrehung zu vereinfachen. So wurden im 5. Jahrhundert v. Chr. in China Spinnräder zur Seidenfadenherstellung eingesetzt. Archäologisch nachweisen lassen sie sich jedoch nur mithilfe eines Umkehrschlusses: Zur selben Zeit nehmen die Funde von Spinnwirteln so drastisch ab, dass man auf die Einführung dieser neuen Produktionsmethode schließen muss.

Spinnen war wie das Weben in vorgeschichtlicher Zeit und in der Antike Frauenarbeit. Es galt geradezu als Tugend der vorbildlichen Hausfrau. Entsprechend häufig finden sich daher Darstellungen spinnender Frauen etwa auf antiken Grabsteinen oder die Beigabe von Spindel und Rocken in Frauengräbern.

So wichtig die Erfindung von Spindel und Spinnrad auch erscheint, sie hatte noch keinen tief greifenden Einfluss auf das tägliche Leben der Menschen. Es erleichterte vor allem den Frauen aber die tägliche Arbeit: Denn sie mussten Kleidung der Familienmitglieder in mühevoller Heimarbeit herstellen.

Eine in dieser Hinsicht umwälzende Neuerung bedeutete erst die Einführung der Spinnereimaschinen im England des 18. Jahrhunderts. Die industrielle Revolution trennte Wohnung und Arbeitsplatz und zwang damit die Menschen zu einem völlig neuen Tagesablauf.

Wie das Weben war Spinnen in erster Linie Frauenarbeit.

Erste Aufzeichnung einer Sonnenfinsternis

Assyrische Astronomen

700 v. Chr.

UM 700 V. CHR.

- 753 v. Chr.: Der Überlieferung gemäß wird die Stadt Rom gegründet.
- Um 750 v. Chr.: Die Kelten besiedeln die Insel England.
- Um 650 v. Chr.: In der assyrischen Stadt Ninive wird ein staatliches Zentralarchiv eingerichtet. Es sammelt amtliche Verordnungen, Briefe und Dokumente, die auf Tontafeln festgehalten sind.

Atemlos verfolgen Menschen auf der ganzen Welt, wenn es das Spektakel der sich verdunkelnden Sonne zu beobachten gibt – ein überwältigendes Naturereignis, das in früheren Zeiten allerdings Anlass zur Sorge gab. In der Antike galt eine solche Naturerscheinung als Bedrohung und böses Omen für Volk und Herrscher: Sühneopfer mussten das Böse abwenden.

Das Phänomen der Sonnenfinsternis entsteht, wenn sich der Mond teilweise oder vollständig zwischen Sonne und Erde schiebt und seinen Schatten auf die Erde wirft. Die Bahn des Mondes um die Erde ist gegen die Bahn der Erde um die Sonne, der Ekliptik, aber um etwa fünf Grad geneigt. So läuft der Mond – und sein Schatten – in der Regel über oder unter der Ekliptik. Wenn sich der Mond im Schnittpunkt mit der Ekliptik befindet, kann eine Sonnenfinsternis stattfinden. Das ist nur zum Zeitpunkt eines Neumondes der Fall.

Lange Zeit interpretierten die Zeugen einer Sonnenfinsternis das Phänomen als Botschaft einer überirdischen Macht, als Bedrohung der menschlichen Zivilisation. Um solches Unglück abzuwenden, sollten die Astronomen die kosmischen Ereignisse vorhersehen. Im Zweistromland schenkten die Herrscher den Sonnenfinsternissen besondere Beachtung. Asarhaddon und Asurbanipal richteten im 7. Jahrhundert v. Chr. zahlreiche Sternwarten ein. Ein zentrales Archiv, gleich einem »Astronomieministerium«, in der Hauptstadt Ninive sammelte alle Erkenntnisse und wertete sie aus. Während seines 30-jährigen Bestehens (679–648 v. Chr.) dokumentierte das Archiv insgesamt zehn Sonnenfinsternisse.

Die Aufzeichnungen der assyrischen Astronomen überraschen selbst heute noch durch ihre Genauigkeit. Sie nannten beispielsweise den Zeitpunkt der Sonnenfinsternis und den Ort, von wo aus sie zu sehen war. Für den regierenden König war es enorm wichtig, den Tag des Naturschauspiels zu kennen: Eine Finsternis hatte nämlich stets politische Konsequenzen – Gott zeigte so, dass er mit der irdischen Herrschaft nicht einverstanden war. Oft bedeutete dies das Todesurteil für den Herrscher. Um diesem Schicksal zu entgehen, dankte der Regent meist kurz vor einer Sonnenfinsternis ab und ließ sich durch einen »Ersatzkönig« vertreten, der dann anstelle des eigentlichen Regenten sterben musste. Der Fluch war gebannt, der König konnte seine Geschäfte wieder aufnehmen.

Im 5. Jahrhundert v. Chr. erkannten griechische Wissenschaftler dann die räumliche Anordnung der Himmelskörper als Ursachen von Sonnen- und Mondfinsternissen. Thales von Milet berechnete so die Sonnenfinsternis vom 28. Mai 585 v. Chr. voraus. Empedokles und Anaxagoras entwickelten dann unabhängig voneinander ein neues Konzept des Kosmos und von seinen Gestirnen: Sie betrachteten den Himmel als Kugel und rekonstruierten den Umlauf der Gestirne auf einer Kreisbahn.

Trotz des Fortschritts der Naturwissenschaft berührt die mystische Wirkung, die von einer Sonnenfinsternis ausgeht, die Menschen auch heute noch: Ist das Naturspektakel zu erwarten, versammeln sich Tausende von Schaulustigen, die die »Schwarze Sonne« sehen wollen.

Bis heute gelten Sonnenfinsternisse als eines der größten Spektakel, das der Himmel zu bieten hat. Im Zweistromland wurden bereits in vorchristlicher Zeit Sternwarten zu ihrer Beobachtung eingerichtet.

Das erste Aquädukt sichert die Wasserversorgung

Eupalinos aus Megara (6. Jh. v. Chr.)

530 v. Chr.

UM 530 V. CHR.

- Um 550 v. Chr.: Rom führt den Mondkalender ein, vorläufig besteht das Jahr aus zehn Monaten.
- Um 530 v. Chr.: Pythagoras von Samos stellt die Formel über das Längenverhältnis der Seiten des rechtwinkligen Dreiecks auf.
- 525 v. Chr.: Die Perser unterwerfen Ägypten und gliedern es in ihr Reich ein.

△ **Zeichnung der 52 n. Chr. fertig gestellten Aqua Claudia des Kaisers Claudius.**

Die Wasserversorgung spielte eine bedeutende Rolle bei der Entstehung der ersten Hochkulturen: Ohne Wasser konnten die Menschen ihr Ackerland nicht bestellen und sich nicht ausreichend mit Trinkwasser versorgen. Aber woher konnten gerade die Bewohner trockener Gebiete das kostbare Gut in so großen Mengen nehmen?

Frühe Wasserversorgungssysteme gab es bereits in Mesopotamien. Ein architektonisches Glanzstück jedoch ist der antike Tunnel des Eupalinos von Megara. Er ist der Mittelteil einer Wasserleitung, die um 530 v. Chr. zur Versorgung der griechischen Stadt Samos gebaut wurde. Die unterirdische Leitung führte über 900 Meter bis zum Nordabhang des Berges Ampelos, durchquerte in einem Tunnel von 1036 Meter Länge den Bergrücken und verlief weitere 500 Meter bis zu einem Brunnenhaus. Ihren Anfang nahm sie an einer heute überbauten Quelle im Dorf Aigades.

Beim Bau des Tunnels schlugen sich die Arbeiter gleichzeitig von zwei Seiten durch den Fels. Um ein Zusammentreffen der Stollen zu gewährleisten, mussten mehrere Kurven gegraben werden. Für die Zuleitung mussten rund 1500 Kubikmeter massiver Fels ausgehöhlt werden, für den Tunnel mit dem Kanal rund 5000 und für die Stadtleitung weitere 500 Kubikmeter. Als Werkzeug für diese Arbeiten standen lediglich Hammer und Meißel zur Verfügung, die Dauer des Rohbaus betrug wahrscheinlich zehn Jahre. Fast noch aufwändiger als die später notwendigen Stabilisierungsmaßnahmen gestaltete sich der Betrieb des Tunnels. In den etwa 4000 Tonröhren lagerte sich durch beschädigte Stellen der Zuleitung immer wieder angeschwemmter Lehm ab.

Wie konnte man all diese Probleme umgehen? Die Römer errichteten zu diesem Zweck die vollendetsten Wasserleitungssysteme der antiken Welt. Die künstlich angelegten Aquädukte (lateinisch: »geführtes Wasser«) aus Stein bestanden aus einem offenen oder einem geschlossenen Kanal und wurden meist auf hohen Bogenkonstruktionen gebaut: Durch eine Rinne mit leichtem Gefälle floss das Gebirgswasser in die Städte. Die kilometerlangen Leitungen versorgten Haushalte und Thermen mit Frischwasser und transportierten Schmutzwasser ab.

Die erste Wasserleitung nach Rom – die 16 Kilometer lange Aqua Appia – wurde 312 v. Chr. unter Appius Claudius Caecus gebaut. Bis dahin regelte man die Versorgung mit dem kostbaren Nass über den Tiber sowie über Quellen und Brunnen. Als erstes Aquädukt leitete die 144 v. Chr. im Auftrag von Marcius Rex angelegte Aqua Marcia das Wasser überirdisch weiter. Das großartigste Aquädukt war die 38 n. Chr. von Kaiser Caligula begonnene und von Kaiser Claudius 52 n. Chr. fertig gestellte Aqua Claudia. Vor Rom wurde die 69 Kilometer lange Wasserleitung auf den letzten zehn Kilometern über Bögen geführt. Auffallendster Bestandteil war der monumentale, als Porta Maggiore bekannte Doppelbogen. Rom war ohne Zweifel die am besten mit Wasser versorgte Stadt der Antike. Eupalinos gelang gar die ingenieurtechnische Meisterleistung, eine Wasserleitung zu bauen, die 1000 Jahre lang rund 20000 Bewohner mit frischem Trinkwasser versorgte.

Wasser ist lebensnotwendig – schon in der Antike wurde es über weite Entfernungen hinweg zu den Menschen gebracht. Einige der dazu errichteten Bauwerke – hier der Pont du Gard bei Nîmes – überdauerten Jahrtausende.

Mensch und Schrift: Ohne Buchstaben keine Kultur

Vom Bild zum Buchstaben

Sein angesammeltes Wissen weiterzugeben ist eine der ältesten Traditionen des Menschen. Doch mündliche Überlieferungen allein bewahrten sein kulturelles Erbe nicht dauerhaft. Wandmalereien, Knoten und Kerben machten die Mitteilungen bereits »haltbarer«. Solche anschaulichen Symbole und naturgetreuen Darstellungen bildeten die Vorläufer schriftlicher Kommunikation. Die Tatsache, dass diese uns heute noch erhalten sind, liefert den besten Beweis für die Bewahrung von Kultur in der Schrift.

Eine der ersten frühen Schriften war die Keilschrift, die in Mesopotamien entstand.

Erste Bilderschriften benutzten Zeichen, die Ereignisse gegenständlich darstellten. Die ältesten Zeugnisse einer solchen Schrift stammen ungefähr aus dem Mesopotamien des Jahrs 3000 v. Chr. Beim Schreiben abstrahierten und schematisierten die Menschen die Symbole dann, sodass sich daraus die Keilschrift entwickelte. Ihre Zeichen waren erst Bildern zugeordnet, dann einzelnen Wörtern, schließlich Silben. Den Namen verdankt die Schrift den keilförmigen Eindrücken, die der Griffel beim Schreiben im noch weichen Ton hinterließ. Ton bot sich aus praktischen Gründen als Schreibmaterial an: Das Land besaß große Vorräte dieses Rohstoffs. Holz, Stein oder Metall dagegen waren wesentlich knapper. Aus dem feuchten Ton formte man kleine Tafeln und ließ sie nach ihrer Beschriftung an der Luft trocknen. Die Ägypter verwendeten dagegen vor allem Papyrus als Beschreibstoff. Ihre Hieroglyphenschrift mit abstrahierten Bildsymbolen dokumentiert mehr als nur einen zweiten wichtigen Schriftursprung aus der Zeit um 3000 v. Chr. Denn erst durch sie haben wir eine Vorstellung davon, wie die ägyptische Kultur aussah und der Alltag am Nil gelebt wurde.

Bis in die Gegenwart existiert eine Schrift, die sich ebenfalls von der Bilder- zur Wortschrift wandelte, aber ihre ursprüngliche Form beibehielt: Das Chinesische ist mit 4000 Jahren die älteste heute noch gebrauchte Schriftsprache der Welt. Da Wortschriften kaum abhängig von der Aussprache sind, sorgte ihre Erfindung im chinesischen Reich mit seinen vielen Sprachen und Dialekten für eine neue Einheitlichkeit. Die spätere Aneignung der chinesischen Schrift durch die Koreaner und Japaner verstärkte diese Bedeutung weiter und zeigt, welche Kultur bildende Kraft eine gemeinsame Schrift besitzt. Nicht nur in ihr mag das hohe Traditionsbewusstsein und das Verantwortungsgefühl der Asiaten für ihre Kultur wurzeln.

Wörter und Buchstaben

Wie aber ist das Alphabet unseres Kulturkreises entstanden? Im Gegensatz zu den oben erwähnten Schrifttypen kommen hier zum ersten Mal Buchstaben ins Spiel. Im »ABC« entsprechen die Zeichen nicht mehr bestimmten Bedeutungen, Wörtern oder Silben, sondern sind spezifischen Lauten zugeordnet. Wie ökonomisch solche Alphabetschriften sind, beweist ein einfacher Vergleich: Während die meisten Alphabete mit rund 30 Zeichen auskommen, benötigt eine Wortschrift wie das moderne Chinesisch allein für den umgangssprachlichen Gebrauch 6000 bis 8000 Zeichen. Handelt es sich um wissenschaftliche Texte, wächst diese Zeichenmenge leicht um das Zehnfache.

Alle Alphabetschriften lassen sich auf denselben Ursprung zurückführen: die westsemitische (phönikische) Buchstabenschrift, welche um 1000 v. Chr. das erste Mal nachweisbar ist und nur aus Konsonanten bestand. Als die Griechen sie später adaptierten, fügten sie Vokale hinzu und erschufen damit ihre eigene Alphabetschrift, dessen älteste Belege aus dem 8. Jahrhundert v. Chr. datieren. Der Name »Alphabet« setzt sich übrigens aus den beiden ersten Buchstaben des griechischen Alphabets zusammen – Alpha und Beta. Für die kulturelle Entwicklung des westeuropäischen Sprachraums war das griechische Alphabet von großer Bedeutung. Unser gegenwärtiges lateinisches Alphabet ist eine Ableitung des griechischen und wurde zur offiziellen Weltverkehrsschrift erklärt.

Die Schrift wird schneller

Über Jahrtausende hinweg war das Schreiben eine Sache der persönlichen Handschrift – sei es mit Griffel oder Gänsekiel. Berufsschreiber verbrachten wegen des mühsamen Verfahrens oft ihr ganzes Leben mit der Abschrift einiger weniger Werke. Eine wahre Revolution bedeutete daher Gutenbergs Erfindung des Buchdrucks im Jahr 1445. Die neue Technik beschleunigte das Kopieren von Texten erheblich und objektivierte die Schrift, indem sie das Persönliche – und die größere Fehleranfälligkeit – der Schreiberhandschrift überwand. Deutlich höhere Auflagen waren nun möglich und neben den kirchlichen Schriften wurden auch wissenschaftliche Werke, Klassiker der Literatur und Volksbücher gedruckt. 1609 kamen in Wolfenbüttel und Straßburg die ersten regelmäßig erscheinenden Zeitungen heraus.

Die Bedeutung von Schriftstücken nahm in vielen Lebenskontexten zu. Zum Beispiel entstand in der Handelswelt die Notwendigkeit umfangreicher schriftlicher Korrespondenz, seit mit dem Mittelalter die Zeiten fahrender Kaufleute vorbei und diese sesshaft geworden waren. Für den Geschäftsmann verband sich mit dem Schriftverkehr ein erheblicher Aufwand, musste er doch für einen einzigen Brief zunächst einen Entwurf, anschließend die Reinschrift und schließlich eine Abschrift für die eigenen Unterlagen mit Tinte und Feder anfertigen. Angesichts dessen bedeuteten bereits die Erfindungen von Doppel- oder Mehrfachfedern im 17./18. Jahrhundert einen Fortschritt. Denn sie ermöglichten, gleichzeitig zwei oder mehr

Vor allem religiöse Werke wurden im Mittelalter von Mönchen in Klöstern per Hand kopiert und mit prachtvollen Buchmalereien ausgestattet.

Die Erfindung des Buchdrucks mit beweglichen Lettern 1445 ermöglichte den Gelehrten das Studium wissenschaftlicher Werke und Literatur.

Exemplare desselben Schriftstücks zu erstellen, indem etwa ein Holzgriff, der zwei Gänsekiele miteinander verband, das parallele Schreiben erlaubte.

Das 18. Jahrhundert brachte eine Fülle mechanischer Automaten hervor, darunter auch verschiedene »Schreibapparate« mehr oder minder kurioser Form. 1714 ließ sich Henry Mill ein Gerät patentieren, das der Funktion nach bereits als Schreibmaschine diente, der Begriff selbst tritt jedoch erst 1832 in Erscheinung. Viele Variationen des neuen Hilfsmittels wurden ersonnen, um das Schreiben schneller, bequemer und optisch ansprechend zu gestalten. Davon profitierte längst nicht nur die Geschäftswelt: Mark Twain konnte als erster Schriftsteller seinem Verleger ein Manuskript mit Durchschlag schicken, denn er hatte sich 1874 für 125 Dollar eine Schreibmaschine namens »Typewriter« gekauft. In den nächsten 100 Jahren bedingte die Schreibmaschine eine enorme Produktivitätssteigerung in allen Bereichen der Textverarbeitung.

Die rasante Entwicklung der (Mikro-) Elektronik verdrängte sie jedoch Ende des 20. Jahrhunderts und ersetzte sie durch Computertechnologie. Nie war es so leicht mit Schrift zu arbeiten wie heute – Softwareprogramme erlauben jedermann komplexe Textbearbeitung am heimischen PC. Im virtuellen Zeitalter erscheint die Schrift nahezu dematerialisiert, nicht länger auf einen Beschreibstoff angewiesen und damit quasi unsichtbar. Andererseits wird sie durch multimediale Einbettung vielleicht mehr denn je betont. Ihre Inhalte mögen sich heute schnell überleben, doch die Schrift selbst bleibt beständig einer der wichtigsten Informations- und Kulturträger.

Abakus – Nie war das Rechnen leichter

Ägypten, Babylonien, Griechenland, Rom

Schon im Altertum war es eine wichtige Grundlage des Wirtschaftslebens, dass Käufer und Händler Anzahl und Gegenwert der Ware genau bestimmen konnten. Beim Tausch großer Mengen verloren die Beteiligten jedoch schnell den Überblick. Im Orient entwickelten findige Rechenkünstler eine Zählhilfe – den Abakus.

500 v. Chr.

UM 500 V. CHR.

- 510 v. Chr.: Das Ende der etruskischen Herrschaft markiert den Beginn der Römischen Republik. Nun übernehmen zwei Konsuln die Regierung der Stadt.
- Um 500 v. Chr.: Siddharta Gautama, auch Buddha – der Erleuchtete – genannt, ist der Stifter des Buddhismus.
- Um 500 v. Chr.: Konfuzius schreibt das *Buch der Gespräche*, in dem er Geduld, Treue, Strenge gegen sich selbst und Sittlichkeit lehrt.

△ Für viele Jahrhunderte blieb der Abakus – hier auf dem Tisch eines deutschen Kaufmannes im 16. Jahrhundert – ein wichtiges Instrument des Wirtschaftslebens.

Bevor sich im Mittelalter in vielen Kulturen das Dezimalsystem mit arabischen Ziffern durchsetzte, stellten die Menschen Zahlenwerte als Zeichenkolonnen dar. Die Babylonier oder die Ägypter etwa ritzten große Beträge so in Ton oder Stein. Einfacher und schneller war es jedoch, die Summe an den zehn Fingern abzulesen. Beim Tausch und Bezahlen von Waren oder der Berechnung von Abgaben allerdings stieß diese Methode bald an ihre Grenzen. Um beliebig große Mengen abzubilden, nahmen die Händler also Stäbchen, Körner oder Steine zu Hilfe, die die jeweilige Anzahl an Früchten, Vieh oder Getreidesäcken symbolisierten.

Die Ägypter und Babylonier fassten die Warenwerte – nach der Anzahl der Finger – in Zehnergruppen zusammen, die Römer ordneten sie in Fünfergruppen an. Doch man wollte die Gruppen auch addieren oder aufteilen, ohne den Überblick zu verlieren. Nach dem Vorbild der Mathematiker, die ihre geometrischen Zeichnungen auf mit Sand bestreute Zeichentafeln schrieben, bildeten die Händler also aus Längs- und Querstrichen im Sand ein Rahmenwerk. Jedes Zählsteinchen bekam darin einen Wert zugewiesen. Die Längsspalten stellten in aufsteigender Reihenfolge von rechts nach links das Dezimalsystem dar. Auf die Spalte mit den Einern folgte die Zehnerleiste, die nächste zählte die Hunderter und so fort. In jeder Spalte lagen neun Steinchen, die bei der Zählung jeweils von unten nach oben verschoben wurden. Befanden sich alle Steine einer Spalte an der oberen Hälfte, begann mit dem ersten Steinchen der nächsten Leiste eine neue Zehnergruppe.

Die neun Steinchen der durchgezählten Spalte rückten wieder in die Ausgangsposition. In einem quer abgeteilten Bereich im oberen Teil der Tafel notierten die Händler den Stellenwert der Steine beziehungsweise die vereinbarte Einheit oder Währung. Dieses System ermöglichte es ihnen, die vier Grundrechenarten übersichtlich anzuwenden.

Bald lösten Konstruktionen aus Holz, Metall oder Stein das Verfahren ab, die Rechnungen in den Sand zu schreiben. Der Name für dieses Rechenhilfsmittel, »Abakus«, leitet sich entweder aus dem griechischen *abax abakos* (= Tafel, Zeichenbrett) oder von einem semitischen Wort für Staub (*abaq*) ab. Schnell gelangte der Abakus über den Handelsweg von Babylon und Ägypten nach Griechenland und Rom. Die römische Regierung schrieb den Gebrauch des Abakus für öffentliche Kassen, Schulen und Behörden vor. Die Römer entwickelten auch eine transportable Variante des Gerätes: Der Handabakus bestand aus einer Bronzeplatte in der Größe einer Postkarte, auf der die Rechensteine in acht senkrecht verlaufenden Schlitzen hin- und hergeschoben wurden. Die Zählung verlief dabei in einem Fünfersystem.

Selbst mechanische oder elektronische Rechenhilfen verdrängten den Abakus nicht völlig. Noch heute sind Rechenbretter in China (Suanpan), Japan (Soro-ban), Indien und Osteuropa (Stschoty) in Gebrauch.

Der Abakus: eine Zählhilfe, die das Rechnen in den vier Grundrechenarten bis in unsere heutige Zeit erleichtert.

Von der Magie zur modernen Medizin

Hippokrates von Kos (um 460–370 v. Chr.)

420 v. Chr.

UM 420 V. CHR.

- 437 v. Chr.: In Athen beginnt der Bau der Propyläen der Akropolis.
- 421 v. Chr.: Der Peloponnesische Krieg zwischen Athen und Sparta endet mit dem Frieden des Nikias. Er soll 50 Jahre gelten, währt aber nur kurze Zeit.
- 420 v. Chr.: Die griechischen Naturphilosophen entwickeln ein kausalistisches Weltbild, die Grundlage der modernen Naturwissenschaft.
- Um 400 v. Chr.: Im Hochland des heutigen Mexiko entsteht die Stadt Cuicuilco. Eine Rundpyramide und Bewässerungsanlagen werden gebaut.

Hippokrates von Kos, der »Vater der Heilkunde«, wurde schon als Kind von seinem Vater in die Heilkunde eingeführt. Die unter seinem Namen veröffentlichte Schriftensammlung, das *Corpus Hippocraticum*, bildet bis heute den Schlüssel für das Verständnis der antiken Heilkunst.

Hippokrates, der als wandernder Arzt Griechenland und Kleinasien bereiste, war bereits in der Antike ein berühmter Mediziner und Vorbild für viele Heiltätige. Er ist dafür verantwortlich, dass es in der Medizin zu einem kompletten Umdenken kam: Er versuchte die Ursachen der Krankheiten durch sachliche, fast wissenschaftliche Untersuchungen zu erkennen.

Um zu verstehen, was nun an der Lehre des Hippokrates so bahnbrechend war, muss man sie mit der Heilkunst der vorklassischen Zeit vergleichen: Hier leitete den Arzt ein irrationales, magisch-religiöses Denken. Zwar wurden Verletzungen oder Krankheiten mit pflanzlichen Heilmitteln behandelt, ebenso wichtig aber waren Beschwörungen und Zaubersprüche.

Hippokrates wendete sich radikal von der Magie ab. Die Grundlage seiner Arbeit war es, den menschlichen Körper genau zu beobachten. Dabei berücksichtigte er alle ihn beeinflussenden Faktoren: Neben der persönlichen Konstitution des Patienten waren es unter anderem die Lebensverhältnisse und Ernährung sowie das Klima, in dem er lebte. Erstmals kann man hier von einer »ganzheitlichen« Sicht auf den Menschen als Individuum sprechen.

Auch stellte Hippokrates die »Viersäftelehre« auf: Im menschlichen Körper solle ein Gleichgewicht zwischen den vier Körpersäften Blut, heller und dunkler Galle und Schleim herrschen. Eine Krankheit interpretierte Hippokrates als Ungleichgewicht dieser Säfte. Dem Arzt kam die Aufgabe zu, den Normalzustand wiederherzustellen. Krankheiten galten nun nicht mehr als von den Göttern gesandtes Unheil, sondern man ging von natürlichen Ursachen aus, die mit natürlichen Mitteln behandelt werden konnten.

Das *Corpus Hippocraticum* legt diese neuen Ansichten des Hippokrates anschaulich dar. Nicht alle Texte stammen jedoch von ihm selbst, mindestens 20 verschiedene Ärzte arbeiteten daran mit. Enthalten sind Krankengeschichten, Fallstudien, Notizen und Lehrsätze. Darunter ist auch der berühmte hippokratische Eid, der als Ausdruck einer selbstbewussten antiken Ärzteschaft gilt. Der Eid enthält unter anderem folgende Versprechen, die heute in anderen Zusammenhängen kontrovers diskutiert werden:

»Ich will meine Ratschläge und Verordnungen zum Heil der Kranken nach bestem Wissen und Können geben. Meine Patienten werde ich dabei schützen vor allem, was ihnen schaden könnte oder Unrecht täte. Niemals werde ich ein tödlich wirkendes Mittel verabreichen noch einen Rat dazu erteilen, selbst wenn man mich dazu auffordern sollte. Niemals aber werde ich einer Frau zu einer Abtreibung verhelfen.«

Zwar leisten Ärzte heute keinen offiziellen hippokratischen Eid mehr, seine Forderung, das Leben des Patienten bedingungslos zu erhalten, gilt auch heute noch als Basis der ärztlichen Ethik. Gerade in Fragen der Abtreibung, Sterbehilfe und lebenserhaltenden Maßnahmen bei unheilbar Kranken kommt es hier zu Konflikten.

Hippokrates: Sein Werk enthält den Schlüssel zum Verständnis der antiken Heilkunst.

HIPPOKRATES

Botanik – Vom Wesen der Pflanzen

Theophrast von Eresos (371–287 v. Chr.)

300 v. Chr.

UM 300 V. CHR.

- 333 v. Chr.: Alexander der Große schlägt die Perser unter Dareios III. bei Issos. In der Folge erobert er ganz Kleinasien.
- 323 v. Chr.: Nach dem Tod Alexanders des Großen teilen sich seine Nachfolger, die Diadochen, das Reich.
- 322 v. Chr.: In Chalkis stirbt der Naturphilosoph Aristoteles.

Theophrast von Eresos, ein Schüler des Aristoteles, war einer der vielseitigsten Naturforscher der Antike: Er beschäftigte sich mit Physik, Chemie, Medizin und Philosophie. Seine beiden Werke zur Pflanzenkunde blieben auf diesem Gebiet fast 1800 Jahre lang bestimmend. So legte er im dritten vorchristlichen Jahrhundert den Grundstein für die moderne Botanik.

Theophrast stammte aus Eresos auf der Insel Lesbos. Schon in seiner Jugend übte die Natur eine unwiderstehliche Faszination auf ihn aus. So legte er sich eine große naturkundliche Sammlung an. Als erwachsener Mann ging er nach Athen, um der Peripatetischen Schule des Aristoteles (384–322 v. Chr.) beizutreten (*peripatos* bedeutet »Wandelhalle«). Nach dem Tod seines Lehrmeisters sollte Theophrast gar die Leitung der Studienanstalt übernehmen.

Theophrasts Wissen über die Pflanzen erwies sich für Aristoteles bald von unschätzbarem Wert: Zwischen 334 und 324 v. Chr. unternahm der mazedonische König und Schüler des Aristoteles Alexander der Große (356–323 v. Chr.) zahlreiche Feldzüge, die ihn bis nach Indien führten. Diese nutzte er auch für wissenschaftliche Expeditionen. Im Auftrag seines Lehrers ließ Alexander dabei zahlreiche ethnologische und naturkundliche Beobachtungen anstellen: Über die Sitten der fremden Völker, die Geografie der Länder, über Pflanzen, Tiere und Mineralien. Die botanischen Sammelstücke der Alexanderzüge wertete Theophrast aus.

Aristoteles hatte vor ihm der Zoologie eine tragfähige wissenschaftliche Grundlage gegeben, sein Schüler wollte dies für die Botanik tun. Bis zu diesem Zeitpunkt hatten die Menschen die Pflanzen ausschließlich unter dem Gesichtspunkt ihrer Nützlichkeit betrachtet. Theophrast dagegen fragte ganz im Geiste seines berühmten Meisters nach deren »Natur« und ordnete sie zwischen den unbelebten Dingen und den Tieren ein. Für seine Studien soll er in Athen sogar einen botanischen Garten angelegt haben. Um 300 v. Chr. verfasste er dann seine pflanzenkundlichen Schriften, die das Fundament der modernen Botanik bilden. In der *Historia plantarum* (»Naturgeschichte der Pflanzen«) beschrieb dieser akribische Forscher das äußere Erscheinungsbild der Pflanzen mit Blüten, Blättern oder Früchten und teilte sie danach in vier Gruppen ein: Bäume, Sträucher, Stauden und Kräuter. Auch den wichtigen Einfluss von Geländeformen und klimatischen Verhältnissen auf das Überleben und die Eigenarten der Pflanzen erkannte Theophrast bereits. Die Ergebnisse der Alexanderzüge aus Ländern anderer Klimazonen kamen ihm dabei besonders zugute. In der zweiten Schrift *Causae plantarum* (»Über die Ursachen des Pflanzenwachstums«) erläuterte er, wie Pflanzen entstehen, wachsen und sich vermehren.

Eine Würdigung dieser Arbeiten blieb Theophrast zeitlebens versagt. Erst im 15. Jahrhundert gelangten seine Schriften wieder nach Mitteleuropa. Auf ihrer Grundlage bauten die »Väter der Botanik« Leonhart Fuchs (1501–1566), Hieronymus Bock (1498–1554) und Otto Brunfels (um 1488–1534) die neuzeitliche Pflanzenkunde auf. Der außergewöhnliche Pflanzenkenner gelangte nun endlich zu Ehren: Nach ihm ist eine Schlüsselblume, das Theophrastengewächs, benannt.

Die Grundlagen der Botanik, wie Theophrast sie in der Antike formulierte, wurden durch Leonhart Fuchs in der frühen Neuzeit weiterentwickelt.

Zame Violaten. A

Violaten allerley.

Von dem Nammen.

PLinius spricht / das die Violblům / nach B der Roßen vnd Gilgen / etwan vor zeyten bey den Römeren die gröſte eere vnnd preyß habe gehebt vor allen blůmlin / vnnd sey darumb im Kryechischen ἴον genant. das zů der zeyt als Jupiter (nach poëtischer deütung) die iungkfraw Jo / in ein ků verwādelt / dz erdtrich auß erbermbd diße blůmlin zům ersten hat lassen wachßen ir zů einer speiß. Deßhalb auch in latin Viola / quasi Vitula genant.

Geschlecht vnd art.

Violaten werden vff fyererley erzelet vom Dioscor. als braune / gelbe / weisse / vnd hymmelfarb. Die braunen seind die gemeynen Violaten / die Gelben Gelb Violaten genant. Die anderen seind so wir Negelblůmen nennen / Garyophylli zů latin.

Gestalt der braunen / oder purpur Violaten.

Die braun Violat hat ein blatt dem Ephew gleich / doch minder / zårter / schwårtzer / vñ vß der wurtzelē gond kleine styelin / an welchen wachßen die blůmlin. reücht wol / wie dañ yederman wol bewisſzt. Dißes kraut hat keinen stengel wie andere kreüter / har auch kein öſt / bleibet grůn winter vnnd summer wo man es weyſſz zůhalten / zů aller zeyt dyenſtlich der artzeney.

Begründung der Geometrie

Euklid (um 300 v. Chr.)

Um 300 v. Chr. schuf der griechische Mathematiker Euklid ein System von geometrischen Lehrsätzen, das in dieser Wissenschaft 2200 Jahre lang bestimmend blieb. Über seinem »Parallelenpostulat« grübelten die Mathematiker aller Zeiten – im 19. Jahrhundert wurde es zum Ausgangspunkt der modernen »nichteuklidischen« Geometrie.

300 v. Chr.

UM 300 V. CHR.

- Ab 300 v. Chr.: Der Buddhismus breitet sich in Indien aus.
- 298 v. Chr.: Rom schlägt im Dritten Samnitenkrieg die Samniten, Umbrer, Etrusker, Sabiner und Lukaner und kann seinen Machtbereich über ganz Mittel- und Unteritalien ausdehnen.
- Um 285 v. Chr.: Im Hafen von Rhodos wird eine riesige Statue des Sonnengottes Helios aufgestellt. Der »Koloss von Rhodos« ist eines der sieben Weltwunder der Antike.

Die Mathematik nahm in der griechischen Wissenschaft von Beginn an eine herausragende Rolle ein. Thales von Milet (um 650–um 560 v. Chr.), der älteste uns bekannte griechische Naturphilosoph, war zugleich der erste Mathematiker. Den berühmtesten Satz der griechischen Geometrie formulierte Pythagoras (um 570–um 480 v. Chr.): »In einem rechtwinkligen Dreieck ist die Summe der Quadrate über den Katheten gleich dem Quadrat über der Hypotenuse.« Es waren aber nicht nur ihre mathematischen Fähigkeiten, welche die Griechen von ihren Vorgängern in Ägypten und Mesopotamien unterschied, sondern ihr Bemühen, die erkannten Gesetzmäßigkeiten auch logisch zu beweisen.

Eben dies tat Euklid. Er wirkte um 300 v. Chr. in Alexandria, dem kulturellen Mittelpunkt der Alten Welt. Seine Hauptschrift, die *Elemente* – ein dreizehnbändiges Kompendium des gesamten mathematischen Wissens seiner Zeit – wurde zum einflussreichsten Mathematiklehrbuch aller Zeiten. Neben einer systematischen Darstellung aller geometrischen Grundbegriffe formulierte der Wissenschaftler darin auch den »Fundamentalsatz der Arithmetik«: »Jede natürliche Zahl, die größer ist als 1, ist entweder eine Primzahl – also nur durch sich selbst teilbar – oder aber eindeutig als Produkt von Primzahlen darstellbar.«

In der Geometrie definierte Euklid zuerst die Grundelemente: »Ein Punkt ist, was keine Teile hat« oder »Eine Linie ist eine breitenlose Länge«. Dann folgten die berühmten Postulate und Axiome, Grundannahmen oder einfache Sätze also, die auf noch einfachere Annahmen zurückgeführt werden können. Zu den Postulaten gehörten die Forderungen »Von jedem Punkt soll man nach jedem Punkt eine Strecke ziehen können« oder »Alle rechten Winkel sollen einander gleich sein«. Eine besondere Stellung nahm von Beginn an das »Parallelenpostulat« ein: »Sind eine Gerade l und ein Punkt P gegeben, welcher nicht auf l liegt, so kann auf der durch l und P bestimmten Ebene durch P genau eine einzige Gerade l' so gezogen werden, dass l und l' sich niemals schneiden.«

Doch schon Euklids unmittelbaren Nachfolgern schien dieses Postulat jedoch weniger evident als die anderen Lehrsätze. Etwa 2200 Jahre später bezweifelte dann der russische Mathematiker Nikolai Lobatschewskij (1792–1856) seine Richtigkeit und begründete auf seinem Widerspruch die »nichteuklidische Geometrie«. Ihr zufolge gehen durch jeden gegebenen Punkt mindestens zwei Parallelen zu einer gegebenen Geraden. Ein weiterer Unterschied heutiger axiomatischer Theorien zur euklidischen Geometrie besteht in der Auffassung, dass den Grundbegriffen (etwa Punkt und Gerade) keine inhaltliche Bedeutung zukommen darf.

Weitere, nicht mehr auf Euklid aufbauende Geometrien folgten, etwa die des Mathematikers Bernhard Riemann (1826–1866). Physikalische Anwendung fanden diese »nichteuklidischen Geometrien« zu Beginn des 20. Jahrhunderts in der »Allgemeinen Relativitätstheorie« Albert Einsteins (1879–1955).

Ursprung und erstes Anwendungsgebiet der Geometrie (griech. Erdmessung) war die Landvermessung.

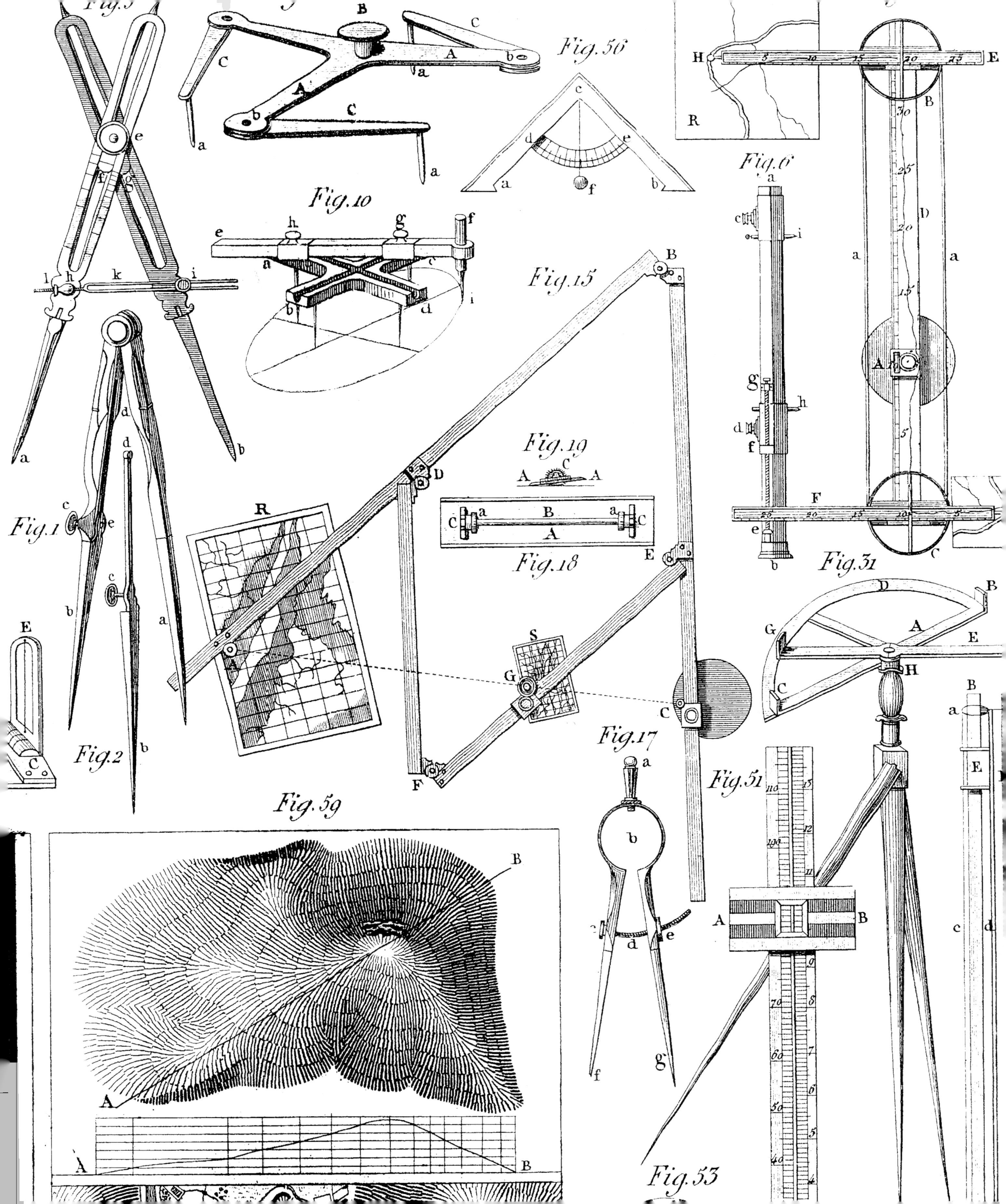
Fig.1
Fig.2
Fig.6
Fig.10
Fig.15
Fig.17
Fig.18
Fig.19
Fig.31
Fig.51
Fig.53
Fig.56
Fig.59

Pi – Die Quadratur des Kreises

Archimedes (285–212 v. Chr.), Liu Hui (3. Jahrhundert)

Der Kreis war schon seit jeher ein ausgesuchtes Symbol für die Vollkommenheit. An seiner exakten Berechnung aber haben sich Mathematiker seit jeher schon die Zähne ausgebissen. Warum? Weil die Rechnung nicht so ohne weiteres aufgeht: Setzt man zur Ermittlung der Fläche eines Kreises seinen Umfang und seinen Durchmesser ins Verhältnis, ergibt sich der gesuchte Wert (Pi) zwar konstant, allerdings als Zahl, deren Stellen sich nach dem Komma noch endlos weiter fortführen.

250 v. Chr.

UM 250 V. CHR.

- Um 300 v. Chr.: Im nordamerikanischen Ohiotal entsteht die Hopewellkultur. Die Hopewellmenschen errichten Tempelhügel (»temple mounds«) und fertigen kostbaren Schmuck, den sie den Verstorbenen in die Gräber geben.
- Um 300 v. Chr.: Rom öffnet die Staatsämter auch den Plebejern.
- Um 270 v. Chr.: In Rom entstehen die ersten Schulen für Gladiatoren.

Bereits im 5. Jahrhundert v. Chr. war bekannt, dass der Flächeninhalt eines Kreises stets im selben Verhältnis zum Quadrat seines Durchmessers steht. Was jedoch fehlte, war die mathematische Basis, die dieses Verhältnis endlich auch exakt berechenbar machen würde. Die frühen Forscher rückten dem Problem geometrisch mit Lineal und Zirkel zu Leibe.

Der griechische Mathematiker Archimedes war der Erste, der die Frage um 250 v. Chr. systematisch anging – er dachte dabei ebenso einfach wie genial: Konstruiert man sowohl um den Kreis als auch in den Kreis je ein Vieleck von gleicher Seitenzahl, so muss man nur noch die Flächen dieser beiden Vielecke berechnen, um zu wissen, wie groß die Fläche des Kreises ist, die ja exakt dazwischen liegt. Je größer nun die Zahl der Ecken des Vielecks, umso mehr nähert man sich dem Kreis und umso exakter wird der sich ergebende Wert für Pi.

Archimedes startete zunächst mit zwei Sechsecken – eines dem Kreis einbeschrieben und eines den Kreis umschreibend. Durch Verdopplung steigerte er die Anzahl der Ecken dann schrittweise bis auf 96 – mit jedem Schritt wurde das Vieleck »runder«. Für das allgemeine Verhältnis des Kreisumfangs zu seinem Durchmesser ergab sich so ein Wert zwischen 310/70 und 310/71, was Pi mit 3,14 bereits auf zwei Nachkommastellen genau ergab – auf dem so schwierigen Parcours der Kreismeisterschaft war damit der erste grandiose Ritt gelungen.

Doch nicht nur in Griechenland hatte der Kreis dem forschenden Geist keine Ruhe gelassen. Auch in China entwickelte sich, wenn auch später, die »archimedische« Methode des geometrischen Näherungsverfahrens, und zwar dort durch den Mathematiker Liu Hui. Dieser gelangte in seiner Kreiserfassung sogar noch entschieden weiter: Indem er regelmäßige Vielecke mit bis zu 3072 Ecken verwendete, errechnete er im Jahr 263 den bis auf die fünfte Stelle korrekten Wert für Pi: 3,14159. Damit war der Kreis endlich hinlänglich kalkulierbar geworden. Aber dennoch brachte die Rechnung ein Problem mit sich.

Nun nämlich war mit der Zahl Pi ja nicht zuletzt die Größe der Unendlichkeit in die Mathematik eingezogen und hat nicht nur die Möglichkeiten (Approximation), sondern auch die Grenzen der exakten Weltberechnung in Zahlen aufgezeigt: Eine Zahl, die sich endlos fortsetzt, ist arithmetisch nun einmal nicht mehr komplett zu erfassen.

Heute berechnen Supercomputer die Kreiszahl Pi zwar auf Milliarden Nachkommastellen genau, doch bleiben selbst solche Rechenrekorde bis in alle Ewigkeit unvollständig. Mit dem Rätsel der Quadratur des Kreises wird ein Mathematiker sich also weiterhin ein Leben lang beschäftigen können.

Die Zahl Pi: Sie zeigt die Grenzen der exakten Weltberechnung in Zahlen auf, denn sie ist arithmetisch nicht mehr vollständig zu erfassen.

3.1415926535 8979323846 2643383279 5028841971 6939937510 5820974944 5923078164 0628620899 8628034825 3421170679
8214808651 3282306647 0938446095 5058223172 5359408128 4811174502 8410270193 8521105559 6446229489 5493038196
4428810975 6659334461 2847564823 3786783165 2712019091 4564856692 3460348610 4543266482 1339360726 0249141273
7245870066 0631558817 4881520920 9628292540 9171536436 7892590360 0113305305 4882046652 1384146951 9415116094
3305727036 5759591953 0921861173 8193261179 3105118548 0744623799 6274956735 1885752724 8912279381 8301194912

9833673362 4406566430 8602139494 6395224737 1907021798 6094370277 0539217176 2931767523 8467481846 7669405132
0005681271 4526356082 7785771342 7577896091 7363717872 1468440901 2249534301 4654958537 1050792279 6892589235
4201995611 2129021960 8640344181 5981362977 4771309960 5187072113 4999999837 2978049951 0597317328 1609631859
5024459455 3469083026 4252230825 3344685035 2619311881 7101000313 7838752886 5875332083 8142061717 7669147303
5982534904 2875546873 1159562863 8823537875 9375195778 1857780532 1712268066 1300192787 6611195909 2164201989

3809525720 1065485863 2788659361 5338182796 8230301952 0353018529 6899577362 2599413891 2497217752 8347913151
5574857242 4541506959 5082953311 6861727855 8890750983 8175463746 4939319255 0604009277 0167113900 9848824012
8583616035 6370766010 4710181942 9555961989 4676783744 9448255379 7747268471 0404753464 6208046684 2590694912
9331367702 8989152104 7521620569 6602405803 8150193511 2533824300 3558764024 7496473263 9141992726 0426992279
6782354781 6360093417 2164121992 4586315030 2861829745 5570674983 8505494588 5869269956 9092721079 7509302955

3211653449 8720275596 0236480665 4991198818 3479775356 6369807426 5425278625 5181841757 4672890977 7727938000
8164706001 6145249192 1732172147 7235014144 1973568548 1613611573 5255213347 5741849468 4385233239 0739414333
4547762416 8625189835 6948556209 9219222184 2725502542 5688767179 0494601653 4668049886 2723279178 6085784383
8279679766 8145410095 3883786360 9506800642 2512520511 7392984896 0841284886 2694560424 1965285022 2106611863
0674427862 2039194945 0471237137 869609[illegible]389 0865832645 9958133904 7802759009

9465764078 9512694683 9835259570 98[illegible]476 9909026401 3639443745 5305068203
4962524517 4939965143 1429809190 6[illegible]09372 2[illegible]46151 570[illegible]87 4105978859 5977297549 8930161753 9284681382
6868386894 2774155991 8559252459 [illegible]5943104 9[illegible]24680 845[illegible]36 4469584865 3836736222 6260991246 0805124388
4390451244 1365497627 8079771569[illegible]435997700 1[illegible]60894 416[illegible]55 5848406353 4220722258 2848864815 8456028506
0168427394 5226746767 8895252138 5225499546 6[illegible]782398 64[illegible]16 3548862305 7745649803 5593634568 1743241125

1507606947 9451096596 0940252288 7971089314 [illegible]136867 22[illegible]405 6010150330 8617928680 9208747609 1782493858
9009714909 6759852613 6554978189 3129784821[illegible]989487 22[illegible]485 7564014270 4775551323 7964145152 3746234364
5428584447 9526586782 1051141354 735739523[illegible]2716610 21[illegible]536 2314429524 8493718711 0145765403 5902799344
0374200731 0578539062 1983874478 084784896[illegible]445713 86[illegible]435 0643021845 3191048481 0053706146 8067491927
8191197939 9520614196 6342875444 0643745[illegible]1921799 9[illegible]591 9561814675 1426912397 4894090718 6494231961

5679452080 9514655022 5231603881 93014[illegible]13785595 6[illegible]87 08303[illegible]697 9207734672 2182562599 6615014215
0306803844 7734549202 6054146659 2520[illegible]50732518 6[illegible]3408[illegible]9071 0486331734 6496514539 0579626856
1005508106 6587969981 6357473638 405[illegible]028970641 40[illegible]39039 7595156771 5770042033 7869936007
2305587631 7635942187 3125147120 532[illegible]618612586 732[illegible]488291 6447060957 5270695722 0917567116
7229109816 9091528017 3506712748 5832[illegible]8 3520935396 5725121[illegible]791513698 8209144421 0067510334 6711031412

6711136990 8658516398 3150197016 5151168517 1437657618 3515565088 4909989859 9823873455 2833163550 7647918535
8932261854 8963213293 3089857064 2046752590 7091548141 6549859461 6371802709 8199430992 4488957571 2828905923
2332609729 9712084433 5732654893 8239119325 9746366730 5836041428 1388303203 8249037589 8524374417 0291327656
1809377344 4030707469 2112019130 2033038019 7621101100 4492932151 6084244485 9637669838 9522868478 3123552658
2131449576 8572624334 4189303968 6426243410 7732269780 2807318915 4411010446 8232527162 0105265227 2111660396

6655730925 4711055785 3763466820 6531098965 2691862056 4769312570 5863566201 8558100729 3606598764 8611791045
3348850346 1136576867 5324944166 8039626579 7877185560 8455296541 2665408530 6143444318 5867697514 5661406800
7002378776 5913440171 2749470420 5622305389 9456131407 1127000407 8547332699 3908145466 4645880797 2708266830
6343285878 5698305235 8089330657 5740679545 7163775254 2021149557 6158140025 0126228594 1302164715 5097925923
0990796547 3761255176 5675135751 7829666454 7791745011 2996148903 0463994713 2962107340 4375189573 5961458901

9389713111 7904297828 5647503203 1986915140 2870808599 0480109412 1472213179 4764777262 2414254854 5403321571
8530614228 8137585043 0633217518 2979866223 7172159160 7716692547 4873898665 4949450114 6540628433 6639379003
9769265672 1463853067 3609657120 9180763832 7166416274 8888007869 2560290228 4721040317 2118608204 1900042296
6171196377 9213375751 1495950156 6049631862 9472654736 4252308177 0367515906 7350235072 8354056704 0386743513
6222247715 8915049530 9844489333 0963408780 7693259939 7805419341 4473774418 4263129860 8099888687 4132604721

5695162396 5864573021 6315981931 9516735381 2974167729 4786724229 2465436680 0980676928 2382806899 6400482435
4037014163 1496589794 0924323789 6907069779 4223625082 2168895738 3798623001 5937764716 5122893578 6015881617
5578297352 3344604281 5126272037 3431465319 7777416031 9906655418 7639792933 4419521541 3418994854 4473456738
3162499341 9131814809 2777710386 3877343177 2075456545 3220777092 1201905166 0962804909 2636019759 8828161332
3166636528 6193266863 3606273567 6303544776 2803504507 7723554710 5859548702 7908143562 4014517180 6246436267

9456127531 8134078330 3362542327 8394497538 2437205835 3114771199 2606381334 6776879695 9703098339 1307710987
0408591337 4641442822 7726346594 7047458784 7787201927 7152807317 6790770715 7213444730 6057007334 9243693113
8350493163 1284042512 1925651798 0694113528 0131470130 4781643788 5185290928 5452011658 3934196562 1349143415

Heliozentrisches Weltbild - Die Sonne rückt in den Mittelpunkt

Aristarch von Samos (um 310-230 v. Chr.)

280 v. Chr.

UM 280 V. CHR.

- 280 v. Chr.: Im Römisch-Tarentinischen Krieg besiegt das Heer des Königs Pyrrhos in der Schlacht bei Heraclia die römischen Truppen. Die Verluste des Pyrrhos sind so groß, dass dieser Sieg den sprichwörtlichen »Pyrrhussieg« markiert.
- 279 v. Chr.: Auf der Insel Pharos vor der ägyptischen Stadt Alexandria wird ein Leuchtturm errichtet, der zu den sieben Weltwundern der Antike zählt.
- 264 v. Chr.: Zwischen den rivalisierenden Mächten Rom und Karthago bricht der Erste Punische Krieg aus.

Nicht die Sonne dreht sich um die Erde, sondern die Erde bewegt sich um die Sonne, den Mittelpunkt des Kosmos: Mit der Theorie vom »heliozentrischen Weltbild« formulierte Aristarch von Samos um 280 v. Chr. eine Theorie, die Wissenschaft und Kirche jahrhundertelang nicht akzeptierten.

Zu Lebzeiten des Aristarch von Samos dominierte das geozentrische Weltbild, das die Erde als Zentrum eines räumlich begrenzten Kosmos betrachtete, die Lehrmeinung. Aristoteles (384–322 v. Chr.), eine Autorität auf dem Gebiet der Naturforschung, war einer der Hauptvertreter dieser Überzeugung. Er hatte beispielsweise die Kugelgestalt der Erde nachgewiesen. Er gründete diese Theorie darauf, dass der Erdschatten auf den Mond stets kreisförmig ist. Auch andere astronomische und physikalische Probleme konnte er dem damaligen Kenntnisstand entsprechend einleuchtend lösen. An seiner Meinung war also kaum zu zweifeln.

Dennoch ergab diese Sicht Unstimmigkeiten: So ließen sich beispielsweise die Planetenbahnen nicht klar berechnen, manche Himmelskörper schienen sogar hin und her zu wandern statt die Erde kreisförmig zu umlaufen. Doch die Wissenschaftler ignorierten diese Rätsel – oder versuchten, sie durch ein »Zentralfeuer« zu erklären, um das sich Sonne, Erde und Planeten in konzentrischen Kreisen bewegten.

Aristarch erklärte in seinen leider nur fragmentarisch erhaltenen Werken schon sehr genau, dass die Sonne sich als unbeweglicher Mittelpunkt im Universum befand, während die Erde (und damit auch alle anderen Planeten) sich auf einer gegen den Himmelsäquator geneigten Kreisbahn um die Sonne bewegten. Außerdem erkannte Aristarch bereits, dass sich die Erde im Laufe eines Tages einmal um ihre eigene Achse drehte, während Sonne und Fixsterne unbeweglich blieben.

Wie aber war der Forscher zu diesen erstaunlichen Ergebnissen gelangt? Eine Grundlage des neuen »heliozentrischen« Weltbildes waren seine Berechnungen der Distanzen und Größenverhältnisse zwischen Erde, Mond und Sonne. Die Sonne war nach Aristarch 20-mal so weit von der Erde entfernt wie der Mond und siebenmal größer als die Erde. Ihm schien es also weitaus logischer, die – im Verhältnis zur Erde – wesentlich größere Sonne als das Zentrum des Universums anzusehen. Nach dem heutigen Wissensstand sind diese Werte zwar immer noch zu gering geschätzt, gegenüber früheren Ansätzen jedoch waren sie revolutionär. So machten ihm seine Zeitgenossen vor allem den Vorwurf, die religiösen Gesetze zu missachten. In der Folgezeit diskutierten die Wissenschaftler das neue »heliozentrische« Weltbild heftig. Der Astronom Claudius Ptolemäus (um 100–nach 160 n. Chr.) kannte Aristarchs Theorie, entschied sich in seinem »ptolemäischen Weltbild« aber für den Geozentrismus.

Diese irrige Annahme widerlegte dann Nikolaus Kopernikus (1473–1543) um 1500 wissenschaftlich. Er erkannte, dass das heliozentrische Weltbild viele astronomische Probleme von alleine löste. Als seine Theorien erschienen, wurden sie sofort mit dem Kirchenbann belegt. Erst 1996 stimmte Papst Johannes Paul II. im Namen der katholischen Kirche der Lehre des Kopernikus und somit der des Aristarch zu.

Bereits Aristarch von Samos rückte die Sonne in das Zentrum des Planetensystems – aber erst nach rund 1800 Jahren konnten sich Wissenschaft und Kirche zu seiner Erkenntnis durchringen.

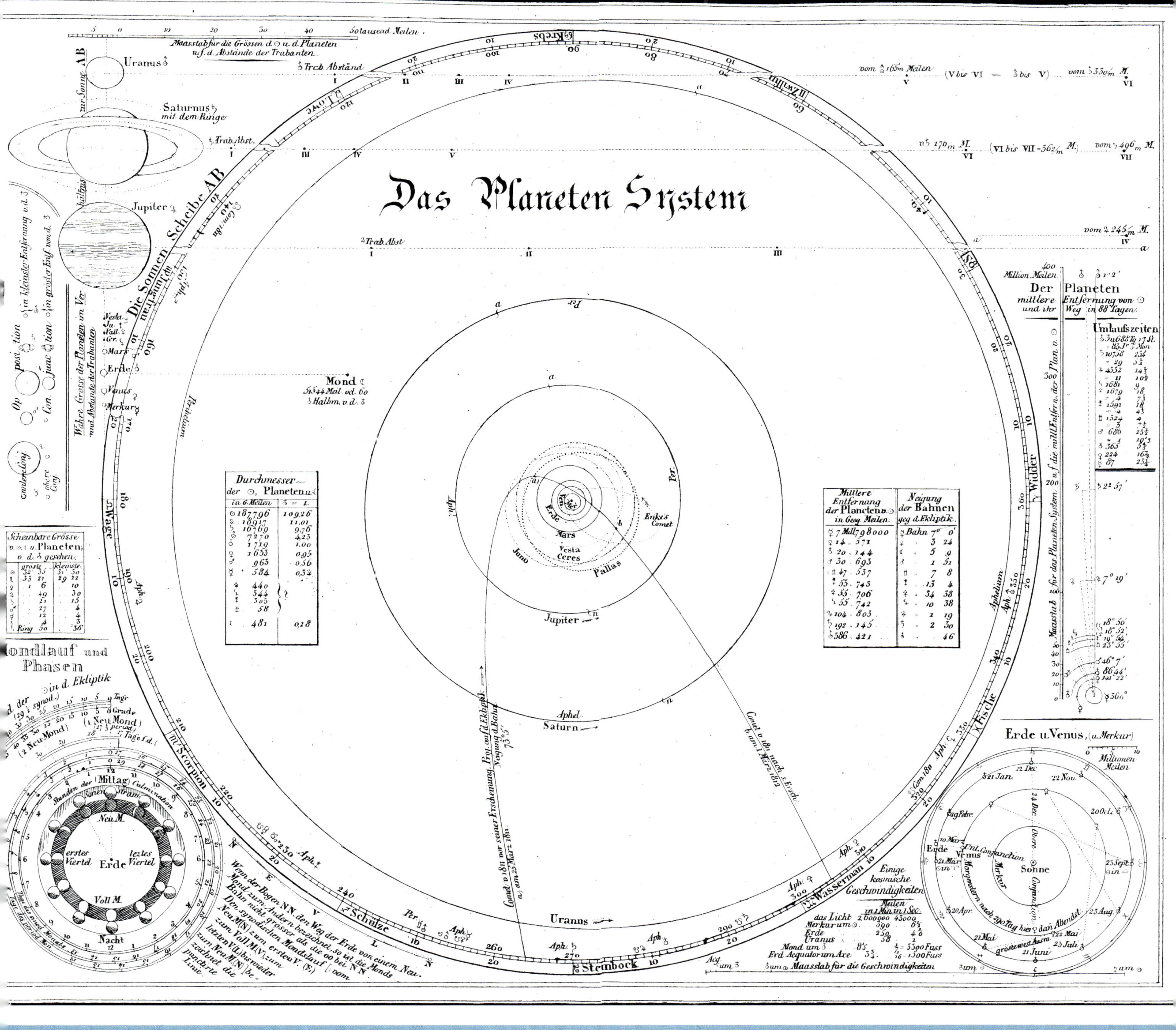

Das Planeten System
Maasstab für die Grössen d. ☉ u. d. Planeten u. f. d. Abstände der Trabanten
Uranus
Saturnus mit dem Ringe
Jupiter
Mond
Die Sonnen Scheibe AB
Wahre Grösse der Planeten im Ver. mit Abstände der Trabanten
Durchmesser der ☉, Planeten u.
Scheinbare Grösse
Mondlauf und Phasen in d. Ekliptik
Neu M.
erstes Viertel
Erde
lezter Viertel
Voll M.
Nacht
Mittag
Erde
Mars
Vesta
Ceres
Juno
Pallas
Enke's Comet
Jupiter
Saturn
Uranus
Mittlere Entfernung der Planeten in Geog. Meilen
Neigung der Bahnen geg. d. Ekliptik
Der Planeten mittlere Entfernung von ☉ und ihr Weg in 88 Tagen
Umlaufszeiten
Maasstab für das Planeten System u. f. die mittl. Entfern. der Plan. v. ☉
Erde u. Venus, (u. Merkur)
Sonne
Einige kosmische Geschwindigkeiten
Maasstab für die Geschwindigkeiten
Krebs
Löwe
Jungfrau
Wage
Scorpion
Schütze
Steinbock
Wassermann
Fische
Widder
Stier
Zwillinge

Porzellan – Weißes Gold aus China

China

Edles Porzellan zu besitzen ist heute nicht mehr nur den Königen vorbehalten. Was einst in China erfunden wurde und europäische Sammler begeisterte, gehört heute dank dem Alchemisten Johann Friedrich Böttger (1682–1719) zu unserer Wohn- und Alltagskultur.

618

UM DAS JAHR 618

- 600: In Japan wird die chinesische Schrift eingeführt. In der Folge entstehen erste literarische Werke.
- 607: Der Stadtstaat Venedig wird gegründet. An der Spitze der Regierung stehen die Dogen.
- 608: Die Maya gründen ihre erste Tempelstadt, Piedras Negras, in Mittelamerika.
- 610: In Arabien offenbart sich Mohammed (570–632) als Prophet Allahs.
- 618: In China löst die Tangdynastie nach einer Revolte die Suidynastie ab.

Die Bezeichnung Porzellan stammt aus dem Italienischen: *Porcellana* bedeutet Perlmuschel oder weiße Meeresmuschel. Porzellan, das von solcher Farbe ist, gilt als das edelste feinkeramische Erzeugnis. Es besteht aus einem Gemisch aus Kaolin (weicher, formbarer Ton), Quarz und Feldspat (farbloses Mineral), das sich beim Brennen festigt. Die Temperatur erreicht dabei zwischen 1000 und 1450 Grad Celsius.

Das Ursprungsland des kostbaren Guts war China. Funde aus der West-Chou-Zeit (1122–770 v. Chr.) lassen darauf schließen, dass das Porzellanhandwerk schon rund 2500 Jahre alt ist. Den Chinesen gelang es in der Folge schrittweise, die Herstellungstechniken zu verfeinern. Bereits in der Tangzeit (618–907 n. Chr.) verarbeiteten sie weiß brennende Glasuren. Die Erfindung des Porzellans datiert die Wissenschaft in das Jahr 618 n. Chr. Aufgrund seines weiß schimmernden, fast transparenten Eindrucks heißt dieses einfach gebrannte Weichporzellan auch das »weiße Gold«. Während der Songzeit (960–1279) entstanden elegante Porzellanartikel mit Farbglasuren im Elfenbeinton, in Blassgrün und Blassblau, Rötlichbraun und Schwarz. Die bedeutendsten Stücke hatten eine grünliche Glasur. Die in China als Elfenbein bezeichnete Farbe der Glasur sollte in Europa später »Blanc de Chine« (Chinaweiß) heißen.

Berichte vom weißen Gold brachte Marco Polo im 14. Jahrhundert nach Europa. Gegen Ende der Mingära in der ersten Hälfte des 17. Jahrhunderts brachten portugiesische und holländische, später englische Kaufleute die begehrte Ware an die Fürsten- und Königshöfe Europas.

Die Chinesen hüteten die Kunst der Porzellanherstellung weiterhin wie ein Staatsgeheimnis. Europäische Versuche, porzellanähnliche Keramik selbst herzustellen, erbrachten Ende des 17. Jahrhunderts lediglich die Fayence (Tonkeramik) und Steingutvarianten. Der entscheidende Durchbruch gelang am Dresdener Hof Augusts des Starken, dem Kurfürst von Sachsen. Er beauftragte den Alchemisten Johann Friedrich Böttger (1682–1719), das Geheimnis der Porzellanherstellung zu finden. Gemeinsam mit dem Physiker und Mathematiker Ehrenfried Walther von Tschirnhaus (1651–1708) konnte Böttger zunächst harte rote Keramik (Böttgersteinzeug) herstellen. Nachdem er anstelle des eisenhaltig gefärbten Tons das aus Schneeberg stammende reine Kaolin verwendete, erhielt Böttger 1708 erstmals reines weißes Porzellan. Er gilt damit als Erfinder des europäischen Hartporzellans. Zwei Jahre später wurde im nahe gelegenen Meißen eine Porzellanmanufaktur gegründet. In Wien und Venedig folgten weitere Fabriken, nachdem Arbeiter der Meißner Fabrik das Geheimnis weitergegeben hatten.

In der zweiten Hälfte des 18. Jahrhunderts entstanden in Deutschland zahlreiche weitere Manufakturen unter königlicher und fürstlicher Schutzherrschaft. Die wichtigsten waren Nymphenburg, Fürstenberg, Frankenthal und Berlin. Das zarte Material kam dem künstlerischen Empfinden des Rokoko entgegen. Auch die Vorliebe dieser Epoche für »Chinoiserien« – Motive der chinesischen Kunst – äußerte sich in der Gestaltung und Bemalung von Porzellan.

Johann Böttger gilt als Erfinder des europäischen Hartporzellans, hier ein Exemplar aus der Manufaktur Meißen.

Null - Ein Zeichen wird Zahl

Babylonien und Indien

Die Null als vollwertiges Mitglied der Zahlenfamilie war nicht immer eine Selbstverständlichkeit. Anfangs fungierte sie nur als Leerzeichen und war – ähnlich dem Komma – lediglich eine Lesehilfe ohne eigenen Wert. Erst im 9. Jahrhundert n. Chr. sollte sich das grundlegend ändern: Die Mathematik sprang auf eine vollkommen neue Ebene des Begreifens.

876

UM DAS JAHR 876

- 868: Eine buddhistische Sutra wird in China gedruckt. Sie ist das älteste heute noch erhaltene Druckwerk.
- 875: Der westfränkische König Karl der Kahle lässt sich in Rom zum Kaiser krönen.
- 875: Der englische König Alfred der Große führt die Kerzenuhr zum Zeitmessen ein.
- 876: Nach dem Tod König Ludwigs des Deutschen zerfällt das Ostfränkische Reich in vier Teile.

Eins, zwei drei – sobald man zu zählen beginnt, ist die Null schon längst außen vor geblieben. In früheren Kulturen war dies nicht anders. Für eine Zahl ohne eigenen Wert bestand in der Praxis keine Notwendigkeit. So begann die Null ihre Karriere eigentlich über einen Seiteneinstieg: Wenn es nämlich um die schriftliche Darstellung des Gezählten ging, war schon sehr früh ein Zeichen gefragt, das die Wertigkeit der einzelnen Ziffern im Zahlenzusammenhang eindeutig zu verankern vermochte. Man suchte quasi nach einem neutralen Platzanweiser – ein sich selbst nicht zählendes Zeichen.

Das erste bekannte Nullzeichen wurde etwa um 300 v. Chr. in Babylonien verwendet. Anders als beispielsweise die Griechen verwendeten die Babylonier bereits ein Stellenwertsystem, also eine Zahlenschreibweise, in welcher der Wert einer Zahl klar bestimmt wird durch die Stelle, an der sie steht. In der Zahl 781 beispielsweise steht 7 auf der Hunderter-, 8 auf der Zehner- und 1 auf der Einerstelle.

Was aber sollte man tun, wenn eine dieser Stellen unbesetzt blieb? Wenn es nicht heißen sollte 781, sondern 701? Dann brauchte es, um das Schriftbild von 71 abzuheben, einen Stellvertreter, einen Platzhalter, der 7 und 1 konsequent auseinander hielt. Die babylonische Lösung war das Zeichen eines schräg gestellten Doppelkeils, das den zwei verwendeten Zahlzeichen (Keil und Winkel) hinzugesellt wurde. Damit konnte nun jede Zahl in einer Zahlenfolge unmissverständlich auf den von ihr zu bezeichnenden Wert festgelegt werden – im Sinne der Exaktheit allein war dies schon eine Sternstunde für sich.

Blickt man vom Zweistromland über Europa hinweg nach Westen, findet man eine ähnliche Leistung bei den Mayas. Auch sie verwendeten das fortschrittliche Stellenwertsystem und auch sie beugten sich der Notwendigkeit nach der Null – aber auf andere Weise. Die Null der Mayas war eine Glyphe, das heißt ein bildhaftes Schriftzeichen. Doch in beiden Fällen blieb das Nullzeichen Symbol, eine optische Größe ohne Eigenwert. Zur Zahl mit mathematischen Eigenschaften, zur eigenständigen Ziffer, die nicht nur eine Stelle, sondern auch sich selbst bezeichnet, wurde die Null erst später.

Alexander der Große brachte babylonisches Gedankengut in den Osten, dort bekam die Null schließlich in Indien den entscheidenden Dreh. Hier nämlich war die Wissenschaft seit dem 2. Jahrhundert n. Chr. zunehmend in Bewegung geraten: Die Mathematik konzentrierte sich auf die Algebra. Um 500 n. Chr. führten die Inder das Dezimalsystem mit reiner Stellenwertschreibung ein, rechneten mit neun Zeichen – aus denen sich unsere heutigen Ziffern entwickelten – und gaben der Null letztlich ihren angestammten Platz zwischen -1 und 1 in der Zahlenreihe. Der indische Mathematiker Brahmagupta schloss im 7. Jahrhundert n. Chr. die negativen Zahlen bereits explizit in sein Regelwerk ein.

876 n. Chr. war dann das Jahr, in dem endlich auch das der Null zugehörige Symbol »0« in Erscheinung trat – es findet sich in einer Tempelinschrift in Gwalior, einer indischen Stadt am Rande der Gangesebene.

Die Null eröffnete der Mathematik eine vollkommen neue Ebene des Begreifens.

Windmühlen erleichtern das Mahlen des Korns

Persien

900

DAS JAHR 900

- Arabische Gelehrte bauen die erste Camera obscura, um die Bahn der Sonne und der Gestirne zu beobachten.
- Die Wikinger entdecken Grönland.
- Ludwig das Kind wird unter Vormundschaft des Erzbischofs Hatto König des Ostfränkischen Reichs. Er ist der letzte karolingische König.
- Benediktinische Mönche gründen im italienischen Salerno eine Schule für Medizin. Die Schüler werden in den Lehren des Hippokrates und Galens unterrichtet.
- Im heutigen Mexiko gründen die Tolteken die Stadt Tula, von der heute eine Stufenpyramide, Reste von Tempelbauten und riesige Steinfiguren erhalten sind.

△ **Die außen an der Mühle angebrachten Flügel trieb der Wind an und setzte so das Mahlwerk in Gang.**

Um das Jahr 900 übernahmen in Persien Windmühlen das Mahlen des Getreides. Die Mühlen stellten einen gewaltigen Fortschritt dar und erleichterten den Alltag der Menschen ungemein, denn bisher musste diese Tätigkeit mühsam in Handarbeit erledigt werden.

Seit etwa 10000 Jahren ist Getreide ein Grundnahrungsmittel der Menschen. Seit dem 3. Jahrtausend v. Chr. mahlten sie es mit einfachen Getreidemühlen, so genannten Querns: Das Korn lag auf einem ausgehöhlten Stein, auf dem man einen kleineren Stein hin und her bewegte. Die olynthische Mühle hatte bereits einen in den oberen Mühlstein eingebauten Trichter zum Befüllen. Der Stein selbst ließ sich über einen Hebel bewegen.

Etwa seit dem 1. Jahrhundert n. Chr. drehten in eine Deichsel gespannte Zugtiere den inzwischen kegelförmigen oberen Stein. Einen Fortschritt stellte die Wassermühle dar, die seit etwa 85 v. Chr. verwendet wurde. Dabei trieb das fließende Wasser ein Wasserrad an, welches wiederum den Mühlstein bewegte.

Die Perser, ein Volk von Seefahrern, suchten ein neues Mühlenkonzept. Dabei stellten sie folgende Überlegung an: Wenn die Kraft des Windes riesige Schiffe bewegen konnte, musste sie auch in der Lage sein, Räder anzutreiben. Die ersten mit Windkraft betriebenen Getreidemühlen kamen dann um 915 n. Chr. im damaligen persischen Seistan zum Einsatz. In einem turmartig gemauerten eingeschossigen Gebäude drehte sich – zunächst noch unterhalb der Mühlsteine – ein Mühlrad horizontal um eine senkrechte Drehachse beziehungsweise Welle. Über ein Loch im unteren, fest stehenden Mühlstein war diese Welle direkt mit dem oberen, rotierenden Mühlstein verbunden. Die außen am Gebäude angebrachten Flügel trieb der Wind an und setzte so das Mahlwerk in Gang.

Ende des 12. Jahrhunderts drehten sich die Windmühlen bereits in England, in der Normandie und in Flandern, kurze Zeit später auch in Deutschland. Im 16. Jahrhundert erreichten die Flügel – vier große, an ein meist hölzernes Gehäuse montierte Segel – einen Durchmesser von 17 bis 24 Metern. Um dem Wind eine bessere Angriffsfläche zu bieten, waren sie leicht geneigt. Mahlwerk und Getriebe befanden sich im Haus, das auf einer beweglichen Balkenkonstruktion stand. Der Vorteil dieser Installation lag darin, dass man das Gehäuse in die jeweilige Windrichtung drehen konnte. Die Mahlsteine drehte eine Stange, später auch kleine Kurbeln. Der obere Mahlstein war mit einem hölzernen Winkelgetriebe verbunden, das über rechtwinklig ineinander greifende Zahnräder die Kraft übertrug.

Etwa seit dem 14. Jahrhundert baute man wieder fest auf der Erde fixierte Windmühlen, die mehr Platz boten. Das Windrad jedoch musste beweglich bleiben. Es konnte über eine Kappe auf dem Dach in die jeweilige Windrichtung gedreht werden – so genannte Kappen- oder Turmwindmühlen.

Mit dem Aufkommen der Dampfmaschine verlor die Windmühle dann an Bedeutung. 1784 kam in England die erste dampfgetriebene Mühle zum Einsatz. Nachdem sie fast ausgestorben war, ist die Windkraft heute für eine umweltfreundliche Stromerzeugung wieder von Interesse.

Eine Windmühle in Holland – ihr technisches Prinzip stammt aus dem Persien des 10. Jahrhunderts.

Optik - Vom Sehen und Gesehenwerden

Ibn al-Haitham (um 965 bis 1039)

Die Optik ist die Lehre vom sichtbaren Licht. Forschungen auf diesem Gebiet umfassen also sowohl einen physikalischen Aspekt – die Strahlen des Lichts – als auch einen physiologischen – die Vorgänge im Auge. Die Erkenntnisse des islamischen Gelehrten Ibn al-Haitham (lateinisch »Alhazen«) auf diesem Gebiet waren bis ins 17. Jahrhundert wegweisend.

1010

UM DAS JAHR 1010

- > Um 1000: Die Wikinger erreichen unter Leif Eriksson bei Labrador die nordamerikanische Küste.
- > Um 1000: Im nordöstlichen Nordamerika entsteht die Kultur der Irokesen.
- > 1008: Der schwedische König Olaf Skötkonung lässt sich taufen. Damit beginnt unter Federführung der norddeutschen Bischöfe die Christianisierung Schwedens.
- > 1010: Die verbündeten Stadtstaaten Pisa und Genua greifen die arabisch beherrschte Insel Sardinien an, die sie 1016 erobern.
- > 1012: In Köln wird die älteste Synagoge Deutschlands gebaut.

Die Wissenschaft der Optik kreiste in der Antike und später im Mittelalter hauptsächlich um zwei Punkte: Wie breitet sich das Licht aus und wie funktioniert das Sehen. Letzteres hatte besonders bei der Behandlung von Augenleiden besondere Bedeutung. In der Antike gab es zwei völlig konträre Theorien über das Sehen. Die »Sendetheorie« nahm an, dass das menschlichen Auge »Sehstrahlen« aussendet. Diese prallen dann auf die sichtbaren Objekte und transportieren deren Abbild ins Auge. Die »Empfangstheorie« ging davon aus, dass ein unbekanntes Phänomen vom Objekt ausginge und das Auge zur Wahrnehmung animiere. Zudem gab es noch Kombinationen der Theorien.

Der Forscher Abu Ali al-Hasan ibn al-Hasan ibn al-Haitham, der aus Basra im heutigen Irak stammte, beschäftigte sich ausgiebig mit diesen Thesen. Seine Studien galten vor allem den antiken Naturwissenschaftlern, deren Schriften erst im Jahrhundert zuvor ins Arabische übersetzt worden waren. Sein Hauptziel war es, die Wahrheit auf rationellem, nicht religiösem Weg zu finden. Bald hatte er sich als Gelehrter einen großen Namen gemacht. So berief ihn der fatimidische Kalif al-Hakim, der von 996 bis 1021 regierte, schließlich nach Kairo und förderte ihn nach Kräften.

Alhazen war ein sehr produktiver und vielseitiger Autor und Forscher. Er schrieb Kommentare zu Texten antiker Wissenschaftler wie Aristoteles, Euklid und Ptolemäus und befasste sich mit Optik, Medizin, Mathematik, Physik, Astronomie, Kosmologie und sogar Theologie.

Auf dem Gebiet der Optik analysierte Alhazen alle Lehrmeinungen, kombinierte oder veränderte sie nach seiner Vorstellung und publizierte dann eine eigene Theorie – den »Schatz der Optik« (»Kitab-al-Manazir«). Darin beschrieb er die Anatomie des Auges mit folgenden Bestandteilen: vier Augenhäute und drei Flüssigkeiten (Kammerwasser, Linse, Glaskörper). Vom vorderen Teil des Gehirns führten seiner Ansicht nach zwei hohle Sehnerven zu den Augen.

Anders als die antiken Vorgänger ging Alhazen nicht von einem einseitigen Senden von Strahlen aus. Er begründete den Sehvorgang durch die Reflexion von Licht an den Objekten. Ungebrochen erreiche das reflektierte Licht dann das Auge. Licht rufe im Auge auch Veränderungen hervor, etwa eine vorübergehende »Blindheit« nach dem Blick in ein grelles Licht. Alhazen war besonders an den Phänomenen der Reflexion und Brechung interessiert. Er schlug erstmals vor, geschliffene Linsen einzusetzen, um Dinge größer erscheinen zu lassen – damit war die Idee der Lupe geboren.

Es ist unsicher, inwieweit der islamische Kulturkreis Alhazens Untersuchungen zur Optik aufnahm. Im Westen beeinflussten seine Arbeiten Wissenschaftler wie Roger Bacon, John Pecham, Galileo Galilei und René Descartes. Johannes Kepler entwickelte dann im 17. Jahrhundert die moderne Sehtheorie. Die Erfindung der Brille im Mittelalter wäre ohne Alhazens Vorarbeiten wohl nicht möglich gewesen.

Alhazen aus Basra beschrieb um 1000 die Anatomie des Auges und wurde damit zu einem der Begründer der Optik.

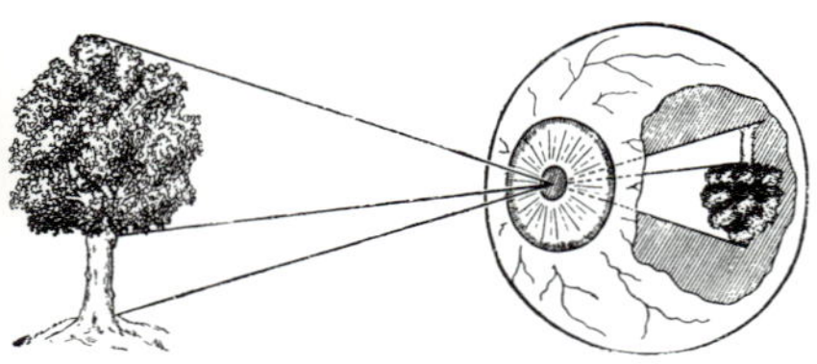

△ **Alhazen begründete den Sehvorgang durch die Reflexion von Licht an den Objekten.**

Fig. 86.

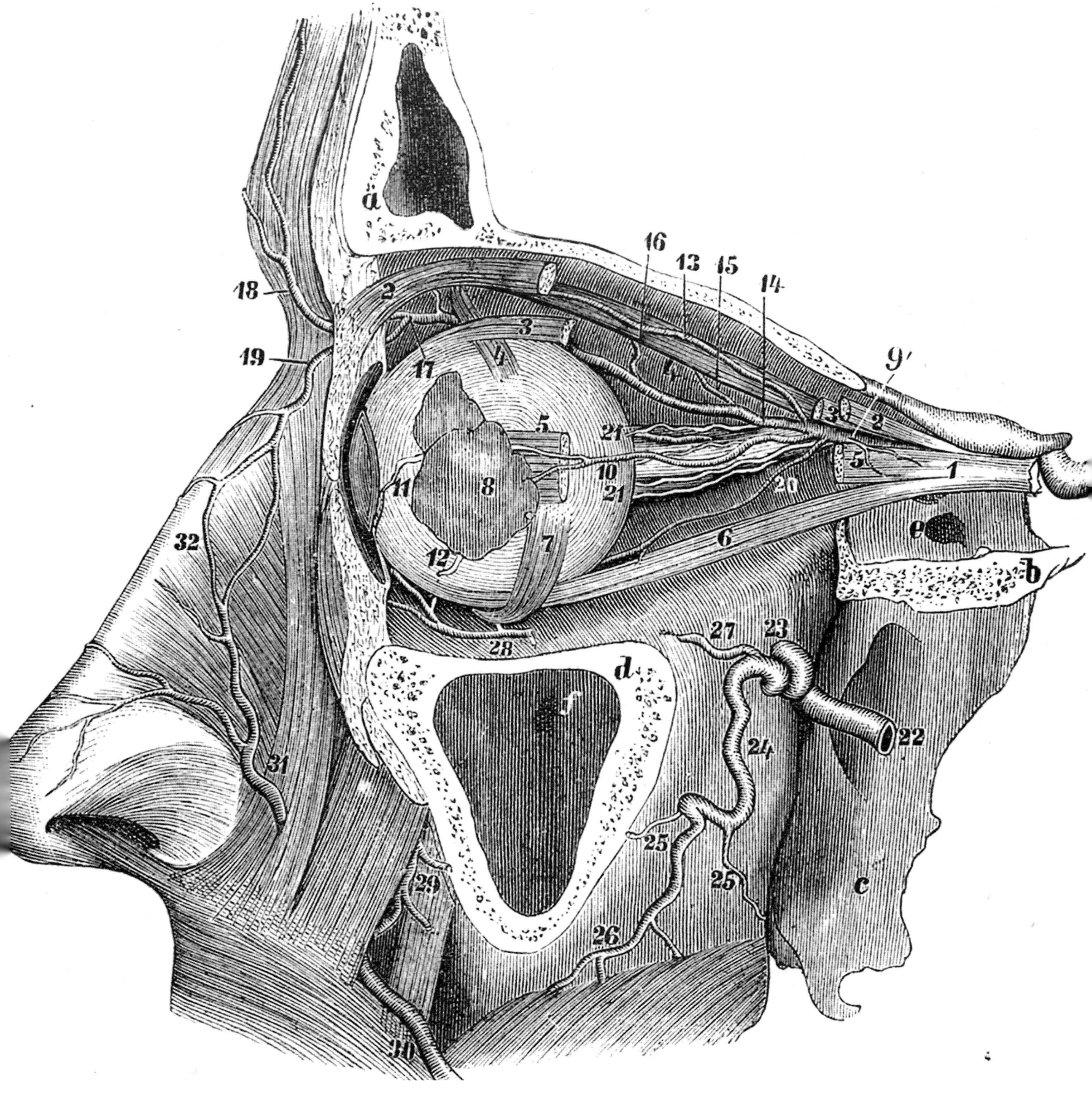

a
16
13
15
14
18
2
3
17
19
4
9'
4
5
21
3
2
5
1
11
8
10
21
20
32
e
6
12
7
b
28
27
23
d
f
22
24
31
25
25
c
29
26
30

Mineralogie – Im Reich der Kristalle

Avicenna (980–1037)

Mineralische Rohstoffe sind die Grundlage jeder modernen Volkswirtschaft: Vor fast 1000 Jahren legte der arabische Arzt Avicenna bereits die Grundlagen der neuzeitlichen Mineralogie, der Lehre von Zusammensetzung und Vorkommen der Gesteine und Mineralien.

1020

UM DAS JAHR 1020

- 1022: Heinrich II. unterwirft die Byzantiner in Unteritalien und erweitert so den deutschen Einflussbereich im Land.
- 1024: Der Tod Heinrichs II. markiert das Ende der Sachsendynastie im Heiligen Römischen Reich. Mit Konrad II. beginnt die Herrschaft der Salier, die bis 1125 regieren.
- 1024: Das erste Papiergeld der Geschichte wird in China gedruckt.
- 1025: Der arabische Gelehrte al-Biruni berechnet die Summenformel der geometrischen Reihe anhand der »Schachbrettprogression«: Jedem Feld ordnet er, bei Eins beginnend, den doppelten Wert des vorherigen Feldes zu. Die letzte Zahl ist zwar unvorstellbar groß, aber berechenbar.

Mineralien und Gesteine waren die ersten Werkstoffe der Menschen. Aus ihnen fertigten sie brauchbare Werkzeuge, Waffen und Schmuck, ihr Besitz bedeutete Reichtum und Macht, und nicht selten waren sie Anlass kriegerischer Auseinandersetzungen. Der erste Mensch, der Metall aus Erz schmolz, erkannte das Geheimnis der »chemischen Zusammensetzung« des Erzes. Die Handwerker, die um die Mitte des 3. Jahrtausends v. Chr. aus kalkhaltigem Sand und Soda oder Pflanzenasche »künstliche Steine« – Glas – brannten, kamen diesem Geheimnis ebenfalls auf die Spur.

Seit dem Beginn des Mittleren Reiches um 2040 v. Chr. fertigten die Ägypter aus Edelsteinen wie Karneol, Türkis und Lapislazuli prunkvolle Hals- und Armbänder. Ägyptische Amulette aus Jaspis oder Opal in der Form eines Skarabäus zeugten auch von der heilenden und sogar »böse Geister« abwehrenden Wirkung, die die Menschen den Edelsteinen zusprachen. Das umfangreichste arzneikundliche Werk der Antike, das um 60 n. Chr. der griechische Arzt Dioskurides in Rom geschrieben hatte, beschäftigte sich ebenfalls mit den Steinen: Es zeigte die pharmazeutischen Anwendungen von ungefähr 100 mineralischen Produkten.

Um 300 v. Chr. verfasste der griechische Naturforscher Theophrast von Eresos (ca. 371–287 v. Chr.) ein einflussreiches Werk über Mineralien. In diesem heute verlorenen Buch teilte er die anorganischen Stoffe in »brennbare« beziehungsweise »nicht brennbare«, »schmelzbare« und »in Wasser lösliche« Arten ein. Er gab einer Reihe von Edelsteinen ihren noch heute gültigen Namen – etwa dem Smaragd, Jaspis und Amethyst. Zudem bewies er chemisch-technische Kenntnisse, denn er erläuterte das Glasschmelzen, Kalkbrennen und die Gewinnung von Quecksilber.

Um 1020 schuf dann der arabische Arzt und Naturforscher Avicenna die Grundlagen der neuzeitlichen Mineralienkunde. In seinem *Buch des Heilens* behandelte er die Entstehung und Klassifikation der Mineralien und die Gebirgsbildung und in seinem *Kanon der Medizin* die pharmazeutische Verwendung der Mineralien. Avicenna teilte die Mineralien in vier Gruppen: die wasserlöslichen »Salze«, die brennbaren »Schwefelarten«, die »Steine«, die sich weder im Wasser noch im Feuer verändern, sowie die schmelzbaren Erze und Metalle. Dieses System blieb fast 800 Jahre lang gültig.

Im 12. Jahrhundert entwickelte die Äbtissin und Mystikerin Hildegard von Bingen (1098–1179) die Heilsteinkunde weiter. Erst im 17. und 18. Jahrhundert untersuchten Wissenschaftler die Mineralien von einem weniger »esoterisch« geprägten Ansatz her. Die Mineralogie widmet sich seither der Erforschung der Gestalt, Struktur und Entstehungsgeschichte der Steine. Noch der französische Abt René-Just Haüy (1743–1822), der die mathematischen Grundlagen der modernen Kristallografie schuf, teilte jedoch im Jahr 1809 die Mineralien nach dem Schema des großen arabischen Arztes Avicenna ein.

Der Amethyst erhielt bereits im 3. Jahrhundert v. Chr. vom griechischen Naturforscher Theophrast von Eresos seinen heute noch gültigen Namen.

Astrolabium – Die Sternenkarte weist den Weg durch die Nacht

Arabische Astronomen

1050

UM DAS JAHR 1050

> 1044: In Asien gründet König Anawratha das erste Birmesische Reich.

> 1054: Chinesische Astronomen beobachten eine Supernova, die noch heute in der Milchstraße als so genannter »Krabbennebel« sichtbar ist.

> 1057: Der schottische König Macbeth unterliegt in der Schlacht von Lumphanan Malcolm III. Canmore, dessen Vater Duncan I. er 1040 ermordet hatte, um sich den Thron zu sichern.

> 1063: Auf der Iberischen Halbinsel beginnt die »Reconquista«, die Rückeroberung der arabischen Gebiete. Im folgenden Jahr gewährt der Papst allen christlichen Kämpfern den Sündenablass und seinen Segen.

> 1066: Die Normannen unter Wilhelm dem Eroberer besiegen in der Schlacht von Hastings den englischen König Harold II. Wilhelm lässt sich zum König Englands krönen.

Kaum ein astronomisches Gerät faszinierte die Menschen des Mittelalters und der Renaissance so wie das Astrolabium. Mit ihm konnte man die Position der Sterne messen und sogar nachts, wenn keine Sonnenuhr »funktionierte«, die genaue Zeit erfragen. Geistliche und weltliche Herren begeisterten sich also gleichermaßen für dieses wundersame Gerät.

Nach klassisch-griechischen und spätantiken Vorbildern entwickelten arabische Astronomen ab dem 8. Jahrhundert eine drehbare Sternenkarte aus Metall. In sein rundes Gehäuse konnte man verschiedene Scheiben einlegen, auf denen verschiedene Konstellationen der Sonne und der Sterne graviert waren. Richtete man diese am Himmel aus, konnte man Sternbilder identifizieren und die Uhrzeit ablesen. Astronomen bestimmten in früherer Zeit damit verschiedene Himmels- und Horizontalkoordinaten und verwendeten es als Visierinstrument zum Messen von Zenitdistanzen. Bei früheren Astrolabien war das Bild der Erde fest angebracht (geozentrisches Weltbild), bei späteren Geräten ist die Darstellung des Himmels fixiert, über der sich die irdischen Bezugslinien drehen: Horizont, Höhenkreise und Azimutlinien.

In seinen Grundlagen kannte so ein Gerät schon Hipparchus von Nicaia (um 160 v. Chr.), der Erfinder der – für ein zweidimensionales Abbild des Himmels grundlegenden – räumlichen Projektion. Auch Claudius Ptolemäus (um 100–160 n.Chr.) beschrieb einen Vorläufer des Astrolabiums, das Horoscopium. Allerdings benutzte Ptolemäus den Begriff Astrolabos vor allem als Bezeichnung der Armillarsphäre, eines plastischen Himmelsmodells.

Die eigentliche Entwicklung der Astrolabien vollzog sich in Byzanz. Von dort gelang das Wissen über dieses Messgerät ab dem 8. Jahrhundert auf Umwegen zu den Arabern. Kaum eine Generation später waren die Muslime Meister im Astrolabienbau und setzten es in vielen Bereichen, zum Beispiel zur Navigation auf See, ein. Die Begeisterung der Araber über dieses Gerät hatte neben einer generellen Faszination für die antiken Wissenschaften vor allem einen religiösen Grund: Mit dem Astrolabium konnten Muslime an jedem Ort die Himmelsrichtung nach Mekka bestimmen, außerdem gab es ihnen die Gebetszeiten sowie den Fastenmonat Ramadan an. In der arabischen Welt galt die Beherrschung des Astrolabiums folglich als Zeichen höchster Bildung.

Ab dem 10. Jahrhundert hielt das Astrolabium, begünstigt durch die maurische Herrschaft in Spanien, auch in Mitteleuropa Einzug. Vor allem die Klöster, die sich oft mit Astronomie beschäftigten, äußerten bald großes Interesse an dem faszinierenden Instrument. So war es auch ein Mönch, Hermann von Reichenau, der die erste allgemein verständliche Anleitung zum Bau des Astrolabiums erstellte. Wilhelm von Hirsau konstruierte dann um die Mitte des 11. Jahrhunderts ein solches Gerät nach arabischem Vorbild, aber mit hiesigen Koordinaten.

Als Vorläufer des Theodoliten und des in der Seefahrt so wichtigen Sextanten hat das Astrolabium somit überragende Bedeutung in der mittelalterlichen Astronomie erlangt, ohne die manche der heutigen astronomischen Kenntnisse nur schwer vorstellbar wären.

Das Astrolabium, vor dem sich hier ein Gesandter des 16. Jahrhunderts präsentiert, war unverzichtbar zur Bestimmung von Zeit und Position.

Die Gabel - Ein gotteslästerliches Esswerkzeug?

Byzanz

Bis weit ins Mittelalter hinein aßen die Menschen in westlichen Kulturen mit den Fingern. Der Versuch einer byzantinischen Prinzessin, zu Beginn des 11. Jahrhunderts am Hof von Venedig den Gebrauch der Gabel einzuführen, scheiterte. Die Kirche verbot das Esswerkzeug sogar zeitweilig: eine solche Nachbildung der menschlichen Hand sei Blasphemie. Sechs Jahrhunderte später zog die Gabel endlich in die europäische Esskultur ein – und ist heute daraus nicht mehr wegzudenken.

1071

UM DAS JAHR 1071

- 1072: Schottlands König Malcome III. Canmore muss sich dem englischen König Wilhelm I. unterwerfen. Damit endet die Herrschaft der schottischen Clans.
- 1073: Gregor VII. wird in Rom zum Papst gewählt. Seine »Gregorianische Reform« richtet sich gegen die verbreitete Priesterehe und den Ämterhandel.
- 1077: Im Investiturstreit um die Besetzung von Bischofsämtern leistet der deutsche König Heinrich IV. in Canossa Abbitte bei Papst Gregor VII.

Die Gabel ist nach Messer und Löffel das jüngste Teil des Essbestecks. Einer ihrer Vorläufer ist zweifelsohne der Bratspieß, den schon die Griechen und Römer der Antike sowie die Germanen benutzten. Mit Spießen ließ sich ein Stück Fleisch über dem Feuer braten und der heiße Bissen zum Mund führen, ohne dass man sich die Finger verbrannte. Der Weg zur heutigen Essgabel führte von diesem einzinkigen Bratspieß über die zweizinkige Fleisch- und Küchengabel weiter über die Tranchier- und Vorlegegabel, mit der Bedienstete bei Hofe den Braten zerteilten und den Gästen servierten.

Ausgrabungsfunde zeigten aber, dass bereits die Babylonier Gabeln gekannt hatten. Aus anderen Quellen geht auch hervor, dass sie beim Essen gewöhnlich die Finger gebrauchten. In Byzanz gehörten Gabeln frühzeitig zur Esssitte der vornehmen Leute. Eine byzantinische Prinzessin brachte die Gabel dann im Jahr 1071 nach Italien. Als sie Domenico Silvio, einen Erben des Dogen von Venedig, heiratete, zählten zu ihrer Aussteuer zwei goldene, zweizinkige Gabeln, die sie fortan bei Tisch verwendete. Ihre Bemühungen, Volk und Kirche vom praktischen Wert dieses Werkzeugs zu überzeugen, blieben aber ohne Erfolg.

Besonders die Kirche betrachtete die Gabel mit großem Argwohn, stellte sie doch eine Nachbildung der von Gott geformten menschlichen Hand dar und grenzte in ihren Augen an Blasphemie. Zeitweilig war die Gabel deshalb sogar verboten. Ihre erste Erwähnung als Tischgerät stammt von 1032 aus Montecassino. Hier diente das Besteckteil jedoch in erster Linie zum Vorlegen von Fleisch.

Im Allgemeinen blieb es lange Zeit bei diesem Verwendungszweck. Das kultivierte Essen mit der Gabel setzte sich nur langsam durch. Erst gegen Ende des Mittelalters gelangte sie nach Frankreich und an den burgundischen Hof. Es dauerte noch ein weiteres Jahrhundert, bis die Gabel auch in die deutsche Esskultur Einzug hielt. Martin Luther ereiferte sich noch 1518 gegen ihren Gebrauch: »Gott behüte mich vor Gäbelchen!«

Lange als »fremdländische Modenarrheit« verspottet wandelten sich Gebrauch und Aussehen der Gabel erst im 17. Jahrhundert. Sie verlor ihre geradlinige, etwas starre Form, hinter der sich noch immer ihr Ursprung als Bratspieß verbarg, und nahm nun, ähnlich dem Löffel, eine geschwungene Gestalt an. Im Gegensatz zur Vorlegegabel erhöhte sich die Zahl der Zinken auf durchschnittlich vier. Ihre einer Schaufel ähnliche Form verdeutlichte die Veränderung ihrer Funktion: Die Bissen wurden nun nicht mehr nur aufgespießt, sondern – unter Zuhilfenahme des Messers – auch auf die Zinken gelegt.

Das kultivierte Essen mit der Gabel setzte sich nur langsam durch.

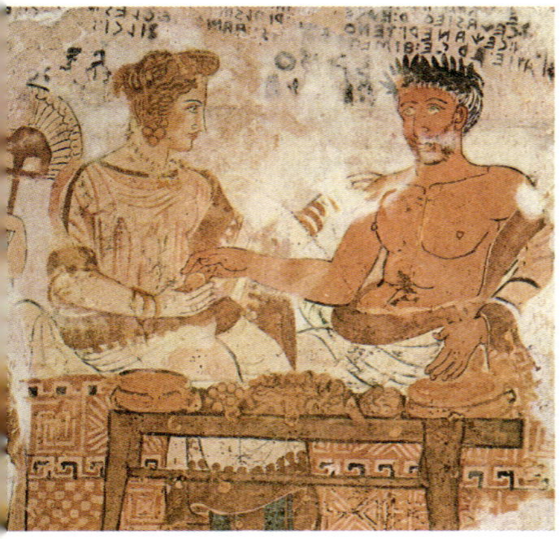

△ Bis weit ins Mittelalter hinein aßen die Menschen in westlichen Kulturen mit den Fingern.

Stunden, Tage, Jahre: Die Geschichte der Zeitmessung

Der Rhythmus der Natur

Dem Fluss der Zeit widersetzt sich niemand, doch nicht immer schien er so unbarmherzig vorwärts zu drängen wie heute. Jahreszeiten, Mondphasen und der unablässige und beständige Wechsel von Tag und Nacht gaben dem Menschen einst seinen eigenen Rhythmus vor und vermittelten ihm ein zyklisches Zeitverständnis. Eingebunden in diese Kreisläufe lebte er nur nach den Vorgaben von Natur und Kosmos. Aus ihrer Beobachtung hat er das erste Messinstrument ersonnen, um Zeit zunächst in großen Einheiten zu erfassen: den Kalender.

Im 3. Jahrtausend v. Chr. entwickelten vermutlich die Sumerer und Babylonier einen ersten Kalender, der auf Mondphasen beruhte. Richtete man sich jedoch nach der Sonne und nahm ihren scheinbaren Umlauf um die Erde als Maßeinheit – den Sonnentag –, ergaben sich Differenzen. Jahre mussten nachträglich um einige Tage verlängert werden oder es blieb »Restzeit« zurück, die nicht in das System passen wollte. Immer neue Korrekturen und Kalendersysteme versuchten in den folgenden Jahrtausenden diesem Problem gerecht zu werden. Die letzte Reform führte Papst Gregor XIII. im Jahr 1582 mithilfe eines neuen Schaltjahressystems durch und brachte so auch astronomische und religiöse Daten in Übereinstimmung. Dieser gregorianische Kalender hat sich bis heute weit gehend durchgesetzt.

Dieser historische Stich zeigt die Herstellung von Sanduhren.

Mehr als Jahre, Monate und Wochen spielte für den Menschen jedoch zunächst einmal seine unmittelbare Gegenwart eine Rolle. Der Sonnenstand bot auch hierbei tagsüber zeitliche Orientierung, doch erst als man seinen Zusammenhang mit der Schattenlänge erkannte, begann genaueres Messen. Aus einem einfachen Stab, der senkrecht in den Boden gesteckt wurde, entstanden so die ersten Sonnenuhren, die das Fortschreiten der Tageszeit anzeigten. Doch funktionierten sie naturgemäß allein bei schönem Wetter und stellten nicht zuletzt deshalb nur eine Form elementarer Uhren dar – auch Kerzen von bestimmter Länge, berechnete Mengen rinnenden Sandes oder fließenden Wassers bildeten die Basis von Feuer, Sand- und Wasseruhren. Astronomen verwendeten darüber hinaus verschiedene Winkelmessinstrumente zur Zeitberechnung.

Die mechanische Uhr

Das Bedürfnis nach einer präziseren Zeitmessung entstand in Europa erst im 13. Jahrhundert, als die Städte wuchsen und zum Zentrum von Handel und beginnender Produktion wurden. Die Regelung des Gemeindelebens machte die Erfindung der mechanischen Uhr bereits lange vor der Industrialisierung notwendig. Angetrieben durch ein Gewicht wurde ein Räderwerk mithilfe einer Hemmeinrichtung zum gleichmäßigen Ablaufen gebracht. Da Zahnräder schon seit der Antike bekannt waren, stellte die Erfindung dieser Hemmung den eigentlichen Fortschritt dar. Der spätere Ersatz des Gewichtes durch eine Feder förderte die Genauigkeit der Zeitmessung deutlich.

Im Laufe der Zeit wurden Uhren nicht nur kleiner, sondern kamen auch immer dichter an den Menschen heran: Erst existierte lediglich eine einzige Turmuhr in der Stadt, dann eroberten Stand-, Wand- und später Tischuhr die wohlhabenden Häuser. Schließlich trug man Hals- und Taschenuhren direkt am Körper. Doch noch immer liefen die mechanischen Zeitgeber nur mit bedingter Genauigkeit. Die Anwendung eines Pendels im 17. Jahrhundert verhalf zu Präzision, zum ersten Mal

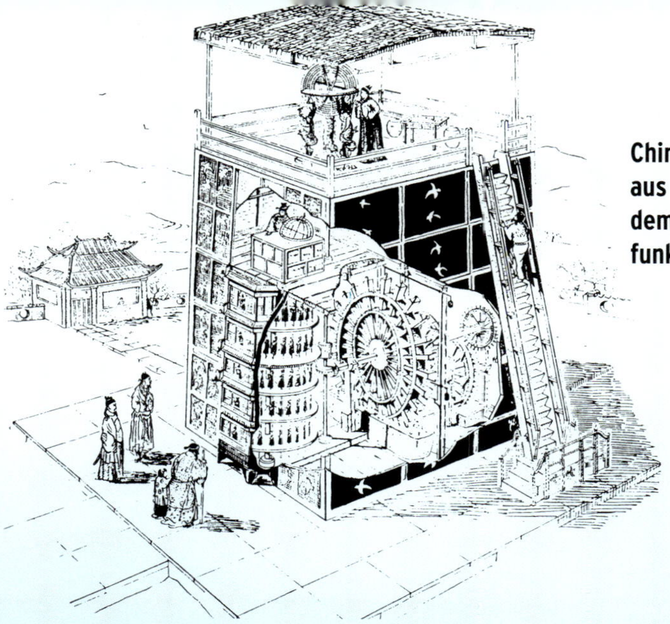

Chinesischer Uhrenturm aus dem Jahr 1088, der nach dem Prinzip der Wasseruhr funktionierte.

erschienen auf dem Zifferblatt Stunden, Minuten und Sekunden. Nicht allein das Arbeitsleben konnte so genauer geregelt werden, vielmehr gelang es auch der Wissenschaft, nun exaktere Ergebnisse zu erhalten.

Im 19. Jahrhundert sorgte die Erfindung der Elektrizität auf dem Feld der Zeitmessung ebenfalls für Veränderungen: Neben dem elektrischem Antrieb des Pendels, der Feder oder des Aufzugs bestand nun die Möglichkeit, mehrere Uhren zu synchronisieren. So konnte eine Hauptuhr per elektrischer Übertragung Impulse an Nebenuhren weitergeben, deren Zeiger im Minutentakt weiterrückten. Einheitliche Zeitmessung galt nun über große Gebiete hinweg und viele Städte stellten solche Normaluhren auf. Vor allem aber relativierte die Elektrizität mittels künstlicher Beleuchtung das fundamentalste Zeitmaß des Menschen: den Unterschied zwischen Tag und Nacht. Gegen Ende des Jahrhunderts erschienen die ersten Armbanduhren, die sich allerdings erst während des Ersten Weltkriegs durchsetzten. Diese Uhren mussten zusätzlichen Anforderungen genügen, da sie unmittelbaren Schmutz- und Stoßeinflüssen ausgesetzt waren.

Nach rund 700 Jahren ging die Ära der mechanischen Räderuhr unweigerlich ihrem Ende entgegen. 1929 erfand Morrison in New York die Quarzuhr, welche sich die konstante Eigenschwingung eines Quarzkristalls zunutze macht. Selbst die Quarzuhr misst allerdings nicht vollkommen sekundengenau, daher stellte die Einführung von Atomuhren in den 1950er-Jahren den entscheidenden Schritt in Richtung absoluter Präzision dar. Ihre Funktionsweise basiert auf der Eigenschwingung von Atomen, wobei vor allem Caesium verwendet wird. Auf diesem Prinzip gründet sich sogar eine neue Definition von Zeit: Denn seit 1967 entspricht die offizielle Festlegung einer Sekunde 9 192 631 770 Schwingungen des Cäsiumatoms; zuvor hatte man sie stets als 86 400. Teil des (mittleren) Sonnentages festgelegt.

Relative und »innere« Zeit

Für Newton war die Zeit eine absolute Größe, doch Einstein widerlegte ihn. Sich von der Relativität der Zeit zu überzeugen, fällt uns allerdings schwer, weil sie all unserer Erfahrung entgegensteht. Unbeeindruckt von der Physik bleibt für uns die Zeit ein verlässlicher Maßstab, wenngleich wir sie durchaus unterschiedlich erleben. Wem wäre nicht das zeitliche Paradox vertraut, dass Zeit schneller zu vergehen scheint, wenn wir viel erleben, und es langweilig wird, wenn dies nicht der Fall ist. Rückblickend kommt uns die kurzweilige Zeit jedoch »lang« vor, die langweilige aber »kurz«. Das Phänomen erklärt sich durch die Informationsmenge, die das Gehirn in einem Zeitintervall zu verarbeiten hat – je größer sie ist, desto länger wirkt die Zeit.

Tagtäglich bekommen wir darüber hinaus zu spüren, dass auch viele körperliche Funktionen »nach der Uhr« eingestellt sind und uns ihren Takt spürbar werden lassen – nicht umsonst fallen wir mitunter in ein »Mittagsloch«. Physiologische Prozesse durchlaufen präzise messbare, regelmäßig wiederkehrende Hoch- und Tiefpunkte. Körpertemperatur, Hormonkonzentration, Aktivität der Nervenzellen und unser Schlafverhalten folgen ebenso wie unsere Aufmerksamkeit einer eigenen Rhythmik – individuelle Abweichungen eingeschlossen. Messwerte verändern sich je nachdem, ob und in welchem Maße jemand ein Morgen- oder Abendtyp ist, der zu entsprechend unterschiedlichen Tageszeiten besonders aktiv wird. Allerdings sind wir vor allem durch die äußeren »Taktgeber« der Gesellschaft bestimmt. Arbeitsleben, Geräuschkulisse, Zeitanzeigen auf Schritt und Tritt lassen uns wenig Illusionen darüber, wie spät es ist. Doch selbst in schalldichten, klimatisierten und künstlich beleuchteten Räumen, die folglich alle Außenreize abschirmen, folgen Menschen bestimmten Rhythmen. Dies legt die Existenz einer inneren Uhr nahe und zeigt, wie sehr wir nicht nur äußerlich, sondern auch innerlich mit Zeit und Zeitmessung verbunden sind.

Die Koordination unserer inneren Uhr mit den zeitlichen Erfordernissen der modernen Arbeitswelt ist oft nur schwer möglich.

Kanonen - Ein Paukenschlag in der Kriegsführung

Chinesische Alchemisten

1250

UM DAS JAHR 1250

- Um 1250: Die Kultur der Inka in Cuzco, dem heutigen Peru, erlebt ihre größte Blüte.
- 1260: Der englische Naturforscher Roger Bacon erkennt, dass ein Feuer nur bei Zufuhr von Luft brennen kann.
- 1270: Der französische König Ludwig IX. erliegt bei seinem zweiten Kreuzzug bei Tunis einer Seuche. Nach dem vergeblichen Versuch, Tunis einzunehmen, endet die 1096 begonnene Zeit der Kreuzzüge.
- Um 1280: Im heutigen Thailand gründet König Rama Khamhaeng das erste Siamesische Reich.
- 1291: Mit dem Rütlischwur besiegeln die Kantone Schwyz, Unterwalden und Uri den »Ewigen Bund«, um sich gegen die offensiven Habsburger zu stärken.
- Um 1300: Der Trittwebstuhl kommt in Gebrauch.

Eine der revolutionärsten Erfindungen des Mittelalters kam aus China über Umwege nach Europa: das Schießpulver und damit auch das Wissen, wie man Feuerwaffen und Kanonen baut. Die Erfindung hatte in ihrem Ursprungsland weitaus geringere gesellschaftspolitische Auswirkungen als in Europa, wo sie unter anderem mitverantwortlich war für den Niedergang des Rittertums.

△ **Bereits im 13. Jahrhundert gelangte das Schießpulver nach Europa und in dessen Gefolge auch Pulvergeschütze.**

Schon früh interessierten sich chinesische Wissenschaftler vor allem für Waffen, die den Nahkampf überflüssig machten. Das im Chinesischen als »Feuerdroge« (huo yao) bezeichnete Schießpulver bestand aus einer Mischung von Salpeter (also Calciumnitrat), Schwefel und Holzkohle. Im 9. Jahrhundert fanden chinesische Alchemisten heraus, dass ein bestimmtes Mischungsverhältnis dieser beiden Mineralien explosive Qualitäten besitzt. Diese Entdeckung wurde in Schriften aus dem Jahr 1044 erstmals erwähnt.

Nachdem viele chinesische Kriegsherren zu Anfang des 10. Jahrhunderts bereits »fliegendes Feuer« (Brandgeschosse) einsetzten, folgten Nebel-, Brand- und Sprenggranaten sowie flammenwerferartige, mit Sprengstoff gefüllte Bambusrohre, die so genannten »Feuerlanzen«. Handfeuerwaffen kamen Mitte des 12. Jahrhunderts auf, die Vorläufer von Muskete und Kanone im 13. Jahrhundert. Noch im 13. Jahrhundert gelangte die Erfindung von Schießpulver über das maurische Spanien nach Mitteleuropa. Erste schriftliche Niederlegungen eines Rezeptes sind durch Roger Bacon (1265) in England und Albertus Magnus (1275) in Köln belegt.

Pulvergeschütze wurden in Europa erstmals in Berichten über den Hundertjährigen Krieg (1337–1453) erwähnt. Die künstliche Salpeterherstellung wurde in der Folge ein einträgliches Geschäft, auch wenn auf die Herstellung von Schießpulver und Kanonen die Todesstrafe stand. Der nahe Freiburg geborene Alchemist und Wissenschaftler Berthold Schwarz baute um 1370 die ersten funktionierenden Kanonen in Europa. Von der Inquisition angeklagt versteckte er sich als Mönch in einem Kloster, wurde aber enttarnt und 1388 hingerichtet.

Die gesellschaftspolitischen Auswirkungen der Erfindung von Schießpulver und Kanonen waren für den Westen weit gravierender als für China. Das europäische Mittelalter war eine Zeit tief greifender Umwälzungen. Das von einer Feudalbürokratie beherrschte China machte dagegen über 500 Jahre hinweg keinerlei soziale Veränderungen durch. In China ergänzte das Schießpulver die vorhandenen Waffen, während es in Europa althergebrachte Bewaffnungen und Kampfmethoden praktisch überflüssig machte – der Untergang des Rittertums war die Folge.

In Europa veränderte die Kanone die Methoden der Kriegsführung. Auch gesellschaftspolitische Auswirkungen, wie der Niedergang des Rittertums, waren die Folge.

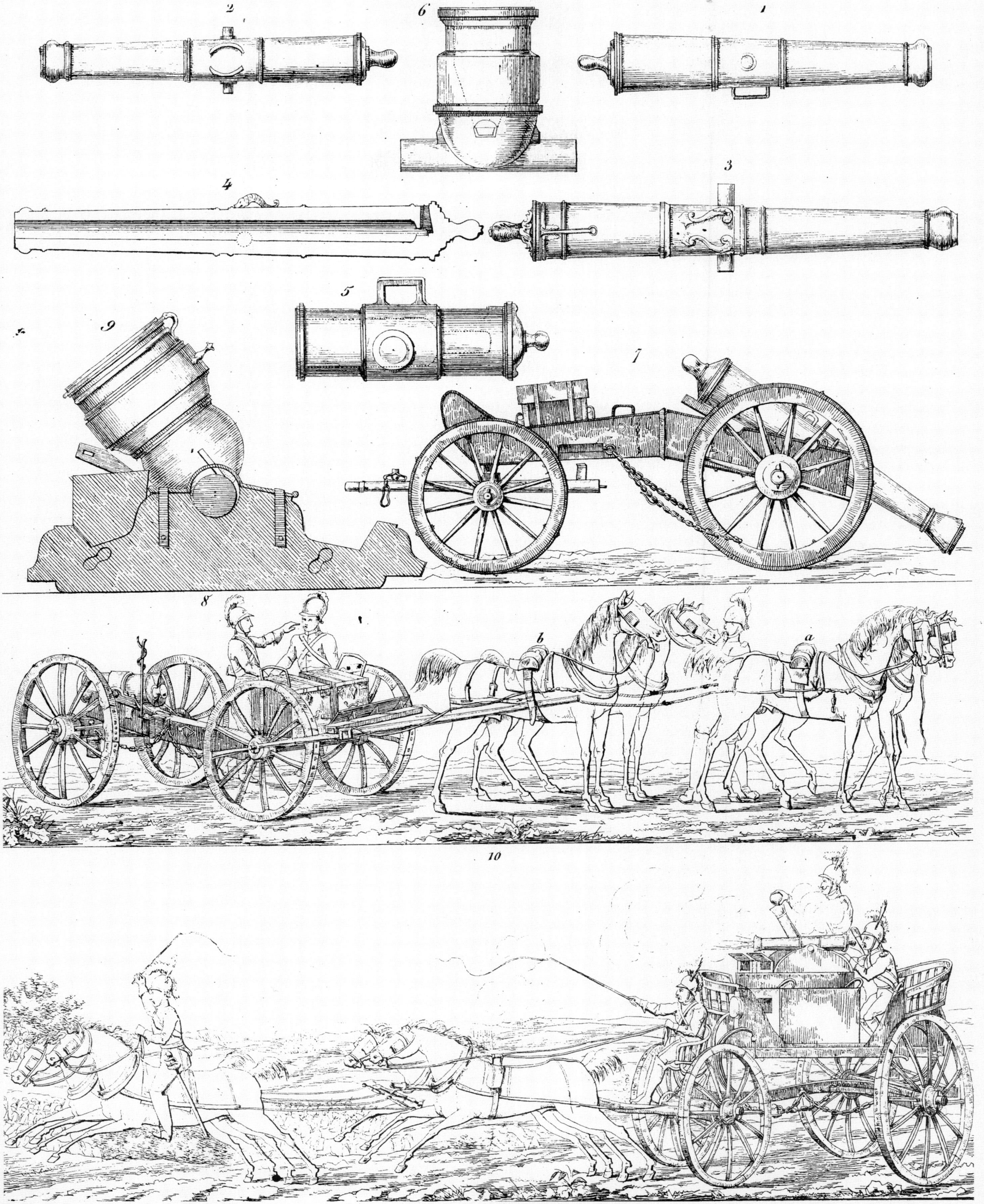
2
6
1
4
3
5
9
7
8
b
a
10

Die mechanische Uhr schafft ein neues Zeitgefühl

Europa

Ab Ende des 13. Jahrhunderts liefen in den Türmen der Kirchen und Rathäuser riesige Uhrwerke. Ihre Schlagwerke gaben öffentlich die Stunde an – die Zeit sollte von nun an den Tagesablauf und das Arbeitsleben der Menschen bestimmen.

1290

UM DAS JAHR 1290

- > 1290: Der englische König Eduard I. lässt alle Juden vertreiben, die im Geldgeschäft tätig sind.
- > Ab 1291: Die Kreuzritter bringen neue Getreidesorten, Gewürze und Früchte nach Europa: Reis, Buchweizen, Pfeffer, Zitronen und Aprikosen.
- > 1292: Der kastilische König Sancho IV. erobert die Straße von Gibraltar.
- > 1292: Die deutschen Kurfürsten wählen Adolf von Nassau zum König.
- > 1295: Eduard I. beruft das so genannte Musterparlament (»Model Parliament«) ein, das über neue Steuern beratschlagen soll.

Schon lange benutzten Menschen besondere Instrumente, um die Zeit zu messen. Die frühen Uhren orientierten sich entweder am Stand der Sonne und des Mondes oder gliederten die Zeit nach der Dauer bestimmter Vorgänge – wie die Sanduhr, die das Rieseln des Sandes durch ein verengtes Gefäß maß. Vor allem die Klöster legten großen Wert auf einen solch geregelten Tagesablauf. Die acht Gebetszeiten durften nicht versäumt werden. Der Turmwächter gab darum das Signal für die Versammlung, sobald ein Wasserbehälter leer getropft oder eine Kerze bis zur nächsten Markierung abgebrannt war.

Einen Vorläufer des mechanischen Uhrwerks hatte der Geistliche Pacifius bereits in der Mitte des 9. Jahrhunderts gebaut – doch noch lief es zu unregelmäßig und damit ungenau. Im 13. Jahrhundert entstand dann ein Uhrengetriebe, das einen regelmäßigen Lauf der Uhr gewährleistete. Nun war es möglich, eine konstante Zeitspanne zu messen. Der neue Mechanismus funktionierte wie folgt: An einer vertikalen Stange (Spindel) mit zwei versetzt angeordneten Spindellappen pendelte ein horizontaler Balken (Waag oder Foliot). Auf jeder Seite des Balkens war an einem Seil ein verstellbares Gewicht angebracht, dessen Zugkraft ein Zahnrad bewegte. Über dieses drehte sich die Spindel und versetzte den Balken in Schwingung. Jedes Mal wenn der Balken vor- und zurückschwang, griffen die Spindellappen in das Zahnrad und gaben einen Zahn des Rades frei. Das als Ticken hörbare Vorrücken des Rades setzte über weitere Zahnräder ein Zifferblatt in Gang, das sich um einen Stundenzeiger drehte. Bei anderen Modellen erzeugte es über ein Schlagwerk einen Ton.

Ab 1290 verbreitete sich die Räderuhr in ganz Europa. Die älteste heute noch erhaltene Uhr wurde um das Jahr 1386 gebaut und war an der Kathedrale von Salisbury angebracht. Ab Mitte des 14. Jahrhunderts entwickelten sich Uhren an städtischen Rathaustürmen zu einem Prestigeobjekt. Sie zeigten nicht nur die Zeit an, sondern hatten auch Spielwerke mit beweglichen Figuren.

Uhrmacher verfeinerten die Mechanik des Uhrwerks kontinuierlich. Als die Spiralfeder den Gewichtsantrieb der Uhren ersetzte, entstanden immer kleinere Uhren. Die berühmten »Sackuhren« Peter Henleins (1480–1542) passten in die Jackentasche und liefen 40 Stunden, ohne dass man sie aufziehen musste. 1609 setzte Galileo Galilei (1564–1642) ein Pendel als Gangregler ein. Dessen zeitkonstante Schwingungen machten die Uhr um einiges genauer. 1657 erhielt Christiaan Huygens (1629–1695) ein Patent auf die weiterentwickelte Pendeluhr. Eine Sensation war jedoch der Schiffschronometer, den John Harrison (1693–1776) 1728 baute. Diese federbetriebene Uhr konnte selbst auf einem schwankenden Schiff den Längengrad bis auf 0,5 Grad genau bestimmen.

Die mechanische Uhr machte den Menschen unabhängiger vom Rhythmus der Natur und doch unterwarf sie ihn dem Diktat der Zeit. Sie bestimmte Anfang und Ende des Arbeitstages und auch den Wert der Arbeit. Als mechanisches Messinstrument wurde die Räderuhr wegweisend für Wissenschaft und Technik.

Mit der Erfindung einer zuverlässigen Uhr begann die Zeit, immer mehr das Leben der Menschen zu bestimmen.

Die Brille holt sehschwache Menschen ins Leben zurück

Alexander von Spina (bis 1313)

1299

UM DAS JAHR 1299

- 1288: Westminster Hall in London ist weltweit die erste Uhr mit Schlagwerk.
- 1298: Die sieben deutschen Kurfürsten erklären auf einer Versammlung in Mainz König Adolf von Nassau für abgesetzt und erheben Albrecht I. von Habsburg zum neuen König.
- 1298: In der Schlacht von Falkirk schlägt England den Aufstand des schottischen Adels unter Führung von William Wallace nieder.
- 1300: In Mayapán im heutigen Mexiko übernehmen die Cocom und die Tutul die Vorherrschaft.
- 1300: In Rom ruft Papst Bonifatius VIII. das erste heilige Jahr aus.
- 1301: Sultan Osman I. gründet das Osmanische Reich.

Eine Konstruktion des technisch überaus versierten Dominikanermönches Alexander von Spina begeisterte im Jahr 1299 seine Zeitgenossen. Zwei gefasste und miteinander verbundene Linsen aus Glas ließen auch ältere Mitbrüder die Buchstaben in den Manuskripten wieder klar erkennen – ein unschätzbarer Dienst an der Wissenschaft.

Etwa ab dem 45. Lebensjahr lässt bei vielen Menschen die Sehkraft nach. Die Augenlinse verliert die Fähigkeit, sich zusammenzuziehen, wodurch es Mühe macht, in Nahsicht feine Strukturen scharf zu sehen. Schon Cicero (106–43 v. Chr.) klagte in einem Brief darüber und fand keine andere Lösung, als sich von einem Sklaven vorlesen zu lassen. Besonders Gelehrte, Schreiber und Kunsthandwerker waren durch die nachlassende Sehkraft in ihrer Berufsausübung und Schaffenskraft stark eingeschränkt. Ein großer Schatz an Fertigkeiten und Kenntnissen blieb ungenutzt, weil man keine Lösung des Problems fand.

Erst die Schriften des arabischen Wissenschaftlers und Naturforschers Abu Ali al-Hasan ibn al-Haitham (»Alhazen«, 996–1038 n. Chr.) lieferten die theoretischen Grundlagen für das Verständnis des Sehvorgangs und die Wirkung von Glaslinsen und Spiegeln im Zusammenhang mit Lichtstrahlen. Ibn al-Haitham wies unter anderem darauf hin, dass ein Segment einer Kugel aus Glas Dinge vergrößert erscheinen lassen kann. Er entwickelte so die Idee, Linsen mit gekrümmter Oberfläche als Sehhilfen zu benutzen. Um 1240 übersetzte Ezam Golek Vitello (1220–1280) die Erkenntnisse al-Haithams ins Lateinische.

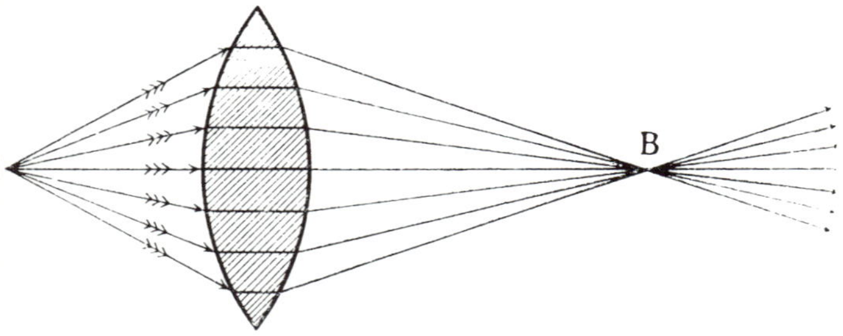

△ Linsen aus Glas wurden bereits vor Erfindung der Brille als Sehhilfen eingesetzt.

Etwa um diese Zeit begann man, so genannte Lesesteine als Sehhilfen zu nutzen. Diese Kugelsegmente aus geschliffenem Quarz (Bergkristall) oder Beryll waren auf der einen Seite glatt, auf der anderen nach außen gewölbt. Legte man die glatte Seite auf die Schrift eines Manuskripts, so waren die Buchstaben in der runden Seite vergrößert zu sehen. Die Wirkung ist vergleichbar mit der Wiedergabe von Blattstrukturen durch einen Wassertropfen. Bald begann man den Stein zur besseren Handhabung in eine Stielfassung aus Eisen, Holz oder Horn einzubauen und ähnlich wie eine Lupe zu benutzen. Das »Einglas« wurde immer flacher gearbeitet und bald auch auf beiden Seiten gewölbt.

Wer tatsächlich als Erster aus zwei Eingläsern gefasste »Brillen« konstruierte, so genannt nach dem Plural für Beryll, ist nicht bekannt. Alexander von Spina, ein Dominikanermönch aus Pisa, griff dieses Prinzip auf und nietete zwei Eingläser an den Stielen ihrer Fassung zusammen. Sie wurden vor die Augen gehalten oder auf die Nase geklemmt und konnten so als Sammellinsen die Brechkraft des Auges verstärken.

Die Konstruktion Alexanders verbreitete sich schnell über Italien hinaus. Das neue Hilfsmittel machte ein riesiges Potenzial an persönlichem Wissen und Erfahrungen länger nutzbar und steht vielleicht nicht zufällig am Beginn eines neuen Zeitalters großer Ideen und Erfindungen.

Gelehrte, Schreiber und Kunsthandwerker waren vom Nachlassen ihrer Sehkraft besonders betroffen. Sie sorgten dafür, dass sich die Erfindung des Italieners Alexander von Spina rasch verbreitete.

Schwefelsäure – Lieblingsstoff der Alchemisten

Djabir Ibn Haijjan (um 721–um 815)

1300

UM DAS JAHR 1300

> Um 1300: Im Heiligen Römischen Reich entstehen erste Apotheken.

> 1300: Pisa tritt die Mittelmeerinsel Korsika an Genua ab, das sie 1768 an Frankreich verkaufen wird.

> 1301: Der englische Thronfolger erhält den Titel »Prince of Wales«.

> 1302: Flavio Gioja, ein Forscher aus Amalfi, erfindet die Windrose für den Kompass.

> 1302: Papst Bonifatius VIII. verkündet die Bulle »Unam Sanctam«. Er bekräftigt darin, dass die weltliche der kirchlichen Macht untergeordnet sei.

△ Die alchemistischen Laboratorien des Mittelalters waren die Anfänge der modernen chemischen Industrie.

»Was für den Ingenieur das Eisen, ist für den Chemiker die Schwefelsäure.« So beschrieben Chemiker schon Mitte des 19. Jahrhunderts die Bedeutung ihres bis heute wichtigsten Grundstoffes: Schwefelsäure ist nämlich die bedeutendste Mineralsäure. Mit ihrer Hilfe lassen sich alle anderen Säuren wie Salzsäure oder Phosphorsäure gewinnen. Der islamische Alchemist Djabir Ibn Haijjan konnte die wertvolle Substanz im Jahr 1300 als Erster gewinnen.

Schwefelsäure ist eine der wichtigsten anorganischen Säuren. Sie wird aus Schwefel gewonnen, dessen übler Gestank der Sage nach den Auftritt des Teufels begleitet. Schwefelsäure selbst ist zwar geruchlos, doch die Alchemisten, die sie entdeckten, hatten seit jeher einen Hang zur mystischen Religion. Nicht nur darum, sondern auch weil sie traditionell viel handwerkliches Wissen überliefert hatte, genoss die Alchemie hohes Ansehen in der islamischen Welt. Eine unumstrittene Autorität der chemisch-alchemistischen Künste war Djabir Ibn Haijjan. Der im Westen unter dem Namen Geber bekannte Gelehrte wirkte zur Zeit des Kalifen Harun ar-Rasid (766–809) in Kufa bei Bagdad. Zwar verfasste Geber viele Abhandlungen, dass wirklich alle ihm zugeschriebenen 3000 chemisch-alchemistischen Traktate aus seiner Feder stammen, ist aber zu bezweifeln.

Eines dieser Traktate beschreibt die Herstellung von H_2SO_4, so die spätere Formel für Schwefelsäure: Die Alchemisten erzeugten diese, indem sie verschiedenfarbige, glasartig durchsichtige Mineralien, die Vitriolen (lateinisch *vitreus* = gläsern) glühten. Heute sind das blaue, grüne und weiße Vitriol als Kupfer-, Eisen- und Zinksulfat bekannt, Sulfate sind Salze der Schwefelsäure. Ein anderer Ausgangsstoff zur Gewinnung von Schwefelsäure war das ebenfalls sulfathaltige Mineral Alaun. Wegen seiner farb- und geruchlosen, öligen Konsistenz heißt das stark ätzende H_2SO_4 auch »Vitriolöl«.

Eine weitere Methode zur Erzeugung von Schwefelsäure ist die Verbrennung von Schwefel. Pyrotechniker fertigten aus dem explosiven Gemisch von Schwefel und Kaliumnitrat Schwarzpulver und Feuerwerkskörper. Die Beschreibung einer solchen Zündung findet sich in einem um 1420 verfassten »Feuerwerksbuch«. Das um 1750 in Birmingham eingeführte Bleikammerverfahren, eine Weiterentwicklung dieser Methode, bringt Schwefelsäure durch die Verbrennung von Schwefel unter Zusatz von Salpeter und feuchter Luft hervor.

Seit der Mitte des 17. Jahrhunderts dient Vitriolöl zum Ätzen von Glas. 1794 führte der französische Chemiker Armand Séguin (1767–1835) die Schwefelsäurebehandlung in die Gerberei ein. Da Säure stark wasserentziehend wirkt, verkürzte sich die Trocknungszeit des Leders erheblich. Im 19. Jahrhundert setzten Wissenschaftler bei der Herstellung fast aller chemischer Produkte, beispielsweise dem Grundstoff des Dynamits Nytroglyzerin oder als Farbenbasis, Schwefelsäure direkt oder indirekt ein. Verbesserte technische Voraussetzungen ermöglichten ab 1875 die groß angelegte Produktion von Schwefelsäure. 1892 produzierte die deutsche Industrie bereits 496 400 Tonnen H_2SO_4. Heute dient die Hälfte der weltweit erzeugten Schwefelsäure der Düngemittelherstellung.

Natürliche Schwefelablagerung am Kraterrand des Vulkans Vulcano auf den Eolischen Inseln. Der Sage nach begleitet der üble Gestank von Schwefel den Auftritt des Teufels.

Das Rätsel des Regenbogens

Dietrich von Freiberg (um 1250–nach 1310), René Descartes (1596–1650)

1304

UM DAS JAHR 1304

- Um 1300: Die ersten Seidenwebereien Deutschlands und Italiens werden eingerichtet.
- 1303: Papst Bonifatius VIII. stirbt an den Folgen eines Attentats, das Wilhelm von Nogaret im Auftrag des französischen Königs Philipp IV. verübt hatte.
- 1306: Robert I. ruft sich zum König Schottlands aus.
- 1309: Der Orden der Johanniter verlegt seinen Sitz auf die Insel Rhodos.

Schon die frühen griechischen Naturphilosophen setzten sich mit dem Phänomen des Regenbogens auseinander. Der Dominikanermönch Dietrich von Freiberg fand im Mittelalter die Erklärung der bunt schillernden Erscheinung am Himmel. Den sprichwörtlichen Goldtopf am Ende des Regenbogens hat bis jetzt aber noch niemand entdeckt.

Auf ein Gewitter folgt Sonnenschein – und manchmal auch ein Regenbogen. Nach Ansicht des Naturphilosophen Anaximenes (um 580–520 v. Chr.) entstand diese bunte Himmelskurve, wenn Sonnenstrahlen auf zusammengeballte Luft trafen. Aristoteles (384–322 v. Chr.) wähnte den Regenbogen bereits als optischen Effekt, der durch Reflexion und Brechung der Sonnenstrahlen entstand.

Islamische Gelehrte bauten die »meteorologische Optik« weiter aus und überlieferten sie dem Abendland. Dort kam der polnische Naturforscher Witelo (um 1230–um 1275) 1270 der vollständigen Begründung, wie ein Regenbogen entstand, recht nahe: Wenn die Sonne durch einen Regentropfen scheint, bricht sich an dessen Oberfläche das Licht. Die Strahlen erfahren also beim Übertritt von einem Medium, der Luft, in ein anderes, das Wasser, eine Richtungsänderung. Die verschiedenen Wellenlängen des Lichts werden dabei verschieden stark gebrochen – das Licht wird in seine Spektralfarben zerlegt. Die Farbfolge verläuft immer gleich: von Blauviolett über Blau, Grün, Gelb, Orange bis Gelblichrot. Die gekrümmte äußere Hülle dahinter liegender Wasser- beziehungsweise Regentropfen strahlt, so Witelo, die Farben zum Beobachter zurück.

Damit hatte er den Regenbogen schon fast vollständig erklärt. Aber erst der Dominikanermönch Dietrich von Freiberg ergänzte im Jahr 1304 in seiner Schrift *De iride* (griechisch *iris* = Regenbogen) die Erklärung um einen zweiten wichtigen Aspekt: die Reflexion des Lichtes im Inneren der einzelnen Regentropfen.

Im 17. Jahrhundert untermauerte der französische Philosoph und Mathematiker René Descartes diese Theorie und löste die Frage, warum ein Regenbogen nur von manchen Standpunkten aus zu sehen sei. Ein Regenbogen entsteht, wenn die Sonne eine Regenwolke oder -wand bestrahlt. Ein Bündel paralleler Lichtstrahlen trifft auf einen kugelförmigen Regentropfen, dessen Oberfläche einen Teil der Strahlen reflektiert. Die anderen werden an der Grenzfläche zwischen Luft und Wasser gebrochen und treffen auf die Rückseite des Tropfens, wo ein Teil wiederum zurückgestrahlt wird, ein anderer gebrochen aus dem Tropfen austritt. Um das Phänomen wahrnehmen zu können, muss sich der Beobachter zwischen Sonne und Regenwand befinden – und zwar mit dem Rücken zur Lichtquelle stehen und in Richtung der Wassertropfen schauen. Strahlen, die den Tropfen an der Rückseite verlassen, erreichen das Auge des Beobachters nicht. Er sieht nur die Strahlen, die nach der Reflexion erneut auf die Innenseite des Tropfens treffen und diesen dann nach ihrer Brechung verlassen.

Im 19. Jahrhundert meinte der britische Mathematiker und Astronom George Airy (1801–1892), dass dieser Theorie nach jeder Regenbogen gleich aussehen müsse. Das ist aber nicht der Fall. Airy begründete dies mit dem Wellencharakter des Lichtes und der Tropfengröße. Die Betrachtung der Streuung von Lichtquanten an Wassermolekülen ermöglicht heute noch präzisere Erkenntnisse über dieses Phänomen.

Der Dominikaner Dietrich von Freiberg erklärte die Entstehung von Regenbögen mit der Reflexion des Lichtes im Inneren der Wassertropfen.

Perspektive – Die perfekte Täuschung des Betrachters

Leon Battista Alberti (1404–1472)

Warum haben wir beim Betrachten von Leonardo da Vincis »Letztem Abendmahl« tatsächlich einen räumlichen Eindruck von Jesus und seinen Jüngern? Diese perspektivischen Glanzleistungen der Renaissancekünstler sind zwei Männern zu verdanken: Filippo Brunelleschi und Leon Battista Alberti. Letzterer hielt die Regeln der Zentralperspektive erstmals schriftlich für die Nachwelt fest und veränderte so die Kunstgeschichte.

1435

UM DAS JAHR 1435

- 1429: Angeführt von der Bauerntochter Jeanne d'Arc gelingt es dem Heer Frankreichs, Orléans von der englischen Belagerung zu befreien. Damit wendet sich der Hundertjährige Krieg zugunsten Frankreichs.
- 1435: Die Baderstochter Agnes Bernauer wird auf Geheiß Herzog Ernsts von Bayern-München in der Donau ertränkt. Sie war 1432 eine unstandesgemäße Ehe mit dessen Sohn Herzog Albrecht III. eingegangen.
- 1435: Im Frieden von Arras verlässt Burgund das Bündnis mit England und stellt sich auf die Seite Frankreichs. Ein Jahr später muss England aus Paris abziehen.

Der Begriff der »Perspektive« (lateinisch: *perspicere* = hindurchsehen) bezeichnet eine räumliche Darstellung auf einer ebenen Fläche, die den Sehbedingungen im Raum entspricht. Die Zentral- oder Linearperspektive stellt die Körper im Raum proportional zu ihrer Entfernung von der Bildebene dar. Die Übertragung des Bildes auf die Zeichenebene erfolgt hier mittels eines Gerüstes verschiedener »gedachter« Linien, die sich in einem »Fluchtpunkt« schneiden. Leon Battista Alberti (1404–1472) hat diese Technik für die Neuzeit entdeckt.

Alberti erhielt eine hervorragende humanistische Erziehung. Als »Uomo universale«, als universell gebildeter Mann, beschäftigte er sich mit den unterschiedlichsten Fachgebieten: Philologie und Literatur, Archäologie und Kunstgeschichte, Mathematik und Architektur. Die Malerei erlernte er als »Entspannungstechnik«, nachdem er einen Nervenzusammenbruch erlitten hatte. Der Wiederentdeckung der Perspektive durch Alberti geht eine lange Zeit menschlichen künstlerischen Schaffens voraus: Doch erst Grabfresken im alten Ägypten im 3. Jahrtausend wiesen eine primitive Version der Perspektive auf – die Parallelverschiebung. Diese ordnete Personen oder Gegenstände in der Ebene schräg hintereinander versetzt an. Da die Personen – meist in Seitenansicht und in gleicher Größe wiedergegeben – dabei aber regelrecht »übereinander klebten«, wirkten diese Darstellungen noch recht flach. Verkürzungen und Schrägansichten fanden sich erst im antiken Griechenland der klassischen und hellenistischen Zeit. Zwar sind solche Malereien kaum erhalten, Schriftquellen beschreiben jedoch die Werke und ihre Maler. Die meisten dieser perspektivischen Bilder entstanden als Bühnenbilder zum in der Antike so beliebten szenischen Theater. Die Römer übernahmen die Malweise aus dem hellenistischen Kulturkreis und perfektionierten sie in den Fresken von Pompeji und Herculaneum.

Auf mittelalterlichen Gemälden regierte dann hauptsächlich die »Bedeutungsperspektive«: »Wichtige« Personen der Darstellung wie Christus oder Heilige waren im Verhältnis viel größer als die weniger Bedeutenden, zum Beispiel die Stifter. Die gotischen Fresken Giotto di Bondones (um 1267–1337) zeigten aber schon erste Ansätze eines »Kastenraumes«.

Die für die Renaissance typische Bewunderung der Antike führte Gelehrte und Künstler zu den Kenntnissen der perspektivischen Malerei.
Im Umkreis Brunelleschis entstand um 1425 das erste zentralperspektivische Gemälde: Masaccios (1401–1428) Dreifaltigkeitsfresko in der Florentiner Kirche Santa Maria Novella.
1435 leitete Alberti aus einem Spiegelexperiment Brunelleschis Regeln für die Kunst ab und verewigte sie in den Büchern *Über die Malerei.*
Als ideales Vorbild erschien Alberti die Kunst des antiken Rom, aber auch dessen ethische und moralische Vorstellungen.

Die Römer hatten die perspektivische Malweise perfektioniert, etwa in den Fresken von Herculaneum, aber ihr Können war verloren gegangen.

Buchdruck – Der Mensch betritt die Neuzeit

Johannes Gutenberg (um 1397–1468)

Die Erfindung des Buchdrucks mit beweglichen Lettern markiert den Beginn der Neuzeit. Bis zu diesem Zeitpunkt war Bildung ein Privileg des Adels und der Kirchenmänner. Erst die Möglichkeit, Bücher schnell, in großer Stückzahl und zu niedrigeren Kosten zu vervielfältigen, machte das hinter Klostermauern verborgene Wissen breiteren Schichten zugänglich.

1445

UM DAS JAHR 1445

- 1441: Die Universität von Bordeaux wird gegründet.
- 1441: Der Aufstand der Xiu zerstört die Stadt Mayapán, das kulturelle Zentrum der herrschenden Tolteken.
- 1445: Der portugiesische Seefahrer Diego Gomes umsegelt Kap Verde an der Westküste Afrikas. Dabei entdeckt er die Kapverdischen Inseln.
- 1449: In Deutschland kommt es zu einem neuerlichen Ausbruch der Pest, die schnell um sich greift.
- 1450: Nach dem Sieg Frankreichs unter König Karl VII. muss England aus der Normandie abziehen.

△ Durch seine Erfindung beweglicher Bleilettern revolutionierte Johannes Gutenberg den Buchdruck.

Das Wissen an die folgenden Generationen weiterzugeben ist essenziell für den Fortbestand einer Kultur. Eine Schrift ist dafür eine wichtige Voraussetzung. In Stein gemeißelt waren diese Zeichen zwar dauerhaft, ließen sich aber kaum transportieren. Erst die Erfindung des Papyrus um 3500 v. Chr. in Ägypten ermöglichte es den Menschen, schriftliche Botschaften in großem Stil weiterzuverbreiten. König Eumenes II. (197–159 v. Chr.) fand im 2. Jahrhundert v. Chr. mit dem aus Tierhäuten hergestellten Pergament einen Schreibstoff, der weit weniger empfindlich war als das Papyrus. Der Druck setzte allerdings eine weitere Erfindung voraus – das Papier. Ab dem 12. Jahrhundert wurde das im Gegensatz zum Pergament preiswerte Papier, auf dem später gedruckt werden sollte, auch außerhalb des chinesischen Kaiserreiches hergestellt.

Das Verfahren, mit eingefärbten Stempeln oder gegossenen Lettern auf Papier zu drucken, existierte schon vor der Zeit Johannes Gutenbergs. Die meisten Schriftstücke entstanden jedoch entweder handschriftlich oder in der Technik des Holzschnitts. Jeweils eine bearbeitete Holztafel (Block) ergab die Druckform für eine Seite. Auf diese Weise entstanden die »Blockbücher«. Dieses Verfahren erlaubte zwar die mehrmalige Verwendung einer Form, den Druckstock zu fertigen war aber mühsam und zeitaufwändig.

Gutenberg revolutionierte um 1445 den Buchdruck mit der Erfindung beweglicher Bleilettern, die sich beliebig zu einer Druckform aus Wörtern und Sätzen zusammensetzen ließen. Diese langlebigen metallgegossenen Lettern mit immer gleicher Gestalt gestatteten eine unbegrenzte – und vor allem eine schnellere – Vervielfältigung von Büchern. 1452–1454 druckte Gutenberg mit einer Handpresse die berühmte »Gutenberg-bibel« in einer geschätzten Auflage von 180 Stück, 30 davon auf Pergament – ein bis heute erhaltenes Meisterwerk in lateinischer Sprache.

Die epochale Leistung des Mainzer Patriziersohns lag allerdings in der Beschleunigung des Druckverfahrens. Ein Schreiber hatte für die Abschrift eines Werkes immerhin bis zu vier Jahre benötigt. Mit dem Buchdruck schritt auch die Wissenschaft voran. Die Lehre an neu gegründeten Universitäten bildete den Gegenpol zum bisherigen Privileg der Wissensvermittlung in den Klöstern. Erst um 1800 aber konnten 80 Prozent der Bevölkerung in den Industriestaaten lesen.

Gutenbergs später modernisiertes Druckverfahren blieb bis ins 20. Jahrhundert erhalten. Lediglich die Handpresse musste schon im 18. Jahrhundert der mechanischen Rotationspresse mit überdimensionalen Papierrollen und hohen Druckgeschwindigkeiten Platz machen. Mit der Technik des Fotosatzes entfiel ab 1946 die zeitaufwändige Arbeit des Setzers. Stattdessen wurden nun die auf Film belichteten Texte in der Druckvorbereitung in das gewünschte Seitenlayout geklebt. Computergesteuerte Schreib-, Satz- und Drucksysteme verdrängten seit den 1980er-Jahren die alten Verfahren. Gutenbergs Leistung bleibt dennoch ungeschmälert, denn führte die Menschheit vom Mittelalter in die Neuzeit.

Gutenbergs Druckverfahren mit beweglichen Bleilettern beschleunigte die Vervielfältigung von Büchern erheblich.

Der Buchdrucker.

Ich bin geschicket mit der preß
So ich aufftrag den Firniß reß/
So bald mein dienr den bengel zuckt/
So ist ein bogn papyrs gedruckt.
Da durch kombt manche Kunst an tag/
Die man leichtlich bekommen mag.
Vor zeiten hat man die bücher gschribn/
Zu Meintz die Kunst ward erstlich triebn.

Der Buchbinder.

Ich bind allerley Bücher ein/
Geistlich vnd Weltlich/groß vnd klein/
In Perment oder Bretter nur
Vnd beschlags mit guter Clausur
Vnd Spangen/vnd stempff sie zur zier/
Ich sie auch im anfang planier/
Etlich vergüld ich auff dem schnitt/
Da verdien ich viel geldes mit.

Ein Fehler im Kalender schafft ein neues Weltbild

Nikolaus Kopernikus (1473-1543)

Eigentlich wollte Nikolaus Kopernikus nur die Berechnung des Kalenders verbessern und die philosophischen Grundsätze der antiken Sternenkunde wiederherstellen. Tatsächlich revolutionierte er dann mit seinem »heliozentrischen« Weltbild die Wissenschaft. Und er verbannte den Menschen aus dem Mittelpunkt des Universums.

1510

UM DAS JAHR 1510

- > 1500: Der Künstler Michelangelo schafft seine heute weltberühmte Marmorskulptur Pietà.
- > 1500: Erstmals gelingt der Kaiserschnitt an einer lebenden Gebärenden.
- > 1502: Christoph Kolumbus bricht zu seiner vierten und letzten Reise nach Amerika auf, das er 1492 entdeckt hatte. Von seiner dritten Reise war er im Jahr 1500 in Ketten nach Spanien überführt worden. Doch er konnte sich vom Vorwurf der Korruption und des Machtmissbrauchs befreien.
- > 1511: Spanien stellt die Insel Kuba unter seinen Besitz.

△ Der Astronom Nikolaus Kopernikus begründete das heliozentrische Weltsystem.

Nach dem Tod seines Vaters wurde der in Polen geborene Nikolaus Kopernikus (eigentlich Nikolaus Koppernigk) von seinem Onkel Lukas Watzelrode (gest. 1512) erzogen, der als Bischof im ostpreußischen Ermland tätig war. Ab 1496 studierte Kopernikus an der Universität von Bologna Rechtswissenschaften. Nach seiner Rückkehr arbeitete er an der Sternwarte in Frauenburg. Dort beobachtete er, dass der Mond den Stern »Aldebaran« bedeckte. Diese Entdeckung ließ ihn erstmals an der bis dahin gültigen Theorie zweifeln, die Planeten bewegten sich um die Erde. 1510 wurde er dann in Frauenburg zum Domherren ernannt. Anhand seiner weiteren astronomischen Beobachtungen entwarf er ein System, das den Anbruch eines neuen Zeitalters markierte.

Die Astronomie basierte zur Zeit des Nikolaus Kopernikus noch fest auf der Grundlage, die ihr der in Alexandria wirkende Astronom und Geograf Claudius Ptolemäus (um 100–um 160) gegeben hatte. Ptolemäus war ein Befürworter des »geozentrischen« Weltbildes: Seiner Meinung nach stand die Erde im Mittelpunkt des Universums. Um sie bewegten sich alle anderen Planeten, auch die Sonne. Nach dieser Überzeugung entwickelte Ptolemäus ein mathematisches Modell der Planetenbewegungen, mit dem die Astronomen gut rechnen konnten. Kopernikus störte an diesem Modell zunächst, dass der daraus berechnete Kalender fehlerhaft war: Da die Dauer eines Jahres falsch bestimmt wurde, war der astronomische Frühlingsanfang inzwischen im Kalender vom 21. März auf den 11. März vorgerückt. Außerdem sah Kopernikus bei Ptolemäus die Forderung des griechischen Philosophen Platon (427–um 348 v. Chr.) verletzt, wonach sich die Himmelskörper nur auf kreisförmigen Bahnen mit konstanter Geschwindigkeit bewegen konnten. Auf der Suche nach alternativen Sichtweisen zu der des Ptolemäus stieß Kopernikus auf die Hypothese des griechischen Astronomen Aristarch von Samos (320–um 250 v. Chr.), die ein »heliozentrisches« Weltbild propagierte. Aristarchs Vorstellung, die Sonne stehe im Zentrum des Universums, konnte viele Ungereimtheiten bei der Berechnung der Planetenbahnen beheben. Angeregt durch diese Theorie stellte Kopernikus folgende Behauptung auf: Die Erde und die anderen Planeten bewegten sich um die Sonne. Zweitens drehe sich die Erde, so Kopernikus, im Laufe eines Tages einmal um ihre eigene Achse. Dies verursache die scheinbare tägliche Rotation der Fixsterne.

Das Hauptwerk des Kopernikus, *De Revolutionibus Orbium Coelestium* (»Über die Kreisbewegungen der Himmelskörper«), erschien erst 1543, im Jahr seines Todes. In Astronomenkreisen kursierte aber spätestens seit 1510 ein kleines Manuskript, das die Grundzüge seines Systems darlegte. Die neue Lehre des Kopernikus revolutionierte die Astronomie und brachte allen nachfolgenden Wissenschaftlern neue Aufgaben: Sie mussten nun erklären, warum die doppelte Bewegung der Erde nicht unmittelbar wahrnehmbar war. Die Theologen mussten einsehen, dass der Mensch als Bewohner der Erde und »Ebenbild Gottes« nicht im Zentrum stand.

Die Sonne: Um sie herum, so behauptete Kopernikus, bewegten sich die Erde und die anderen Planeten.

Fossilien - Ein neues Bild der Erdgeschichte

Girolamo Fracastoro (um 1483-1553)

Lange Zeit sahen selbst Naturforscher Fossilien als Kuriosa an, als »Spielereien« oder Versuche der Natur, lebensähnliche Formen zu schaffen. Der Arzt Girolamo Fracastoro erkannte sie 1517 erstmals als Überreste von Lebewesen. Heute sind fossile Überlieferungen die wichtigsten »Buchstaben« im Buch der Erdgeschichte.

1517

UM DAS JAHR 1517

- 1516: Thomas Morus veröffentlicht sein Werk *Utopia:* 'Im vollendeten Staat soll es keinen Privatbesitz mehr geben.
- 1517: Martin Luther veröffentlicht seine 95 Thesen, in denen er gegen den Ablasshandel protestiert: Gott allein könne den Menschen seiner Sünden befreien. In der Folge setzt die Reformation ein.
- 1519: Fernão de Magalhães bricht zur ersten Weltumsegelung auf. Im Auftrag der spanischen Krone soll diese den Nachweis erbringen, dass die Erde kugelförmig ist.
- 1519: Hernándo Cortés zieht in die aztekische Hauptstadt Tenochtitlán ein. Die Einheimischen nehmen ihn gastfreundlich auf, da sie die hellhäutigen Eroberer für Götter halten.

In Gesteinen enthaltene Reste von Pflanzen oder Tieren weckten schon in der Antike die Neugier der Menschen. Bereits der griechische Naturphilosoph Xenophanes (570–um 470 v. Chr.) vermutete, dass sie durch einstige Meeresüberflutungen an ihre Fundorte gelangt waren. Aristoteles (um 384–322 v. Chr.) wertete Fossilien als Beweis seiner These, dass alles Leben aus Erde und Schlamm gezeugt worden war: Diese Wesen seien nicht zu vollem Leben erwacht und im Erdreich verborgen geblieben. Im chinesischen Kulturkreis wurden Fossilien seit etwa 500 beschrieben. Um 770 brachten die chinesischen Geschichtsschreiber sie mit mythologischen Vorstellungen von Land und Meer in Zusammenhang.

Erstaunlicherweise übernahmen vor allem die frühen christlichen Schriftsteller die alte Hypothese des Xenophanes: Sie interpretierten die im Gestein erstarrten Lebewesen als Opfer der Sintflut. Der aus Karthago stammende Kirchenschriftsteller Tertullian (nach 150–um 225) erklärte, dass Wasser einst die ganze Erde bedeckt hätte und verwies dazu auf die in den Bergen vorkommenden Muscheln. Der Bischof Eusebios von Kaisareia (um 260–um 340) in Palästina schloss daraus auf einen hohen Wasserstand während der Sintflut.

Im Gegensatz dazu erklärte der arabische Arzt und Naturforscher Avicenna (980–1037), der um 1020 die Grundlagen der Mineralogie schuf, die Versteinerungen als Produkte einer vis lapidificativa, einer »versteinernden Kraft«. Obgleich er die Möglichkeit, Fossilien könnten organischen Ursprungs sein, nicht ausschloss, beeinflusste seine Hypothese mit der Theorie des Aristoteles die später in Europa vorherrschende Annahme einer *vis plastica,* einer »formenden Kraft« als Verursacher der Fossilien.

Erst der aus Verona stammende Arzt und Philosoph Girolamo Fracastoro setzte sich kritisch mit den überlieferten Auffassungen auseinander. Als 1517 fossile Muscheln in Gesteinen bei Verona entdeckt wurden, wollte er weder die Sintflut noch die vis plastica gelten lassen. Auch die Annahme, sie seien durch große Fluten dort angeschwemmt worden, lehnte er ab. Vielmehr zeigten die Funde seiner Meinung nach, dass in der Gegend von Verona einst Muscheln gelebt hatten – weil dort in dieser Zeit ein Meer war.

Doch Fracastoros These stieß in der Fachwelt auf taube Ohren: Die Erklärung der Versteinerungen aus dem Sintflutmythos blieb stärker. Noch 1746 leugnete der als Aufklärer bekannte Schriftsteller Voltaire (1694–1778) den organischen Ursprung der Fossilien: Die in den Alpen vorkommenden Fossilien hätten Reisende dort hinterlassen. Erst im letzten Drittel des 18. Jahrhunderts verhalfen Gelehrte wie der Göttinger Professor Johann Friedrich Blumenbach (1752–1840) Fracastoros Einsicht in die Natur der Fossilien zum Durchbruch. Mit der im 19. Jahrhundert entstehenden Abstammungslehre nahm die Spurensuche der Weltgeschichte – und damit die Paläontologie, die Wissenschaft von den Versteinerungen – große Dimensionen an.

Girolamo Fracastoro erblickte in versteinerten Muscheln die Überreste früheren Lebens.

Fig.13
Fig.15
Fig.16
Fig.14
Fig.21
Fig.19
Fig.20
Fig.7
Fig.23
Fig.22
Fig.40
33
Fig.32
Fig.45
Fig.38
Fig.42
Fig.41
Fig.37
Fig.44
Fig.43
46
Fig.47
Fig.49
Fig.60
Fig.63
Fig.53

Anatomie – Der Bauplan des Menschen

Andreas Vesal (1514–1564)

Vom griechischen Wort für »Aufschneiden«, *anatemnein,* leitet sich der Begriff der Anatomie ab. Die Lehre des antiken griechischen Arztes Galen (um 129–199) galt lange als maßgeblich auf diesem Gebiet. Dennoch wiesen seine Bemühungen, im wahrsten Sinn des Wortes, »Licht ins Dunkel« zu bringen, viele Irrtümer auf.

1543

UM DAS JAHR 1543

- 1542: Auf Drängen von Bartholomé de las Casas verbietet Spanien, dass die Ureinwohner in den Kolonien zur Sklavenarbeit herangezogen werden. Die »Conquistadores« lehnen sich erfolgreich gegen das Gesetz auf.
- 1543: Die *Sechs Bücher über die Bewegung der Himmelskörper* des Nikolaus Kopernikus erscheinen.
- 1545: Die Stadt Padua eröffnet den ersten botanischen Garten Europas.
- 1547: Der zehnjährige Eduard VI. folgt Heinrich VIII. auf den englischen Thron. Die für ihn regierenden Vormunde setzen die calvinistische Reformation im Land fort.

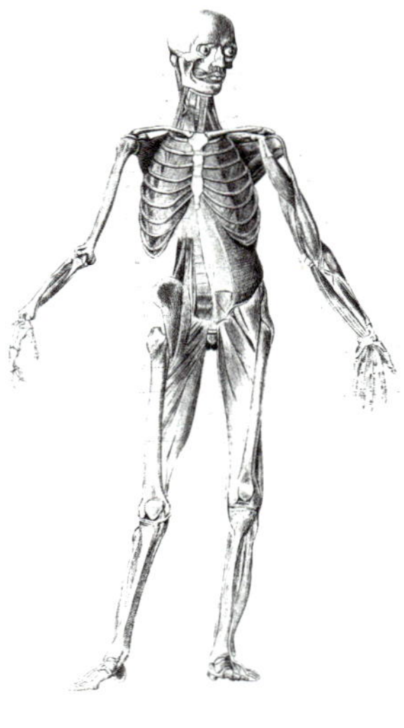

△ Der Begriff »Anatomie« leitet sich vom griechischen Wort *anatemnein* für »aufschneiden« her.

Die Wissenschaft vom Bau des menschlichen Körpers und seiner Organe – die Anatomie – ist die älteste Disziplin der Medizin. Obwohl vor allem religiöse Anschauungen das Aufschneiden menschlicher Leichen im Altertum und im Mittelalter verhinderten, führten Herophilos aus Chalkedon und Erasistratos aus Kos im 3. Jahrhundert v. Chr. die ersten belegten wissenschaftlichen Leichenöffnungen durch. Die rund 100 Veröffentlichungen des nach Hippokrates wohl berühmtesten Arztes der Antike, Galen, galten bis ins 17. Jahrhundert als Grundlage der Forschung. Denn im 2. Jahrhundert n. Chr. wurde das Sezieren von Verstorbenen schließlich aus religiösen Gründen verboten. Erst 1302 nahm man in Bologna wieder eine Sektion vor, um die Ursache eines ungeklärten Todesfalles festzustellen.

Der in Brüssel geborene Chirurg Andreas Vesal sprach sich als einer der ersten Ärzte gegen die Theorie Galens aus. Vesal selbst hatte vor allem tote Tiere untersucht und daraus Schlüsse auf die menschliche Anatomie gezogen. Er traute seinen eigenen Augen mehr als den antiken Schriften und begründete damit die moderne Anatomie.

Bereits 1538 hatte Andreas Vesal die *Tabulae anatomicae sex* veröffentlicht, mit drei Arterien- und Eingeweidedarstellungen sowie drei Skelettfiguren. Als Professor für Chirurgie in Padua sezierte Vesal ab 1539 die Leichen aller in der Stadt hingerichteten Menschen und führte 1540 in Bologna öffentlich anatomische Analysen durch.

1543 veröffentlichte Vesal dann sein anatomisches Lebenswerk *De humani corporis fabrica libri septem*, die theoretische Basis für die Weiterentwicklung dieser medizinischen Grundwissenschaft. Scharfzüngig deckte er darin mehr als 200 Fehler der bisherigen Anatomie – vor allem der Galens – auf: die fünfläppige Leber, das siebensegmentige Brustbein oder den zweiteiligen Unterkiefer. Zum bleibenden Ruhm dieses bahnbrechenden Werkes trugen auch die Illustrationen bei, die vermutlich aus der Feder Tizians stammen.

Während Vesals Forschungsergebnisse bei Studenten und fortschrittlichen Professoren begeisterte Zustimmung fanden, regte sich in Kreisen der Anhänger Galens erheblicher Widerstand. Sein eigener Lehrer Jacques Dubois gab Vesal den Beinamen Vesanus (Verrückter). Um die angeblichen Irrtümer Galens zu erklären, argumentierte Dubois, der menschliche Körper habe sich seit der Antike geändert. Vesal litt derart unter der Missachtung seiner Kollegen, dass er seine Forschungen aufgab und als Hofarzt und Chirurg an den spanischen Hof ging.

Auf keinem anderen Gebiet der Medizin sind die während der Renaissance erbrachten Veränderungen so deutlich wie im Bereich der Anatomie. Vesal, der das noch von der Antike geprägte Bild der Medizin überwand und den Menschen in den Mittelpunkt stellte, verdanken wir dabei den wichtigsten Erkenntnisfortschritt.

Die Irrtümer der aus der Antike überlieferten Anatomielehre ließen sich im wissenschaftlichen Aufbruch der Renaissance nicht mehr aufrechterhalten.

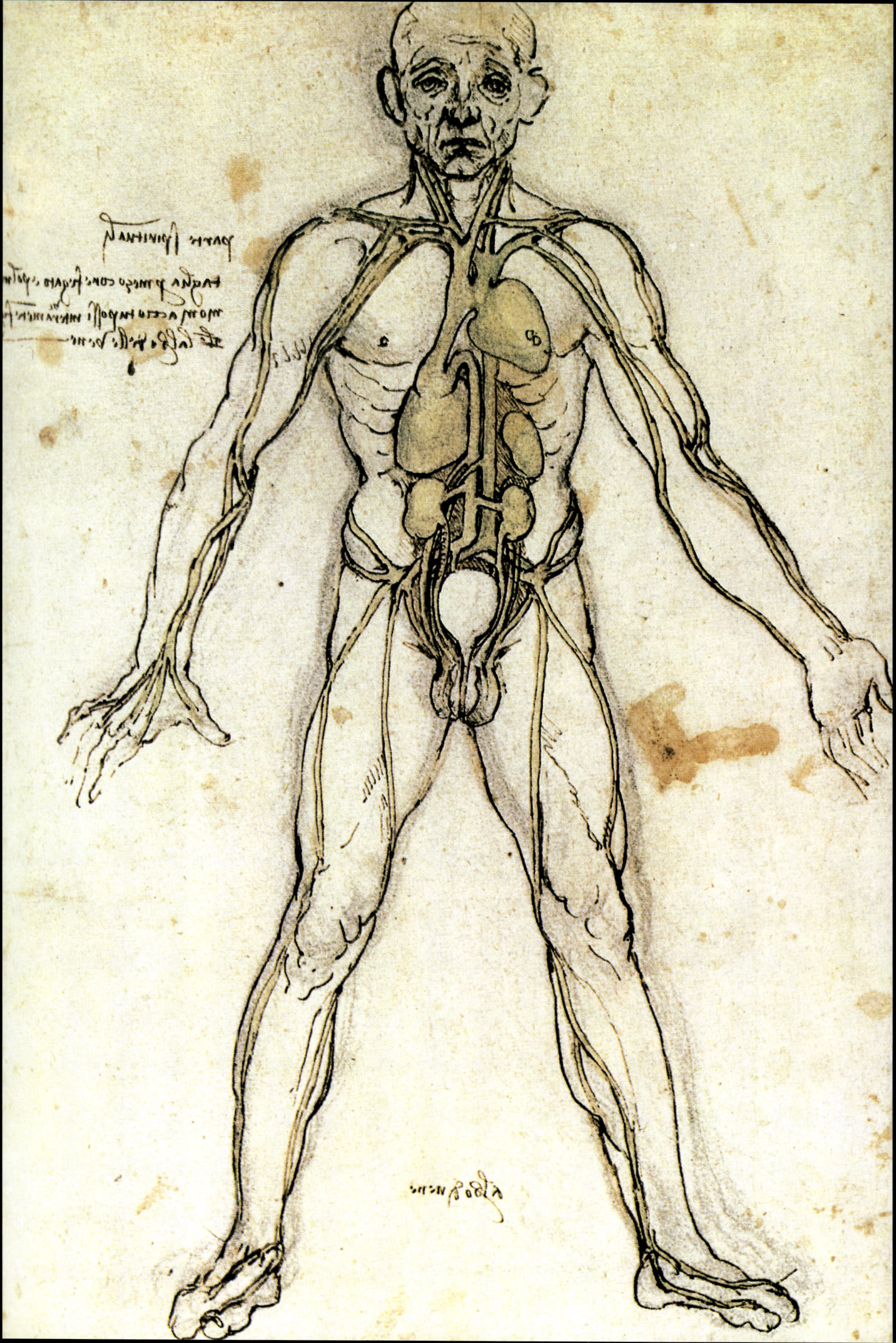

Pendel- und Fallgesetze - Die Vertikale lüftet ihr Geheimnis

Galileo Galilei (1564-1642)

1581

UM DAS JAHR 1581

- 1580: Spanien annektiert Portugal, nachdem mit dem Tod des Königs Heinrich dessen regierende Dynastie ausstirbt.
- 1582: Papst Gregor XIII. lässt den ungenauen Julianischen durch den nach ihm benannten Gregorianischen Kalender ersetzen.
- 1585: Auf Roanoke vor dem heutigen North Carolina gründen englische Siedler die erste Kolonie Nordamerikas, die sie Virginia nennen. Im folgenden Jahr kehren alle Kolonisten in die Heimat zurück.
- 1588: Die spanische Armada unterliegt den englischen Seestreitkräften, die von Francis Drake und Walter Raleigh befehligt werden.

△ Galileis Fallversuche am schiefen Turm zu Pisa sind wahrscheinlich nur Legende.

Wird der Schwerkraft nicht kraftvoll entgegengewirkt, bringt die Erdanziehung jedes sich frei bewegende Objekt wieder unverzüglich auf den Boden der Tatsachen zurück. Galileo Galilei untersuchte den Vorgang des Fallens erstmals systematisch und erkannte, dass Körper – unabhängig von ihrer Masse – immer gleich schnell fallen.

Die Annahme des Aristoteles (384–322 v. Chr.), dass ein Körper umso schneller falle, je schwerer er ist, dass sich die Fallgeschwindigkeit also proportional zur Masse verhalte, erwies sich im Nachhinein als falsch. Der Irrtum hielt sich jedoch über Jahrhunderte: Bis zum Beginn der Neuzeit blieb die aristotelische Physik das gültige Maß aller Dinge.

Der holländische Mathematiker Simon Stevin (1548–1620) widmete sich 1596 als Erster der praktischen Untersuchung des freien Falls. In einem Versuch ließ er zwei Kugeln, von denen die eine größer und schwerer war als die andere, aus gleicher Höhe herabfallen. Dann wiederholte er das Experiment mit zwei Kugeln, die gleich groß waren, aber ein unterschiedliches Gewicht hatten. In beiden Fällen schlugen die Kugeln gleichzeitig auf dem Boden auf. Die Masse und Form eines Körpers waren also irrelevant für seine Beschleunigung. Diese »unaristotelische« Beobachtung war eigentlich eine Sensation – doch Stevin verließ sich bei der Formulierung dieser Theorie lediglich auf sein Gehör. Er war zwar überzeugt, ein simultanes Aufprallen der Kugeln zu vernehmen, den systematischen Beweis blieb er aber noch schuldig.

Diesen erbrachte erst Galileo Galilei – er untersuchte den »Fall« im Jahr 1609. Seine Theorie: Die Fallgeschwindigkeit wird wesentlich durch die Fallzeit bestimmt, ein Körper fällt also umso schneller, je länger er unterwegs ist. Wie aber konnte er diese Theorie jetzt prüfen, wenn das Geschehen dabei unbedingt messbar sein sollte? Da der senkrechte freie Fall wegen der schnell anwachsenden Geschwindigkeit denkbar schlecht dafür geeignet war, verlegte Galilei das Experiment auf die schiefe Ebene – seine angeblichen Fallversuche am schiefen Turm von Pisa sind also nur Legende. Er ließ die Kugeln in seinen Experimenten von einer Schräge rollen. Auf diese Weise verlangsamte er die Bewegung so, dass die »Fallzeit« auch mit den damaligen Wasseruhren messbar war.

Steigert man nun den Neigungswinkel einer schiefen Ebene auf 90 Grad, ist die Senkrechte erreicht und damit der freie Fall. Diesen Versuch hatte Galilei jetzt noch zu erfassen. Dafür brauchte er den Nachweis, dass die Endgeschwindigkeiten auf verschieden geneigten Ebenen gleicher Höhe je gleich sind. Der Schluss gelang ihm mithilfe eines Pendels: 1581 hatte Galilei bereits erkannt – angeblich während er das Schwingen eines Leuchters in der Kathedrale von Pisa beobachtete –, dass die Länge eines Pendels seine Periode bestimmt. Jetzt zeigte sich ihm zudem, dass die Pendelgeschwindigkeit im tiefsten Punkt von der Fallhöhe abhängt, der Ausschlag vom Gewicht des Pendels also unabhängig ist – ein Gesetz, das nun auch die Fallgesetze bestätigte. Fakt war: Weder Fallgeschwindigkeit noch Fallweg hängen von der Masse oder der Form des fallenden Körpers ab. Bleibt der Luftwiderstand unberücksichtigt, fallen alle Körper gleich schnell. Der Bann der Aristotelik war gebrochen: Galilei hatte der neuzeitlichen Physik den Weg geebnet.

Galileo Galilei studierte die Gesetze des Pendelns – hier betrachtet er die Schwingungen des Kronleuchters im Dom zu Pisa.

Mikroskop – Unsichtbares wird sichtbar

Hans und Zacharias Janssen (1580- bis ca. 1638), Antoni van Leeuwenhoek (1632–1723)

1590

UM DAS JAHR 1590

- 1577–1580: Zweite Weltumseglung durch Francis Drake.
- 1585: Sir Walter Raleigh gründet eine Kolonie in Virginia (Nordamerika).
- 1589: Heinrich IV. wird König von Frankreich und regiert bis 1610.
- 1600: Giordano Bruno wird in Rom durch die Inquisition verbrannt.
- 1602: Gründung der niederländischen Ostindischen Kompanie.
- 1603: Jakob I. wird König von England und regiert bis 1625.

△ **Die mithilfe des Mikroskops gewonnenen Erkenntnisse revolutionierten das Weltbild der Medizin und der Naturwissenschaften.**

Schon als Kind half Zacharias Janssen seinem Vater Hans, einem Brillenmacher, bei seinen Experimenten mit verschiedenen Linsen, um kleine Objekte sichtbar zu machen. Das bahnbrechende Ergebnis ihrer Arbeit war im Jahr 1590 ein aus zwei Linsen und drei ineinander geschobenen Rohren zusammengesetztes Gerät – das erste Mikroskop. Was zunächst als kuriose optische Spielerei begann, sollte das Weltbild der gesamten Medizin und Naturwissenschaften revolutionieren.

Im 16. Jahrhundert waren bereits die Grundlagen der optischen Wirkung geschliffener Gläser bekannt. Ihre vergrößernde Wirkung nutzte man für Lupen und Brillengläser. Den Brillenmachern Johannes (Hans) Janssen und seinem Sohn Zacharias aus dem holländischen Middelburg fiel bei ihren Experimenten auf, dass die vergrößernde Wirkung einer konkav (nach innen gewölbten) Linse durch eine zweite Linse vervielfacht wird. Um 1590 bauten sie das erste bekannte Mikroskop, ein Guckrohr, durch das man Dinge vergrößert betrachten konnte. In eines von drei ineinander geschobenen Rohren (die beiden inneren konnte man entlang des äußeren auseinander ziehen) montierten sie eine Sammellinse, die als Objektiv diente und auf den Gegenstand gerichtet wurde, den man betrachten wollte. Auf der anderen Seite des Rohrs befand sich eine weitere Linse, das Okular, die das betrachtete Objekt nochmals vergrößerte. Durch das Okular schaute der Betrachter wie durch eine Lupe. Waren die Rohre nicht auseinander gezogen, vergrößerte das Mikroskop ein Objekt um das Dreifache, waren sie ausgezogen, um das Zehnfache.

Während das menschliche Auge gerade noch kleinere Insekten von der Größe eines Flohs ausmachen kann, waren durch das Mikroskop selbst Beine und Saugborsten der winzigen Tiere zu erkennen. Jenseits der Grenze des Auges tat sich dem Menschen eine neue Welt auf.

Diese rätselhafte Welt weckte schließlich auch die Neugierde der Naturforscher. Unter ihnen trat besonders Antoni van Leeuwenhoek (1632–1723) hervor, ein Delfter Autodidakt und Hobbyforscher, dessen Arbeiten die Wissenschaft und die Entwicklung der Mikroskopie nachhaltig beeinflussten. Bei den zusammengesetzten Mikroskopen verfälschten aufgrund der einfachen Konstruktion noch störende Farbränder und Verzerrungen das Bild. Zudem waren mit Janssens Mikroskoptyp, der zwei Linsen hatte, nur 50- bis 150fache Vergrößerungen möglich. Daher arbeitete van Leeuwenhoek mit nur einer Linse. Er baute an die 500 Mikroskope, deren Linsen er selbst fertigte. Diese waren von ausgezeichneter Qualität, er erzielte daher bis zu 300fache Vergrößerungen. Mit diesen Instrumenten machte van Leeuwenhoek spektakuläre Beobachtungen, die ihm 1680 die Mitgliedschaft in der *Royal Society* einbrachten: In einem Tropfen abgestandenen Regenwassers fand er um 1674 erstmals eine Fülle von Mikroorganismen in bizarren Formen und Farben.

Seit diesen Anfängen hat die Forschung mithilfe des Mikroskops und des wissenschaftlichen Fortschritts immer kleinere Welten erobert. Heute machen Elektronenmikroskope bereits Atomstrukturen im Nanometerbereich sichtbar.

Das Mikroskop erlangte mit seiner technischen Weiterentwicklung die typische, heute noch bekannte Bauweise.

Von Pythagoras bis Adam Riese: Die Entwicklung der Mathematik

»Zahlen bitte!«

Wissenschaft als solche war schon immer eine Frage der grundlegenden Perspektive menschlichen Denkens und Handelns. So verdankte auch und vor allem die Mathematik ihren Ursprung einem wesentlichen Motivationswandel im Weltbild des Menschen. Inwiefern? Die Aufforderung »Zahlen bitte!« etwa lässt den einen eine Rechnung, den anderen einen Gedanken über die Natur erstellen. Auf der einen Seite steht also die zweckgerichtete Anwendung, auf der anderen die prinzipielle Betrachtung, und genau darin – im Prinzipiellen erst – nahm die Mathematik ihren eigentlichen Anfang. Die Mathematik als praktisch notwendige Methode wurde bereits bei den Ägyptern, Babyloniern und Mayas – also ungefähr seit 3000 v. Chr. – in fortschreitendem Maße entwickelt. Sie richtete sich jedoch vor allem auf die Astrologie (Kalenderbestimmung) und die Landvermessung, also auf einen ganz bestimmten Zweck. Um seiner selbst willen wurde das Wissen erst bei den Griechen gesucht und erst hier begann deshalb auch die Mathematik als Wissenschaft, wie wir sie heute verstehen.

Gottfried Wilhelm Leibniz (1646–1716)

Mit Lineal und Zirkel

Die in Griechenland erwachte Philosophie hatte das Wesen der Dinge erstmals in den Mittelpunkt des Interesses gestellt und damit dem abstrakten Denken den Raum eröffnet. In diesem Rahmen nun waren es Pythagoras (um 550 v. Chr.) und seine Schüler, die der reinen Mathematik die ersten Glanzlichter setzten: Ausgehend von ihrem philosophischen Ansatz »Alles entspricht der Zahl« beschäftigten sie sich insbesondere mit der Zahlentheorie und der Proportionslehre. Erste elementare Beweise gelangen ihnen vornehmlich in der Geometrie – der »Satz des Pythagoras« hat geradezu Weltruhm erlangt. Um 300 v. Chr. begründete Euklid die Axiomatik, das Verhandeln in unmittelbar einsehbaren logischen Grundsätzen, womit er einen frühen Beitrag zur systematischen Regelbildung leistete. Sein Werk *Elemente* wurde neben der Bibel zum weit verbreitetsten Buch auf der Erde. Doch egal, ob die Pioniere Pythagoras, Euklid oder Archimedes hießen, kennzeichnend für den Anfang der Mathematik war vor allem, dass sie als solche ausnahmslos in der Geometrie beheimatet waren. Sei es Arithmetik – das Rechnen mit Zahlen, Algebra – das Lösen von Gleichungen, Trigonometrie – das Lösen von Winkelfunktionen – oder Analysis – die Untersuchung des Grenzwerts –: Die Griechen lösten ihre Probleme allesamt geometrisch. »Kein der Geometrie Unkundiger trete hier ein«, diese Inschrift auf den Pforten der platonischen Akademie sprach dafür Bände.

René Descartes (1596–1650)

Souvenirs einer Reise

Der Geometrie keineswegs unkundig, strebte die gegen 1000 v. Chr. einsetzende indische Mathematik ab dem 5. Jahrhundert n. Chr. dennoch verstärkt nach einer Algebraisierung der Mathematik. Die bedeutendste Errungenschaft der indischen Arithmetik war dabei sicherlich die Einführung der Null als Zahl. Damit nämlich gewannen sie das volle dezimale Stellenwertsystem, was nicht nur die Darstellung von Zahlen, sondern auch deren Handhabung beim Rechnen entschieden erleichterte. In der Folge brachten dann vor allem die Araber die Mathematik maßgeblich voran. Sie übernahmen von den Indern die Zahlen sowie die Positionsschreibung und kreierten daraus, auf griechisches und babylonisches Gedankengut aufbauend, eine Algebra in gänzlich neuer

Form. Die Bezeichnung »Algebra« schöpfte sich dabei aus einem Buchtitel des arabischen Gelehrten Al-Charismi, auf dessen Namen auch der Begriff »Algorithmus« (für das Rechnen nach dem Dezimalsystem) zurückgeht.

Morgenland trifft Abendland

Im europäischen Mittelalter war die Wissenschaft indes großenteils zum Erliegen gekommen. Die Weltuntergangsstimmung des frühen Christentums erwies sich nicht unbedingt als geeigneter Nährboden für innovative Impulse. Das über die Araber vermittelte Gedankengut hat die Szene schließlich nicht nur für die Mathematik wieder entscheidend belebt: Um 1200 zum Beispiel setzte Leonardo von Pisa (Fibonacci) den neuen arabischen Ziffern in seinem *Liber abaci* das erste europäische Denkmal. Wirklich Weiterführendes brachte dennoch erst die Wende zur Neuzeit. Mit dem zunächst in Italien erblühenden Handel nämlich trat die praktische Bewältigung rechnerischer Aufgaben offensiv in den Vordergrund. Es musste gerechnet werden, und seit man im 15. Jahrhundert die Algorithmen für die vier Grundrechenarten (Addition, Subtraktion, Multiplikation, Division) gefunden hatte, gelang dies auch zunehmend erfolgreicher. So genannte Rechenmeister verbreiteten bald umfassende Bücher zur elementaren Rechenkunst – einer von ihnen hat in der Redensart »nach Adam Riese« sogar die Jahrhunderte überdauert.

Die zweckgerichtete Anwendung von Mathematik, beispielsweise bei Kaufleuten eine wichtige Grundlage für erfolgreiches Wirtschaften, stand seit jeher gleichberechtigt neben dem theoretischen Erkenntnisfortschritt.

Formeln der Emanzipation

Jetzt kam Europa in Fahrt. Nachrichten von neuen mathematischen Errungenschaften gab es ab etwa 1550 in immer kürzerer Folge: Das Dezimalsystem hatte sich endgültig durchgesetzt. Im Zuge der fortschreitenden Formalisierung entstand zudem die so wichtige mathematische Zeichensprache, das heißt man begann neben der normalen Zahlenschreibung Zahlengrößen nun auch kürzelhaft in Buchstaben auszudrücken. Darüber hinaus sorgte die Entdeckung der Logarithmen und die Einführung von Logarithmentafeln für eine entscheidende Rechenhilfe, indem sich dadurch die Multiplikation und Division von Zahlen auf ihre Addition beziehungsweise Subtraktion zurückführen ließ. Mit all dem hatte sich das Instrumentarium der Mathematik enorm erweitert. Nur folgerichtig kam es so im 17. Jahrhundert dann auch zu dem Geniestreich, die in der Algebra gegebenen Mittel auf die Lösung geometrischer Probleme anzuwenden. Es war dies die Schöpfung der analytischen Geometrie, und es waren Fermat und Descartes, die sie in die Welt brachten.

Koordinaten der Unendlichkeit

Im Zeitalter der Aufklärung brandeten die Wellen der Mathematik erneut in unge-

Für viele Berufe und Wissenschaften war die Mathematik entscheidend für die Weiter- und Fortentwicklung.

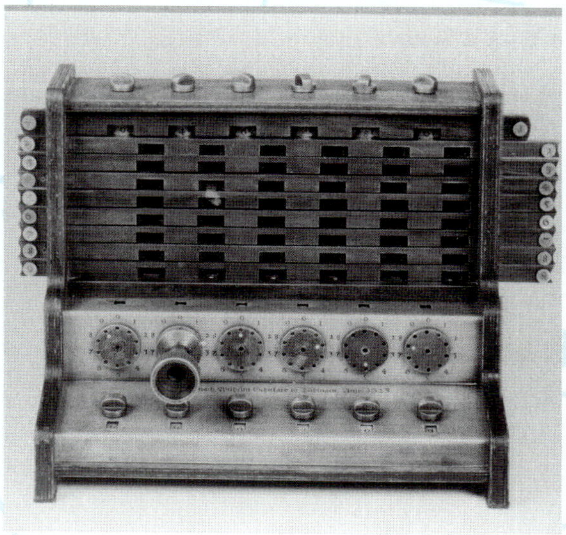

Rechenmaschine aus dem Jahr 1623.

ahnte Weiten. Die Sturmflut der Erkenntnisse setzte dabei zunächst und vor allem mit Newton und Leibniz ein: Sie entdeckten wohl unabhängig voneinander das Infinitesimalkalkül (Calculus) und begründeten damit die in der Renaissance bereits angebahnte Infinitesimalrechnung, also die rechnerische Annäherung an einen ins Unendliche immer kleiner werdenden Grenzwert. Mit der diese Rechenart konstituierenden Differenzial- und Integralrechnung schlug nun erstmals die große Stunde der Analysis. Die Unendlichkeit, in die hinein sich abstrakte Funktionen stets fortsetzen, war mathematisch mit einem Mal fassbar geworden. Das war ein weithin wirksamer Durchbruch. Im 18. Jahrhundert war es vor allem Euler, der diese Entdeckung begeistert aufgriff. Er untersuchte die Winkelfunktionen, die Exponentialfunktionen sowie die Logarithmen erstmals rein analytisch – also vollkommen geometriefrei – und brachte die Analysis damit ausdrücklich auf ihren eigentlichen Weg.

Konsequent logisch

Das Erstaunliche war, dass das zu dieser Zeit bereits vollends formalisierte mathematische Denken einer formalen Grundlegung im streng wissenschaftlichen Sinn selbst noch entbehrte. Dies jedoch begannen die Mathematiker im 19. Jahrhundert auf phänomenale Weise nachzuholen. Aus der Notwendigkeit, die Gesetzmäßigkeiten des mathematischen Schließens systematisch zu ordnen, entwickelte sich so die mathematisch formulierte Logik in Form der Aussagen- und Prädikatenlogik. Überhaupt wurde nun die Tendenz, die bisherigen Erkenntnisse logisch abzusichern und in eine systematische Darstellung zu überführen, zu einem Grundmotiv der Mathematik bis hinein in die heutige Gegenwart. Gleichzeitig hat die Mathematik sich in zahlreichen neuen Teildisziplinen unentwegt fortentwickelt – wie zum Beispiel mit der Mengenlehre oder der auf der Wahrscheinlichkeitstheorie beruhenden Stochastik. Mit der schlussendlichen Grundlegung ihrer eigenen Grundlagen war ihre fundamentale Entwicklung jedoch im Wesentlichen abgeschlossen.

Reine Rechnerei?

Der augenfälligste Zug in der Entwicklung der Mathematik war sicherlich die zunehmende Trennung von der Geometrie, in deren Folge sich dann die Arithmetik, die Algebra und die Analysis als eigenständige Wissenskomplexe entfalten konnten. Augenfällig ist aber auch, dass trotz der dadurch vielfach gestiegenen mathematischen Anwendungsmöglichkeiten, das ursprüngliche Credo der Griechen all die Zeit über erhalten blieb: Mathematik ist weit mehr als Rechnen.

Die Erfindung des Computers bedeutete auch in der Mathematik einen radikalen Wandel.

Thermometer – Wärme und Kälte werden messbar

Galileo Galilei (1564–1642)

1597

UM DAS JAHR 1597

- 1593: Die Katholiken Nordirlands rebellieren gegen die englische Herrschaft. Sie erbitten Beistand vom katholischen Spanien.
- 1594: Kanada wird französischer Besitz.
- 1597: Auf der Suche nach dem nördlichen Seeweg nach China stirbt der holländische Polarforscher Willem Barents im Polarmeer an Skorbut.
- 1598: Das Edikt von Nantes des französischen Königs Heinrich IV. garantiert den Hugenotten die Gleichberechtigung.
- 1599: Die »East India Company« wird in London gegründet. Im Handel mit den Kolonien verfügt sie über ein Monopol.

Temperaturmessgeräte und -regler aller Art sind aus der modernen Welt nicht mehr wegzudenken. Dennoch handelt es sich dabei nicht um eine moderne Erfindung. Das erste »Thermometer« konstruierte der Physiker Galileo Galilei bereits im Jahr 1597.

Die Wissenschaftler der Antike und des Mittelalters fragten nach den »Qualitäten« der Dinge, nach ihren Charakteristika. Aristoteles (384–322 v. Chr.), der bedeutendste griechische Naturforscher, betrachtete »Wärme« und »Kälte« als Merkmale, die ein Ding von Natur aus besaß. Den Lebewesen etwa war die »Wärme«, den Metallen und Steinen die »Kälte« zu Eigen. Die Begründer der modernen Naturwissenschaften wollten diese Eigenschaften jedoch messen.

Das Prinzip des Temperaturmessens war schon seit der Antike bekannt: Wasserstoff, Stickstoff, Luft und Flüssigkeiten dehnen sich bei Erwärmung aus. Aus dem Druck und dem Volumen einer abgemessenen Menge des Stoffes errechnet sich seine Temperatur. Um 220 v. Chr. beschrieb der griechische Ingenieur Philon von Byzanz (3. Jahrhundert v. Chr.) einen »Wärmefühler«: In einer Röhre stieg oder sank erwärmtes oder abgekühltes Wasser. Im 16. Jahrhundert erwähnten verschiedene Schriften die Idee, Wärme und Kälte graduell einzuteilen.

Ein erstes »Thermoskop« (Wärmebeobachter) oder »Thermometer« (Wärmemesser) konstruierte dann der Physiker Galileo Galilei zwischen 1593 und 1597 in Padua. Das Instrument basierte auf dem Gesetz der thermischen Ausdehnung von Luft: Galilei benutzte ein Glasrohr, dessen oberes geschlossenes Ende sich zu einer Kugel erweiterte. Das untere offene Ende tauchte er in gefärbtes Wasser. Erhitzte Galilei die Kugel, drückte die erwärmte Luft aus der Kugel das Wasser im Rohr nach unten, bei Abkühlung sog die zusammengepresste Luft das Wasser wieder höher in das Rohr.

Der Arzt Santorio Santorio (1561–1636) versah Galileis Apparatur dann mit einer vierteiligen Skala und führte es als Messinstrument in die Medizin ein. In einer Schrift Santorios, *Medicina statica* (1614), ist die Bezeichnung »Instrumento temperamentorum« erstmals erwähnt. Ein späterer Kommentar zu Galen von Santorio beschrieb gleich mehrere Thermometer, welche die Blutwärme des Menschen bestimmen konnten. Eine Abbildung im Buch zeigt ein Thermometer, das den Mund eines Patienten über einen Schlauch mit einem kleinen Gefäß verband und so die Wärme der Atemluft bestimmen sollte. Trotz noch recht ungenauer Ergebnisse verbreitete sich das Thermometer schnell in der medizinischen Praxis des 17. Jahrhunderts.

1718 konstruierte der Glasbläser Daniel Gabriel Fahrenheit (1686–1736) in Amsterdam die ersten eichbaren Thermometer mit der nach ihm benannten – in Nordamerika bis heute verwendeten – »Fahrenheitskala«. Als Eichpunkte wählte er den Gefrierpunkt und den Siedepunkt von Wasser. 1742 verbesserte der Naturforscher Anders Celsius (1701–1744) Fahrenheits Thermometer: Er bezog die Eichpunkte auf den Barometerstand bei der Meereshöhe null und führte die 100-teilige »Celsiusskala« ein.

Heute stellen Ärzte Fieber entweder mit einem Quecksilberthermometer oder mit einem digitalen Messgerät fest. Dabei verbindet eine flexible Leitung die Messsonde mit einem elektronischen Gerät zur Temperaturauswertung.

Die Temperaturmessung hat eine lang zurückreichende Geschichte. Historisches Luftthermometer des Otto von Guericke aus dem Jahr 1672.

MOBILE PERPETUUM
A
H
E
Fig. I.
D
C
MOBILE PERPETUUM
A
H
Fig. II
Magnum frigus
Aër frigidus
Aër subfrigidus
M.
Aër temperatus
Aër subcalidus
Aër calidus
Magnus calor

Embryologie – Alles Leben entstammt einem Ei

Hieronymus Fabricius von Aquapendente (1537–1619)

1600

UM DAS JAHR 1600

- 1600: In den katholischen Ländern Europas entsteht die Stilrichtung des Barock, die durch opulente, prachtvolle Formen gekennzeichnet ist.
- 1600: Der Schweizer Jost Bürgi rechnet als erster Mathematiker mit Dezimalbrüchen.
- 1601: Portugiesische Seefahrer erreichen Australien. Als offizieller Entdecker gilt aber James Cook, der den fünften Kontinent 1770 erreichen wird – die erste Entdeckung war geheim gehalten worden.
- 1602: Ein Aufstand der nordirischen Katholiken gegen England wird blutig niedergeschlagen.

Die Entwicklung eines Menschen von der Befruchtung bis zur Geburt gab den Naturforschern der Antike Rätsel auf. Ihre Theorien zu dieser Frage hielten sich bis zum Beginn des 17. Jahrhunderts. Erst die Entdeckungen des italienischen Anatomen Hieronymus Fabricius brachten ans Licht, was während der Schwangerschaft wirklich im Mutterleib passierte.

Die ersten Angaben über den Keimling eines Menschen (Embryo) finden sich in zwei Schriften des griechischen Arztes Hippokrates (um 460 v. Chr.–375 v. Chr.). Sie bilden die Grundlage der »Präformationstheorie«. Diese über Jahrhunderte akzeptierte Lehre ging davon aus, dass alle Anlagen des zukünftigen Lebewesens bereits im männlichen Samen vorgebildet seien und der Embryo im Mutterschoß nur noch wachsen müsse. Aristoteles (384 v. Chr.–322 v. Chr.) formulierte bereits einen neuen Ansatz: Er besagt, dass sich Embryonen aus dem Samen entwickeln müssen. Diese Theorie fand allerdings kaum Beachtung. Erst die so genannte Postformations- oder Epigenesistheorie des 19. Jahrhunderts bestätigte sie.

Bis zum Beginn des 16. Jahrhunderts begnügte sich die Naturwissenschaft damit, die antiken Schriften auszulegen. Das Dogma der Kirche unterband jede biologische Forschung zur Entwicklung des menschlichen Lebens. Erst die Reformation lockerte diese religiösen Schranken.

Der Arzt Hieronymus Fabricius, auch genannt »Fabricius von Aquapendente«, nutzte diese Chance, um die embryonale Entwicklung genau zu studieren. Als Forschungsobjekte dienten ihm vor allem Hühnereier. Das erst kurz zuvor erfundene Mikroskop war ihm bei seinen Untersuchungen von unschätzbarem Wert: Es eröffnete ihm den Blick in die vorher unsichtbare Reifung des Fötus. Im Jahr 1600 veröffentlichte Fabricius sein erstes großes Werk zur Embryonalentwicklung: *De formatu foetu* (»Über die Entstehung des Fötus«). Er beschrieb darin erstmals die Bedeutung der Plazenta (Mutterkuchen) und schilderte die Versorgung des Embryos im Mutterleib über die Nabelschnur. Nach seinem Tod erschien 1621 *De formatu ovi et pulli* (»Über die Entwicklung von Ei und Küken«), in dem Fabricius seine Untersuchungsergebnisse weiter präzisierte. Revolutionär waren damals auch die in seinen Werken enthaltenen ersten Abbildungen menschlicher und tierischer Embryonen, Innenansichten des schwangeren Uterus (Gebärmutter) und Abbildungen der Plazenta.

Die bahnbrechenden Ergebnisse des Fabricius inspirierten andere Wissenschaftler zu vergleichbaren Experimenten. Sein bedeutendster Nachfolger war der Engländer William Harvey (1578–1657). Er beobachtete als Erster die Entwicklung der inneren Organe beim Fötus. Auf diesem Wege widerlegte er die seit der Antike propagierte Präformationstheorie. Sein Ausspruch »Omne vivum ex ovo« – »Alles Leben entsteht aus einem Ei« – korrigierte auch die bis dahin angenommene »Nebenrolle« der weiblichen Eizellen. 1651 veröffentlichte Harvey sein Werk *De generatione animalium* (»Über die Entstehung der Tiere«), in dem er das Wachstum tierischer Embryonen beschrieb.

Die Erkenntnisse des Fabricius und seiner Nachfolger zeigten, was im Mutterleib vor sich ging, und bereiteten der Evolutionslehre den Weg.

Erst im 17. Jahrhundert kam ans Licht, wie die Entwicklung eines Menschen vor der Geburt verläuft.

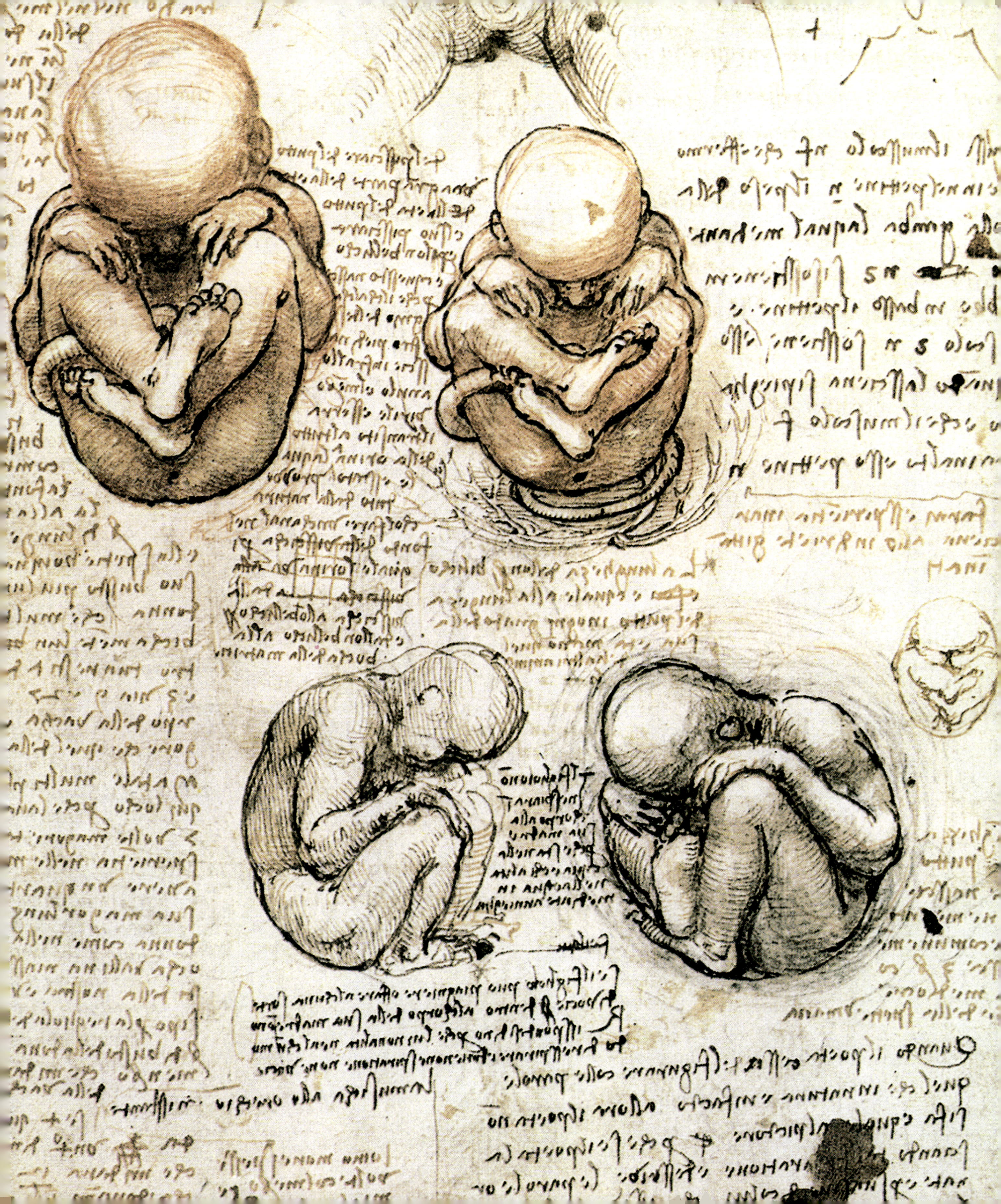

Das Fernrohr überwindet optische Distanzen

Hans Lipperhey (um 1560–1619)

Den Blick mit bloßem Auge in die Ferne schweifen zu lassen war den Forschern im beginnenden 17. Jahrhundert nicht mehr genug – zu viel gab es am Horizont und im Weltraum zu entdecken. Der niederländische Brillenmacher Hans Lipperhey baute zu diesem Zweck das »dioptrische Fernrohr«. Doch das Patent auf die Erfindung bekam Galileo Galilei.

1608

UM DAS JAHR 1608

- 1606: Kurfürst Friedrich IV. gründet die Stadt Mannheim.
- 1607: Jamestown in Virginia ist die erste dauerhafte englische Siedlung in Nordamerika.
- 1608:Die protestantischen Reichsstände des Heiligen Römischen Reichs Deutscher Nation gründen die Protestantische Union.
- 1608: Samuel de Champlain gründet im heutigen Kanada die französische Kolonie Quebec.

Seit 1594 arbeitete der gebürtige Rheinländer Hans Lipperhey im niederländischen Middelburg als Brillenmacher. Geschliffene und gefasste Brillengläser für kurz- und weitsichtige Menschen gab es etwa seit dem 13. Jahrhundert. Lipperheys Interesse an optischen Linsen ging aber weit darüber hinaus, nur solche Brillenlinsen zu schleifen.

Um Dinge in der Entfernung sichtbar zu machen, erfand er 1608 das Fernrohr: Ausgangspunkt war seine Entdeckung, dass Objekte größer erschienen, wenn man sie durch eine bikonkave und eine bikonvexe Linse betrachtete. So konstruierte er eine Röhre mit je einer Linse an beiden Enden. Das Objektiv, also die dem Beobachtungsobjekt zugewandte Linse, war eine konvexe Linse, die Sammellinse. Das Okular (lateinisch *oculus* = Auge), das sich der Betrachter ans Auge hielt, bestand aus einer Zerstreuungslinse, einer konkaven Linse. Diese beiden Linsen waren um die Differenz ihrer Brennweiten voneinander entfernt. Beide haben unterschiedliche Brennweiten.

△ Das Fernrohr – von Hans Lipperhey erfunden, der dafür kein Patent erhielt.

Die Brennweite bezeichnet die Entfernung des Brennpunktes (der Punkt, in dem sich die Lichtstrahlen nach ihrer Brechung durch die Linsen vereinigen) zum Mittelpunkt der Linse. Im so genannten »dioptrischen oder holländischen« Fernrohr sind die beiden Linsen um die Differenz ihrer Brennweiten voneinander entfernt angebracht, das Rohr ist daher relativ kurz. Lipperheys Fernrohre konnten ein Objekt zwei- bis zehnfach vergrößert darstellen. Im Gegensatz zum keplerschen oder astronomischen Fernrohr, das durch zwei Sammellinsen ein umgekehrtes reelles Bild zeigt, entsteht im dioptrischen Fernrohr ein aufrechtes virtuelles Bild.

Am 2. Oktober 1608 legte Hans Lipperhey den Generalstaaten in Den Haag seine Erfindung zur Patentierung vor. Die Patentstelle lehnte das Gesuch des Tüftlers jedoch ab. Sie erkannte die Entwicklung des Fernrohrs zwar als patentierungswürdig an, zweifelte jedoch daran, dass Lipperhey es erfunden habe. Ein Teleskop, das Galileo Galilei ein Jahr später baute, entsprach bis in die Einzelheiten dem lipperheyschen Rohr – ob Galilei Lipperheys Erfindung kannte, ist umstritten. Galileis Konstruktion erlaubte im Gegensatz zu Lipperheys Fernrohr bereits eine 20- bis 30-fache Vergrößerung. Als wichtiges Hilfsmittel der Astronomie ermöglichte es dadurch Beobachtungen im Weltraum und damit die Entdeckung zahlreicher Planeten und ihrer Monde. Galilei selbst sah mit seinem Teleskop die vier großen Jupitermonde.

Galilei entdeckte mit seinem Teleskop, das nach dem Prinzip des lipperheyschen Fernrohrs gebaut war, die vier Jupitermonde.

Die Umlaufbahn eines Planeten? Eine Ellipse!

Johannes Kepler (1571-1630)

Schon in den alten Hochkulturen beobachteten Astronomen den Lauf der Gestirne. Welche Gesetzmäßigkeiten dahinter standen, vermochten sie nicht zu enträtseln: Je genauer die Himmelsforscher hinsahen, desto mehr Unregelmäßigkeiten entdeckten sie in der Bewegung der Planeten. So unternahmen sie immer wieder vergebliche Versuche, die Fehler zu beheben. Erst Johannes Kepler machte das Sonnensystem berechenbar.

1609

DAS JAHR 1609

- England siedelt 100 000 reformierte schottische Presbyterianer in Nordirland an (»Ulster Plantation«), um seinen Herrschaftsanspruch zu zementieren.
- Die katholischen Reichsstände des Heiligen Römischen Reichs Deutscher Nation schließen sich gegen die Protestantische Union zur Katholischen Liga zusammen.
- Galileo Galilei formuliert das Prinzip der Trägheit: Wirken auf einen Körper keine Kräfte, verharrt er in Ruhe oder in einer gleichförmigen, linearen Bewegung.
- Die Universität Marburg richtet den ersten Lehrstuhl für Chemie in Europa ein.

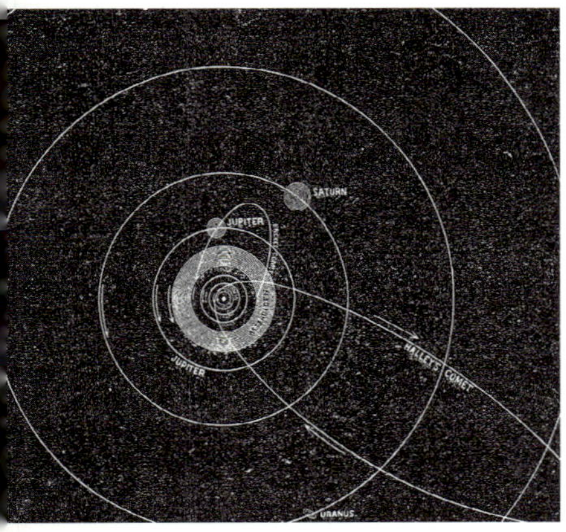

△ Je näher sich die Planeten zur Sonne befinden, umso schneller umkreisen sie das Zentralgestirn.

Im Jahr 1543 präsentierte Nikolaus Kopernikus seine revolutionäre These, dass die Sonne, nicht die Erde, Mittelpunkt des planetarischen Systems sei. Wie Claudius Ptolemäus, der Schöpfer des alten geozentrischen Weltbildes, nahm Kopernikus jedoch an, die Planeten bewegten sich mit gleich bleibender Geschwindigkeit auf kreisförmigen Bahnen um ihr Zentrum. Das hatte zur Folge, dass auch das neue Modell die alten Widersprüche über die Bewegung der Planeten nicht aufklären konnte.

Der Tübinger Theologiestudent Johannes Kepler begann sich für die neue Weltsicht zu interessieren. Er veröffentlichte 1596 eine Abhandlung mit dem Titel *Mysterium Cosmographicum* (»Das Weltgeheimnis«). Darin formulierte er die Theorie, die Sonne übe eine Kraft auf die Planeten aus, die sie auf ihrer Bahn hielt. Doch auch er setzte immer noch voraus, die Bahnen der Himmelskörper seien kreisförmig.

1600 siedelte Kepler nach Prag um und wurde dort Mitarbeiter des Kaiserlichen Mathematikers Tycho Brahe. Wie kein anderer hatte der Däne Daten zur Bestimmung der Planetenbewegungen gesammelt. Seine astronomischen Berechnungen und Messungen waren in dieser Zeit, da es noch keine Teleskope gab, genauer als alle anderen. Nach Brahes Tod 1601 übernahm Kepler dessen Posten als Mathematiker und Astronom am Hof des böhmisch-ungarischen Kaisers Rudolf II. (1552–1612). Auch erbte er Brahes Datensammlung. Mit ihrer Hilfe gelangte er zu der bahnbrechenden Erkenntnis: Die Planeten bewegen sich nicht auf kreisförmigen, sondern auf elliptischen Bahnen. Außerdem erkannte er, dass die Planeten umso schneller sind, je näher sie sich der Sonne befinden. Diese beiden Entdeckungen – heute als das Erste und Zweite keplersche Gesetz bekannt – veröffentlichte der Astronom 1609 in seinem Hauptwerk *Astronomia Nova* (»Neue Astronomie«). 1619 formulierte der Forscher das Dritte keplersche Gesetz: Es besagt, dass sich die Quadrate der Umdrehungsperioden wie die dritte Potenz des mittleren Abstandes der Planeten zur Sonne verhalten. Aus diesen Gesetzen sollte Isaac Newton später das Gravitationsgesetz ableiten.

Mit den keplerschen Gesetzen erhielt die Menschheit erstmals ein realistisches Modell ihres Sonnensystems. Die Schlüssigkeit der Berechnungen war für andere Astronomen der entscheidende Beweis für die Richtigkeit des Kopernikanischen Systems. Keplers Theorien machten den Lauf der Planeten endlich vorhersagbar. Keplers letztes großes Werk, die *Tabulae Rudolfinae* (»Rudolfinische Tafeln«), war für die kommenden 200 Jahre die Grundlage der astronomischen Berechnungen. Seine Gesetze sind auch heute noch von Bedeutung: Mit ihrer Hilfe lassen sich Umlaufbahnen des Mondes und künstlicher Satelliten verstehen, die den Bahnen der Planeten um die Sonne ähneln.

Johannes Kepler entwickelte das erste realistische Modell des Sonnensystems.

Das Teleskop holt den Himmel auf die Erde

Galileo Galilei (1564-1642)

1610

DAS JAHR 1610

- Der katholische Fanatiker François Ravaillac ermordet den französischen König Heinrich IV.
- Die protestantische Union und die Katholische Liga schließen einen Vergleich.
- 15 deutsche Städte erlassen eine Verordnung, die es Handwerkern verbietet, Frauen auszubilden.
- In deutschen Städten entstehen erste Armenhäuser.
- Die Niederlande errichten eine Handelsniederlassung in Indonesien, aus der sechs Jahre später Batavia, das heutige Jakarta, hervorgehen wird.

Die Astronomie war in der zweiten Hälfte des 16. Jahrhunderts in eine Sackgasse geraten. Immer noch war die Wissenschaft, auch unter dem Druck der kirchlichen Zensur, dem aristotelischen Denken verhaftet, das die Welt in zwei Sphären teilte.

Die irdische Sphäre konnte die Physik erforschen, die himmlische dagegen war ihr nicht zugänglich. Auf dieser Annahme beruhte das geozentrische Weltbild des Claudius Ptolemäus: Mond, Planeten und Sterne drehten sich demnach in kristallinen Sphären rund um die Erde, die sich selbst nicht bewegte. Doch immer mehr Forscher fanden Unstimmigkeiten in diesem System und stimmten dem 1543 veröffentlichten heliozentrischen Entwurf des Nikolaus Kopernikus (1473–1543) zu. Doch wie ließ sich diese Theorie beweisen?

Als Galileo Galilei, zu dieser Zeit Mathematikprofessor in Padua, von dem »holländischen Fernrohr« erfuhr, das Hans Lipperhey 1608 zum Patent angemeldet hatte, machte er sich sofort daran, dieses Gerät nachzubauen. Er montierte eine konkave (nach innen gewölbte) und eine konvexe (nach außen gewölbte) Linse in je ein Bleirohr. Beide Rohre steckte er beweglich ineinander und hatte nun an einer Seite das Okular – die konkave Linse –, durch das der Betrachter blickte, und auf der anderen Seite das Objektiv – die konvexe Linse –, das auf den Gegenstand der Betrachtung gerichtet war.

Nun richtete Galilei sein Fernrohr in den Sternenhimmel und machte erstaunliche Entdeckungen: Die Milchstraße war kein Nebelband, sondern bestand aus einer Vielzahl von Lichtpunkten – das konnten nur Fixsterne sein. Der Mond zeigte unregelmäßige und veränderliche Hell-Dunkel-Grenzen – Galilei deutete sie als Berge, Krater, Täler und Meere. Auch den Jupiter konnte der Astronom durch sein Fernrohr ausmachen: Er stellte fest, dass vier Monde diesen Planeten umkreisten. Kristalline Sphären konnten ihn daher kaum umgeben – und mehr noch: Diese Himmelskörper drehten sich nicht um die Erde!

1610 veröffentlichte Galilei seine Entdeckungen in der Schrift *Sidereus nuncius* (»Sternenbotschaft«). Weitere Beobachtungen machte er 1611 und 1613 publik. Ihm war nämlich in der Zwischenzeit aufgefallen, dass die Venus ebenso wie der Mond verschiedene Phasen durchlief. Damit hatte er bewiesen, dass sie nicht um die Erde, sondern um die Sonne kreiste und deren Licht reflektierte. Die Flecken, die Galilei auf der Sonne fand, hatten allerdings schon andere vor ihm gesehen. 1611 hatte Johannes Kepler (1571–1630) einen Entwurf für ein »astronomisches Fernrohr« geliefert. Es bestand aus zwei konvexen Linsen, wodurch ein »auf dem Kopf stehendes« Bild zustande kam, dafür aber auch ein besseres Bild und stärkere Vergrößerungen. Im Jahr 1616 verbot die kirchliche Zensur dann die Schrift des Kopernikus. Doch Galilei widersetzte sich: Im *Dialogo*, seinem 1632 erschienenen Hauptwerk, stellte er das geozentrische dem heliozentrischen Weltbild gegenüber. Damit war für die kirchlichen Autoritäten das Maß voll. Der Wissenschaftler wurde unter Androhung der Folter gezwungen, der kopernikanischen Lehre vor der Inquisition abzuschwören. Dann stellte ihn das kirchliche Gericht unter Hausarrest. Die astronomische Forschung ließ sich nicht mehr aufhalten und bewies mit immer besseren Teleskopen, dass Kopernikus und Galilei Recht gehabt hatten.

Mit immer besseren Teleskopen bewies die Astronomie, dass das Weltbild Galileis zutreffend war.

U-Boot – Im Rausch der Tiefe

Cornelius Jacobszoon Drebbel (1572–1633)

Der Traum, mit einem tauchfähigen Boot in die geheimnisvollen Tiefen der Meere vorzudringen, ist so alt wie die Seefahrt selbst. Am bekanntesten sind die Tauchbootentwürfe von Leonardo da Vinci aus der Zeit um 1500. Aber erst zu Beginn des 17. Jahrhunderts setzte ein Holländer die Theorie in die Praxis um. Das erste funktionstüchtige U-Boot von Cornelius Drebbel ging 1620 in der Themse auf Tauchgang.

1620

UM DAS JAHR 1620

- 1618: Die böhmischen Protestanten wehren sich gegen König Ferdinand II., der eine Politik der Gegenreformation betreibt. Nach einer Versammlung der Stände werfen sie zwei kaisertreue katholische Ratsherren aus dem Fenster der Prager Burg. Dieser »Prager Fenstersturz« gilt als Auslöser des Dreißigjährigen Kriegs.
- 1619: Der Forscher Christoph Scheiner stellt die Theorie auf, dass die Netzhaut des Auges das eigentliche Sehorgan ist.
- 1620: Etwa 100 puritanische Siedler landen mit der »Mayflower« bei Cape Cod in Nordamerika. Da sie England wegen religiöser Differenzen mit den Presbyterianern verlassen haben, wollen sie sich eine auf dem Grundsatz der Gleichheit beruhende Verfassung geben.
- 1620: Das erste Karussell der Welt dreht sich auf einer Kirmes in der osmanischen Stadt Philippopolis.

König James I. von England holte den Physiker und Ingenieur Cornelius Jacobszoon Drebbel 1606 nach London. Der junge Holländer sollte an seinem Hof eine bahnbrechende Erfindung machen – doch leider erkannte der Regent deren Bedeutung nicht, als Drebbel ihm das erste funktionstüchtige Unterseeboot der Geschichte vorführte. Um die Seeflotte der Engländer zu unterstützen, wollte der junge Forscher ein bewaffnetes Gefährt entwickeln, das sich unter Wasser dem Feind unbemerkt nähern konnte. Das erste U-Boot war also für den militärischen Einsatz konzipiert.

Drebbel richtete sich bei der Konzeption des Unterseebootes stark nach den herkömmlichen Schiffen seiner Zeit. Im Prinzip war sein U-Boot wie diese gebaut – es unterschied sich lediglich durch die Verlegung des Betriebs unter Deck und durch eine vollständige Lederumspannung. Mit gefettetem Leder dichtete Drebbel sein Tauchboot nahezu wasser- und luftdicht ab. Am Bug befestigte er an einer langen Stange Sprengladungen. Mit diesen Spierentorpedos sollten feindliche Schiffe unter der Wasserlinie gerammt und versenkt werden. Im Inneren des U-Bootes hatten zwölf Ruderer und einige wenige Passagiere Platz. Sie atmeten durch Schnorchel, die aus dem Rumpf des Bootes bis an die Meeresoberfläche reichten. Dort waren die Luftrohre an einem Floß befestigt, um die Sauerstoffzufuhr zu garantieren. Den Passagieren des ersten Unterseebootes war es kaum möglich, sich in dem engen Raum zu bewegen: Die Ruderer mussten ihre Plätze einhalten und durch gleichmäßige Arbeit das Boot fortbewegen. Passagiere und Mannschaft waren nicht zuletzt durch die Schnorchel an ihre Plätze gebunden. Die Verlagerung eines Körpers vom Bug zum Heck hätte das Boot leicht aus dem Gleichgewicht und zum Sinken gebracht. Trotz der erfolgreichen Jungfernfahrt in der Themse konnte der Tüftler den englischen König jedoch nicht von seinem Tauchboot überzeugen.

Mehr als 200 Jahre mussten vergehen, bis 1864 zum ersten Mal ein Unterseeboot bei einem militärischen Einsatz erfolgreich war. Die CSS Hunley versenkte im amerikanischen Bürgerkrieg ein Blockadeschiff – nicht zuletzt deshalb, weil der Kommandeur dieses Schiffes das U-Boot für einen Tümmler oder ein im Wasser treibendes Brett gehalten hatte. Seit Anfang des 20. Jahrhunderts werden weltweit konventionell und seit 1954 sogar nuklear betriebene Unterseeboote gebaut und eingesetzt. Ihre Bedeutung geht inzwischen weit über den militärischen Einsatz hinaus, da Unterseeboote auch als Forschungs- und Arbeitsfahrzeuge für Unterwasserarbeiten und zu wissenschaftlichen Zwecken genutzt werden. Im Gegensatz zu Drebbels Tauchboot haben moderne U-Boote in der Regel einen zigarrenförmigen Rumpf. In der äußeren Kammer des Rumpfs befinden sich Ballasttanks, die durch Gewichtveränderung das Auf- und Abtauchen der Unterseeboote ermöglichen. Durch die innere, so genannte Druckkammer können U-Boote heute hohem Wasserdruck widerstehen und bis zu 150 Meter, Atom-U-Boote sogar bis zu 500 Meter tief tauchen.

Obwohl ihre Erfindung auf das 17. Jahrhundert zurückgeht, werden erst seit knapp 100 Jahren weltweit U-Boote gebaut und eingesetzt.

U212

Die Rechenmaschine automatisiert die Mathematik

Wilhelm Schickard (1592–1635)

Die Menschen des Barockzeitalters liebten technische Spielereien sehr. Automatische Sprechpuppen und Flötenspieler gehörten ebenso zum »Mechanischen Cabinett« eines Hofes wie schnatternde Enten oder Spielautomaten. Wirklich nützliche Geräte wollte der Theologe, Orientalist und Professor für Mathematik und Astronomie Wilhelm Schickard konstruieren: Er baute aus mechanischen Bauteilen eine Rechenmaschine.

1623

UM DAS JAHR 1623

- 1623: In London entsteht ein modernes Apothekenlabor, in dem Arzneien hergestellt werden.
- 1623: Urban VIII. wird zum Papst gewählt. Während seines Pontifikats fördert er Künstler und Wissenschaftler, unterstützt im Dreißigjährigen Krieg nicht das katholische Spanien, sondern Frankreich, das für die Protestanten Partei nimmt: Urban VIII. möchte so verhindern, dass Spanien seinen Machtbereich ausweitet.
- 1624: Kardinal Armand Jean du Plessis, der spätere Kardinal von Richelieu, wird Erster Minister des französischen Königs Ludwig XIII.
- 1626: Für den Preis von 60 Gulden erwirbt der niederländische Kaufmann Peter Minnewit die Insel Manhattan von den einheimischen Indianern. Dort gründet er die Stadt Neu-Amsterdam, das spätere New York.

Die Naturwissenschaften machten im 17. Jahrhundert entscheidende Fortschritte. Mit dem zunehmenden technischen Interesse und verbesserten Instrumenten wurden die Aufgabenstellungen und Berechnungen schwieriger. Die Astronomen etwa stießen mithilfe des Teleskops in völlig neue Bereiche vor, die sie auch mathematisch berechnen wollten. Doch auch auf ganz anderen Gebieten spielte das Rechnen eine Rolle: Handel und Geldwirtschaft arbeiteten schon seit dem 16. Jahrhundert international mit abstrakten Zahlen. Messen, Zählen und Rechnen wurden immer wichtigere Aufgaben, die damals schon mechanische »Helfer« ausführten: Rechenbrett, Rechenschieber und die Rechenstäbchen des John Napier (1550–1617).

Doch erst die Maschine des Wilhelm Schickard automatisierte 1623 das Addieren, Subtrahieren, Multiplizieren und Dividieren. Wilhelm Schickards »Rechenuhr« arbeitete in der Tat nach dem Prinzip des Uhrwerks. Das Addier- und Subtrahierwerk arbeitete mit zehnzähnigen Rädern. Sechs Zehnerräder für sechs Stellen waren mit je einer Trommel gekoppelt, auf welcher der Benutzer durch ein kleines Fenster die Zahlen 0 bis 9 ablesen konnte. Jedes Rad drehte sich über zehn Positionen um 360 Grad. Nach einer kompletten Umdrehung kehrte es wieder in die Ausgangsstellung zurück. Nach dem Übergang von Ziffer 9 auf Ziffer 0 drehte ein Zählrad das nächste Zehnerrad um eine Position weiter. Je nachdem ob man die Räder nach rechts oder nach links drehte, konnte man addieren oder subtrahieren. Die Funktionen Multiplizieren und Dividieren übernahm der obere Teil des Apparats. Man las die Einmaleinstafeln hier von drehbaren Zylindern, pro Dezimalstelle je einer. Über horizontale Schieber wählte der Benutzer den Faktor aus und konnte das Produkt Stelle für Stelle ablesen.

Auch andere Mathematiker versuchten sich nun an dem Bau eines Rechenautomaten. In Paris konstruierte der Philosoph und Mathematiker Blaise Pascal (1623–1662) ein Modell, bei dem die Addierfunktion im Vordergrund stand. Es sollte seinem Vater, einem Steuerbeamten, die langwierigen Rechenarbeiten erleichtern. Auch der Philosoph und Universalgelehrte Gottfried Wilhelm Leibniz (1646–1716) stellte 1673 der *Royal Society* eine »lebendige Rechenbank« vor. Der Bau dieser Maschine war allerdings sehr aufwändig, denn die Einzelteile mussten äußerst präzise hergestellt und zusammengefügt werden. 24 000 Taler hat Leibniz nach eigenen Angaben für den Bau seiner Rechenmaschine ausgegeben. Mit der Möglichkeit der seriellen Produktion hielten Rechenmaschinen vor allem im Handel und im Versicherungswesen Einzug. Heute übernehmen weitgehend Computer die automatisierten Rechenleistungen – doch für die Zeitgenossen Schickards hatte die Rechenmaschine einen enormen Fortschritt bedeutet.

Schickards Rechenmaschine machte es möglich: Vorgänge wie Addieren, Subtrahieren, Multiplizieren und Dividieren werden automatisiert durchgeführt.

Der Blutkreislauf – Im Kleinen wie im Großen

William Harvey (1578–1657)

1628

DAS JAHR 1628

- In Rom wird nach einer Bauzeit von 120 Jahren der Petersdom eingeweiht.
- Das englische Parlament stellt an König Karl I. in der »Petition of Rights« folgende Forderungen: das Recht der Steuerbewilligung, Abschaffung des Standrechts und ein Ende willkürlicher Verhaftungen. Karl I. macht diese Zugeständnisse zwar, beruft das Parlament aber bis 1640 nicht mehr ein.
- Kardinal Richelieu lässt die hugenottische Stadt La Rochelle einnehmen.
- Die Puritaner in Neuengland gründen die Massachusetts Bay Company, die die weitere Kolonisation des Landes beschleunigen soll.

Bis zum 17. Jahrhundert waren Funktion und Arbeitsweise von Herz und Blutgefäßen noch von überlieferten Vorstellungen der antiken Medizin geprägt. Sie standen aber immer mehr im krassen Widerspruch zu den neuen naturwissenschaftlichen Entdeckungen.

Der griechische Arzt Galen (um 129–um 199) und seine Theorie der Blutbewegung und Bildung des »Spiritus« prägte die Medizin nachhaltig. Nach seiner Vorstellung wurden die Nährstoffe von den Därmen in die Leber befördert, wo der göttliche »spiritus naturalis« die Nahrung in neues Blut umwandelt, sobald das Blut im menschlichen Körper versickert war. Galen vertrat die Überzeugung, dass sich das Blut zwischen zwei Gruppen von Blutgefäßen hin und her bewege, wobei es das Herz von rechts nach links durchströme. Um den Durchfluss des Blutes durch das Herz zu erklären, behauptete er, es müsse winzige Öffnungen in der dicken muskulösen Trennwand geben. Diese Öffnungen wurden zwar niemals entdeckt. Dennoch glaubten Ärzte und Anatomen noch 1700 Jahre nach Galens Tod an ihre Existenz.

Die ersten Äußerungen über den Blutkreislauf finden sich bei dem arabischen Gelehrten Ibn an-Nafis (1210–1280). Im Abendland lieferte der spanische Arzt Miguel Serveto um 1550 einen ersten Hinweis auf den kleinen Blutkreislauf. Vermutungen, dass es zwei Blutkreisläufe im menschlichen Körper gibt, einen großen und einen kleinen, äußerte Andrea Cesalpino (1524–1603), der Arzt von Papst Clemens VIII.

Doch erst William Harvey, Arzt am englischen Hof, entwickelte eine schlüssige Theorie von der Blutzirkulation im menschlichen Körper, die im Gegensatz zur damaligen Lehrmeinung stand und den heutigen Wissensstand begründete. In seinem 1628 veröffentlichten *De Motu Cordis* (»Die Bewegung des Herzens«) beschrieb Harvey die zwei Kreislaufsysteme: eines vom Herzen durch den Körper und zurück (großer Kreislauf), das andere vom Herzen zur Lunge und wieder zurück (kleiner Kreislauf). Seine Theorie untermauerte der Engländer mit zahlreichen Experimenten und anatomischen Sektionen. Er untersuchte das Herz und sezierte Blutgefäße, er maß die Blutmenge, die in einer bestimmten Zeit das Herz passierte, und unterband Hauptvene und Aorta. Harvey konnte mit seiner Arbeit die Lehre Galens vollständig widerlegen: Das Blut versickert nicht, sondern das aus dem Herzen gepumpte Blut fließt zu diesem zurück. Da ihm der Gebrauch des Mikroskops nicht vertraut war, konnte Harvey nicht nachweisen, wie das Blut aus den Arterien in die Venen gelangt. Die Kapillargefäße entdeckte erst der Embryologe und Zoologe Marcello Malpighi (1628–1694) im Jahr 1661.

Die Enträtselung des Blutkreislaufs erschloss völlig neue Einsichten in die Funktionen des menschlichen Körpers. Hatte man sich bis dahin auf einfache Aderlassbehandlungen beschränkt, boten sich nun auch andere Behandlungsarten an: beispielsweise die intravenöse Injektion und die Bluttransfusion. Da es häufig zu Thrombosen und Embolien kam, wurden Injektionen allerdings bis ins 19. Jahrhundert hinein nicht praktiziert. 1667 übertrug Jean Baptiste Denis Blut von einem Schaf auf den Menschen. Tödliche Komplikationen bei diesen Versuchen führten jedoch zu einem Verbot weiterer Transfusionen, die erst 1901 nach Entdeckung des Blutgruppensystems wieder erfolgreich aufgenommen werden konnten.

Das heutige Wissen über die beiden Systeme des Blutkreislaufs wurde im 17. Jahrhundert begründet.

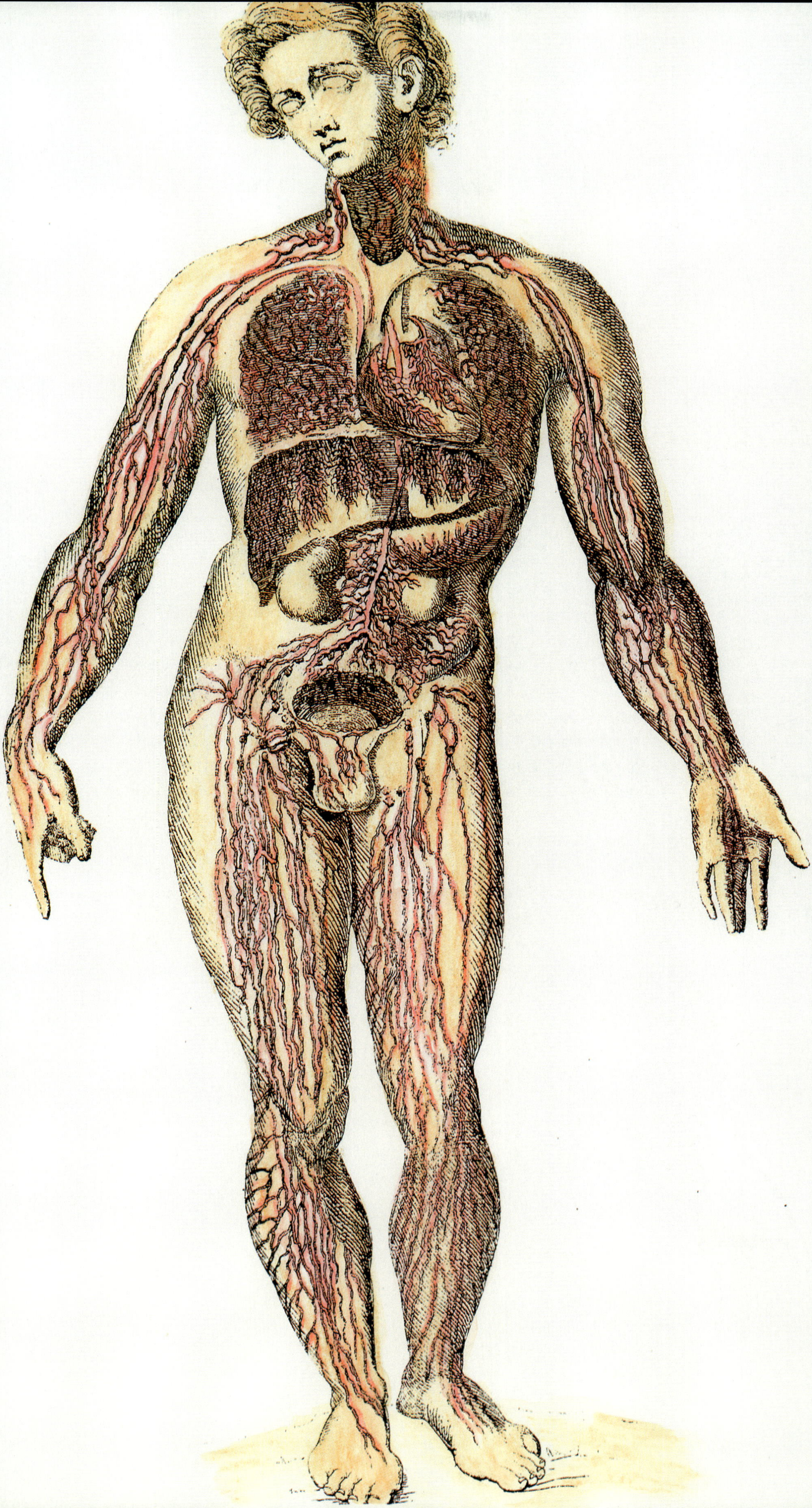

Analytische Geometrie – Geometrie mit algebraischer Hilfe

René Descartes (1596–1650)

Zwei Gebiete der Mathematik schienen stets unvereinbar – die Geometrie als Lehre der Gestalt von räumlichen und ebenen Gebilden. Und die parallel dazu entwickelte Algebra zur Lösung von Gleichungen. Das änderte sich, als sich der Philosoph René Descartes des Themas annahm.

1637

UM DAS JAHR 1637

- > 1633: Vor dem Gericht der Inquisition widerruft Galileo Galilei unter Androhung der Folter seine Überzeugung, die Erde drehe sich um die Sonne (heliozentrisches Weltbild).
- > 1636: Am 28. Oktober wird in Cambridge die erste Universität (»College«) der englischen Kolonien gegründet. Namensgeber ist der Theologe John Harvard, der beträchtliche Summen spendet.
- > 1638: In England wird die Folter abgeschafft. Im gleichen Jahr wird in Japan das Christentum verboten.
- > 1640: König Karl I. beruft nach zwölf Jahren erstmalig ein Parlament ein. Damit will er die finanziellen Mittel sichern, um den Aufstand in Schottland niederzuschlagen. Da das Parlament die Gelder nur bewilligen will, wenn der König Zugeständnisse bei politischen und religiösen Rechten macht, löst dieser es sofort wieder auf (»Short Parliament«).

»Cogito ergo sum« (Ich denke, also bin ich): In diesem berühmten Ausspruch gipfelt Descartes' Philosophie, die von der Souveränität der Vernunft ausging und den modernen Rationalismus begründete. Die logische Klarheit der Mathematik diente ihm bei seinen Überlegungen als methodisches Vorbild. Obwohl Descartes' philosophisches System die Existenz eines Gottes nicht ausschloss, geriet er dennoch mit der Katholischen Kirche in Konflikt. Das warnende Beispiel Galileo Galileis vor Augen veröffentlichte Descartes 1637 lediglich drei Ausschnitte seines Werkes *Le Monde* (Die Welt) unter dem Titel *Discours de la méthode* (Abhandlungen über die Methode) – und dies auch nur anonym.

Für die moderne Mathematik war das Buch bahnbrechend, denn Descartes begründete darin – als Gegenpol zur synthetischen Geometrie – die analytische Geometrie. Sie verschmilzt algebraische und geometrische Gesichtspunkte und ermöglicht es, geometrische Konstruktionsprobleme mit den Methoden der Algebra zu lösen. Das Werkzeug hierbei ist das Kartesische Koordinatensystem, mit dessen Hilfe die Konstruktion und Projektion von Objekten und Punkten im dreidimensionalen Raum durch algebraische Methoden unterstützt werden kann.

Drei Skalen ermöglichen dabei die Lokalisierung beliebiger Punkte einer Ebene: durch die Benennung des Abstandes von einer waagrechten X-Achse und einer senkrecht stehenden Y-Achse. Für die Berechnung dreidimensionaler Körper wird eine zusätzliche Z-Achse hinzugefügt. Die analytische Geometrie erlaubt es, sowohl die Verbindung von Punkten durch eine Gleichung darzustellen als auch den geometrischen Ort der positiven und negativen Werte einer algebraischen Lösung zu lokalisieren. Das dreiteilige Achsensystem ist rechnerisch beliebig erweiterbar, sodass sich auch Räume mit mehr als drei Dimensionen erforschen lassen.

Die Möglichkeit, einen Raum nicht mehr nur rein zeichnerisch darstellen zu können, war später auch für Albert Einsteins Relativitätstheorie von entscheidender Bedeutung. Die geometrische Wiedergabe von Zahlen und algebraischen Ausdrücken schuf darüber hinaus eine wichtige Voraussetzung für die Weiterentwicklung der Funktionentheorie bzw. der Infinitesimalrechnung.

Mit Computergrafik und »Virtual Reality« finden die mathematischen Methoden Descartes' heute den Weg in fast jedermanns Berufs- und Freizeitwelt. Sei es über spannende, neue Welten in Computerspielen oder beispielsweise im Bereich der Architektur. Hier erstellt man mit speziellen CAAD-Programmen (Computer Aided Architectural Design) den Entwurf eines Gebäudes als dreidimensionales Datenmodell. Jeder einzelne Punkt eines Objekts wird dabei in einem Kartesischen Koordinatensystem erfasst. Die Erschaffung von Formen und Räumen durch spezielle Modellingprogramme ermöglicht es, auch komplexe Formen wie ein komplettes Haus zu erzeugen, sie frei im Raum zu bewegen und aus jeder beliebigen Perspektive zu betrachten.

René Descartes machte Geometrie und Algebra miteinander vereinbar – eine für die moderne Mathematik bahnbrechende Leistung.

Vakuum - Das Nichts verliert seinen Schrecken

Otto von Guericke (1602-1686)

Ein »Vakuum« – ein nahezu luftleerer Raum – entsteht beim Auspumpen eines Behälters. Mit der »Vakuumtechnik« verpackt die Industrie Lebensmittel wie zum Beispiel Kaffee. Die Mikroelektronik wäre ohne »Reinst-Raum-Technik« nicht denkbar. Doch bis ins 17. Jahrhundert glaubten die Menschen, in der Natur existiere gar kein Vakuum.

Der lateinische Begriff »Vakuum« bedeutet »Leere« oder »leerer Raum«. Ein ideales Vakuum ist völlig frei von Materie. Da das in der physikalischen Praxis nahezu unmöglich ist, versteht die Wissenschaft darunter heute den Zustand in einem ausgepumpten Gefäß. Im Rahmen der Untersuchungen des Vakuums machte die Physik bedeutende Erkenntnisse über den Luftdruck. Um diese Erfolge zu erzielen, musste jedoch erst der Widerstand vieler Wissenschaftler gebrochen werden, die behaupteten, ein Vakuum existiere gar nicht.

Die Vorstellung einer »Leere« oder des »Nichts« begleitete nämlich lange Zeit die »Furcht vor dem Nichts«, der »Horror vacui«. Aristoteles (384–322 v. Chr.) verneinte die Existenz des Vakuums genau aus dieser Angst vor der Orientierungslosigkeit. Die Kirche übernahm die Annahme, die Natur verabscheue die Leere – eine gegenteilige Äußerung kam der Ketzerei gleich. Erste Theorien über die Existenz des Vakuums entstanden erst im Zuge der Reformation.

Ein Experiment des Physikers Evangelista Torricelli (1608–1647) im Jahr 1644 erbrachte den ersten Beweis eines Vakuums. Torricelli gewann dabei auch wichtige Kenntnisse vom Luftdruck: Er stülpte ein mit Quecksilber gefülltes Glasrohr in eine Schale, in der sich ebenfalls Quecksilber befand. Entsprechend dem Luftgewicht, das auf der Schale lastete, sank der Quecksilberspiegel im Inneren der Röhre. Über dem Spiegel lag ein luftleerer Raum. Torricellis Versuch löste hitzige Diskussionen aus – die meisten Wissenschaftler vermuteten in der »Leerstelle« einen feinstofflichen »Äther«.

Der Magdeburger Politiker und Ingenieur Otto Guericke stellte ebenfalls Untersuchungen zum Luftdruck und dem luftverdünnten Raum an. 1650 erfand er eine Pumpe, mit der er sehr anschaulich belegte, dass das Vakuum existierte: Guericke setzte zwei große Halbkugeln zu einer ganzen zusammen. Er pumpte schnell die Luft aus der Kugel und erzeugte so im Inneren einen Unterdruck. Dann ließ er an jeder Halbkugel acht Pferde einspannen, die sich vergeblich bemühten, die Kugeln voneinander zu trennen. Der äußere Luftdruck presste die »Magdeburger Halbkugeln« mit großer Kraft zusammen, weil der Gegendruck fehlte.

Völlig »leer« waren die »Magdeburger Halbkugeln« natürlich nicht. Wie sollten sonst die Wellen des Lichtes in einem Vakuum transportiert werden? Die »Äthertheorie«, die in dem Stoff eine »Trägersubstanz« des Lichtes vermutete, hielt sich also beharrlich. Mit der Physik des 20. Jahrhunderts wandelten sich dann die Vorstellungen vom »Raum an sich«. Der leerste Raum, den sich die heutige Physik vorstellen kann, ist nicht mehr von Materie, aber von einem »Feld« erfüllt: Das »Higgs-Feld«, eine kristalline Struktur, soll ähnliche Eigenschaften wie Wasser haben. Um diese umstrittene Theorie zu beweisen, bedürfte es wohl eines neuen Otto von Guericke.

Auf dem Reichstag zu Regensburg im Jahr 1654 bemühten sich sogar Pferdegespanne vergeblich, die »Magdeburger Halbkugeln« zu trennen.

1654

UM DAS JAHR 1654

- > 1648: Der Westfälische Frieden zwischen dem Heiligen Römischen Reich Deutscher Nation, Schweden und Frankreich beendet den Dreißigjährigen Krieg.
- > 1652: Am Kap der Guten Hoffnung gründet der Holländer Jan van Riebeeck Kapstadt.
- > 1654: Der englische Physiker und Anatom Francis Glisson veröffentlicht seine Schrift zur Anatomie der Leber.
- > 1655: Der englische Lordprotektor Oliver Cromwell löst das erste Parlament auf.

△ Otto von Guericke, Magdeburger Politiker und Ingenieur, wies die Existenz des Vakuums nach.

Fig I
A
B
H
Fig IV
Fig V.
N
N
N
N
Fig II.
D
Fig III

Wahrscheinlichkeitstheorie – Dem Zufall auf der Spur

Pierre de Fermat (1601-1665), Blaise Pascal (1623-1662)

1654

UM DAS JAHR 1654

- 1650: Der deutsche Geograf Bernhardus Varenius teilt die Weltmeere in den Atlantischen, Pazifischen und Indischen Ozean ein.
- 1652: Rhode Island verbietet als erste Kolonie Nordamerikas die Sklavenhaltung.
- 1655: Der niederländische Astronom und Mathematiker Christiaan Huygens entdeckt den größten Mond des Saturn.
- 1658: Der englische Lordprotektor und Diktator Oliver Cromwell stirbt.

Die Wissenschaft beschreitet manchmal ungewöhnliche Wege, um neue Erkenntnisse zu erlangen: Dem Glücksspiel ist die Entdeckung der Wahrscheinlichkeitstheorie zu verdanken. Kann der Spieler einen Gewinn vorausberechnen? Oder ist doch nur alles Zufall?

Um 1650 befragte der leidenschaftliche Glücksspieler und Schriftsteller Antoine Gombaud Chevalier de Méré (1607–1684) den französischen Mathematiker Blaise Pascal (1623–1662) nach den Aussichten einer Wette: Wie oft wäre es möglich, bei einer bestimmten Anzahl von Würfen mit zwei Würfeln eine Doppelsechs zu erzielen? Pascal gab folgende Antwort: Bei sechs mal sechs, also 36 möglichen Würfen, träfe dies einmal zu. Die Chancen, ob das erwünschte Ereignis tatsächlich eintreten würde, betrugen also 1 : 36. Es blieb nun dem Chevalier Méré überlassen, auf diese eine Doppelsechs bei 36 Versuchen zu wetten.

Doch Méré hatte noch eine zweite Frage – und diese war schon viel schwieriger zu beantworten: Wie müssten die Mitspieler den im Spiel befindlichen Einsatz verteilen, wenn sie die Runde vorzeitig abbrächen? Wichtig dabei wäre vor allem, das Geld nach den zum Zeitpunkt der Beendigung möglichen Gewinnchancen jedes Spielers aufzuteilen.

1654 diskutierte der Chevalier dieses Problem in einem ausführlichen Briefwechsel mit seinem Kollegen Pierre de Fermat (1601–1665). Ihre Korrespondenz ist der Beginn der methodischen Wahrscheinlichkeitstheorie. In ihrer Folge kam die Begründung einer Wissenschaft vom Ungewissen.

Gegen Ende des 17. Jahrhunderts gab der Schweizer Mathematiker Jakob Bernoulli (1654 –1705) der *Ars conjectandi sive stochastice,* der »Kunst des Vermutens oder Mutmaßens« dann eine systematische Grundlage. Er erkannte auch weitere praktische Anwendungen, welche die junge Wissenschaft eröffnete: Wichtige Fragen des menschlichen Lebens – Krankheiten, Lebenserwartung, Todesfälle oder Entscheidungen im Rechtswesen – könnten durch sie eine grundlegend neue Einordnung und Bedeutung erfahren.

Bernoulli versuchte auch die Beweiskraft eines Arguments anhand des »Grades der Gewissheit« neu einzuschätzen: Etwas zu »vermuten« hieß für ihn, die Wahrscheinlichkeit zu »messen«. Nach dem Gesetz der großen Zahl näherten sich bei unendlich vielen Fällen die Anzahl der mathematischen Wahrscheinlichkeit und die tatsächliche Häufigkeit einander an. Je öfter wir würfeln, umso näher kommen sich die tatsächliche Summe der Doppelsechser und die mathematisch berechnete Zahl (ein Sechstel aller Würfe). Dieses Gesetz gilt bis heute als Grundlage der Wahrscheinlichkeitsrechnung.

Mit der Wahrscheinlichkeitstheorie entstand im 19. Jahrhundert das Versicherungswesen als ein eigenständiger Wirtschaftszweig – mit ihr lassen sich die zu versichernden Risiken kalkulieren. Die moderne Physik (Quantenmechanik) ist ohne sie nicht mehr denkbar, und auch Entscheidungen in Politik und Unternehmen gründen sich auf die Wahrscheinlichkeit von Ereignissen.

Ein Glücksspiel: Ihm ist die Entdeckung der Wahrscheinlichkeitstheorie zu verdanken.

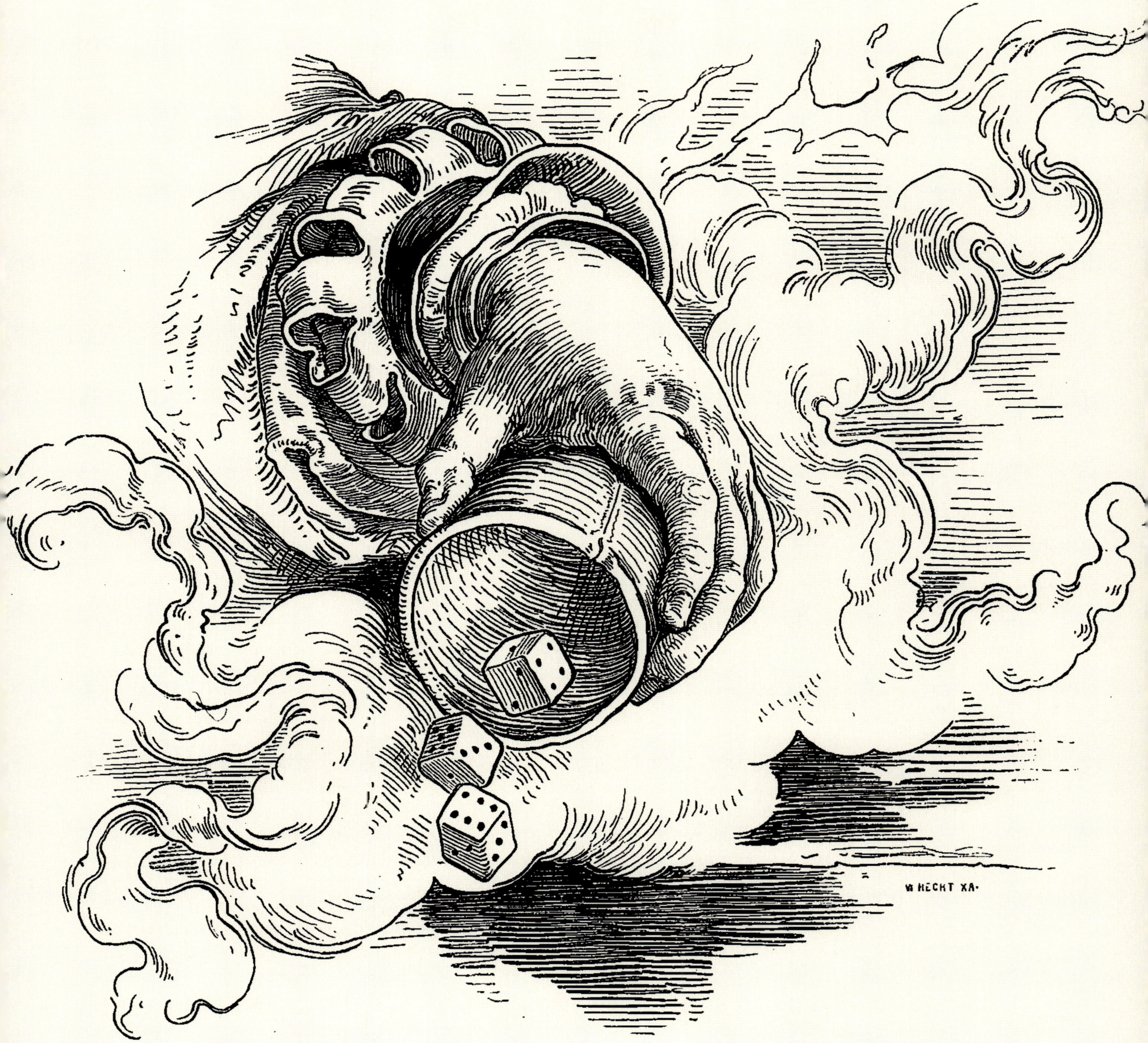
W HECHT XA·

Blutkörperchen – Woraus besteht der »besondere Saft«?

Antoni van Leeuwenhoek (1632–1723)

1673

UM DAS JAHR 1673

- 1669: Der letzte Hansetag von Bremen, Lübeck und Hamburg markiert das Ende des einst wirtschaftlich höchst einflussreichen Städtebundes, dem bis zu 200 Städte angehört hatten.
- 1670: In Nordamerika wird die Pelzhandelsgesellschaft »Hudson Bay's Company« gegründet.
- 1672: Der Mathematiker Wilhelm von Leibniz entdeckt elektrische Funken, als er Experimente zur Reibung macht.
- 1673: Das englische Parlament beschließt mit dem »Test Act«, dass nur Personen, die sich vom katholischen Glauben distanzieren, öffentliche Ämter bekleiden dürfen.
- 1674: Der Reichstag in Regensburg beschließt den Krieg gegen Frankreich.

Der Delfter Stadtbeamte Antoni van Leeuwenhoek ersann und baute nicht nur Mikroskope, er arbeitete auch mit seinen Geräten. So erkannte er 1673 die Zusammensetzung des Blutes. Der »Lebenssaft« bestand nach seinen Angaben aus »Kügelchen, die aus sechs anderen zusammengesetzt sind. Jedes dieser sechs ist gleichmäßig in 36 Blutkügelchen unterteilt.«

Antoni van Leeuwenhoek ist einer der Väter der modernen Medizin und Begründer der modernen »Hämatologie«, der Wissenschaft vom Blut. Er arbeitete mit Mikroskopen, die seine Objekte um das 270fache vergrößerten. So stieß er in vorher unbekannte Welten vor – seine Erkenntnisse ließen nicht nur die Lehrmeinung der Kirche, sondern auch so manche geltende wissenschaftliche Theorie ins Wanken geraten: Die Entdeckung, dass sich Kornkäfer, Flöhe oder Muscheln nicht aus Weizenkörnern oder Sand, sondern aus winzigen Eiern bildeten, entkräftete beispielsweise die Ansicht von der Spontanzeugung. Als einer der Ersten entdeckte Leeuwenhoek bei mikroskopischen Untersuchungen von Pflanzen und Muskelgewebe drei Bakterienformen: Bazillen, Kokken und Spirillen. Geradezu visionär nannte er die Mikroorganismen »ekelhafte Bestien«.

Doch nicht nur mit Pflanzen und Tieren, auch mit dem menschlichen Organismus beschäftigte sich der geniale Hobbyforscher. Dabei hatte es ihm das Blut besonders angetan. Der englische Arzt und Anatom William Harvey (1578–1657) hatte 1628 schon den Blutkreislauf entdeckt und vermutet, dass Arterien und Venen durch haarfeine Gefäße miteinander verbunden seien, die mit dem bloßen Auge nicht wahrzunehmen seien. 1661 äußerte der Anatom und Physiologe Marcello Malpighi (1628–1694) die Ansicht, Teilchen des Blutes zirkulierten durch ein so genanntes Kapillarsystem, ein großes verzweigtes Netz von Blutgefäßen. Doch erst Antoni van Leeuwenhoek sah 1668 die roten Blutkörperchen und bestätigte damit die vorangegangenen Thesen. Mit seinem Mikroskop machte van Leeuwenhoek sichtbar, wie die roten Blutkörperchen durch die Kapillaren eines Kaninchenohres und eines Froschbeines flossen. Ihre Funktion – der Transport von Sauerstoff – war ihm aber noch nicht bekannt.

Ab 1673 gab der Forscher, der nie eine akademische Ausbildung genossen hatte, seine Erkenntnisse in insgesamt 190 Briefen an die *Royal Society* in London weiter. Das renommierte Institut prüfte seine Angaben und bestätigte sie in allen Punkten. Als Anerkennung ernannte sie van Leeuwenhoek 1680 zum Mitglied der Gesellschaft und förderte seine Arbeiten. Bedeutende Forscher und sogar Könige besuchten den Autodidakten, der auch in Korrespondenz mit ausländischen Gelehrten stand. Van Leeuwenhoeks in niederländischer Sprache verfasste Berichte wurden ins Englische übersetzt und in den *Philosophical Transactions* der *Royal Society* bis 1724 veröffentlicht. 1696 publizierte van Leeuwenhoek sein Buch *Arcana naturae detecta*. Bis heute zählen seine Einsichten zum Grundwissen der Medizin.

Leeuwenhoek, der das Geheimnis seiner hervorragenden Linsen eisern gehütet hatte, nahm sein Wissen gar mit ins Grab. Erst im 19. Jahrhundert wurde es durch die Entwicklung besserer mehrlinsiger Mikroskope gelüftet.

Antoni van Leeuwenhoek entdeckte bei seiner Arbeit mit dem Mikroskop die roten Blutkörperchen.

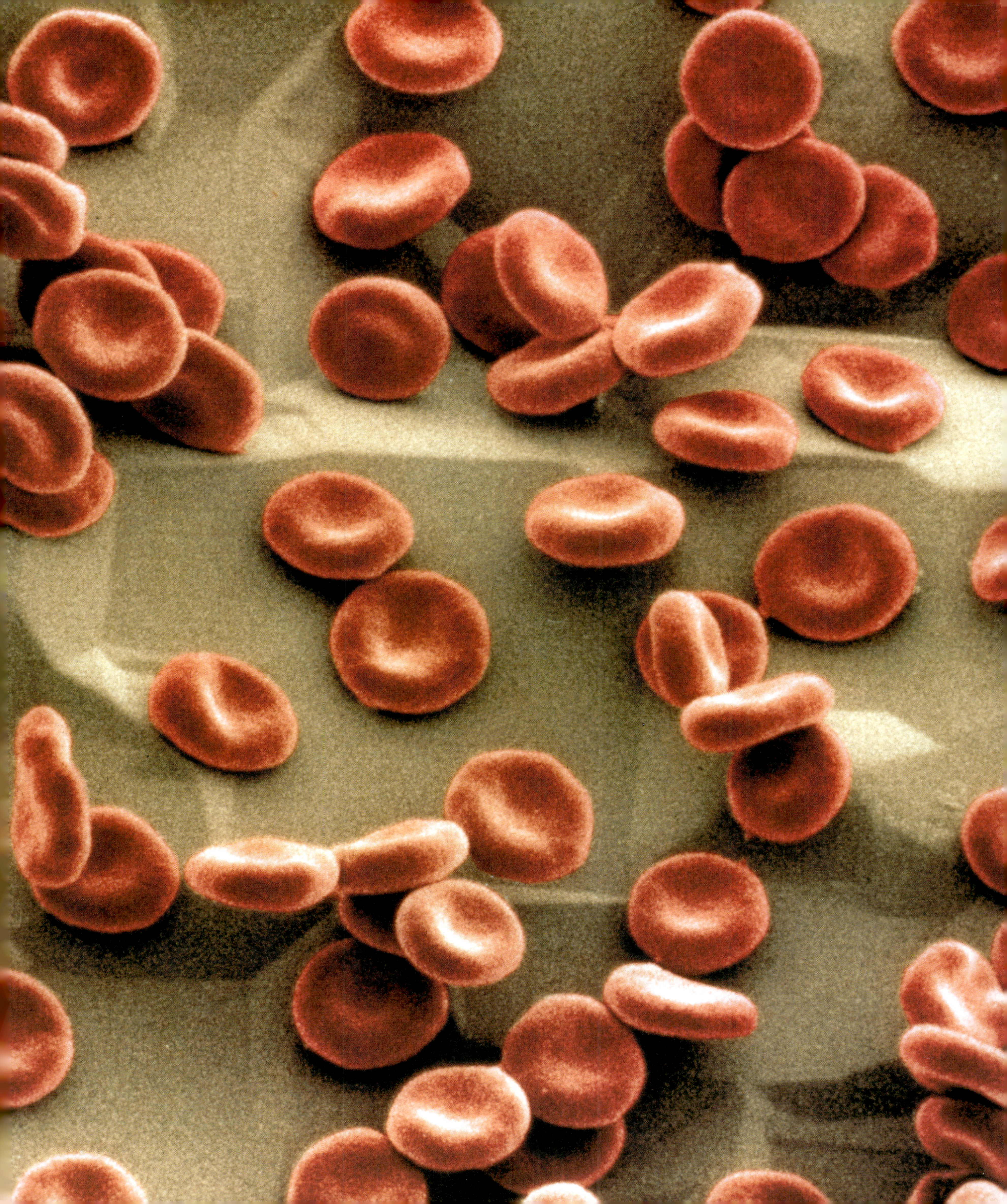

Kommunikation: Von der Buschtrommel zum Weltraumsatellit

Kultur ohne Kommunikation?

Der Mensch kann allein kaum überleben, er ist auf den Kontakt mit seiner sozialen Umwelt angewiesen. Damit dieses Zusammenleben funktioniert, muss er sich verständigen können. Ausgehend vom persönlichen Gespräch, in dem zwei Personen abwechselnd in den Rollen von Sender und Empfänger Botschaften austauschen, ergab sich schon früh der Wunsch, auch über größere Entfernungen miteinander zu kommunizieren. Dafür bedurfte es einer zusätzlichen Instanz: dem Kommunikationskanal.

Als »SMS des Altertums« sind indianische Rauchzeichen, afrikanische Trommel- und römische Fackelzeichen bekannt, die optisch oder akustisch Informationen weitertrugen. Boten gab es bei den Persern, Griechen und Römern bereits um 1500 v. Chr. Sie übermittelten mündliche Nachrichten, Schrifttafeln oder -rollen, die anfangs aus Papyrus, später aus Papier gefertigt wurden. Kaiser Augustus führte 27 v. Chr. ein staatliches Postkutschenwesen ein, doch ein Postwesen im heutigen Sinne entstand erst Ende des 15. Jahrhunderts. Die wachsende Bedeutung der geschriebenen Sprache etablierte allmählich eine Briefkultur, die nicht länger nur von kirchlichen oder staatlichen Instanzen gepflegt wurde.

Dem Buch kam zwar schon in handschriftlicher Form große Bedeutung als Informationsträger und -vermittler zu, doch erst Gutenbergs Erfindung des Buchdrucks Mitte des 15. Jahrhunderts ebnete ihm den Weg als erstes Massenmedium. Die folgenden 400 Jahre waren geprägt von der Ausbreitung des Buches und ähnlicher Printmedien wie Zeitungen, Zeitschriften, Heftchen und gedruckter Schriften aller Art.

Neue Wege

Im 19. Jahrhundert trat die Elektrizität ihren Siegeszug an und erschloss der Kommunikation neue Dimensionen. Nach verschiedenen Experimenten entwickelte Samuel Morse in den 1830er-Jahren den elektromagnetischen Schreibtelegrafen. Das nach ihm benannte Alphabet bildete die Basis, auf welcher das Gerät Nachrichten als elektrische Impulse codierte und sie über eine Kabelverbindung an die Empfängerstation übertrug. Da Telegrafen nur zwei Zustände kannten – Strom und kein Strom –, arbeiteten sie mit einem binären Code und waren damit dem Prinzip heutiger Computer vergleichbar. In ähnlicher Weise wie diese im 20. Jahrhundert sorgte der Telegraf zu seiner Zeit für eine enorme Beschleunigung des Informationsaustauschs – statt Tagen dauerte eine Nachrichtenübermittlung nur noch Stunden.

Die heute vernachlässigte Kultur des Briefschreibens prägte den kulturellen und gesellschaftlichen Informationsaustausch über viele Jahrhunderte.

Neue Technik veränderte allerdings nicht allein die Geschwindigkeit der Kommunikation, sondern auch ihre Form. Alexander Graham Bells Erfindung des Telefons (1876), das auf der elektromagnetischen Übertragung von Sprache basiert, wie sie im Jahr 1860 von Johann Reis entdeckt wurde, zeigt das besonders deutlich. Zum ersten Mal konnten räumlich voneinander getrennte Menschen ohne Zeitverzögerung miteinander reden, lässt man einmal die ebenfalls synchronen Kommunikationsformen der anfänglichen Rauch- und Feuerzeichen beiseite. Diese erlaubten nämlich nur einen beschränkten Informationsaustausch. Menschen kamen sich plötzlich näher, als es jede schriftliche Kommunikation bislang ermöglicht hatte. Zwar konnte man den Gesprächspartner immer noch nicht sehen, doch waren seine Mitteilungen hörbar und dadurch reich an zusätzlichen Informationen – eine

Stimme verrät eben das Lachen oder Weinen des anderen, Modulation und Ausdruck, Sprechgeschwindigkeit und -lautstärke konstruieren ein vollständigeres Bild vom Gegenüber und erleichtern so die Interaktion. Aufgrund dieser Annäherung an die persönliche Kommunikation von Angesicht zu Angesicht verglich man beide miteinander und erkannte, dass die Abwesenheit des Gesprächspartners einerseits für Sachlichkeit und Kürze bei Telefonaten verantwortlich ist, andererseits aber zu einer Art Enthemmung führt – wer dem Gegenüber nicht in die Augen sehen muss, spricht offener und lässt sich eher zu »deutlicheren« Worten hinreißen.

Die weltumspannende Vernetzung mit Computern ermöglicht eine mittlerweile weltweite Kommunikation und schnellen Datenaustausch.

Die Massenmedien

Das 20. Jahrhundert stand zunächst ganz im Zeichen der aufsteigenden Massenmedien Film, Funk und Fernsehen, deren Botschaften sich gleichzeitig an viele Individuen richteten, ohne dass diese untereinander und unmittelbar miteinander interagieren können. Die neue, einseitige Kommunikation setzte sich durch: Als man die ersten Radiosender aktivierte, existierte zunächst eine überschaubare Anzahl von Empfängern – 1924 waren es 1500 Radiohörer in Deutschland, Ende 1925 aber bereits über eine Million! Das Fernsehen zog bald ebenso schnell und sicher in die Privathaushalte ein, erst schwarz-weiß, dann farbig, schließlich über Breitbandkabelnetze und Satelliten.

Die Erfindung von Telefon und Sprechfunk ermöglichte zum ersten Mal, dass räumlich getrennte Menschen ohne Zeitverzögerung miteinander reden konnten.

Revolutionären Einfluss auf alle Lebensbereiche einschließlich der Kommunikation nahm die rasante Entwicklung der Computertechnologie. Nach den ersten Relais- und Röhrencomputern verwendete man Halbleitertechnik, Ende der 1960er-Jahre kamen dann Mikroprozessoren auf den Markt. Sie waren auch das Herz der ersten »Personal Computer«, die ab den späten 1970er-Jahren auf den Markt kamen und seither in Leistungsfähigkeit und Speicherkapazität ständig verbessert wurden.

Alle Kommunikations- und Informationsprozesse verwandelt das Zeitalter der Digitalisierung in Computercodes, um auch »alte« Medien wie etwa Telefon oder Rundfunk in ein umfassendes Multimediasystem einzubinden. Gerade der hohe Vernetzungsgrad von Computern macht eine effektive weltumspannende Kommunikation durch schnellen Datenaustausch und synchrone und günstige Interaktionskanäle (Chats, E-Mail, Videokonferenz) möglich. Ursprünglich in den 1960ern als sicheres Datennetz vom US-Verteidigungsministerium initialisiert begegnet sich mittlerweile die ganze Welt auf dem virtuellen Feld des Internets. Kommunikation verläuft dabei primär textbasiert, sodass der Einzelne quasi hinter den Zeichen auf dem Bildschirm verschwindet. Dies birgt die Gefahr, Kommunikation zu entpersönlichen, aber diese potenziellen Nachteile der virtuellen gegenüber der Face-to-face-Kommunikation werden auf anderen Wegen ausgeglichen: In E-Mails, Chats und Foren nähert sich geschriebene der gesprochenen Sprache an. Der Gesprächscharakter nimmt auch durch den Einsatz von so genannten Emoticons (zum Beispiel Smileys) zu. Sie vermitteln die eigene Stimmung, geben Hinweise, wie eine geschriebene Aussage gemeint ist, und ersetzen so fehlende nonverbale Informationen. Darüber hinaus entwickeln Teilnehmer von Mailinglisten nachweislich individuelle Kommunikationsstile, die ein Gruppengefühl aufbauen können.

Zwei Tendenzen kennzeichnen gegenwärtige Kommunikation und ihre zukünftige Entwicklung: Zum einen wird sie immer schneller, individueller und mobiler. Dank Handy, Laptop, Palm sind alle jederzeit und überall erreichbar und kommunikationsfähig. Zum anderen verschränken sich Massen- und Individualkommunikation zunehmend miteinander. Kommunikative Kompetenz wird daher ohne eine gewisse Medienkompetenz kaum noch denkbar sein.

Binärsystem – 0 und 1 erklären die Welt

Gottfried Wilhelm Freiherr von Leibniz (1646–1716)

Der Mathematiker und Philosoph Gottfried Wilhelm Freiherr von Leibniz erfand 1679 eine mathematische Sprache, die nur aus den Zahlen »Null« und »Eins« bestand. Während Leibniz in der einen Zahl das »Teuflische« und in der anderen das »Göttliche« verkörpert sah, steht das binäre Zahlensystem in der modernen Datenverarbeitung für andere Zustände: »Strom« und »kein Strom«.

1679

UM DAS JAHR 1679

- 1675: Der englische König Karl II. lässt in Greenwich ein Observatorium einrichten. Der Standort des Gebäudes wird als Nullmeridian festgelegt.
- 1679: Um sich vor Frankreich zu schützen, bilden fränkische und oberrheinische Städte die Frankfurter Allianz.
- 1679: Karl II. stimmt dem »Habeas Corpus Act« zu: Verhaftungen sind nur mit richterlichem Haftbefehl möglich. Personen dürfen nur auf Gerichtsbeschluss inhaftiert werden.
- 1680: Ludwig XIV. erklärt das Elsass (ausgenommen die Städte Straßburg und Mühlhausen) zu französischem Hoheitsgebiet.

△ **Der Universalgelehrte Gottfried Wilhelm Freiherr von Leibniz begründete die Differenzial- und Integralrechnung und entwickelte das binäre Zahlensystem.**

Der Universalgelehrte Gottfried Wilhelm Freiherr von Leibniz kam als Ingenieur, Naturforscher, Mathematiker und als Philosoph zu wissenschaftlichen Ehren. Wichtige mathematische Begriffe wie »Funktion«, »Konstante«, »Variable«, »Koordinate«, »Parameter«, »algebraische« und »transzendente Funktion« gehen auf ihn zurück. Eine seiner Ideen auf dem Gebiet der Arithmetik war der Vorläufer der modernen Datenverarbeitung – das Binärsystem.

1679 veröffentlichte Leibniz ein neues Zahlensystem, das nicht zehn, sondern nur zwei Ziffern verwendete. Nach diesem mathematischen System lässt sich jede Zahl durch eine Folge von nur zwei Symbolen ausdrücken. Leibniz' Ansicht nach war das Zahlensystem Symbol der Schöpfung, »weil die leere Tiefe und Finsternis zu Null und Nichts, aber der Geist Gottes mit seinem Lichte zum Allmächtigen Eins gehört«. Also drückte er die binären Zahlen mit 0 und 1 aus. Dabei wird die Zwei als 10 dargestellt, die Vier als 100, die Acht als 1000 und so fort. Nicht ohne Stolz notierte Leibniz, dass die Addition von Zahlen mit dieser Methode so leicht sei, dass sie nicht schneller diktiert als addiert werden könnten. Im Gegensatz zum Addieren im Zehnersystem, das eine erhebliche Denkleistung erfordere, sortierten sich die Einsen und Nullen des binären Systems praktisch von alleine. Leibniz wendete sein binäres System nicht nur auf mathematische Gleichungen an: Er stellte sogar die Erschaffung der Welt durch Gott in sieben Tagen als 111 dar – drei »göttliche« Einsen ohne eine »teuflische« Null – und schlug vor, das Binärsystem zur Bekehrung von Heiden einzusetzen. Dieser Plan schlug zwar fehl, doch auf anderem Gebiet wurde sein System unersetzlich: Es bereitete der modernen elektronischen Datenverarbeitung den Weg.

Leibniz entwarf nämlich auch eine mechanische binäre Rechenmaschine, einen Vorfahren der heutigen Computer. Im 20. Jahrhundert entfaltete das binäre System mithilfe der Elektrizität dann seine vollen Möglichkeiten: Auf den binären Zahlen basieren die digitalen Datenverarbeitungssysteme, denn mit den Symbolen 1 und 0 verarbeiteten elektrische Geräte die Schaltzustände »Strom an« und »Strom aus«. Leibniz' binäre Mathematik erlangte so unschätzbare Bedeutung als Grundlage der Computer- und Nachrichtentechnik.

Auf den Zahlen 0 und 1 basieren sämtliche Vorgänge der modernen Computer- und Nachrichtentechnik.

0	0
1	1
2	10
3	11
4	100
5	101
6	110
7	111
8	1000
9	1001
10	1010
11	1011
12	1100
13	1101
14	1110
15	1111
16	10000
17	10001
18	10010
19	10011
20	10100
21	10101
22	10110
23	10111
24	11000
25	11001
26	11010
27	11011
28	11100
29	11101
30	11110
31	11111
32	100000
33	100001
34	100010
35	100011
36	100100
37	100101
38	100110
39	100111
40	101000
41	101001
42	101010
43	101011
44	101100
45	101101
46	101110
47	101111
48	110000
49	110001

Bewegungsgesetze und Gravitation - Die Anziehungskraft der Erde

Isaac Newton (1643-1727)

Ein Apfel, der sich vom Baum löst, fällt gerade hinunter zur Erde. Ein Stein, der geworfen wird, beschreibt einen Bogen, bevor er ebenfalls nach unten fällt. Die Frage nach dem Warum dieser alltäglichen Erfahrungen löste erst der englische Mathematiker und Physiker Sir Isaac Newton.

1687

UM DAS JAHR 1687

- 1685: Ludwig XIV. erklärt das Edikt von Nantes für nichtig. Es hatte den Hugenotten die Religionsfreiheit garantiert.
- 1687: Erstmalig findet an einer deutschen Universität eine Vorlesung in deutscher Sprache statt.
- 1688: Der Große Kurfürst Friedrich Wilhelm stirbt in Potsdam. Unter seiner Regierung stieg Preußen zur Großmacht in Europa auf.
- 1689: Der englische König Wilhelm II. erlässt die »Bill of Rights«, die England zur konstitutionellen Monarchie macht und wichtige Menschen- und Bürgerrechte festschreibt.

Im August des Jahres 1684 trafen sich Isaac Newton, Mathematikprofessor in Cambridge, und Edmond Halley, Professor für Geometrie in Oxford. Sie diskutierten über das Problem der Planetenbahnen. Zwar hatte Johannes Kepler zu Beginn des Jahrhunderts entdeckt, wie diese Bahnen aussehen. Aber warum dies so war, stellte die Gelehrten immer noch vor ein Rätsel. Newton wurde durch dieses Gespräch angeregt, seine Ideen über eine universelle Schwerkraft wieder aufzunehmen, mit denen er sich bereits während seines Studiums beschäftigt hatte.

Ausgehend von der These, dass es eine grundsätzliche Anziehungskraft zwischen Sonne und Planeten geben müsse, um das System im Gleichgewicht zu halten, begann Newton über die Wechselwirkungen zwischen Körpern und damit über die Grundlagen der Bewegung nachzudenken. Die keplerschen Gesetze über den Lauf der Planetenbahnen ließen sich nur erklären, wenn man nicht bloß eine Anziehungskraft der Sonne, sondern auch der Planeten untereinander zugrunde legte. Schließlich formulierte Newton drei Gesetze zur Bewegung, die ihn zum Begründer einer völlig neuen Wissenschaft machten, der Dynamik.

Diese Gesetze, auch als newtonsche Axiome bekannt, lauten: »Jeder Körper beharrt in seinem Zustand der Ruhe oder der geradlinigen, gleichförmigen Bewegung, wenn dieser nicht durch Kräfte von außen geändert wird. Die Änderung der Bewegung ist der Einwirkung der bewegenden Kraft proportional und geschieht nach der Richtung, nach der die Kraft wirkt. Die Wirkung zweier Körper aufeinander ist stets gleich und von entgegengesetzter Richtung.« Aufbauend auf diesen Überlegungen schloss Newton, dass es eine Anziehungskraft gäbe, der alle Körper im Weltraum unterliegen. Das von ihm aufgestellte Gravitationsgesetz besagt, dass die wechselseitige Anziehungskraft von der Masse der Körper und ihrer Entfernung abhängt. Exakt ausgedrückt lautet es: Die gravitationsbedingte Anziehung zwischen zwei Körpern ist direkt proportional zum Produkt ihrer Massen und indirekt proportional zum Quadrat ihrer Entfernungen. Allerdings sind diese Kräfte so gering, dass es schon eines Planeten wie der Erde bedarf, um andere Körper in Bewegung zu setzen.

Newton veröffentlichte seine Theorie 1687 in seinem Hauptwerk *Philosophiae Naturalis Principia Mathematica*, das sein alter Freund und Bewunderer Halley unterstützte und finanzierte. Die Vorstellung, dass absolut jeder Körper im Universum dem Gesetz der Gravitation unterliegt, stellte einen Wendepunkt in der Geschichte der Wissenschaft dar und ist eine Grundlage für das naturwissenschaftliche Weltbild der nächsten 200 Jahre. Mit der Gravitationskraft entdeckte Newton eine der grundlegenden Kräfte, die die Wechselwirkungen von Materie bestimmt. Die anderen derartigen Kräfte – zum Beispiel zwischen den Bausteinen eines Atomkerns oder die elektromagnetischen Wechselwirkungen – wurden erst viel später bekannt.

1687 veröffentliche Isaac Newton sein Hauptwerk *Philosophiae Naturalis Principia Mathematica*, in dem er das Gesetz der Gravitation beschrieb.

Halleyscher Komet - Die Wiederkehr eines Schweifsterns

Edmond Halley (1656-1742)

Zeitgleich mit der Eroberung Englands 1066 durch die Normannen fand eine spektakuläre Himmelserscheinung statt, die sogar in die Schlachtenbilder des Teppich von Bayeux aufgenommen wurde. 650 Jahre später konnte der englische Astronom Edmond Halley das Phänomen erklären.

Bis zum Jahr 1577 galten Kometen als rein atmosphärische Erscheinung, vergleichbar mit Blitzen oder Nordlichtern. Erst der dänische Astronom Tycho Brahe bewies, dass es sich um Himmelskörper handelte. Mehr als 100 Jahre später stellte Edmond Halley die Theorie auf, Kometen zögen ebenso wie Planeten auf elliptischen Bahnen um die Sonne – was eine regelmäßige Wiederkehr der Kometen zur Folge hätte.

Halley wandte die keplerschen Entdeckungen bezüglich der kreisförmigen Planetenbahnen und die newtonschen Gesetze der Gravitationskraft auf ein Beispiel an: einen Kometen, der 1682 zu beobachten war. Er berechnete für den Schweifstern eine Umlaufzeit von 76,2 Jahren und behauptete, dass Kometenerscheinungen der Jahre 1607, 1531 und 1456 auf ein und denselben Himmelskörper zurückzuführen waren. Außerdem rechnete er die Ereignisse bis ins Jahr 240 v. Chr. zurück: Der Schweifstern auf dem Teppich von Bayeux war identifiziert. 1705 veröffentlichte Halley seine Erkenntnisse in der Abhandlung *Astronomiae Cometicae Synopsis*. 1718 wies er auch nach, dass sich – allerdings in einem äußerst geringen Tempo – die so genannten Fixsterne bewegen, die man bislang für starr im Weltraum verankert hielt.

Mit dem nach ihm benannten Kometen hatte Halley ein Lieblingsobjekt künftiger Astronomen und der Weltraumforschung entdeckt. Als der Komet 1986 wiederkehrte, schickten mehrere Länder Raumsonden zur Beobachtung in den Weltraum. Die europäische Sonde Giotto näherte sich ihm bis auf 596 Kilometer. Dabei konnte sie noch nie vorher gesehene Bilder vom Kern des Kometen aufnehmen. Die Forscher vermuten, dass der Kern vieler Kometen so alt wie das Sonnensystem ist und sich seitdem kaum verändert hat. Aus der Erforschung der Schweifsterne, jener Klumpen aus Staub und Eis, erhoffen sie sich deshalb Hinweise auf die Entstehung des Sonnensystems. Bislang analysierten sie meist die Materie, die im Schweif verglüht. Für 2011 aber plant die Europäische Raumfahrtagentur ESA mit der Sonde Rosetta eine Landung auf dem Kometen Wirtanen.

Die Wissenschaftler erwarten sich von Kometen auch neue Informationen über kosmische Katastrophen. Im Gegensatz zu Planeten sind Kometen sehr instabile Himmelskörper. Sie verglühen langsam, können durch die Triebkraft ihrer eigenen Gase aus der Bahn gebracht werden, in das Gravitationsfeld von Planeten geraten oder sogar zerbersten.

Dabei passiert es mitunter, dass Teile auf Planeten stürzen. 1992 brach der Komet Shoemaker-Levy 9 auseinander. Die Teile prasselten zwei Jahre später wochenlang auf den Jupiter, dabei entstanden Feuerbälle, größer als die Erde. Dies beflügelte Katastrophenszenarien, nach denen der Erde ein ähnliches Schicksal drohen könne. Der Halleysche Komet jedenfalls wird, wenn nichts Unvorhergesehenes passiert, 2061 das nächste Mal für Beobachtungen von der Erde aus zur Verfügung stehen.

Alle 76 Jahre bietet der Halleysche Komet ein faszinierendes Schauspiel am Sternenhimmel.

1705

UM DAS JAHR 1705

- 1700: In Italien baut Antonio Stradivari seine ersten Geigen.
- 1703: Um den Thron Spaniens entbrennt der Spanische Erbfolgekrieg. Der Tod König Karls II. (1700) beendete die habsburgische Herrschaft im Land. Erzherzog Karl von Österreich kämpft mit Unterstützung Englands von Portugal aus gegen Philipp V. von Bourbon. Erst 1713 sichert der Friede von Utrecht den Thronanspruch Philipps V.
- 1703: Zar Peter I. gründet nach seinem Sieg über Schweden St. Petersburg anstelle der schwedischen Festung Nyenschanz. Neun Jahre später wird St. Petersburg Hauptstadt des Zarenreiches.

△ **Der Astronom Edmond Halley fand heraus, dass Kometen auf elliptischen Bahnen kreisen.**

Die Blutdruckmessung macht die Herzarbeit sichtbar

Stephen Hales (1677–1761)

1628 widerlegte William Harvey die Annahme der Antike, die Leber sei das Zentrum des Blutsystems, und erkannte, dass das Blut vom Herzen aus zirkuliert. Erst die Versuche des englischen Geistlichen Stephen Hales brachten rund 100 Jahre nach Harvey grundlegende Erkenntnisse über den Blutdruck.

1726

UM DAS JAHR 1726

- 1725: Katharina I. wird als Gattin Peters I. Zarin von Russland.
- 1726: Jonathans Swifts Roman *Gullivers Reisen* erscheint anonym.
- 1726: In Dresden beginnt der Bau der Frauenkirche, der zwölf Jahre dauern soll.
- 1727: In London stirbt der englische Mathematiker, Physiker und Astronom Sir Isaac Newton.
- 1727: Russland und China einigen sich, dass der Amur die Grenze zwischen den Reichen sein soll.

Wie sooft in der Geschichte der Medizin bildeten Untersuchungen an Tieren den Ausgangspunkt für die wissenschaftliche Annäherung an den menschlichen Organismus. Entscheidend zur Begriffsbestimmung des Blutdrucks war ein Experiment Stephen Hales aus dem Jahr 1726. Hales führte in die Arterie einer Stute eine schmale Messingleitung ein, die mit einer drei Meter langen senkrechten Glasröhre verbunden war. Der Druck des Kreislaufs ließ das Blut im Glasrohr auf eine Höhe von gut zwei Metern steigen. Das Blut bewegte sich im Rohr mit dem Herzschlag.

Hales erkannte richtig, dass der Höhepunkt des Drucks die Anstrengung des sich zusammenziehenden Herzens widerspiegelte. Ein niedriger Druck stellte das Maß dafür dar, wie stark sich die Blutgefäße im Körper dem Blutstrom widersetzten. Diese »blutige« Methode war natürlich nicht am Menschen anzuwenden und blieb so zunächst ohne Einfluss auf die Medizin.

1881 stellte der Wiener Privatdozent Ritter von Basch (1837–1905) ein Instrument vor, mit dem der Blutdruck nicht mehr intraarteriell (durch die Arterie) gemessen werden musste, sondern durch den zur Unterdrückung des Pulses aufgebrachten Gegendruck. Dieses »Sphygmomanometer« ermöglichte es den Wissenschaftlern, den Blutdruck und seine Veränderungen zu kontrollieren und zu erforschen. Die Deutung der Blutdruckwerte blieb jedoch unter Medizinern lange Zeit umstritten: Noch um die Jahrhundertwende glaubten viele Ärzte, der Blutdruck sei ein Maß für die Herzkraft – nicht für die Herzarbeit – und ein hoher Blutdruck somit Ausdruck für eine gute Gesundheit.

Den Prototyp heute noch verwendeter Messinstrumente entwickelte 1896 der italienische Kinderarzt Scipione Riva-Rocci (1863–1937). Er verfügte bereits über eine aufblasbare Staumanschette und ein Quecksilbermanometer, mit dem er die erste äußerliche Blutdruckmessung am Oberarm einer Person durchführte. 1905 entdeckte der russische Chirurg Nicolai Sergejewitsch Korotkoff, dass bei Verringerung des Manschettendrucks Geräusche in der Oberarmarterie auftreten. Mit dem von ihm entwickelten Verfahren konnte zum ersten Mal der diastolische Blutdruck gemessen werden.

Der Pumpvorgang des Herzens findet in zwei Phasen statt, der Systole und der Diastole. Sie entsprechen zwei Werten der Blutdruckkontrolle: dem systolischen Druck – das Herz zieht sich zusammen und strömt Blut aus – und dem diastolischen Druck – das Herz entspannt sich. Wie schon Stephen Hales erkannt hatte, erreicht der Druck in den Blutgefäßen sein Höchstmaß, wenn sich das Herz zusammenzieht.

Hales' Experimente am lebenden Pferd haben die Medizin einen entscheidenden Schritt vorangebracht. Die Blutdruckmessung zählt heute zu den wichtigsten Methoden der modernen ärztlichen Diagnostik.

Die Blutdruckmessung gehört zu den hilfreichsten Methoden bei der Beurteilung vieler Krankheitsbilder.

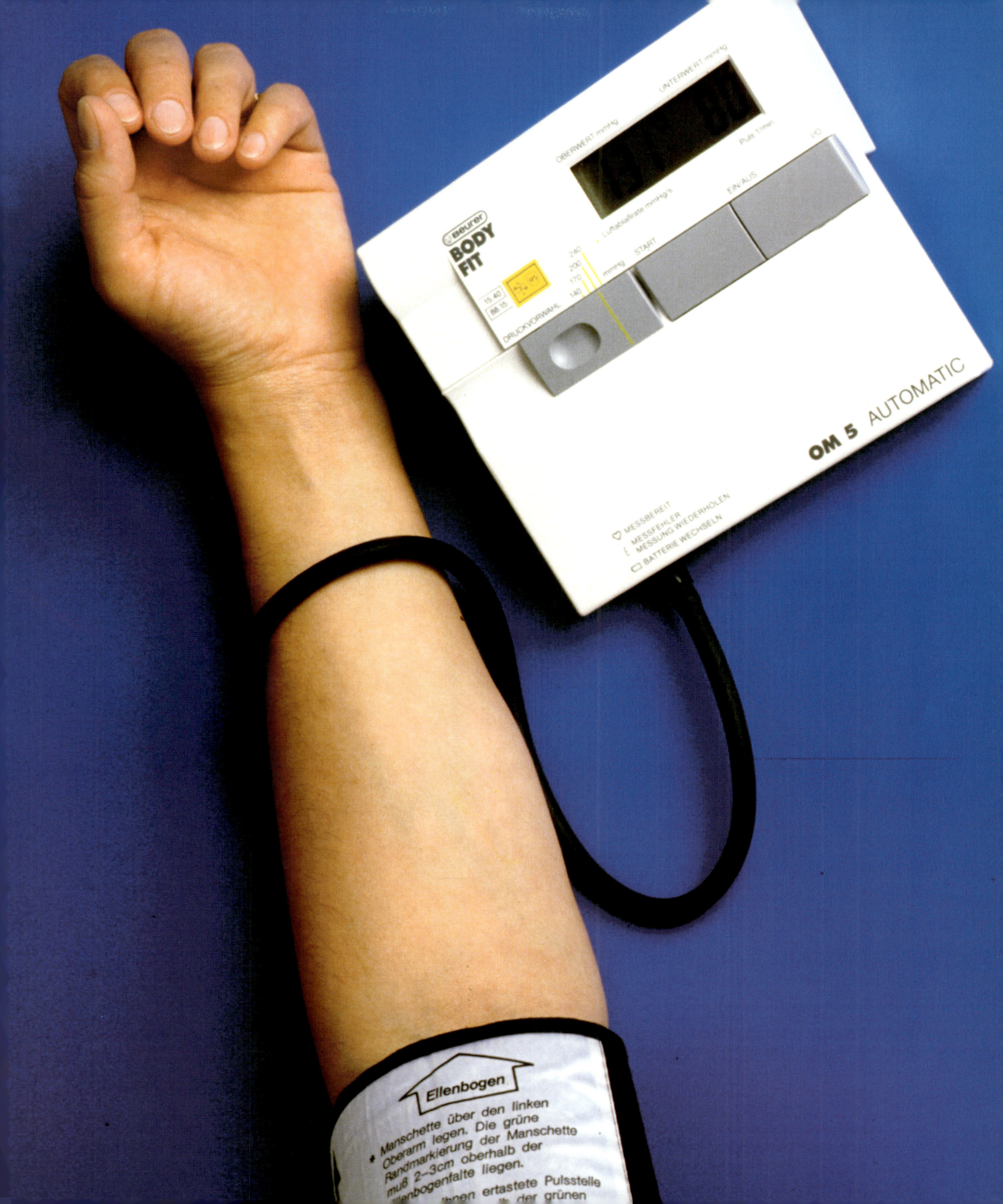

UNTERWERT mmHg
OBERWERT mmHg
Puls 1/min
I/O
EIN/AUS
START
Beurer
BODY FIT
DRUCKVORWAHL
OM 5 AUTOMATIC
MESSBEREIT
MESSFEHLER
MESSUNG WIEDERHOLEN
BATTERIE WECHSELN
Ellenbogen
Manschette über den linken Oberarm legen. Die grüne Randmarkierung der Manschette muß 2–3cm oberhalb der Ellenbogenfalte liegen.

Klassifikation der Flora – Die Familien der Blumen

Carl von Linné (1707-1778)

1735

UM DAS JAHR 1735

- 1733: Großbritannien belegt Zucker, Melasse und Rum, die nicht aus seinen Kolonien stammen, mit hohen Strafzöllen (»Molasses Act«).
- 1736: Zwei französische Expeditionsgruppen sollen in Peru und Lappland erforschen, ob die Pole und der Äquator der Erde rund oder abgeflacht sind.
- 1736: Der deutsche Reichstag erklärt den Verzicht auf Lothringen.
- 1737: In Hamburg wird die erste Freimaurerloge im Heiligen Römischen Reich Deutscher Nation gegründet. Im folgenden Jahr verbietet Papst Klemens XII. Katholiken das Freimaurertum – wer sich widersetzt, soll exkommuniziert werden.

Der schwedische Mediziner und Biologe Carl von Linné revolutionierte die Botanik: Der bereits zu Lebzeiten hoch angesehene Forscher entwickelte eine Benennung der Pflanzen, die so genannte »binäre Nomenklatur«. Diese bildet bis heute die Grundlage der Pflanzenkunde.

Im 18. Jahrhundert beanspruchten die Botanik und die Zoologie die Aufmerksamkeit der Öffentlichkeit. Überall entstanden zoologische und botanische Gärten, in denen die Menschen eigenartige Geschöpfe und seltsame Gewächse aus fernen Ländern bestaunten. All das hatten die Entdeckungsreisenden im 16. und 17. Jahrhundert nach Europa gebracht.

Die Weltumsegler waren sehr fleißig gewesen – die Fülle bisher unbekannter Pflanzen und Tiere sprengte bald die klassischen Klassifikationssysteme der Zoologen und Botaniker. Wie konnte man das Problem lösen? 1735 stellte Carl von Linné die beiden Wissenschaften auf eine neue systematische Grundlage: Er schlug vor, alle Pflanzen und Tiere konsequent mit Gattungs- und Artnamen zu bezeichnen. Bereits 1730 hatte er eine erste Abhandlung über das Sexualsystem der Pflanzen veröffentlicht, darin hatte er die Gewächse nach charakteristischen Merkmalen ihrer Fortpflanzungsorgane eingeteilt. Zwei Jahre später unternahm er mit Unterstützung der Schwedischen Königlichen Gesellschaft der Wissenschaften eine sechsmonatige Forschungsreise durch Lappland.

Nach seiner Rückkehr legte Linné im Jahr 1735 seine Prüfung als Arzt ab. Im gleichen Jahr veröffentlichte er die erste Fassung seines berühmten Werks *Systema Naturae*, in dem er die Pflanzen nach Vorkommen, Zahl und Verwachsung der Staub- und Fruchtblätter gliederte. Ähnliche Arten gruppierte Linné in »Gattungen«, verwandte Gattungen fasste er in »Ordnungen« und gleichartige Ordnungen wiederum in »Klassen« zusammen. Dieses System wendete er auch an, um Tiere zu klassifizieren. Jeder Art gab Linné einen lateinischen Doppelnamen. Der erste Begriff bezeichnete die Gattung, der zweite die besondere Art. Diese Form der »binären Nomenklatur« ist seitdem in der Biologie gebräuchlich und gibt den Wissenschaftlern eine internationale Fachsprache an die Hand, die eine drohende terminologische Verwirrung wirksam verhinderte.

Linnés Klassifikation fand sofort weite Verbreitung. 1741 wurde er zum Professor für Botanik an der Universität in Uppsala ernannt. Er baute ein naturhistorisches Museum auf und ordnete den botanischen Garten nach seinem System. Uppsala entwickelte sich in der Folge zum Zentrum der wissenschaftlichen Botanik. Er schickte seine Zöglinge auf Handels- und Forschungsreisen in alle Teile der Welt, um neues Material zu sammeln. Linnés ursprünglich nur wenige Seiten umfassende *Systema Naturae* wuchs so bis 1768 zu einem mehrbändigen Werk an.

Sein System setzte sich durch, weil es leicht zu erlernen und anzuwenden war. Da es sich jedoch hauptsächlich auf die Fortpflanzungsorgane als Gliederungsaspekte stützte, ergaben sich zum Teil recht willkürlich erscheinende Eingruppierungen. Der deutsche Philosoph Immanuel Kant (1724–1804) kritisierte es mehrfach als »künstliches System« und forderte eine »natürliche Klassifikation« der Pflanzen und Tiere. Diese Forderung erfüllte aber erst der Biologe Charles Darwin (1809–1882) mit seiner Evolutionstheorie.

Darstellung von Pflanzen klassifiziert nach Carl von Linné.

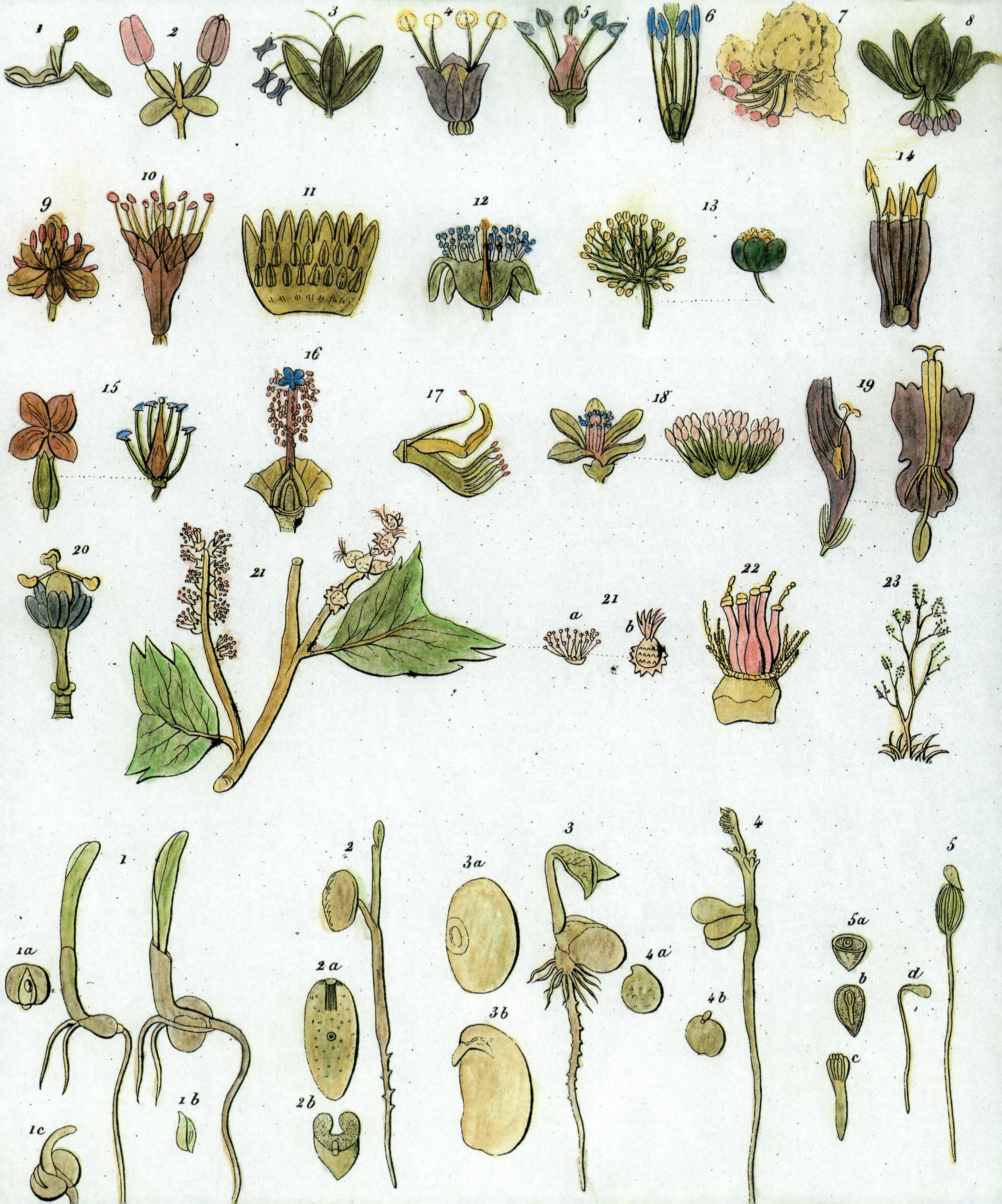
1
2
3
4
5
6
7
8
9
10
11
12
13
14
15
16
17
18
19
20
21
21
a
b
22
23
1
1a
1b
1c
2
2a
2b
3
3a
3b
4
4a
4b
5
5a
b
c
d

Milchstraße - Der Nebel lichtet sich

Thomas Wright (1711-1786), Immanuel Kant (1724-1804)

1750

DAS JAHR 1750

- Der Arzt John Hunter führt erstmals eine künstliche Befruchtung beim Menschen durch.
- Spanien und Portugal regeln den Grenzverlauf in ihren südamerikanischen Kolonien vertraglich.
- Friedrich II. beschneidet die Rechte der jüdischen Bürger Preußens drastisch.
- In Leipzig stirbt der Komponist Johann Sebastian Bach.

△ **Immanuel Kant: Thomas Wrights Erkenntnisse über die Milchstraße regten ihn an, über die Schöpfung des Kosmos nachzudenken.**

Ein geheimnisvoll leuchtendes Nebelband am Sternenhimmel regte die Fantasie der Menschen seit jeher an. Der Engländer Thomas Wright kam um 1750 zu dem Ergebnis, die »Milchstraße« sei eine Scheibe. Diese These veranlasste den Königsberger Philosophen Immanuel Kant zu waghalsigen Spekulationen über die Struktur des Kosmos.

Dem griechischen Mythos nach entstand die Milchstraße beim Säugen des Herakles: Zeus legte der schlafenden Hera seinen mit Alkmene gezeugten Sohn an die Brust. Der kleine Halbgott verspritzte die Milch jedoch – seitdem zieht sie sich als weiße Spur am Himmel entlang.

Die Vermutung Demokrits, dass der weiße Nebel aus einer Unmenge einzelner Sterne bestand, konnte erst Galileo Galilei mit dem Blick durch sein Fernrohr bestätigen. Der Engländer Thomas Wright brachte erstmals Ordnung in das auf den ersten Blick recht wirre System der Milchstraße und ihrer Fixsterne. Seiner Meinung nach war die Milchstraße keine »Straße«, sondern eine scheibenförmige Ansammlung mehrerer Planetensysteme. Weil von der Erde aus gesehen die Rundung dieser Scheibe den Himmel zirkelförmig umspannte und nur ein Teil des Radius zu sehen war, musste die Erde – und damit das Sonnensystem – auf ihrer Fläche liegen. 1750 veröffentlichte Wright seine Schrift *An original theory and new hypothesis of the universe*. Diese regte wiederum den jungen Immanuel Kant zu eigenen Gedanken über die Struktur des Kosmos an. Er veröffentlichte 1755 die *Allgemeine Naturgeschichte und Theorie des Himmels, oder: Versuch von der Verfassung und dem mechanischen Ursprunge des ganzen Weltgebäudes, nach Newtonischen Grundsätzen abgehandelt.*

Kant ging darin einen bedeutenden Schritt über Wrights Theorie hinaus. Auch die Milchstraße oder Galaxie (griechisch *gála* = Milch) an sich war für ihn nur eines von vielen Sternensystemen, so genannten »Weltinseln«, aus denen sich das Universum zusammensetzte. Andere solcher Galaxien meinte er in den benachbarten »neblichten Sterne« zu entdecken, heute als Orion- und Andromedanebel bekannt. Kant schloss aus der Nähe der Nebel zur Milchstraße auf eine analoge Organisation der Systeme, einen gemeinsamen Aufbau und gleiche Eigenschaften. Er nahm zum Beispiel an, dass alle Galaxien die gleiche Scheibenform, im Zentrum eine konzentrierte Ansammlung von Sternen und die gleiche Drehbewegung um sich selbst aufwiesen. Um seine These einer gemeinsamen Entstehungsgeschichte, die dieser Annahme folgte, zu begründen, griff Kant auf die Gesetze der newtonschen Mechanik zurück. Die Gravitationskraft – die gegenseitige Anziehungskraft von Massen – und eine abstoßende Kraft hätten in Wechselwirkung auf die Urmaterie eingewirkt und die Form der Galaxien bestimmt. Dieser Vorgang, ein Wechsel von Ordnung und Chaos, vollziehe sich unendlich weiter.

Viele Zeitgenossen taten Kants Theorien als Spekulation ab. Wenn auch an seinem Werk hauptsächlich die visionäre Kraft zu bewundern ist – mit verbesserten technischen Instrumenten konnte die astronomische Forschung später viele von Wrights und Kants Ideen bestätigen.

Nach dem griechischen Mythos entstand die Milchstraße beim Säugen des Herakles.

Blitzableiter - Die Natur wird überlistet

Benjamin Franklin (1706-1790)

Die Menschen der Frühzeit glaubten, dass sich im Blitz der Zorn der Götter äußerte, denn ein Einschlag richtete oft verheerenden Schaden an. Doch wie konnten sie sich davor schützen? Der amerikanische Naturwissenschaftler und Politiker Benjamin Franklin konstruierte im Jahr 1752 ein Gerät, das den Blitz abfing und ihn in die Erde ableitete. Wie so oft in der Forschung, hatte ihm der Zufall dabei auf die Sprünge geholfen ...

1752

UM DAS JAHR 1752

- 1752: Die französische Ständeversammlung konfisziert den Privatbesitz des Erzbischofs von Paris. Ludwig XIV. löst das Parlament auf, muss es aber wegen der Gefahr eines Bürgerkriegs 1754 wieder installieren.
- 1752: Großbritannien führt den *Gregorianischen Kalender* ein.
- 1753: In London wird das *British Museum* eröffnet.
- 1754: In Preußen wird die Folter bei Strafverfahren abgeschafft.

△ **Durch Zufall entdeckte Benjamin Franklin das Prinzip des Blitzableiters.**

Ein Sommergewitter brachte Benjamin Franklin auf die Idee des Blitzableiters. Franklin hatte einen Flugdrachen steigen lassen, als diesen ein Blitz traf, der durch die Schnur abgeleitet wurde. Dabei verspürte der Forscher einen leichten Stromschlag. Dass sich elektrisch geladene Körper durch zugespitzte Leiter entladen konnten, wusste die Wissenschaft damals schon. Franklin hatte nun am eigenen Körper erfahren, dass Blitze elektrische Erscheinungen waren – daraus entwickelte er das Prinzip des »Blitzableiters«. Am 1. September 1752 montierte er an seinem Haus in Philadelphia einen mit einer Stahlspitze versehenen Eisenstab, der zwei Meter über das Dach hinaus ragte. Über eine 1,5 Meter tief in den Boden reichende Leitung war die Stange geerdet.

20 Jahre später hatte sich diese Konstruktion durchgesetzt – sie war einfach zu installieren und bot einen wirksamen Schutz vor Blitzschäden. Sogar die Kirche, die sich lange gegen diesen Frevel wider die Wunder Gottes gewehrt hatte, erkannte bald den Vorteil für ihre hohen Kirchtürme. Einer Anekdote nach wollte der britische König George III., der den amerikanischen Freiheitskämpfer Franklin nicht leiden konnte, die Erfindung nicht »kritiklos« übernehmen. So befahl er, dass die Blitzableiter an seinen Schlössern keine spitzen, sondern abgerundete Enden haben sollten. Tatsächlich bestätigte sich, dass diese Konstruktion noch wirksamer war. Dies fanden Forscher allerdings erst gegen Ende des 20. Jahrhunderts heraus.

Wie funktioniert nun Franklins Erfindung genau? Der »Trick« des Blitzableiters besteht darin, den Blitz aufzufangen und ihn dann gefahrlos ins Erdreich abzuleiten. Der Blitz sucht nämlich stets den am besten leitenden Weg. Meist zieht eine das Gebäude überragende, spitze Fangvorrichtung auf dem Dach den Blitz auf sich. Gebäudeleitungen geben den Strom dann über Kupfernetze oder -platten, die mit dem Grundwasser verbunden sind, weiter. Diese drei miteinander verknüpften Leitungsteile müssen eine Stromstärke des Blitzes von bis zu 200 000 Ampère unbeschadet überstehen.

Der Aufenthalt in der Nähe eines Blitzableiters ist dennoch gefährlich. Der Blitzstrom könnte die kurze Strecke zwischen Ableiter und Person überbrücken und teilweise über den Menschen abfließen. Daher müssen auch alle Gas-, Wasser-, Telefon- und Elektroleitungen, Antennen, Heizung, Elektrogeräte und Dachrinnen an die Erdung angeschlossen sein. Eine Wohnung ist nicht hundertprozentig sicher, deshalb sollte man sich während eines Gewitters von Wasserhähnen, Fernsehantennen, Telefonen fern halten und kein Bad nehmen. Blitze können auch in die Stromleitungen einschlagen und Überspannungen verursachen, die elektronische Bauteile zerstören. Hier empfiehlt sich eine Absicherung des Hausanschlusses oder ein Gerät gegen Überspannungen. Den besten Blitzschutz bietet der »Faradayschen Käfig«, etwa ein Auto.

Die geniale Idee Benjamin Franklins: den Blitz einfangen und ihn gefahrlos ins Erdreich ableiten.

Pathologische Anatomie – Von Toten über das Leben lernen

Giovanni Battista Morgagni (1682–1771)

Die Mediziner des Mittelalters standen Leichenöffnungen noch mehr als skeptisch gegenüber. Doch im 17. Jahrhundert erkannten die Forscher dann, welch einzigartige Bedeutung das Studium toter Menschen für ihre Wissenschaft hatte: Es erlaubte Rückschlüsse auf den lebendigen Körper und dessen Krankheiten.

1760

DAS JAHR 1760

- Mit der Eroberung Montreals wird Neufrankreich zur britischen Kolonie.
- Die russischen Gutsherren dürfen ungehörige Leibeigene nach Sibirien verbannen.
- Der schottische Chemiker Joseph Black begründet die Wärmelehre, indem er Wärme und Temperatur voneinander unterscheidet.
- In Preußen wird die Kartoffel eingeführt, die sich bald als Grundnahrungsmittel durchsetzt.

Der Begriff Pathologie findet sich erstmals im Werk des griechischen Arztes Galen aus Pergamon (131–201). Er leitet sich von den Wörtern *pathos* (Leiden) und *logos* (Lehre) ab. Pathologie bezeichnet also die »Die Lehre von den Leiden«. Der spätere Leibarzt Marc Aurels begründete die Humoralpathologie, nach der alle Krankheitszustände des Menschen auf ein Ungleichgewicht der Körpersäfte zurückzuführen sind. Bei späteren gelegentlichen Leichenöffnungen wurden hin und wieder Diskrepanzen zwischen dem sichtbaren Befund und galenischer Lehrmeinung offensichtlich. Doch waren die Forscher in solchen Fällen eher geneigt, von einer Veränderung des menschlichen Körpers auszugehen als von einem Fehler des großen antiken Gelehrten.

△ **Die berühmten Ärzte des Altertums Galen und Hippokrates beeinflussten bis in die Neuzeit die Lehre der Medizin.**

In ihrer heutigen Form geht die Pathologie als Lehre von den Krankheiten auf den italienischen Arzt Giovanni Battista Morgagni aus Padua zurück. Sein 1760 publiziertes fünfbändiges Werk *De sedibus et causis morborum* (»Vom Sitz und den Ursachen der Krankheiten«), dem rund 700 Leichenöffnungen (Autopsien) vorausgingen, gilt als Grundlage aller nachfolgenden pathologischen Forschungen. Die Abhandlung zeigte eindrucksvoll den Zusammenhang zwischen klinischen Symptomen und Autopsiebefunden auf. Morgagnis Ziel war es, die Beziehungen zwischen Krankheitssymptomen, Krankheitsverlauf und Sektionsbefund darzulegen. Nicht mehr die anatomische »Zergliederungskunst« des menschlichen Körpers stand nun im Vordergrund, sondern die mögliche Korrelation von Krankheiten und Organveränderungen.

Doch die Forschung geriet bald ins Stocken – weiteren Untersuchungen an Toten stand nicht nur der Vorwurf der Leichenfledderei im Weg. Sektionen hatten auch unangenehme Folgen für den Mediziner, der beispielsweise für die Beseitigung der Leiche sorgen musste. Aus diesem Grund lehrten Professoren meist aus Büchern und nicht am Objekt selbst.

Erst Ende des 18. Jahrhunderts wurden an Krankenhäusern und Universitäten eigens für Sektionen verantwortliche Prosektoren (lateinisch *prosecare* = vorschneiden) bestellt. Während der Professor seine Vorlesung in Anatomie hielt, zeigten diese Fachvertreter – Chirurgen oder Wundärzte – die organisch-anatomischen Veränderungen an der Leiche auf.

Die pathologische Anatomie, eine der medizinischen Grundwissenschaften, vermittelte so ein beispielloses Wissen von den komplexen Strukturen des menschlichen Körpers und sorgte so für ein besseres Verständnis seiner Funktionen.

Im 17. Jahrhundert wurde erkannt, dass das Studium toter Körper Rückschlüsse auf Krankheiten zuließ.

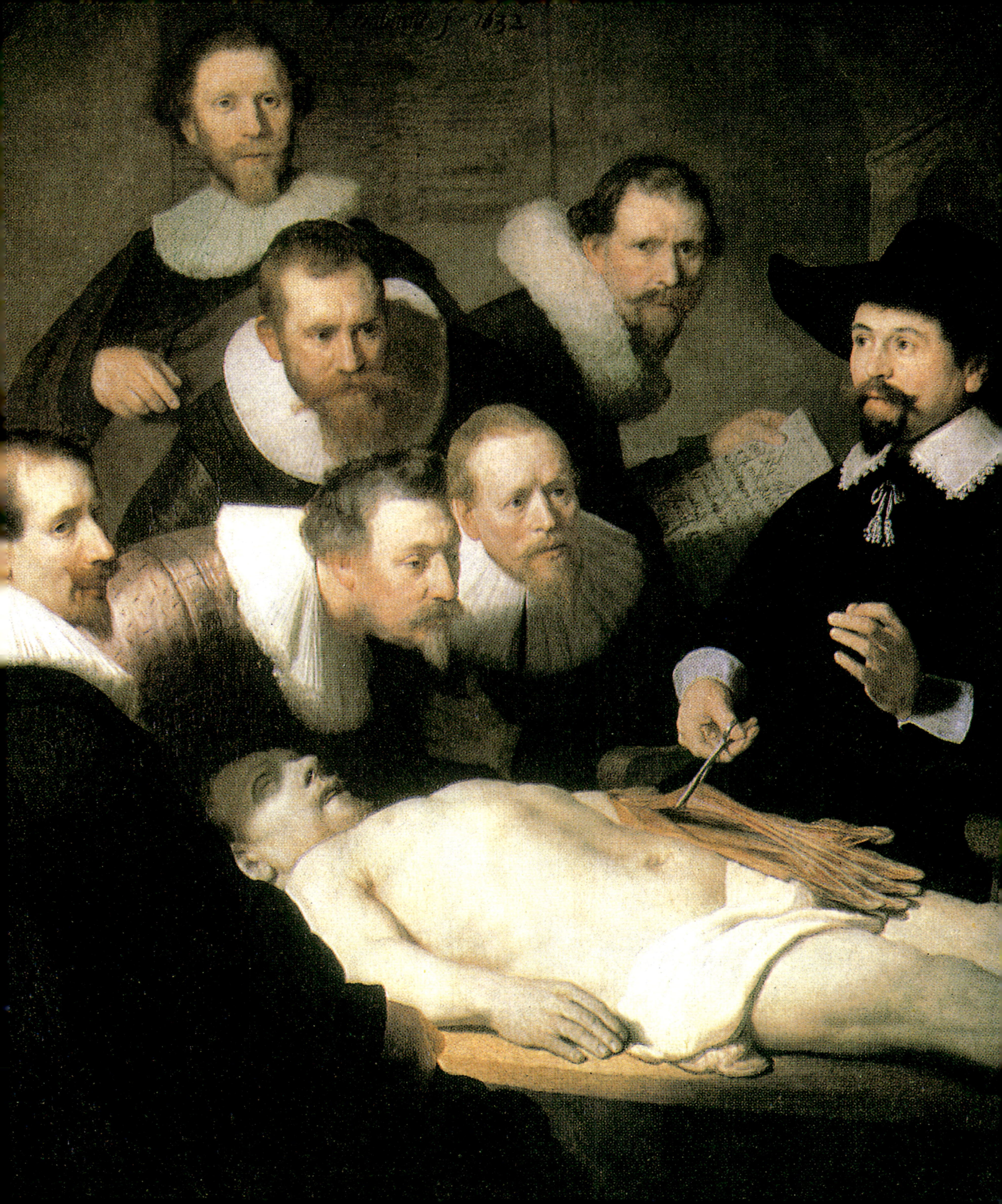

Niederdruckdampfmaschine – Wenig Druck, viel Leistung

James Watt (1736–1819)

1765

UM DAS JAHR 1765

- 1763: Im Alter von nur sechs Jahren tritt Wolfgang Amadeus Mozart vor Kaiserin Maria Theresia auf.
- 1764: Russland treibt die Ansiedlung deutscher Bauern an der Wolga voran.
- 1765: Großbritannien erlässt für die nordamerikanischen Kolonien den »Stamp Act«, eine Stempelsteuer auf Drucksachen und Dokumente. Diese erklären die Steuer für unrechtmäßig, da sie ohne Zustimmung nordamerikanischer Vertreter im britischen Parlament zustande gekommen war. Sie verlangen, gewählte Volksvertreter ins Parlamant zu entsenden (»no taxation without representation«).

Wie viel Kraft sich hinter kochendem Wasser verbirgt, weiß jeder, der das Pfeifen eines Wasserkessels vernommen hat, durch dessen Öffnung der heiße Dampf entweicht. Bereits in der Antike versuchten Forscher, diese erstaunliche Kraft des Wasserdampfes zu nutzen. Gelungen ist das den Technikern erst viel später – aber dann veränderte die Erfindung der Dampfmaschine die Lebens- und Arbeitswelt des Menschen grundlegend: Sie befreite ihn von den Zwängen der Muskel- und Wasserkraft.

Der englische Schmied Thomas Newcomen (1663–1729) baute im Jahr 1712 die erste effiziente Dampfmaschine, die in Bergwerken die Pumpen antreiben sollte. Sie funktionierte nach dem atmosphärischen Prinzip, das heißt der Luftdruck erbrachte die eigentliche Leistung: Das Pumpgestänge war in einem Zylinder so mit einem Kolben verbunden, dass ihn das Gewicht des Gestänges nach oben zog. Gleichzeitig strömte aus einem separaten Kessel Dampf in den Zylinder. Stand der Kolben oben, erfolgte die Sperrung des Dampfzutritts und eine Verdichtung durch kaltes Wasser. Der so erzeugte Unterdruck und der atmosphärische Luftdruck pressten den Kolben nach unten, was wiederum eine Anhebung des Pumpengestänges nach sich zog.

Newcomens Maschine erwies sich als wirklicher »Freund der Bergleute«. Nach einer Verbesserung durch John Smeaton (1724–1792), der ihren Kohlenverbrauch nahezu auf die Hälfte reduziert hatte, eroberte sie rasch die englischen Kohlengruben.

Einem Zufall ist die Weiterentwicklung dieser Maschine zu verdanken: Dem Mechaniker James Watt fiel bei der Reparatur einer Newcomenmaschine der große Energieverlust durch den ständigen Wechsel von Abkühlung und Aufheizung des Zylinders auf. Dieses Problem könne sich doch, so überlegte Watt folgerichtig, durch die Verwendung zweier Zylinder vermeiden lassen: eines ständig erhitzten und eines gleich bleibend kalten Zylinders. Am 5. Januar 1769 meldete Watt seine Erfindung einer direkt wirkenden Niederdruckdampfmaschine zum Patent an. Ihr Name bezieht sich auf den geringen Grad des Dampfausstoßes.

Die Watt'sche Dampfmaschine benötigte nur ein Viertel des Kohlenbedarfs einer Maschine Newcomens. Watt vermietete seine Turbinen gegen ein Drittel des Gegenwertes der eingesparten Kohlen. Sein Geschäftspartner Matthew Boulton (1728–1809) fasste die Unternehmenspolitik treffend zusammen: »Ich verkaufe, was die ganze Welt haben will: Kraft!«

Die Textilindustrie setzte die Watt'sche Dampfmaschine als erster Produktionszweig ein. 1785 ging die erste dampfgetriebene Spinnmaschine in Betrieb, 1806 schloss sich die Verbindung des mechanischen Webstuhls mit einer Dampfmaschine an. Als eine überall und zu jeder Zeit verfügbare Energiequelle ermöglichte sie die Verlagerung der Produktion in die Städte, wo die rasch wachsende Bevölkerung den Bedarf an Arbeitskräften decken konnte. Doch auch ein negativer Aspekt dieser Entwicklung darf nicht verschwiegen werden: Es entstanden die grauen Fabrikstädte, in denen Kinderarbeit, Niedriglöhne und lange Arbeitszeiten das Leben bestimmten.

Die direkt wirkende Niederdruckdampfmaschine wurde von James Watt zum Patent angemeldet.

Fallschirm - Nur Fliegen ist schöner

Louis-Sebastien Lenormand (1757-1839)

»Wenn sich ein Mensch mit einer Kuppel aus Stoff ausrüstet, die auf einen Rahmen gespannt ist, (...) könnte er ohne Gefahr von jeder Höhe herunterspringen«, schrieb Leonardo da Vinci 1495. Das Wagnis selbst auszuprobieren, traute sich Leonardo jedoch nicht.

1783

UM DAS JAHR 1783

- 1783: Großbritannien und seine ehemaligen Kolonien beenden den amerikanischen Unabhängigkeitskrieg mit dem Frieden von Paris. Das Mutterland erkennt die USA als souveränen Staat an.
- 1783: Der badische Markgraf Karl Friedrich schafft als erster deutscher Kurfürst die Leibeigenschaft ab.
- 1783: Die russische Zarin Katharina II. lässt die Krim annektieren.
- 1784: Der britische Werksbesitzer Henry Cort erfindet das »Puddeln« von Roheisen: Es wird kochend gerührt, dabei wird Sauerstoff zugeführt. So oxidiert der Kohlenstoff in der Schmelze und es entsteht Stahl.

△ Der gefaltete Automatikfallschirm wurde Anfang des 20. Jahrhunderts entwickelt.

Ein Landsmann da Vincis, der Mathematiker Fausto Veranzio, verfasste 1616 die nächste Abhandlung über den Fallschirm. Vermutlich hat er seine Ideen verwirklicht – die Hinweise klingen zumindest erstaunlich praxisnah: Es dauere eine Weile, bis sich unter dem Schirm so viel Luft verdichte, dass ein Mensch gefahrlos zu Boden gleiten kann, warnte er. Außerdem müsse sich mit zunehmendem Gewicht des Körpers auch die tragende Fläche im Verhältnis dazu vergrößern.

Sichere Kunde gibt es erst von den Versuchen der beiden Franzosen Joseph Montgolfier und Louis-Sebastien Lenormand. Der wagemutige Montgolfier stürzte sich mit einem selbst gebastelten Fallschirm vom Dach seines Hauses, der Physiker Lenormand sprang mit zwei kleinen Schirmen von einem Baum. Weil die entsetzte Familie Montgolfiers ihm die Beteiligung an weiteren Experimenten verbot, ließ er 1779 einen Hammel in einem Weidenkorb vom 35 Meter hohen Papstpalast in Avignon sanft zur Erde schweben. Lenormand aber wagte 1783 den ersten nachgewiesenen Absprung vom Turm des Observatoriums in Montpellier.

Hinweisen zufolge hatte Lenormand den Schirm als Rettungsgerät bei Hausbränden vorgesehen. Die gleichzeitige Erfindung des Heißluftballons bot aber schnell eine andere Einsatzmöglichkeit. Der französische Ballonfahrer Jean Pierre Blanchard nahm als Erster einen Fallschirm als Rettungsgerät an Bord. Schon 1785 wurde er dringend benötigt: Blanchards Ballon drohte durch Überdruck zu platzen und der Schirm verhinderte einen tödlichen Absturz des Fahrers. Die Entwicklung machte in der Folge rasante Fortschritte. 1797 konstruierte Jean Garnerin den ersten Fallschirm ohne das bis dahin übliche starre Holzgerüst. Sein Bruder André Jacques, der auch den ersten Sprung aus 1000 Meter Höhe aus einem Ballon gewagt hatte, fügte eine Scheitelöffnung hinzu, die ein gefährliches Pendeln verhinderte. Im 19. Jahrhundert entwickelte sich das Fallschirmspringen zu Abenteuersport und Volksbelustigung, an der auch Frauen teilnahmen.

Die entscheidenden Impulse, um aus dem Fallschirm ein effektives Rettungsgerät zu machen, kamen Anfang des 20. Jahrhunderts von zwei Deutschen. Die Springerin Käthe Paulus erfand den gefalteten Schirm, Otto Heinicke den ersten verpackten Automatikschirm, der am Körper des Springers befestigt war und sich mithilfe einer Leine in der Luft öffnen ließ. Damit war endlich die Gefahr gebannt, dass die Schirme an einem abstürzenden Flugzeug hängen bleiben könnten.

Dem Flugzeugpionier Charles Lindbergh rettete der Fallschirm insgesamt viermal das Leben. Trotzdem verweigerten die Militärs im Ersten Weltkrieg ihren Piloten den rettenden Schirm. Sie glaubten, diese würden ihre Maschinen dadurch zu schnell aufgeben. Erst gegen Ende des Krieges zählte der Fallschirm zur Standardausrüstung eines Fliegers.

Eine erste Anwendung fand der Fallschirm bei den frühen Ballonfahrern, die ihn als Rettungsgerät an Bord nahmen.

A
A
B
C
D

Heißluftballon – Die Reise zu den Wolken

Joseph Michel (1740-1810) und Étienne Jacques (1745-1799) de Montgolfier, Joseph Gay-Lussac (1778-1850), Jean-Baptiste Biot (1774-1862)

1783

DAS JAHR 1783

- Charles Alexandre de Calonne, der neue Kontrolleur der Staatsfinanzen, kann den Haushalt nicht retten. Die Finanzkrise wird in der Französischen Revolution enden.
- Der französische Schriftsteller Nicolas Chamfort tut den berühmten Ausruf »Friede den Hütten! Krieg den Palästen!«
- Der französische Marquis Claude-François Dorothée Jouffroy d'Abbans baut das erste fahrtüchtige Dampfschiff.

△ **Heute sind Heißluftballone moderne Sportgeräte, mit denen internationale Meisterschaften ausgetragen werden.**

Erwärmte Luft steigt schneller nach oben als kühle. Nach diesem Prinzip zelebrierten die Chinesen des Mittelalters ein besonderes Ritual: An der unteren Öffnung von Papierballons entzündeten sie Kerzen. Die Kugeln füllten sich mit heißer Luft und stiegen in den Himmel. Lässt sich dieses Prinzip auf einen Ballon übertragen, der Menschen in die Lüfte trägt?

Versuchen wollten das im 18. Jahrhundert die Gebrüder Montgolfier aus der Gegend von Lyon, die Erben einer 400 Jahre alten Papierfabrik. Da sie qualitativ hochwertiges Papier herstellten, ernannte der französische König sie zu Hoflieferanten. Außer Ehre brachte ihnen dieser Titel vor allem ein großes Vermögen ein, das es ihnen ermöglichte, ihre Flugversuche zu finanzieren. Allerdings wollten sie damit weder wissenschaftliche noch wirtschaftliche Interessen befriedigen, sondern Soldaten nach Gibraltar einschleusen und das Land von den Engländern zurückerobern – was ihnen nicht gelungen ist.

1782 experimentierten sie mit einem Modellballon, einem heißluftgefüllten Stoffsäckchen, das 1500 Meter weit flog und dabei 300 Meter hoch stieg. Im Juni 1783 fand die erste öffentliche Demonstration eines Heißluftballons in Annonay bei Lyon statt. Der Ballon, der aus Papier und Leinwand bestand, erreichte eine Höhe von 1830 Metern. Als Ludwig XVI. davon erfuhr, befahl er eine Sondervorführung in Paris. Diese fand Anfang September 1783 mit einem noch größeren Ballon statt. Noch nahmen in einem angehängten Korb keine Menschen, sondern nur ein Hahn, eine Ente und ein Schaf Platz. Die Präsentation faszinierte den französischen Physiker Jean-François Pilâtre de Rozier so sehr, dass er das Fliegen selbst ausprobieren wollte. Nur einen Monat später erhob er sich in einem Fesselballon 26 Meter hoch in die Lüfte. Einen weiteren Monat später starteten die Gebrüder Montgolfier einen bemannten Flugversuch – als Passagier wählten sie den »flugerfahreneren« de Rozier. Die Fahrt dauerte bereits 25 Minuten und führte Rozier vom Pariser Zentrum in den Vorort Gentilly. 1785 kam Rozier dann bei einem Ballonabsturz ums Leben.

Der Physikprofessor Jacques Alexandre César Charles (1746–1823) entwarf einen Ballon, der statt mit heißer Luft mit Wasserstoffgas »angetrieben« wurde. In Anlehnung an die »Montgolfière«, den Ballon der berühmten Brüder, nannte er seinen Ballon »Charlière«.

Im Jahr 1804 machten die Physiker Joseph Gay-Lussac und Jean-Baptiste Biot den ersten rein wissenschaftlich motivierten Ballonaufstieg: Sie maßen die Temperatur, den Luftdruck, die Luftzusammensetzung und des erdmagnetische Feld in 4000 Meter Höhe. Gay-Lussac erreichte bei einem zweiten Versuch sogar eine Höhe von 7096 Metern. Ein Aufenthalt in dieser Höhe war also für den Menschen unbedenklich. Damit begann die große Zeit der Ballonfahrt. 1785 überquerte Jean-Pierre Blanchard (1750–1809) erstmalig den Ärmelkanal in einem Ballon. An dem Wagnis, die Erde alleine in einem Heißluftballon zu umrunden, scheiterten viele – dem Abenteurer Steve Fossett gelang das im Juni 2002 erstmals.

Nachdem der französische König Ludwig XVI. sich für ihre Flugversuche interessierte, führten die Gebrüder Montgolfier ihren Heißluftballon im Jahr 1783 öffentlich vor.

Mechanischer Webstuhl – Die Industrialisierung beginnt

Edmund Cartwright (1743-1823)

1785

UM DAS JAHR 1785

- 1785: Die Zeitung *The Times* wird in London gegründet.
- 1785: Friedrich Schiller verfasst seine *Ode an die Freude*.
- 1786: Die irischen »Right Boys« protestieren gegen den Zehnten, der an die anglikanische Kirche zu zahlen ist.
- 1787: In Philadelphia verkünden den Vertreter der amerikanischen Staaten die Verfassung der USA.

Der mechanische Webstuhl, eine Erfindung des Landpfarrers Edmund Cartwright, weckte die Textilherstellung aus ihrem »Dornröschenschlaf« und gab der Industrialisierung in Europa den entscheidenden Schub. Das veränderte das Leben von Handwerkern, Arbeitern und ihren Familien.

Die Textilherstellung war seit jeher eine treibende Kraft der wirtschaftlichen Entwicklung: Mit der Erfindung von Trittwebstuhl und Handspinnrad löste die mechanische die rein handwerklichen Tätigkeiten in der europäischen Textilherstellung bereits im Hochmittelalter ab. Den Anstoß zur Entwicklung mechanischer Spinnapparate gab 1733 der Engländer John Kay (1704–nach 1764) mit seinem »Schnellschützen«, einer Vorrichtung, die das Weberschiffchen hin- und herbewegte. Das erleichterte den Webern ihre Arbeit bereits um einiges. So konnten sie plötzlich mehr Stoffe herstellen, was wiederum die Nachfrage nach Garn in die Höhe schnellen ließ.

Um den Bedarf zu decken, suchten auch die Spinnereien, ihre Arbeit schneller und effizienter zu gestalten. 1767 erfand der englische Weber James Hargreaves (um 1745–1778) die »Spinning Jenny«, die er nach seiner Tochter benannt hatte. Dieses mechanische Handspinnrad konnte gleichzeitig acht Fäden spinnen. Zwei Jahre später konstruierte der englische Fabrikant Richard Arkwright (1732–1792) eine Spinnmaschine mit automatischer Garnzuführung, die er 1775 für den Antrieb durch Wasserkraft, 1785 dann für die Dampfmaschine umbaute. Seine Erfindung brachte die Textilgroßindustrie einen riesigen Schritt voran und machte ihn gleichzeitig zum mächtigsten Textilfabrikanten seiner Zeit.

Nur ein brauchbarer mechanischer Webstuhl fehlte nun noch, um die Stofffabrikation zu perfektionieren. Der englische Landpfarrer Edmund Cartwright meldete 1785 eine solche Konstruktion zum Patent an. Das erste auf mechanische Weise gewebte Stück Stoff brachte Cartwright noch den Spott der Handweber ein – zu mangelhaft war die Qualität. Die Technik bedurfte also wesentlicher Verbesserungen. 1803 präsentierte Cartwright nach Jahren der Tüftelei endlich einen einwandfreien mechanischen Webstuhl, den er 1806 von einer Dampfmaschine antreiben ließ. Die neue Erfindung ermöglichte es den Fabriken, in vorher nicht für möglich gehaltenen Mengen Stoffe zu produzieren, und das galt nicht nur für Baumwollgewebe. Leicht verändert konnten die Maschinen andere Materialien wie Wolle, Flachs und Seide verarbeiten. 1830 standen in England und Schottland bereits 55 000 Webmaschinen.

Das bedeutete gleichzeitig das Aus für die traditionelle Heim- und Handarbeit. Die Produktion verlagerte sich von Kleinbetrieben und Familien in Fabriken und Fabrikstädte, die Arbeitsbedingungen der Weber verschlechterten sich dramatisch. Die Revolte der schlesischen Weber im Jahr 1844 ist wohl das berühmteste Beispiel ihres Kampfes für bessere Arbeitsbedingungen. Diesem Aufstand setzte der Dichter Gerhart Hauptmann (1862–1946) mit seinem Drama *Die Weber* ein Denkmal.

Durch technische Neuerungen nach dem Zweiten Weltkrieg wie die Einführung der Chemiefasern oder verfeinerte Produktionstechniken wuchs die Textilherstellung zu einem kapitalintensiven Industriezweig, dessen Produktion sich enorm steigerte.

Die Erfindung des mechanischen Webstuhls war die Voraussetzung für die Industrialisierung der Textilproduktion.

Galvanische Stromquelle – Tote Frösche werden lebendig

Luigi Galvani (1737-1798)

1791

UM DAS JAHR 1791

- 1789: Die Französische Revolution bricht mit dem Sturm auf die Bastille aus.
- 1789: George Washington wird als erster Präsident der Vereinigten Staaten von Amerika vereidigt.
- 1791: Frankreich wird kraft seiner neuen Verfassung zur konstitutionellen Monarchie.
- 1791: Die »Bill of Rights«, zehn Zusatzartikel zur amerikanischen Verfassung, tritt in Kraft. Sie garantiert wichtige Freiheitsrechte.
- 1791: In Wien stirbt Wolfgang Amadeus Mozart.

Seit dem frühen 17. Jahrhundert war es möglich, elektrische Ladungen herzustellen und mit ihnen zu experimentieren. Fließender Strom aber war noch unbekannt. Zuckende Froschschenkel wiesen den Weg zur ersten künstlichen elektrochemischen Stromquelle – der Batterie.

Der italienische Arzt Luigi Galvani interessierte sich schon seit längerem für das Phänomen der Elektrizität. Besonders die medizinischen Gesichtspunkte hatten es ihm dabei angetan. So präparierte er einige Froschschenkel für seine Versuche: Er schnitt die Schenkel mit einem Teil des Rückens ab, entfernte die Haut und legte die Nerven am Rückenmark frei. Als er die Präparate zufällig mit der Klinge eines Messers berührte, erzeugte einer seiner Assistenten mit einer Elektrisiermaschine nicht weit von ihm lange Funken. Der Froschschenkel begann heftig zu zucken. Galvani selbst war aufs Höchste überrascht – der Frosch konnte nicht mehr am Leben sein!

Was war also geschehen? Ohne es zu ahnen, hatte Galvani fließenden Strom hergestellt, der sich in den Froschmuskeln entlud. Dass das Phänomen mit der Elektrizität zusammenhängen musste, erkannte Galvani ganz richtig: Berührte er die Froschnerven mit seinem Messer bei abgeschalteter Elektrisiermaschine, passierte gar nichts. Sie zuckten aber auch, wenn er die Nerven ohne Funken der Maschine mit zwei verschiedenen Metallen berührte.

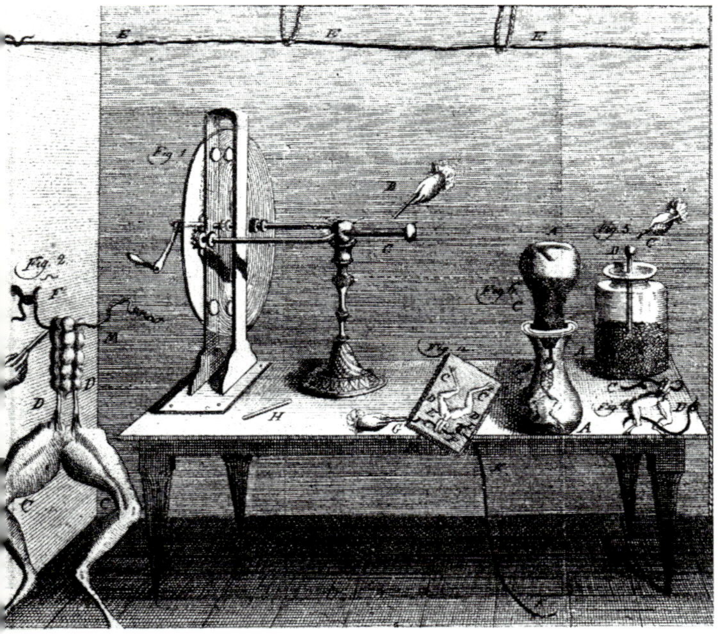

△ Zufällig entdeckte Galvani bei Tierversuchen die Kräfte der Elektrizität.

Sodann verlegte Galvani seine Experimente ins Freie: Vom Dach seines Hauses spannte er einen Eisendraht, den er an den Befestigungen isolierte. An dem Draht hängte er Froschschenkel auf, die er mit Messinghaken an den Nervenenden fixierte. Von den Froschfüßen führte er Drähte bis zum Boden, sie endeten im Wasser eines Brunnens. Sodann wartete Galvani auf ein Gewitter – und machte folgende Beobachtung: Bei jedem Blitz zuckten die Schenkel. Doch auch wenn sie im Wind das Eisengitter von Galvanis Balkon berührten, bewegten sie sich – selbst wenn kein Gewitter und keine Elektrisiermaschine als »Stromquelle« vorhanden waren.

Der Forscher hatte also erstmals einen Stromkreis geschlossen: Die Elektrizität floss über den Froschschenkel zwischen Messinghaken und Eisengitter. Die Schenkel, so erkannte Galvani richtig, mussten mit zwei verschiedenen Metallen in Berührung kommen, damit sich die Zuckungen zeigen sollten. Diese Erscheinung erklärte Galvani in seiner 1791 veröffentlichten Schrift *Über die Kräfte der Elektrizität* mit einer »tierischen Elektrizität«: Diese sei eine Art Lebenskraft der Organismen.

Den wahren Grund des Zuckens – dass die Schenkel gleich einem Messgerät den Stromfluss anzeigten – erkannte erst der Physiker Alessandro Volta (1745–1827). Er hatte mit Galvani bis zu dessen Tod erbittert über die Ursachen des Zuckens gestritten. In eigenen Experimenten führte er die Arbeit seines erbitterten Rivalen fort – 1799 konnte er dann die erste Batterie bauen.

Zuckende Froschschenkel führten die Wissenschaft zur ersten künstlichen elektrochemischen Stromquelle.

Medizin: Die Kunst des Heilens

Medizin aus der Natur, die klassischste Methode des Heilens, geht in ihren Anfängen weit über das Mittelalter hinaus.

Die Geißeln der Menschheit

Krankheiten und Verletzungen machten den Menschen seit Anbeginn der Geschichte zu schaffen. Schon in den frühen Kulturen wurden Wunden ausgebrannt, verbunden und genäht, Verrenkungen wieder eingerichtet und Knochenbrüche geschient. Die Menschen kannten Brech- und Abführmittel, harntreibende Tränke und Einläufe sowie alle Arten von betäubenden und aufputschenden Medikamenten. Wirkten diese Mittel nicht, gab man bösen Geistern die Schuld. Medizinmänner versuchten dann, die Beschwerden mit Beschwörungen auszutreiben, aber auch indem sie den Kranken schlugen, hungern ließen oder sogar ein Loch in seinen Schädel bohrten. Dieses Aufbohren wurde schon in der Jungsteinzeit durchgeführt und ist der älteste chirurgische Eingriff, von dem wir wissen.

Wissenschaftliche Ansätze

In den alten Hochkulturen entwickelte sich neben diesen magischen Ritualen auch eine rational-pragmatische Medizin, vor allem für gut erkennbare Leiden wie Augen- und Hauterkrankungen oder äußere Verletzungen. Der Beruf des Arztes – der anders als der Medizinmann nach wissenschaftlichen Kriterien vorgeht – kam in Ägypten im 3. Jahrtausend v. Chr. auf. Die angehenden Mediziner lernten in Tempelschulen, Patienten zu untersuchen und zu befragen. Außer Schädelöffnungen nahmen die Ägypter allerdings nur leichte chirurgische Eingriffe vor.
Im Gegensatz beherrschten die Heiler im alten Indien vermutlich schon Hauttransplantationen und Operationen der Nase. Die Schriften der Ärzte Charaka (2. Jahrhundert n. Chr.) und Susruta (4. Jahrhundert n. Chr.) belegen, dass man sogar schon eine Anästhesie kannte. Als Betäubungsmittel dienten Cannabis und Bilsenkraut. Der aufkommende Buddhismus verbot jedoch alle chirurgischen Eingriffe. Auch im alten China war das Sezieren aus religiösen Gründen verboten. Die traditionelle chinesische Medizin kannte dafür schon vor über 4000 Jahren Massagen, Akupunktur und das Schröpfen. Die Ärzte verfügten zudem über einen reichhaltigen Katalog von Heilmitteln, zu denen auch Opium, Schwefel und Arsen gehörten.

Der erste Durchbruch

Der wirkliche Wandel der Medizin von einer religiösen zu einer wissenschaftlich-weltlichen Angelegenheit vollzog sich im antiken Griechenland. Die Philosophen sahen Krankheiten nicht mehr als Strafen der Götter, sondern als Störung im Gleichgewicht der Elemente an. Es gab zwei berühmte Medizinerschulen in Knidos und Kos. Aus der Letzteren stammte Hippokrates (460–370 v. Chr.), der als erster moderner Arzt gilt. Er entwickelte mit dem Hippokratischen Eid nicht nur eine Ethik für den Ärztestand, sondern hinterließ auch Schriften, die noch bis ins 18. Jahrhundert hinein benutzt wurden. Der zweite bedeutende Arzt der Antike war Galen von Pergamon (129–199). Von ihm stammen wichtige Erkenntnisse über Entzündungen, Infektionen und Medikamente sowie über die Funktionen der Muskeln und des Rückenmarks.

Rückschritt

Dieses hohe medizinische Niveau ging im Mittelalter weitgehend verloren. In Europa waren nur noch Bruchstücke der klassischen Lehren bekannt. Die griechischen Schriften gelangten jedoch im 7. Jahrhundert über die christliche Sekte der Nestorianer in die arabische Welt. Dort wurden sie übersetzt und verbreitet. Es gab eine Reihe von bedeutenden arabischen und jüdischen Ärzten, die ihrerseits wichtige Abhandlungen über Infektionskrankheiten, Augenheilkunde, Ernährung oder neue Arzneistoffe hinterließen. Der berühmteste war Ibn Sina (um 980–1037), auch Avicenna genannt. Zugangsvoraussetzung für den Beruf des Arztes waren nun eine Ausbildung und eine Prüfung.
In Europa brachte erst die Krankenpflege

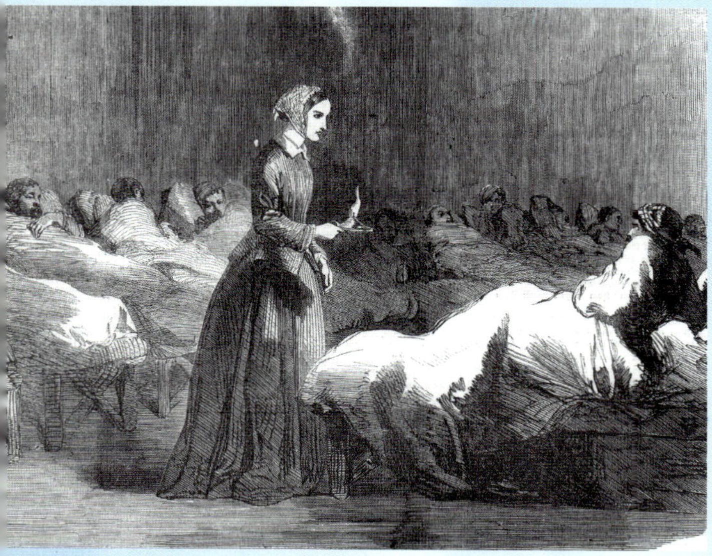

Florence Nightingale (1820–1910), englische Philanthropin, förderte die Krankenpflege und die Ausbildung der Krankenschwestern.

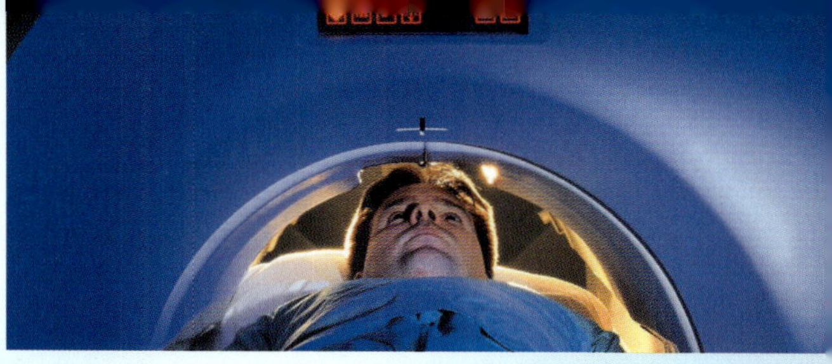

Die Technik des 20. Jahrhunderts schuf neue Behandlungsmöglichkeiten.

der Klöster eine gewisse Professionalität in die medizinische Versorgung. Vor allem die Benediktiner studierten auch die arabischen Übersetzungen der antiken griechischen Schriften und machten sie durch eine Übertragung ins Lateinische allgemein zugänglich. Durch die Gründung von Medizinschulen verlagerte sich die Heilkunde im 12. Jahrhundert wieder in den weltlichen Bereich. Ab dem 13. Jahrhundert gab es ebenfalls eine verbindliche Prüfung für Ärzte. Die Hygiene wurde verbessert und trotz verbreiteter Vorurteile gegen das Sezieren machte auch die Chirurgie Fortschritte.

Faszinierender Körper

In der Renaissance entdeckten Gelehrte und Künstler den menschlichen Körper für sich, wie Leonardo da Vincis anatomische Zeichnungen beweisen. Folglich war es auch die Chirurgie, die die größten Fortschritte machte. Man entdeckte Krankheiten wie Typhus und Syphilis, lernte Blutungen durch Klammern und Nähte zu stillen anstatt durch Ausbrennen und kam langsam zu der Erkenntnis, dass Krankheiten durch vermehrungsfähige Keime übertragen werden.

Ein Meilenstein in der Geschichte der Medizin war die Entdeckung des Blutkreislaufes durch den englischen Arzt William Harvey 1628. In der Folge erforschte man auch die Kapillargefäße und das Lymphsystem. Das Wissen um die Funktionen des menschlichen Körpers war damit nicht mehr ein Puzzle aus vielen Einzelteilen, sondern erhielt eine Systematik.

Die Chemie begann nun eine wichtige Rolle zu spielen. Die Wissenschaftler untersuchten den Stoffwechsel und die Verdauung. Die Bedeutung der medikamentösen Behandlung nahm rapide zu. Die neuen Erkenntnisse führten zu einer Reihe ausgefallener Lehren wie dem Mesmerismus, der die Wirkung magnetischer Kraft auf den menschlichen Organismus propagierte. Die Einzige dieser Schulen, die heute noch von Interesse ist, ist die von Samuel Hahnemann entwickelte Homöopathie.

Die Medizin spezialisiert sich

Allmählich fächerte sich die klassische Medizin immer mehr in einzelne Zweige auf. Geburtshilfe, Neurologie oder Pathologie wurden als eigenständige Fächer etabliert. Bisher hatten Ärzte Krankheiten vornehmlich behandelt, nun gewann die Vorbeugung an Bedeutung. Edward Jenner führte 1796 die Pockenimpfung ein und entdeckte damit die Immunisierung.

Im 19. Jahrhundert machte dann vor allem die Diagnose große Fortschritte. Krankheiten wie Parkinson, die Hodgkin-Krankheit oder das Basedow-Syndrom wurden entdeckt. Die Zelltheorie des deutschen Botanikers Matthias Jakob Schleiden erklärte die Entwicklung der Lebewesen und führte zur mikroskopischen Untersuchung erkrankten Gewebes. Auf dieser Grundlage kam der Pathologe Rudolf Virchow zu der wichtigen Erkenntnis, dass die menschliche Zelle Ort der Erkrankung ist. Einen Meilenstein in der Geschichte der Medizin stellen die Arbeiten von Louis Pasteur, Ignaz Philipp Semmelweis und Robert Koch dar. Sie zeigten, wie Krankheiten durch Bakterien übertragen werden, beziehungsweise, wie dies durch Hygienemaßnahmen und Impfungen zu vermeiden ist. Innerhalb weniger Jahrzehnte isolierten Koch und seine Kollegen die Erreger von Milzbrand, Diphtherie, Tuberkulose, Lepra und Pest und entwickelten Schutzimpfungen. Der britische Chirurg Joseph Lister führte das Phenol als Antiseptikum ein. Damit begann das Zeitalter der keimfreien Chirurgie. Viele medizinische Neuerungen kamen auch aus dem Bereich der Chemie, Biologie oder Physik wie die Röntgenuntersuchung oder der Beweis, dass Mücken Malaria und Gelbfieber übertragen.

Die technischen Methoden des 20. Jahrhunderts erlaubten es, bisher Unerforschtes wie die Funktionen des Gehirns, der Nerven und des Hormonsystems zu untersuchen. Auch den Abwehrmechanismen des Immunsystems kamen die Forscher erst in den 1930er-Jahren auf die Schliche. Ihre Erkenntnisse bildeten die Basis für Organtransplantationen, aber auch für das Gebiet der Allergieerkrankungen.

Auch alternative Heilmethoden haben sich bei der Behandlung von Kranken durchgesetzt.

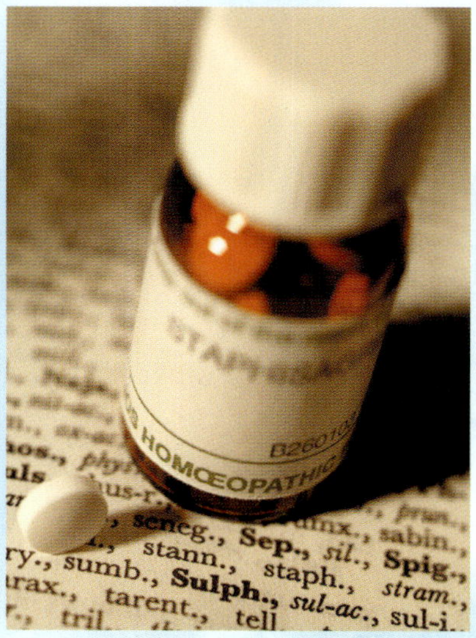

Impfung – Kampf den Seuchen

Edward Jenner (1749–1823)

1796

UM DAS JAHR 1796

- 1794: Nach der Hinrichtung des Justizministers Georges Danton übernimmt Maximilien de Robespierre die Macht in Frankreich. Er etabliert ein blutiges Terrorregime und wird noch im selben Jahr selbst hingerichtet.
- 1796: John Adams wird als Nachfolger George Washingtons zum zweiten Präsidenten der USA gewählt.
- 1796: Die russische Zarin Katharina II. stirbt. Ihr Nachfolger wird ihr Sohn Paul II.
- 1797: Ein schweres Erdbeben erschüttert die peruanische Stadt Lima. Tausende Menschen sterben dabei.

△ **Schutzimpfungen entschärften die Bedrohung durch eine Vielzahl von Krankheiten, wie beispielsweise durch Pocken.**

Eine der größten Geißeln der Menschheit, die Pest, raffte bis zum Anbruch des 19. Jahrhunderts in Windeseile Tausende Menschen, vor allem Kinder, hin. Bis zu dieser Zeit waren die Ärzte gegen die immer wiederkehrenden großen Seuchen und Epidemien praktisch machtlos. Denn wirksame Maßnahmen gegen die Übertragung von Krankheitserregern gab es nämlich nicht.

Das Prinzip der Impfung basiert auf der Tatsache, dass der Organismus Antikörper benötigt, um eine Krankheit zu bekämpfen. Entweder er bildet die Antikörper selbst oder er erhält diese von außen. Den erstgenannten Mechanismus regt die aktive Impfung an: Dem Patienten werden abgeschwächte oder abgetötete Erreger verabreicht. Im zweitgenannten Verfahren, bei der passiven Impfung, erhält der Impfling bereits die Antikörper, die eine sofortige Wirkung entfalten. In beiden Fällen macht der Behandelte zunächst eine schwache Form der Erkrankung durch, dann aber ist sein Organismus immun gegen eine mögliche Ansteckung.

Bereits vor der wissenschaftlichen Erforschung dieser Methoden praktizierten die Heiler im Orient und in China eine Art der passiven Schutzimpfung gegen die Pockenkrankheit, die so genannte Variolation (lateinisch *variola* = Pocken). Mit einer Nadel übertrug der Arzt den Eiter von den Pocken Erkrankter auf Gesunde. Die Schriften des Arztes Emanuel Timoni (1713) und der Frau des dortigen britischen Gesandten, Lady Mary Wortley Montagu (1718), machten das Verfahren in Europa bekannt. Leider war es nicht ungefährlich: Manchmal führte die absichtliche Ansteckung zu einem heftigen Verlauf der Krankheit oder gar zum Tod des Patienten. 1796 entschloss sich der englische Arzt Edward Jenner, ein ähnliches Experiment durchzuführen. Er hatte nämlich erfahren, dass mit harmlosen Kuhpocken infizierte Melker gar nicht oder nur leicht an den echten Pocken erkrankten. Jenner entnahm darauf aus den Pockenbläschen an den Händen der Melkerin Sarah Nelmes einige Tropfen Flüssigkeit. Dann brachte er dem achtjährigen James Phipps eine kleine Wunde bei und injizierte das Sekret dort hinein. Der Junge reagierte zwar mit den für Kuhpocken typischen Pusteln – echte Pockenerreger, die Jenner anschließend auf ihn übertrug, zeigten jedoch keine Wirkung. 1798 veröffentlichte der Arzt, der als Vater der Schutzimpfung gilt, seine Ergebnisse. Die Vaccination (lateinisch *vaccinia* = Kuhpocken) genannte Vorbeugung verbreitete sich rasch und entschärfte so die Bedrohung durch die Pocken.

Noch wussten die Mediziner aber nichts über die Entstehung ansteckender Krankheiten. Daher war es ihnen unmöglich, Impfstoffe im Voraus herzustellen. Erst als der Breslauer Botaniker Ferdinand Julius Cohn (1828–1898) 1872 die Bakterien entdeckte, schuf er die Voraussetzung für diese Entwicklung. 1885 stellte der Arzt und Chemiker Louis Pasteur (1822–1895) die Schutzimpfungen gegen Hühnercholera, Milzbrand und vor allem gegen die Tollwut her. Jenner zu Ehren nannte er alle vorhandenen Impfungsmethoden Vaccination.

Zwar ist es heute möglich, schweren Krankheiten wie der Kinderlähmung oder Tuberkulose mit einer Impfung vorzubeugen. Die Diskussion um biologische Waffen, die Terroristen in den Händen halten, stellt die Forschung jedoch vor neue Herausforderungen. Die vereinzelte Verbreitung von Milzbranderregern rückt eine Seuche erneut ins Bewusstsein, die eigentlich als ausgerottet anzusehen war.

Not, Elend und mangelhafte Hygiene verhinderten bis zur Entdeckung der Schutzimpfung jede wirksame Maßnahme gegen die Übertragung von Krankheitserregern.

Schwarze Löcher – Das Alles oder Nichts im Weltall?

Pierre Simon Marquis de Laplace (1749–1827)

1798

DAS JAHR 1798

- Als letzter Bundesstaat der USA verbietet Georgia den Handel mit Sklaven. Davon unberührt bleibt die Sklavenarbeit an sich, die weiter eine Stütze der Plantagenwirtschaft in den südlichen USA bleibt.
- In Schlesien rebellieren die Weber.
- Unter Napoleon Bonaparte erobert die französische Armee Ägypten und nimmt Kairo ein.
- Der englische Chemiker und Physiker Henry Cavendish berechnet die Masse der Erde.

Der Astronom Marquis de Laplace stellte 1798 eine Theorie auf, die er selbst für unglaublich hielt: Am Rande eines Planeten sei die Schwerkraft so stark, dass sich sogar das Licht seinem Sog nicht mehr entziehen konnte: Der Planet wäre damit völlig verdunkelt und unsichtbar.

△ **Als Laplace das Phänomen der »schwarzen Löcher« erklärte, konnte er selbst kaum an ihre Existenz glauben.**

Der Physiker, Mathematiker und Astronom Pierre Simon Marquis de Laplace beobachtete den Weltraum und die Planeten sehr genau.

Seine Arbeiten zur Himmelsmechanik führten Isaac Newtons 1666 entwickelte Theorien über die Schwerkraft zu Ende. Laplace wandte das Gravitationsgesetz auf Fälle wie den Einfluss der elliptischen Gestalt der Erde auf die Mondbahn oder die dynamische Theorie der Gezeiten an. Er beschäftigte sich mit der Stabilität des Planetensystems und Berechnungen der Fluchtgeschwindigkeiten – der Geschwindigkeit, die mindestens erforderlich ist, um das Schwerefeld eines Himmelskörpers zu verlassen.

Als Laplace 1798 dabei das Phänomen der »Schwarzen Sterne« erklärte, konnte er deren Existenz selbst nicht glauben. Er hielt es für kaum möglich, dass ein Stern von so unglaublicher Masse und Dichte existierte, dass sich sogar das Licht seiner Schwerkraft nicht entziehen konnte. Um sich dem Schwerefeld dieser kleinen Sterne zu entziehen, ist eine größere Geschwindigkeit als die des Lichtes nötig: Nicht einmal Licht kann herausdringen – Schwarze Löcher sind demnach die schwärzesten bekannten Körper.

Da schwarze Sterne nicht sichtbar sind, geriet Laplaces Theorie bald in Vergessenheit. Erst Albert Einsteins Allgemeine Relativitätstheorie von 1915 machte neue Untersuchungen des Phänomens schwarzer Sterne möglich. Als massenreiche Objekte im All definiert wurden schwarzen Löchern starke Gravitationskräfte zugesprochen. Heute gelten schwarze Löcher als die Endstadien sehr massereicher blauer Sterne. Prinzipiell kann sich jeder Körper in einen schwarzen Stern – den der Physiker John Archibald Wheeler 1969 »schwarzes Loch« nannte – verwandeln, allerdings erst nach einer enormen Komprimierung. Vermutlich existieren in unserer Milchstraße viele schwarze Löcher, die aber nur einige Sonnenmassen schwer sind.

Der Nachweis der schwarzen Löcher erfolgt über die Bewegung der Sterne in ihrer unmittelbaren Nähe. Aufgrund der extremen Anziehungskraft eines schwarzen Loches bewegen sich die Sterne umso schneller, je näher sie ihm kommen und umkreisen dann den scheinbar leeren Raum. Innerhalb eines schwarzen Loches sind unsere üblichen Vorstellungen von Raum und Zeit außer Kraft: Zeit verwandelt sich in Raum und Raum in Zeit.

Laplace meinte, wenn ein Planet völlig verdunkelt wäre, sei seine Schwerkraft so stark, dass sich nicht einmal das Licht ihr entziehen könne.

Batterie - Das Stromspeichern liegt Volta auf der Zunge

Alessandro Volta (1745-1827)

1799

DAS JAHR 1799

- Napoleon Bonaparte stürzt das regierende Direktorium und ernennt sich zum Ersten Konsul – faktisch zum Alleinherrscher – Frankreichs.
- Französische Forscher finden in der ägyptischen Mittelmeerstadt Rosette einen dreisprachigen Stein. Der »Stein von Rosette« ist mit dem gleichen Text in den lesbaren Sprachen Demotisch und Griechisch sowie mit Hieroglyphen (nicht lesbar) beschriftet. Mit seiner Hilfe kann Jean-François Champollion 1822 die Hieroglyphen entschlüsseln.
- George Washington stirbt in den Vereinigten Staaten.

Gegen Ende des 18. Jahrhunderts diente die Elektrizität lediglich der Unterhaltung der gehobenen Gesellschaft: Physiker »zauberten« mit so genannten »Elektrisiermaschinen« zentimeterlange Funken und entzündeten über Drähte brennbare Flüssigkeiten. Wie man die Elektrizität dauerhaft erzeugen konnte, war den Forschern noch ein Rätsel.

Der Physiker Alessandro Volta interessierte sich sehr für die Experimente des Arztes Luigi Galvani (1737–1789) mit Froschschenkeln: Galvani hatte diese mit der Klinge eines Messers und einem Funken aus einer Elektrisiermaschine zum Zucken gebracht. Doch Volta stimmte der Theorie Galvanis, es handele sich hier um eine »tierische Elektrizität«, nicht zu. Volta erkannte zwar an, dass Elektrizität an dem Zucken beteiligt war. Er vermutete aber, der Kontakt der verschiedenen Metalle habe den Strom ausgelöst. Der Frosch sei dabei lediglich einer der »Leiter« und sozusagen das Anzeigeinstrument. Um selbst Elektrizität zu erzeugen, führte Volta einen Selbstversuch durch: Auf seine Zungenspitze legte er ein Stanniolblättchen und dahinter eine Silbermünze. Sobald diese beiden Objekte aus unterschiedlichen Metallen sich berührten, spürte Volta einen sauren Geschmack. Diesen nahm er auch bei anderen Metallen wahr, jedoch in unterschiedlicher Stärke.

Volta ordnete Metalle daraufhin in einer »Spannungsreihe« an. Berühren sich nämlich zwei Metalle in einer den elektrischen Strom leitenden Flüssigkeit (Elektrolyt), gibt das »unedlere« Metall – zum Beispiel Zink – an das »edlere« Metall – zum Beispiel Kupfer – Elektronen ab (Oxidation). Aus elementarem Zink entstehen Kationen (positiv geladene Zinkionen). Das Metall löst sich langsam auf. Parallel dazu können Metallionen Elektronen aufnehmen. Werden die Metalle räumlich voneinander getrennt und miteinander verbunden, entsteht ein Stromfluss vom edleren zum unedleren Metall. Die »Spannungsreihe« gliedert die Metalle nach ihrem Vermögen, Elektronen abzugeben oder aufzunehmen. Voltas erste »Batterie«, die »voltasche Säule« von 1799, basierte auf seinen früheren Experimenten. Der Forscher schichtete Kupfer- und Zinkscheiben abwechselnd übereinander. Zwischen die Metallplättchen legte er jeweils ein in Salzlösung getränktes Stück Pappe. Diese voltasche Säule lieferte Strom, sobald man die Scheiben über Drähte verband. Durch eine Serienschaltung von mehreren voltaschen Säulen lässt sich die Spannung erhöhen, deren Größe nach ihrem Entdecker in »Volt« angegeben wird. Die elektrische Spannung erschöpfte sich jedoch, sobald die Elektrolytlösung aufgebraucht oder das unedle Metall zersetzt war. Erst Johann Wilhelm Ritter (1776–1810) stellte später eine durch Zuführen von Strom wieder aufladbare Batterie (Akkumulator) her.

Erfindungen wie Dynamo und Glühbirne weckten im späten 19. Jahrhundert einen großen Bedarf an Stromspeichern. Die Forscher entwickelten immer leistungsfähigere Batterien und Akkumulatoren. Gegen 1880 begann die industrielle Produktion der ersten Bleibatterien. Nickel-Cadmium-Akkumulatoren folgten um die Jahrhundertwende. Ohne elektrochemische Energiespeicher wäre unser Leben viel komplizierter: Autos müssten mit einer Kurbel gestartet werden, Telefone würden nur über Kabel funktionieren und statt mit Taschenlampen orientierte man sich im Dunkeln mit Fackeln.

Darstellung der Voltaschen Säule zur Erzeugung von Strom.

Hochdruckdampfmaschine – Mit Volldampf ins Industriezeitalter

Richard Trevithick (1771–1833)

Mit Beginn der Industrialisierung wird der schnelle und problemlose Transport von Personen und Gütern zur Priorität im Wirtschaftsleben. Doch wie sollte eine solche Maschine aussehen? Der englische Ingenieur Richard Trevithick findet die Lösung dieses Problems: Er kombiniert seine beiden Erfindungen der Hochdruckdampfmaschine und eines Schienenfahrzeugs zur Dampflokomotive. 1804 startet das Gefährt in Südwales seine Jungfernfahrt.

1800

DAS JAHR 1800

- Napoleon bringt Österreich in der Schlacht von Marengo eine vernichtende Niederlage bei. Der Sieg festigt seine Macht in Europa.
- Im Vertrag von San Ildefonso tritt Spanien seinen nordamerikanischen Besitz (Louisiana) an Frankreich ab.
- Die britischen Physiker William Nicholson und Anthony Carlisle beweisen im Experiment, dass Wasser aus zwei Teilen Wasserstoff und einem Teil Sauerstoff besteht. Damit markieren sie den Beginn der Elektrolyse.
- Die Kommission von Pierre Simon Marquis de Laplace definiert in Paris offiziell den Meter: Es ist der 40millionste Teil des Längengrades, der durch die Stadt läuft.

△ **Die Hochdruckdampfmaschine: kleiner, leichter und leistungsfähiger als ihre Vorläufer.**

Zwischen 1765 und 1784 perfektionierte der Glasgower Mechaniker James Watt (1736–1819) die Niederdruckdampfmaschine für den Einsatz in der industriellen Produktion. Für den Antrieb von Fahrzeugen blieb sie aber ungeeignet: Um eine so leistungsfähige Niederdruckdampfmaschine zu bauen, hätten die Bauteile viel zu groß sein müssen. Die Entwicklung der Dampflokomotive musste deshalb einen anderen Ausgangspunkt finden: Die Hochdruckdampfmaschine war kleiner und leichter und ihr Dampfdruck lag deutlich über dem Druck von einer Atmosphäre. Richard Trevithick hatte kurz vor 1800 in Cornwall ein erstes brauchbares Modell gebaut. Praktisch zeitgleich war das auch dem amerikanischen Erfinder Oliver Evans (1735–1819) gelungen. Doch Trevithick erkannte sofort den Wert seiner Erfindung: Bereits 1801 entwarf er einen dampfgetriebenen Wagen für den Straßenverkehr, der kurze Zeit später auch auf Schienen fahren konnte.

Die Geburtsstunde der Dampflokomotive schlug dann in den englischen Kohlenrevieren: Diese verfügten bereits um 1800 über ein Schienennetz von fast 500 Kilometer Länge, auf dem Pferde die mit Kohle gefüllten Wagen zogen. 1803 erhielt Trevithick von einer Eisenhütte in Südwales den Auftrag, eine dampfgetriebene Zugmaschine zu konstruieren. Auf einer 19 Kilometer langen Strecke aus gusseisernen Schienen fuhr dort 1804 die erste Dampflokomotive der Welt – mit einer Geschwindigkeit von etwa neun Kilometern pro Stunde. Trevithick hatte damit bewiesen, dass – entgegen der vorherrschenden Meinung – die Reibung zwischen Eisenrad und Schiene für den nötigen Schub ausreichend war. Die gusseisernen Schienen aber waren dem Gewicht der Lokomotive auf Dauer nicht gewachsen. Schienenbrüche wie bei der Schauvorstellung »Catch me who can« (»Fange mich wer kann«) 1808 in London, minderten Trevithicks Freude über sein Fahrzeug.

Ab 1814 arbeitete vor allem der Grubenmechaniker George Stephenson (1781–1848) daran, diese Mängel zu beseitigen. Im Oktober 1829 präsentierte er einen modernen Typ der Dampflokomotive. Die »Rocket« war mit einem neu konstruierten Röhrenkessel samt Feuerbüchse ausgestattet, der eine höhere konstante Leistung der Dampfzylinder erzielte. Mit diesem fortschrittlichen Verfahren ging die Anfertigung brauchbarer Schienen Hand in Hand. Am 3. Mai 1830 begann auf der sechs Meilen langen Strecke zwischen Canterbury und Whitstable der regelmäßige Personenverkehr. Schon früher, 1812, war mit der »Aetna« das erste Dampfschiff der Welt mit einer Hochdruckturbine von Oliver Evans gefahren. Nach zehn erfolgreichen Betriebsjahren explodierte das Schiff jedoch – ein Risiko, das erst später ausgeschaltet werden konnte.

Die Kombination einer Hochdruckdampfmaschine mit einem Schienenfahrzeug führte zur Erfindung der Dampflokomotive, die das Zeitalter des Massenverkehrs eröffnete.

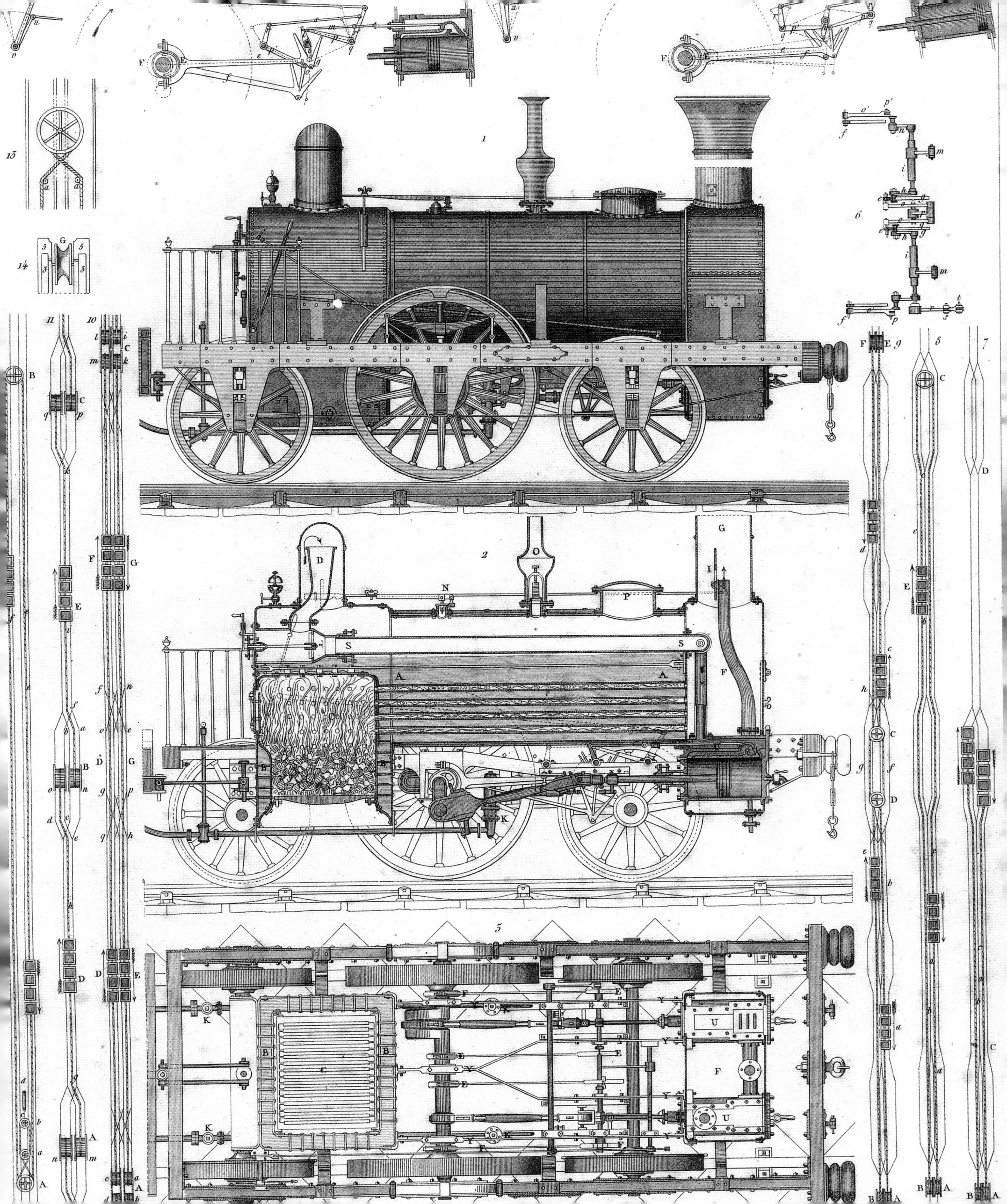

Ultraviolettes Licht – Am Ende des Regenbogens

Johann Wilhelm Ritter (1776–1810)

1801

DAS JAHR 1801

- Thomas Jefferson wird nach John Adams dritter Präsident der USA.
- Offiziere seiner Armee ermorden den despotischen russischen Zaren Paul I. Sein Sohn Alexander I. wird sein Nachfolger.
- Der Frieden von Lunéville beendet den österreichisch-französischen Koalitionskrieg.
- Carl Friedrich Gauß, ein deutscher Mathematiker, veröffentlicht seine *Untersuchungen über höhere Arithmetik.*

Mit der Entdeckung, dass sich das Sonnenlicht in Farben zerlegen lässt, wurde in der Geschichte der Optik ein ganz neues Kapitel aufgeschlagen. Doch war dies gleichsam nur die Einleitung: 1800 und 1801 gelang es Wissenschaftlern zum ersten Mal, rechts und links des sichtbaren Regenbogens auch die ersten unsichtbaren Komponenten nachzuweisen.

Bereits 1666 war es Isaac Newton (1643–1727) geglückt, weißes Sonnenlicht mittels Brechung an Glasprismen in seine Farbkomponenten zu zerlegen. Das sichtbare Spektrum war somit bereits wie beim Regenbogen in seine einzelnen Bestandteile aufgefächert: Beginnend bei Blauviolett geht es über Blau, Grün, Gelb und Orange zum Rot. Jenseits der Sichtbarkeit jedoch reicht die tatsächliche Bandbreite des Lichts noch um ein Vielfaches weiter. Die wegweisende Entdeckung der spektralen Abfolge der Farben belegte zunächst nur einen Teilbereich des gesamten Spektrums der von der Sonne ausgesandten Lichtstrahlen.

1800 wies Friedrich Wilhelm Herschel (1738–1822) erstmals nach, dass die Sonne am langwelligen Ende des Lichtspektrums, also jenseits der Farbe Rot, unsichtbare Infrarotstrahlen (Wärmestrahlen) abstrahlt. Er führte ein geschwärztes Thermometer über ein künstlich erzeugtes Sonnenspektrum und stellte fest, dass die Erwärmung sich umso mehr steigerte, je mehr er sich dem Rot näherte. Als er das Thermometer dann schließlich neben das Rot hielt, stieg die Quecksilbersäule weiter, obwohl dort keine Strahlen mehr zu sehen waren. Das Spektrum war also breiter, auch wenn man es mit dem Auge nicht wahrnehmen konnte.

1801 erkannte dann Johann Wilhelm Ritter (1776–1810), dass am kurzwelligen Ende des Lichtspektrums, jenseits des Violetts, ebenfalls eine unsichtbare Strahlung die Erde erreichte. Grundlegend wurde dabei vor allem die Vorarbeit Herschels, dessen Versuche Ritter zunächst wiederholte – allerdings unter anderen Vorzeichen. Denn er wusste bereits, wonach er suchte: dass sich analog der Wärmestrahlung eine unsichtbare Strahlung in der dem Rot entgegengesetzten Richtung finden würde. Was ihm fehlte, war nur der Beweis.

In seinen Untersuchungen der Wärmewirkung der verschiedenen Wellenbereiche orientierte sich Ritter an einer Beobachtung des Chemikers Carl Wilhelm Scheele. Dieser hatte gezeigt, dass das farblose Salz Chlorargyrit, auch Hornsilber genannt, durch Lichtstrahlen nur am violetten Ende des Spektrums, nicht aber am roten schwarz werden kann. Diese Auffälligkeit nutzend, brachte Ritter nun Hornsilberproben in den Spektralbereich jenseits des sichtbaren Violetts und beobachtete, dass auch dort eine Schwärzung eintrat. Dies bewies, dass es auch dort einen für das menschliche Auge unsichtbaren Lichtanteil gibt: das ultraviolette Licht.

Nun war das wissenschaftliche Interesse geweckt. Ritter hatte das UV-Licht nicht bloß entdeckt, sondern zugleich nachgewiesen, dass in diesem Bereich auch die chemisch wirksamsten Strahlen anzutreffen sind. Für die Physik war dies eine elementare Entdeckung, für die Photochemie gar ein Startschuss: Heute werden UV-Strahlen zum Beispiel in Höhensonnen und zur Belichtung von Fotoplatten eingesetzt.

Durch ein Prisma lässt sich Licht in Farben zerlegen. 1800 gelang es erstmals nachzuweisen, dass es jenseits des Spektrums unsichtbare Strahlung gibt.

Leitfossilien – Die Gliederung der Erdzeitalter

William Smith (1769–1839)

Im Januar 1796 entdeckte der englische Landvermesser William Smith, dass bestimmte Versteinerungsarten wie Meeresmuscheln oder Ammoniten nur in bestimmten Gesteinsschichten vorkommen. Konnte es sein, dass jede Schicht ein eigenes geologisches Zeitalter repräsentierte?

1801

UM DAS JAHR 1801

- 1801: Der britische Premierminister William Pitt erklärt seinen Rücktritt.
- 1801: Die Unionsakte zwingt Irland, sich Großbritannien anzuschließen.
- 1801: Die erste deutsche Zuckerfabrik wird in Schlesien gegründet. Hier werden Zuckerrüben raffiniert.
- 1803: Für 60 Millionen Franc verkauft Frankreich sein nordamerikanisches Territorium Louisiana an die USA.

Die Gesteinsschichten der Erdkruste konnten nicht alle zur selben Zeit durch einen einmaligen Schöpfungsakt entstanden sein: Zu dieser Erkenntnis und der Annahme, sie seien vielmehr Ergebnis eines langen Entwicklungsprozesses der Erde, kamen Naturforscher um die Mitte des 18. Jahrhunderts.

Fossilien – versteinerte Überreste von Tieren oder Pflanzen – stellten zwar als »Denkmäler der Vorzeit« begehrte Sammlerobjekte dar und füllten die Naturalienkabinette der Fürstenhöfe und Klöster. Diese »Kuriositäten« zu untersuchen und systematisch einzuordnen, daran dachte jedoch niemand.

1794 erhielt der englische Landvermesser William Smith den Auftrag, in der Grafschaft Somerset einen Kanal zum Transport der dort gewonnenen Kohle zu bauen. Um andere Kanalbauprojekte zu besichtigen, bereiste Smith weite Teile Englands und studierte dabei auch das Gestein, durch das jeder Kanal gegraben werden sollte. Eine Entdeckung verwunderte ihn dabei besonders: Die in den verschiedenen Gesteinen enthaltenen Fossilien waren offensichtlich regelmäßig verteilt. Er erkannte eine jeweils von unten nach oben verlaufende Ordnung, die sich teilweise über große Entfernungen verfolgen ließ.

Wie ließ sich diese Beobachtung erklären? Smith vermutete, die an verschiedenen Orten vorgefundenen Gesteinsschichten mit identischem Fossilgehalt seien jeweils gleich alt. Er erkannte darin ein untrügliches Hilfsmittel, geologische Ablagerungen zu beschreiben und systematisch einzuordnen. Seine Theorie war aber auch von unschätzbarem praktischen Nutzen, denn sie erleichterte die Suche nach Bodenschätzen ungemein: Nun gab es endlich Kriterien, wo man zum Beispiel Kohle fand.

Seit der Entdeckung des Leitfossilprinzips – der Fossilgehalt einer Gesteinsschicht weist auf ihre zeitliche Einordnung hin – gilt Smith als Begründer der »Stratigraphie«, der Lehre von der Beschaffenheit und der zeitlichen Ordnung der Gesteine.

Ab 1799 bemühte Smith sich, eine geologische Karte von England und Wales auf der Basis seines Leitsatzes zu erstellen. 1801 gab Smith einen ersten gedruckten Prospekt heraus, 1802 stellte er sein Projekt Joseph Banks (1743–1820) vor, dem Präsidenten der *Royal Society* in London. Dieser fand Gefallen an der Idee einer geologischen Karte und bestärkte Smith in seinen Absichten nachhaltig.

Gleichwohl musste Smith lange um finanzielle Mittel für sein Vorhaben kämpfen, erst 1812 konnte er beginnen, seine geologische Karte zu realisieren. Mit Datum vom 1. August 1815 ging das Werk schließlich in Druck und gab das Vorbild für alle späteren geologischen Karten ab. Smiths Leitfossilprinzip blieb bis heute verbindlich und gehört zum Grundwissen der geologischen Forschung.

Die systematische Einordnung der geologischen Ablagerungen hatte einen unschätzbaren praktischen Nutzen bei der Suche nach Bodenschätzen.

Elektrisches Licht - Eine zündende Idee

Humphrey Davy (1778-1829)

Zu Beginn des 19. Jahrhunderts hatten Naturwissenschaftler schon 200 Jahre lang mit elektrischer Energie experimentiert – ihren praktischen Nutzen konnten sie bis dato aber noch nicht erweisen. Doch dann kam dem britischen Chemiker Humphrey Davy die Erleuchtung.

Eigentlich war Davy an der Wirkung von Elektrizität auf chemische Verbindungen interessiert. Er leitete starke elektrische Ströme durch verschiedenartige Flüssigkeiten in der Annahme, sie enthielten noch nicht entdeckte, verborgene chemische Verbindungen. Abgesehen von der Entdeckung der Elemente Kalium, Natrium, Calcium und später auch Bor stellte Davy dabei fest, dass sich zwischen zwei Kohlenstoffelektroden Funken bilden, wenn ein starker Strom durch sie hindurchfließt. In weiteren Forschungen glückte es ihm schließlich, einen stabilen Lichtbogen zu erzeugen.

Dazu werden zwei bleistiftförmige Elektroden, die meist aus Kohlenstoff bestehen, miteinander in Berührung gebracht. Anschließend leitet man einen sehr starken Strom von etwa zehn Ampère durch sie hindurch. Am Kontaktpunkt bildet sich Hitze. Wenn die beiden Elektroden nun langsam voneinander getrennt werden, entsteht ein flammenähnlicher, sehr intensiv leuchtender Bogen. Je nach Art der verwendeten Kohle verteilt sich das Licht auf den gesamten Bogen oder konzentriert sich auf die Spitze der positiven Elektrode. Die hohe Temperatur erzeugt zwischen den beiden Elektroden Ionen. Bei ausreichender Stromstärke bleibt die ionisierte Lichtstrecke stabil.

Damit gelang es Davy im Jahr 1808 zum ersten Mal, eine dauerhafte elektrische Beleuchtung zu schaffen. Für die erste Präsentation seiner Entdeckung in der Öffentlichkeit konstruierte er 1813 die größte Batterie, die bis zu diesem Zeitpunkt jemals gebaut worden war.

Es sollte allerdings noch dauern, bis das Prinzip der Bogenlampe so weit ausgereift war, dass sie zum Einsatz kommen konnte: Im Jahr 1853 entwickelte Jean Bernard Léon Foucault dann die erste wirklich betriebsfähige Bogenlampe. Der erste dauerhafte Einsatz der Erfindung Humphrey Davys wurde 1862 im Leuchtturm von Dungeness in England realisiert. Ein auch wirtschaftlich funktionsfähiges Modell baute schließlich erst der Amerikaner Charles Francis Brush im Jahr 1878.

Da Bogenlampen bis zu 3500 Grad Celsius heiß werden, sind sie als Wohnraumbeleuchtung nicht geeignet. Wegen ihres sehr hellen und bei entsprechender Technik auch konzentrierten Lichtes kommen sie bis heute meist bei Spezialanwendungen zum Einsatz – anfänglich als Straßenbeleuchtung oder in Leuchttürmen, heute beispielsweise in Filmprojektoren.

Auch Natriumdampf- und Quecksilberdampflampen sind im Prinzip geschlossene Bogenlampen. Man benutzt sie in besonderen Messgeräten. Nicht auf das Licht, sondern auf die Wärme des elektrischen Bogens kommt es bei speziellen Industrieöfen an, in denen Metalle geschmolzen werden. Auch das so genannte Lichtbogenschweißen nutzt das von Humphrey Davy erfundene Prinzip. Vor allem aber war seine Erfindung im 19. Jahrhundert ein großer Ansporn für andere Forscher, mithilfe des elektrischen Stroms Licht zu erzeugen.

Bogenlampen kamen wegen ihres sehr hellen Lichtes anfänglich vor allem in Leuchttürmen zum Einsatz.

1808

UM DAS JAHR 1808

- 1806: Großbritannien annektiert die Kapregion im südlichen Afrika.
- 1807: Das Königreich Bayern führt als erstes Land die Impfpflicht ein – jedermann muss die Pockenimmunisierung erhalten.
- 1808: Napoleon ernennt seinen Bruder Joseph zum König von Spanien.
- 1808: Der deutschstämmige New Yorker Johann Jakob Astor gründet seine American Fur Company, die ihn zu einem der reichsten Männer der USA machen wird.

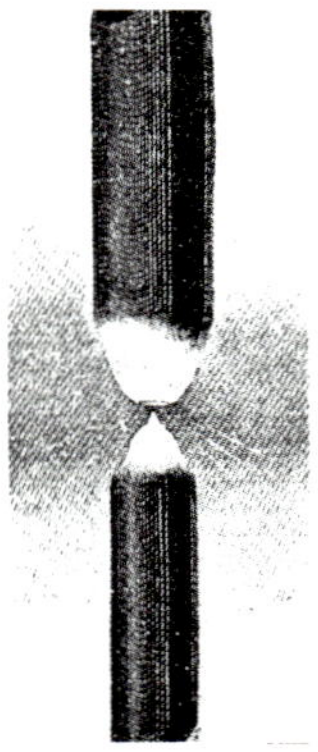

△ Davys Entdeckung: Starker Strom zwischen zwei Elektroden erzeugt eine stabile Lichtstrecke.

Fig. 18
Fig. 3
Fig. 17
Fig. 4
Fig. 19
Fig. 8
Fig. 5
Fig. 20
Fig. 21
Fig. 23
Leucht
ebene
Fig. 15
Fig. 16

Aerodynamik – Auftrieb für Flugbegeisterte

Sir George Cayley (1773–1857)

1809

DAS JAHR 1809

- Die *Philosophie biologique* des französischen Biologen Jean-Baptiste Lamarck formuliert eine erste Evolution der Arten.
- Der Tiroler Unabhängigkeitskampf unter Andreas Hofer scheitert. Tirol bleibt damit Teil Bayerns.
- Klemens Wenzel Graf von Metternich wird österreichischer Außenminister.
- Die Regierung der USA kauft den Indianern 15 000 km^2 Land ab und ebnet damit der weiteren Besiedlung des Westens den Weg.

Ein uralter Traum der Menschheit »beflügelte« seit jeher die Wissenschaft: Fliegen zu können wie ein Vogel. Untersuchungen über die Strömungen der Luft gab es bereits von Leonardo da Vinci. Da jedoch alle Versuche scheiterten, den Körper längere Zeit mit eigener Kraft über der Erde zu halten, behalfen sich Flugbegeisterte vorerst mit Ballons. Der Wunsch, der Schwerkraft ein Schnippchen zu schlagen, aber blieb.

Vögel sind doch auch schwerer als Luft – warum können sie sich im Gegensatz zum Menschen dennoch so mühelos aufschwingen und sogar ohne Flügelschlag gleiten?

Der britische Gelehrte Sir George Cayley avancierte bei der Bemühung, diesem Geheimnis auf die Spur zu kommen, zum Begründer der Aerodynamik, der Lehre von den Bewegungsgesetzen gasförmiger Stoffe. Er unterteilte den komplexen Ablauf des Vogelflugs – und damit die grundlegenden Probleme jeder Luftfahrt – in drei Aufgaben: Auftrieb, Schub und Steuerung.

In Experimenten mit Drachen stellte er fest, dass – bedingt durch die Form der Flügel – die Luft an deren Oberseite schneller strömt als an der Unterseite. Dadurch erhöht sich der Luftdruck unter dem Flügel, während er darüber sinkt. Der Sog an der Oberseite in Verbindung mit Druck an der Unterseite lässt einen Auftrieb entstehen, der es selbst schweren Körpern ermöglicht, in der Luft zu gleiten.

Ausgangspunkt der Forschungen George Cayleys war das nach dem Mathematiker und Physiker Daniel Bernoulli benannte Bernoulliprinzip. Dieser hatte schon 1738 entdeckt, dass in einem strömenden Gas oder einer Flüssigkeit der Druck umso mehr abnimmt, je schneller die Strömung wird. Cayley konnte nun beweisen, dass dieses Prinzip wiederum dem Auftrieb des Vogelfluges zugrunde liegt und durch die leicht gewölbte Flügelform verursacht wird.

Basierend auf seinen Erkenntnissen über die Wirkung von Auftriebskraft, Schub und Strömungswiderstand auf einen Tragflügel baute Cayley einen drachenähnlichen Flugapparat mit großen gebogenen Flügeln. Eine Schwanzflosse diente ihm als Stabilisator und Steuerhilfe. 1809 trug ein Modell Cayleys schließlich einen kleinen Jungen in die Lüfte.

Seine Überlegungen über das Flugzeug der Zukunft wiesen nachfolgenden Flugzeugentwicklern wie Otto Lilienthal den Weg. Wie George Cayley ging Lilienthal davon aus, dass die Voraussetzung für das Fliegen die Entwicklung eines perfekten Gleitapparates sei. Aus Weidenruten und Baumwollstoff baute er ein Flugmodell, dem er die leicht gerundete Form eines Flügels gab. Auch Lilienthals Gleiter verfügte über eine Schwanzflosse, die die Steuerung mittels Gewichtsverlagerung unterstützte. Von einem Hügel in Berlin aus schwang sich Lilienthal das erste Mal erfolgreich in die Luft. Mit ständig verbesserten Gleitern und Doppeldeckern unternahm er bis zu seinem tödlichen Unfall 1896 über 2000 Flugversuche.

Ohne die wissenschaftliche Vorarbeit George Cayleys wäre die Arbeit der Flugpioniere und damit die Entwicklung der gesamten Luftfahrt im 19. und 20. Jahrhundert erheblich langsamer verlaufen.

Fliegen können wie ein Vogel. Diesen Traum setzte als einer der Ersten Otto Lilienthal mit seinen aerodynamisch geformten Gleitapparaten in die Wirklichkeit um.

Mit dem Laufrad in das mobile Zeitalter

Karl Freiherr Drais von Sauerbronn (1785-1851)

Ein Fahrer auf einem »Veloziped« gab ein amüsantes Bild ab: Er saß auf einem über ein Gestänge mit einem Rad verbundenen Sattel und reichte mit den Beinen gerade so weit auf den Boden, dass er das Rad beim Gehen antreiben konnte. Doch das hielt den Siegeszug des Fahrrads nicht auf.

1817

DAS JAHR 1817

- In Eisenach findet das Wartburgfest der deutschen Burschenschaften und Professoren statt. Sie verlangen ein Ende der Restaurationspolitik des Wiener Kongresses und ein geeintes, freies Deutschland.
- Zar Alexander I. beendet die Leibeigenschaft in Russland.
- Mississippi wird der 20. Bundesstaat der USA.
- Die beiden französischen Chemiker Pierre-Joseph Pelletier und Joseph Bienaimé Caventou entdecken das Blattgrün. Sie nennen die grüne chemische Substanz Chlorophyll.

Der junge Karl Freiherr Drais von Sauerbronn hatte auf Wunsch seines Vaters zunächst eine Ausbildung zum Forstwirt absolviert. Sein eigentliches Interesse aber galt der Physik und der Mechanik. Seit 1813 tüftelte der Forstmeister daran, Fahrzeuge zu konstruieren, die mit Muskelkraft angetrieben werden konnten. 1814 stellte er der Öffentlichkeit sein erstes Modell vor: Ein vierrädriges Schienenfahrzeug, das der Fahrer über die Auf- und Abwärtsbewegung eines Hebels antrieb. Solche »Draisinen« waren noch lange Zeit bei der Eisenbahn als Reparaturwagen im Einsatz. Für diese Erfindung ernannte der Großherzog von Baden Drais zum Professor für Mechanik und gab ihm für zehn Jahre ein Patent auf die Maschine.

Sein Hauptinteresse galt jedoch weiterhin der Entwicklung mobiler Gefährte. Da die Straßen zu dieser Zeit für die Fortbewegung auf vierrädrigen Fahrzeugen noch zu schlecht waren, wandte sich Drais der Konstruktion eines flexibleren zweirädrigen Modells zu, das Schlaglöchern besser ausweichen konnte. 1817 stellte er sein »Veloziped« vor, ein lenkbares hölzernes Laufrad mit Ledersattel. Doch sofort erkannte jeder aufmerksame Betrachter, dass die Fahrt auf dem »Veloziped« nicht nur äußerst unbequem war, sondern auch noch den Spott der Passanten auf sich zog. Immerhin erreichte der Fahrer auf dem Vehikel Geschwindigkeiten von 10 bis 15 Kilometer pro Stunde.

Nach diesen anfänglichen Schwierigkeiten entdeckten wohlhabende Leute und Freigeister, die mit ihrem Auftritt die Biedermeiergesellschaft provozieren wollten, das »Velociped« für sich. Turnvereine schafften sich Laufräder zur Leibesertüchtigung an und in England wurden Laufradrennen oder Wettkämpfe zwischen Radfahrern und Reitern zu einem neuen Freizeitvergnügen. Die dort gebräuchliche metallene Variante des Drais'schen Holzrades hieß »Hobby Horse« oder »Dandy Horse«. Die Nachfrage nach den Rädern war so groß, dass man sie ab 1818 nur noch auf den Straßen fahren durfte. In Laufradschulen konnten zukünftige Fahrer den Umgang mit dem Gefährt erlernen. Drais' Erfindung regte Karikaturisten und Satiriker zu Späßen an – bald hieß er nur noch der »verrückte badische Forstmeister«.

Drais verbesserte seine Erfindung ständig, etwa durch einen Gepäckträger und eine Seilzugbremse. Ein Zubehör der besonderen Art war ein Segel für den Windantrieb. Finanziell brachte das »Veloziped« seinem Erfinder keinen Erfolg: Das Laufrad kam bald aus der Mode. Es war nicht mehr entscheidend zu verbessern und konnte nicht seriell produziert werden. Bei dem Versuch, eine Laufradfabrik zu eröffnen, übernahm sich Drais – er starb 1851 als mittelloser Schausteller. Der Durchbruch des Fahrrades erfolgte erst, nachdem es Modelle mit Pedalantrieb gab. Die Weiterentwicklungen des »Hobby Horse« wie das Fahrrad des Schotten Kirkpatrick Macmillan (1813–1878) setzten sich in der zweiten Hälfte des 19. Jahrhunderts auf der ganzen Welt durch.

Das »Veloziped« war unbequem, bald schon machte man sich Gedanken darüber, wie es mit Armunterstützung oder Tretkurbel verbessert werden konnte.

Dinosaurier – Von schrecklichen Echsen und ihren Zähnen

Gideon Algernon Mantell (1790-1852)

1822

DAS JAHR 1822

- Brasilien sagt sich von Portugal los und erklärt sich unabhängig.
- Papst Pius VII. erkennt die Lehre des Kopernikus vom heliozentrischen Weltbild an.
- Dem Franzosen Jean-François de Champollion gelingt mithilfe des Steins von Rosette die Entschlüsselung der Hieroglyphen.
- Portugal wird konstitutionelle Monarchie.
- Zar Alexander I. verbietet das Freimaurertum.

Der Begriff »Dinosaurier« bezeichnet mehrere Reptilienarten, die vom Trias bis zum Ende der Kreidezeit die größte Gruppe der Landwirbeltiere bildeten. Doch bis ins 19. Jahrhundert ahnte kein Mensch, dass diese Tiere überhaupt existiert hatten.

Nur der Sammelleidenschaft des englischen Landarztes Gideon Algernon Mantell ist diese Entdeckung zu verdanken. Mantell hatte sich schon seit seiner Schulzeit für Mineralien und Fossilien begeistert. Seine Heimat, die Grafschaft Sussex, mit ihren ausgedehnten Ablagerungen der Kreidezeit war in dieser Hinsicht eine wahre »Goldgrube«.

1822 machte Mantell (andere Berichte sprechen von seiner Frau) einen Fund, der die Forschung über urzeitliches Leben auf der Erde revolutionieren sollte: Er stieß auf einen auffällig großen Zahn mit abgenutzter, glatter Oberfläche. Das Aussehen des Zahns ließ auf ein Pflanzen fressendes Tier schließen – Mantell dachte zunächst an einen Elefanten. Der kundige Fossiliensammler wusste aber, dass in den Gesteinen seiner Heimat eigentlich keine Überreste von Säugetieren vorkamen. Stammte der Zahn doch von einem der weit verbreiteten Reptilien?

Der Zufall löste schließlich das Rätsel. 1825 fand Mantell im Museum der Königlichen Hochschule der Chirurgen in London einen wesentlich kleineren, aber ansonsten identisch geformten Zahn. Dieser stammte aus dem Maul eines südamerikanischen Leguans. Sein Fund, so folgerte der Fossiliensammler, musste also der Zahn einer riesigen Eidechse sein. Diese nannte er – nach dem englischen Wort *iguana* für Leguan – »Iguanodon« (»Leguanzahn«, heute »Ornithopoda«). Mantell hatte damit als Erster einen Landsaurier aufgespürt. Zwei Jahre später rekonstruierte der Geistliche und Naturforscher William Buckland (1784–1856) einen Fleisch fressenden Landsaurier (»Megalosaurus«, heute »Theropoda«). Zehn Jahre nach seiner ersten großen Entdeckung konnte Mantell 1832 mit dem »Hylaeosaurus« die erste Gruppe stark gepanzerter Dinosaurier ausmachen.

Diese Funde erregten die Aufmerksamkeit des Anatomen Richard Owen (1804–1892). Er gab den eigenartigen Riesenkreaturen 1842 den Namen »Dinosaurier«, was so viel bedeutet wie »schreckliche Echsen«. 1854 gelang Owen auf der Grundlage weiterer Knochenfunde eine vollständige Rekonstruktion des mantellschen »Iguanodons«. 1861 identifizierte er den ein Jahr zuvor im Schiefer von Solnhofen gefundenen »Archaeopteryx« als Bindeglied zwischen den Reptilien und den Vögeln.

Erst in der zweiten Hälfte des 19. Jahrhunderts folgten – zuerst in Amerika, dann vor allem in den belgischen Kohlerevieren – die Funde, die uns ein genaues Bild der urzeitlichen Riesen lieferten: Dinosaurier stammten von einer Ordnung der Archosaurier, den Thecodontiern, ab. Aus dieser Gattung haben sich auch Krokodile entwickelt. Der evolutionsgeschichtliche Erfolg der Dinosaurier lässt sich auf ihren Körperbau zurückführen: Ihre Beine sind – im Gegensatz zu anderen Reptilien – nicht seitlich, sondern unter dem Körper angewachsen. So trugen die Beine mehr Körpergewicht und die Tiere konnten sich schneller und kraftsparender fortbewegen statt zu kriechen. Dinosaurier lebten ausschließlich auf dem Land und waren vermutlich warmblütig – Flugsaurier und im Wasser lebende Saurier zählen nicht zu den Dinosauriern.

1822 tauchten die ersten Spuren der Dinosaurier auf; hier eine Rekonstruktion.

Elektromagnet - Strom verleiht ihm Riesenkräfte

William Sturgeon (1783-1850)

Sein Interesse an dem Phänomen der Elektrizität veranlasste den englischen Physiker William Sturgeon zu zahlreichen Experimenten. Als er einen Eisenkern mit Draht umwickelte und Strom hindurchleitete, erzeugte er eine Kraft, die ein schweres Gewicht bewegen konnten. Damit war es möglich, elektrische Energie direkt praktisch zu nutzen.

1825

DAS JAHR 1825

- Nach dem Tod Alexanders I. folgt Nikolaus I. auf den Zarenthron. Wenige Tage später versucht eine Gruppe von liberalen Offizieren ihn zu stürzen. Der Dekabristenaufstand wird aber sofort niedergeschlagen.
- Der Eriekanal, der New York mit den Großen Seen verbindet, wird eingeweiht. In der Folge entwickelt sich die Kanalschifffahrt zum wichtigen Motor der wirtschaftlichen Entwicklung.
- Louis Braille, ein französischer Blindenlehrer, entwickelt eine Blindenschrift, die bis heute in Gebrauch ist.
- Die erste öffentliche Dampfeisenbahn Großbritanniens verbindet Darlington und Stockton.

Noch im 18. Jahrhundert galt Elektrizität als ein faszinierendes Phänomen, das man in unterhaltsamen Spielereien vorführte – im Alltag fand sie jedoch noch keine Verwendung.

Mit elektrischen Ladungen experimentierte auch der Physiker William Sturgeon. Der Sohn eines Schuhmachers aus dem englischen Whittington war früh zur Armee gegangen. Dort hatte er sich als Autodidakt Kenntnisse der Mathematik, Physik und der griechischen Sprache angeeignet. Ab 1824 lehrte Sturgeon Naturwissenschaften und Philosophie am *East India Company's Royal Military College* in Addiscombe. Dabei baute er wissenschaftliche Apparate und führte seinen Schülern so die naturwissenschaftlichen Gesetze spielerisch vor.

Bald ließ ihn die zufällige Beobachtung eines dänischen Physikers aufhorchen. Dem Kieler Professor Hans Christian Oersted (1777–1851) war 1819 bei der Vorbereitung einer Vorlesung ein Leitungsdraht einer voltaschen Säule auf einen Kompass gefallen. Erstaunt stellte er fest, dass die Kompassnadel sich drehte und ihre Ausgangsposition erst wieder einnahm, wenn er den Draht entfernte. Es musste also einen Zusammenhang zwischen Elektrizität und Magnetismus geben.

Sturgeon suchte bald nach Möglichkeiten, Oersteds Experiment nachzuempfinden. Mit seinem Assistenten Francis Watkins entwickelte er im Jahr 1825 einen Versuchsaufbau: Er umwickelte ein hufeisenförmiges Eisenstück von etwa 30 cm Länge lose mit 16 Kupferdrähten, die sich gegenseitig nicht berührten. Die Kupferdrähte schloss er an eine einzelne Batteriezelle an. Schickte er Strom durch die Drähte, wurde das Eisenstück magnetisiert und verhielt sich wie ein stabförmiger Dauermagnet, schaltete er den Strom ab, wurde es demagnetisiert.

Damit zeigte Sturgeon im Experiment, dass elektrischer Strom in der Lage war, Eisen, das selbst nicht magnetisch war, zu magnetisieren: Die Elektrizität hatte ein magnetisches Feld aufgebaut, das in dem Eisenkern konzentriert war. Die Drahtwicklungen verstärkten sich gegenseitig in ihrer Wirkung, da der Strom in ihnen jeweils in die gleiche Richtung floss. An seiner Konstruktion beobachtete Sturgeon noch ein weiteres Phänomen: Hängte er den drahtumwickelten, etwa 20 Gramm schweren Eisenkern auf, konnte er im magnetisierten Zustand vier Kilogramm Metall heben. Das war das 20fache seines Eigengewichtes! Schaltete man den Strom ab, ließ der Magnet die Last sofort wieder fallen. Sturgeon hatte damit den Schritt zur praktischen Anwendung des Elektromagnetismus getan.

Sturgeons Modell wurde noch im selben Jahr in London ausgestellt. Der Erfinder wurde mit der Silbermedaille der *Royal Society of Arts* geehrt. Elektromagnet wurde zum wichtigsten Element elektronischer Antriebe: Vor allem der elektrische Telegraf und der Elektromotor entstanden aus diesen ersten Beobachtungen.

Das Prinzip des Elektromagneten: ein mit Draht umwickelter Eisenkern, durch den Strom geleitet wird.

Fig. 1.

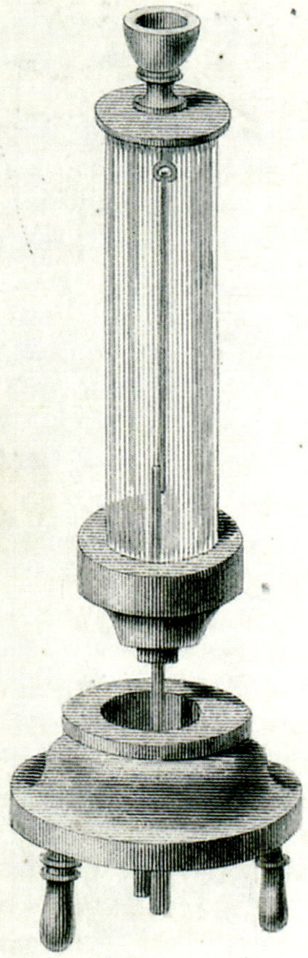

Fig. 2.

Fig. 3.

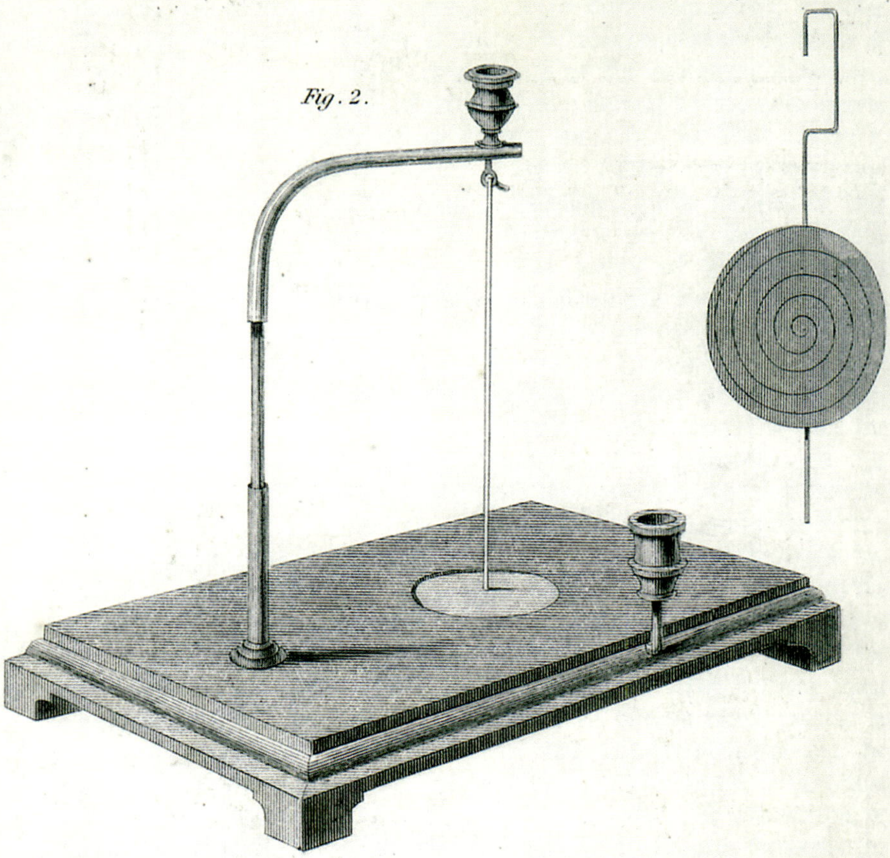

Fig. 4.

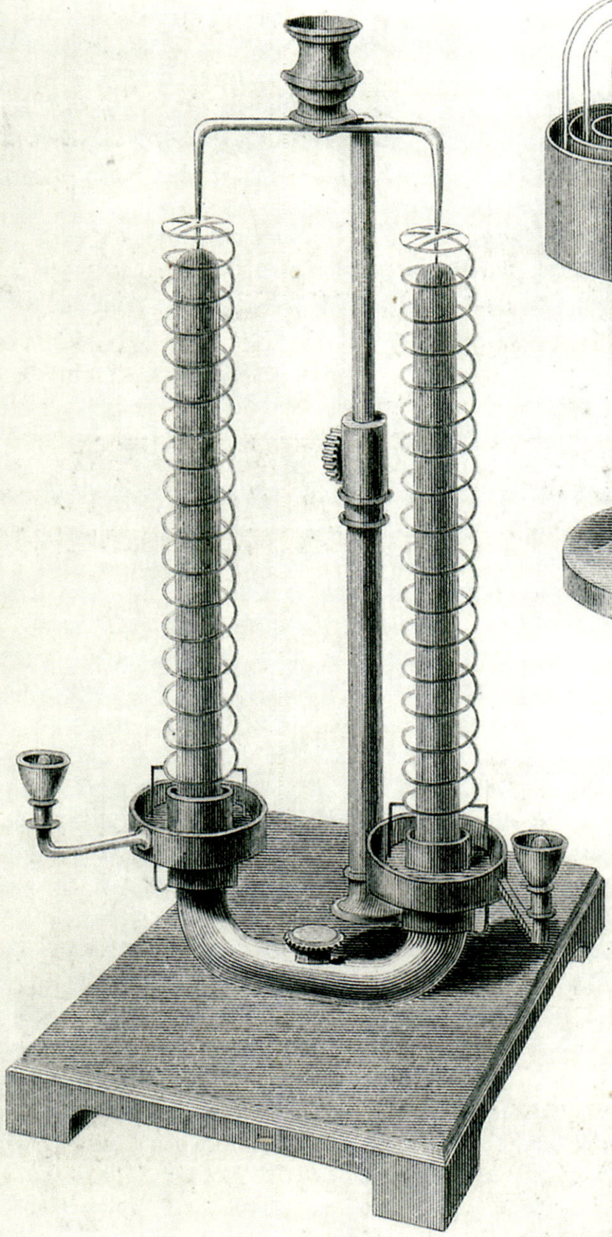

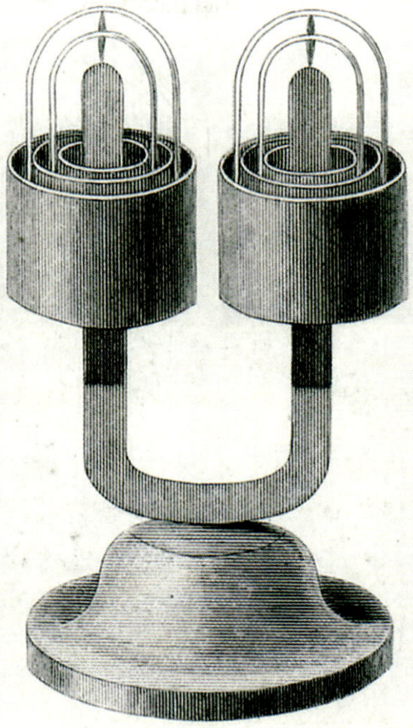

Fig. 5.

Fig. 6.

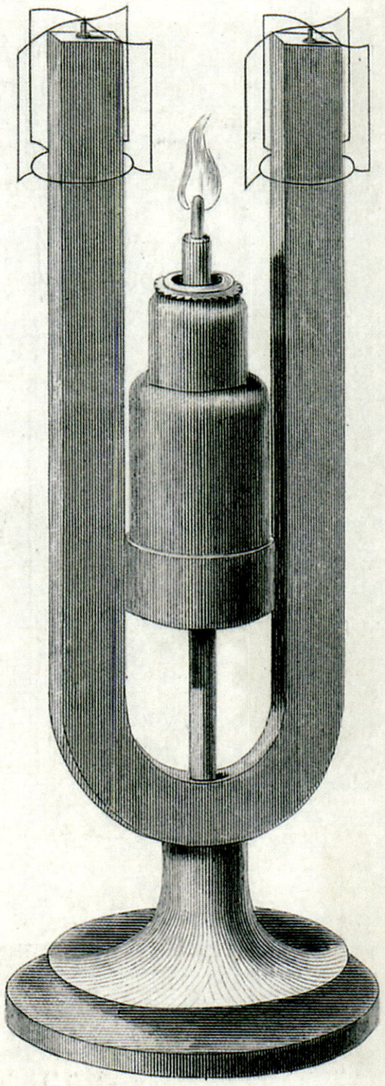

Schiffsschraube - Ein Propeller macht müde Kähne munter

Josef Ressel (1793-1857)

Bei der Arbeit an neuen Antriebsmechanismen für Schiffe baute der österreichische Erfinder Josef Ressel 1826 einen Unterwasserpropeller. Bis zu seinem Tod kämpfte Ressel erfolglos um die Anerkennung als »Erfinder der Schiffsschraube«. Die britische Admiralität hatte seine Idee übernommen und unlautere Wettbewerber für diese Entwicklung ausgezeichnet.

1826

UM DAS JAHR 1826

- 1825: Dem schottischen Forscher Gordon Laing gelingt es, die Sahara von Norden nach Süden zu durchqueren. Als erster Europäer gelangt er nach Timbuktu.
- 1826: Um liberale Strömungen zu unterdrücken, schafft Zar Nikolaus I. eine Geheimpolizei.
- 1826: Karl Liebknecht, der Gründervater der deutschen Sozialdemokratie, wird in Gießen geboren.
- 1826: Der österreichische Schauspieler und Jurist Alois Senefelder entwickelt die Technik der Farblithographie.

Jahrtausendelang fuhren die Menschen auf Schiffen zur See – zu Handelszwecken, zur Eroberung fremder Gebiete oder als Reisende von einem Ort zum nächsten. Die Entwicklung der Schiffe ging mit den technischen Verbesserungen voran. Der Antrieb erfolgte zunächst über durch Muskelkraft betriebene Ruder, durch Segel, die den Wind einfingen, oder später durch die Dampfmaschine. Zur Zeit Josef Ressels bewegten sich die Schiffe noch mit Wasserrädern fort. Ressel war als Förster in der österreichischen Krain tätig, aus der die Marine ihren Holzbedarf bezog. In dieser Funktion war er auch Marineoffizier. Sein Interesse für die Schifffahrt bewegte ihn dazu, eine neue »Triebkraft« für die Wassergefährte zu konstruieren.

Seine ersten Pläne sahen den Antrieb mit einer »Archimedischen Schraube« vor. Der griechische Mathematiker und Physiker Archimedes (um 285–212 v. Chr.) hatte dieses Modell entworfen, um Wasser von einem niedrigen Niveau in höher gelegene Gebiete zu pumpen. Das Gerät bestand aus einem Zylinder, in dem sich eine Spirale mit einer breiten Windung drehte. Bis ins 18. Jahrhundert versuchten Konstrukteure, Schiffe mit dieser Art der Schraubpumpe anzutreiben. Da die Experimente scheiterten, verwendeten die Schiffsbauer hauptsächlich Schaufelräder. Josef Ressel ging dagegen bald zur Konstruktion eines Propellers über, der am Bug des Schiffes befestigt werden sollte. Am 26. November 1826 reichte er einen Patentantrag für seine Schiffsschraube ein. Unter der Bedingung, dass das Schiff nur aus in Österreich gefertigten Teilen bestand, stimmte die österreichische Marine zu, ein Dampfschiff mit Ressels Antrieb zu bauen. Da es in Österreich Schwierigkeiten bei der Lieferung der Dampfkesselanlage gab, fuhr Ressel nach Paris. Eine französische Firma hatte Interesse an seinem Patent gezeigt. Die erfolgreiche Probefahrt mit der Schiffsschraube überzeugte die Firma jedoch nicht restlos von dieser Erfindung. Zurück in Triest startete er am 4. August 1829 mit einem durch seine Schraube angetriebenen Schiff erneut eine Probefahrt. Der Heckantrieb funktionierte problemlos, doch ein Fehler in der Dampfanlage stoppte schließlich die Fahrt. Aus »Sicherheitsgründen« untersagten die Behörden weitere Fahrten.

Die Unterlagen Ressels über die Konstruktion eines Schiffsschraubenantriebs gelangten währenddessen nach England, der zu dieser Zeit weltgrößten Seefahrernation. 1850 setzte die britische Admiralität eine Prämie von 2000 Pfund für jenen Erfinder aus, der seinen Anspruch auf die Entwicklung der Schiffsschraube für Dampfschiffe beweisen konnte. Josef Ressel bewarb sich, erhielt aber keine Antwort. Auch eine Intervention von Erzherzog Ferdinand Max blieb erfolglos. Stattdessen teilte die Admiralität die Prämie auf verschiedene britische Bewerber auf. Ressel kämpfte sein Leben lang um die Anerkennung seines Anspruchs. Erst nach seinem Tod ging er jedoch als der »Erfinder der Schiffsschraube« in die Geschichte ein.

Die Schiffsschraube ging auf Josef Ressel zurück, der 1829 die Probefahrt eines von seiner Erfindung angetriebenen Schiffes durchführte.

Fig. 2
Fig. 10
Fig. 1
Fig. 30
Fig. 6
Fig. 8
Fig. 29
Fig. 28
Fig. 7
Fig. 5
Fig. 11

Geografie: Der Mensch entdeckt seine Welt

Die Entdeckung der Welt spielte für die Menschen zu Beginn der Neuzeit eine wichtige Rolle.

Die Entdeckung der Welt ging seit jeher mit der Entwicklung von Wirtschaft und Kultur einher. Überall dort, wo der Kampf um das tägliche Überleben die Menschen vollauf beschäftigte, gab es weder Notwendigkeit noch Anreiz, fremde Gefilde zu erforschen. Nur wenn äußere Umstände wie plötzliche Trockenheit oder Überweidung ihn zwangen, wagte der Mensch kleine Schritte über sein angestammtes Territorium hinaus. Doch wo sich Hochkulturen ausbildeten, führte sehr schnell eine Mischung aus Neugier und wirtschaftlichen Verlockungen zu weiten Reisen. Ab etwa 2000 v. Chr. begannen die Minoer von Kreta aus, den Mittelmeerraum zu erforschen. Bis 1400 v. Chr. hatten sie die Küsten weit gehend kartiert. Die ägyptischen Hieroglyphen erzählen von wirtschaftlich sehr lukrativen Expeditionen in das Land Punt, das wohl auf dem Gebiet der heutigen Staaten Somalia oder Eritrea gelegen haben muss. 600 v. Chr. umsegelten die Phönizier Afrika und die Iberische Halbinsel; dabei stießen bis zur Südküste Englands vor.

Wie sieht die Erde aus?

Diese geografischen Forschungen führten zwangsläufig zu allgemeinen Überlegungen über Form und Beschaffenheit der Erde. Der Philosoph Aristoteles erkannte bereits im 4. Jahrhundert v. Chr., dass die Erde rund ist, weil sie einen runden Schatten auf den Mond warf. Im 2. Jahrhundert n. Chr. fasste der Astronom Claudius Ptolemäus das geografische Wissen der Antike zusammen und schlug neue Methoden zur Erstellung von Karten und Atlanten vor. In seiner berühmten *Geographike syntaxis* teilte er den Kreis des Äquators bereits in 360 Grad ein und erstellte ein Gitternetz aus längs und quer verlaufenden Linien.

Das Erbe der antiken Geografen übernahmen nicht die Europäer, die mit Ausnahme der Wikinger vorerst keine Entdeckungsreisen unternahmen, sondern die arabischen Gelehrten. Sie übersetzten aber nicht nur die Schriften der Griechen, sondern erforschten ihrerseits Afrika und Asien. Der einzige wichtige europäische Entdecker des Mittelalters war der Italiener Marco Polo. Er reiste im 13. Jahrhundert auf arabischen und chinesischen Handelswegen in den Fernen Osten. Seine Berichte stellten für lange Zeit die einzige Informationsquelle über Asien dar.

Europa bricht auf

Das Zeitalter der Entdeckungen begann für Europa mit der Renaissance. Auch hier ging es nun um wirtschaftliche Interessen. Einer der wichtigsten Förderer war der portugiesische Prinz Heinrich der Seefahrer (1394–1460). Er selbst fuhr zwar nie zur See, gründete aber die erste Schule für Seefahrer in Europa und veranlasste zahlreiche Verbesserungen im Schiffsbau. Als Patron förderte er wichtige Forschungsreisen, vor allem entlang der afrikanischen Westküste. Ziel war es, einen Seeweg nach Indien zu finden, da die Landwege von arabischen Händlern kontrolliert wurden. Die Umsegelung Afrikas gelang aber erst Vasco da Gama 1494. Zwei Jahre zuvor hatte Christoph Kolumbus versucht, für die spanische Krone einen kürzeren Weg nach Indien zu finden, indem er von Europa nach Westen segelte. Nach Columbus wurde Amerika – die »Neue Welt« – das Hauptziel europäischer Entdecker und Abenteurer. In der Hoffnung, dort Bodenschätze und wertvolle Waren zu finden, machten sie sich auf den Weg. Zu Beginn des 16. Jahrhunderts

Vasco da Gama (1469–1524)

Christoph Kolumbus (1451–1506)

Auch die letzten weißen Flecken der Landkarte wurde von abenteuerlustigen Männern wie Roald Amundsen erforscht.

eroberten Hernán Cortés das Aztekenreich und Francisco Pizarro das der Inka. Fernão de Magalhães umsegelte auf der Suche nach einer neuen Route in den Orient Südamerika und anschließend als erster Mensch die Welt.

Im Dienste der Wissenschaft

Ab dem 18. Jahrhundert spielte neben den wirtschaftlichen Interessen auch die Forschung eine wichtige Rolle bei den Expeditionen. Um die Erkundung Lateinamerikas machte sich vor allem Alexander von Humboldt verdient. Er erforschte nicht nur den Orinoco in seiner ganzen Länge und einen Großteil der Flüsse des Amazonas, sondern studierte auch Meeresströmungen, Temperaturen, Pflanzen- und Tierwelt, Mineralien und vieles mehr. Auch die Expeditionen von James Cook in den Pazifik wurden von der Königlichen Britischen Akademie der Naturwissenschaften initiiert. Cook kartierte Neuseeland sowie die Ostküste Australiens und brachte eine Schiffsladung unbekannter Tier- und Pflanzenarten mit nach Europa zurück. Die Erkundung Afrikas wurde unter anderem durch die African Association in London vorangetrieben, die Vorläuferin der Royal Geographical Society. Berühmtester Afrikaforscher ist der schottische Missionar David Livingstone, der die Wüste Kalahari durchquerte und einen großen Teil des Gebiets von Angola bis zur Mündung des Sambesi kartierte.

Unbekanntes Asien

Im Gegensatz zu Afrika, Amerika und Ozeanien stießen die Europäer in Zentralasien auf festgefügte Reiche, zu denen sie nicht leicht Zugang erhielten. Erste Informationen lieferten Missionare im 16. Jahrhundert. Die beiden Jesuiten Franz Xaver aus Japan und Matteo Ricci aus China zählten zu den ersten Berichterstattern. Auch später waren es wagemutige Abenteurer, die auf sich allein gestellt – oft als muslimische Händler verkleidet –, die Länder Asiens bereisten.

Die letzten weißen Flecken

Schließlich blieben nur noch die Polregionen als letzte große Ziele für Entdecker. Wer als erster Mensch den Nordpol erreichte, ist ungewiss. Mit Sicherheit weiß man, dass Wally Herbert diesen Punkt erreichte, als er bei einer Transarktisexpedition zwischen 1968 bis 1969 darüber hinwegtrieb. Spektakulärer war der Wettlauf zum Südpol. 1911 lieferten sich der Norweger Roald Amundsen und der Engländer Robert Scott einen erbitterten Wettlauf, den Amundsen gewann. Scott kam auf dem Rückweg mit seiner gesamten Mannschaft ums Leben.

Heute liefern Satellitenbilder exakte Aufnahmen von der gesamten Erdoberfläche. Dabei geht es nicht mehr um die Entdeckung von Neuland, sondern darum, tiefer in die Geheimnisse der Erde einzudringen.

Mit einer Suchexpedition bricht der Journalist Henry Morton Stanley auf, um den verschollenen Afrikaforscher David Livingstone zu finden.

Ohmsches Gesetz - Neue Impulse für die Elektrotechnik

Georg Simon Ohm (1789-1854)

1827

DAS JAHR 1827

- Simón Bolivár wird in Peru zum Präsidenten auf Lebenszeit ernannt.
- Der amerikanische Schatzsucher Joseph Smith erklärt, ihm sei der Engel Moroni erschienen, der ihm einen fehlenden, auf Goldplatten gravierten Teil der Bibel überreicht habe. 1830 wird Smith die Kirche der Mormonen gründen – die erste auf amerikanischem Boden entstandene christliche Religion.
- In Gotha wird die erste Lebensversicherungsgesellschaft Deutschlands gegründet.

Der deutsche Mathematiker und Physiker Georg Simon Ohm entdeckte im Jahr 1827 die Korrelationen zwischen Stromstärke, Widerstand und Spannung und fasste diese in seinem berühmten »ohmschen Gesetz« zusammen. Bis heute stellt seine Formel die Grundlage aller elektrischen Schaltungen dar.

Die Experimente des Arztes Luigi Galvani (1737–1798) und des Physikers Alessandro Volta (1745–1827) brachten die Elektrotechnik Ende des 18. Jahrhunderts entscheidend voran: So konstruierte Volta die erste Batterie. Durch chemische Prozesse setzte diese »voltasche Säule« Strom frei. Wie bei Galvani und Volta erfolgten auch die Forschungen im 19. Jahrhundert meist nach dem Prinzip von »Versuch und Irrtum«. Die Gesetze der Elektrizität hatte dabei noch kein Wissenschaftler entdeckt.

Bei der Suche nach diesen elektrischen Gesetzen kam dem Mathematiker und Physiker Georg Simon Ohm (1789–1854) die Vorarbeit eines anderen Forschers zu Hilfe: 1820 hatte der Wissenschaftler Christian Oerstedt (1777–1851) von der Kopenhagener Universität entdeckt, dass Gleichstrom eine Magnetnadel ablenken konnte.

Ohms Versuche setzten bei dieser Erkenntnis an: Er konstruierte ein Messinstrument, in dem er eine Magnetnadel an einem Goldband aufhängte. Schloss man das Gerät an einen Stromkreis an, schlug die Nadel aus. Dieses so genannte »Galvanometer« ermöglichte es Ohm erstmals, Stromstärken exakt zu messen.

In zahlreichen Versuchsreihen mit dem »Galvanometer« gewann Ohm grundlegende Erkenntnisse über den Stromfluss. Er leitete Strom durch Drähte unterschiedlicher Länge und Durchmessers und beobachtete die Ausschläge des angeschlossenen Messinstruments. Dabei entdeckte er, dass bei konstanter Spannung und Temperatur die Stromstärke von Länge und Durchmesser der verwendeten Drähte abhing. Dieses Phänomen musste, so Ohm, auf einen Widerstand zurückzuführen sein, den der Draht dem Strom entgegensetzte.

Aus seinen Versuchen leitete der Physiker schließlich folgendes Gesetz ab: Der durch einen Leiter fließende elektrische Strom I verhält sich proportional zu der zwischen den Leiterenden herrschenden Spannung U. Der Quotient von U durch I heißt elektrischer Widerstand R. Bei Gleichstrom gilt die Formel: U gleich I mal R. Diese ist heute als ohmsches Gesetz bekannt.

1827 veröffentlichte Ohm seine Ergebnisse in dem Buch *Die galvanische Kette, mathematisch bearbeitet*. Das Werk fand zunächst nur wenig Anklang, denn viele seiner Kollegen akzeptierten Ohms Erkenntnisse nicht. Lediglich im Ausland erkannte die Wissenschaft bald den praktischen Nutzen des ohmschen Gesetzes, das der Telegrafie und der Messtechnik ganz neue Möglichkeiten eröffnete.

Mit der Zeit bemerkten dann aber auch die deutschen Ingenieure, dass ohne die genaue Kenntnis der Zusammenhänge von Stromstärke, Spannung und Widerstand eine Weiterentwicklung der Elektronik praktisch unmöglich war. Bis heute ist das ohmsche Gesetz die Grundlage für jeden Schaltplan elektrischer Geräte.

Georg Simon Ohm gelangen grundlegende Erkenntnisse über den Stromfluss. Er ermöglichte so grundlegende Fortschritte der Elektronik.

Die Schreibmaschine revolutioniert die Arbeitswelt

William Austin Burt (1792-1858)

Fernab der wirtschaftlichen Zentren der Vereinigten Staaten baut der Landvermesser, Regierungsbeamte und Erfinder William Austin Burt in den Wäldern Michigans im Jahr 1829 eine Schreibmaschine. Dieses Gerät sollte die Arbeitsprozesse in ungeahntem Ausmaß beschleunigen.

1829

DAS JAHR 1829

- Beginn der Zusammenarbeit zwischen Louis Daguerre und Joseph Niepce, der 1827 die erste Fotografie aufgenommen hatte.
- Am 3. Januar wird Konrad Duden geboren.
- In Rom wird das Deutsche Archäologische Institut gegründet.
- Der Miami-Erie-Kanal wird eingeweiht. In der Folge entwickelt sich Dayton zum wichtigen wirtschaftlichen Zentrum.
- Der New Yorker Abel Shawk entwickelt die erste Dampffeuerspritze. Ein Pferdefuhrwerk zieht den Spritzenwagen.

△ **Die Erfindung der Schreibmaschine beschleunigte die Produktivität im Büroalltag. Eine Entwicklung, die sich bis zur modernen Computertechnik der heutigen Zeit fortsetzt.**

Bereits vor Burt haben Erfinder in anderen Ländern Versuche unternommen, die Texterfassung zu automatisieren. So gab es bereits im Jahr 1714 ein Patent für den Apparat des britischen Erfinders Henry Mill. Seine Maschine wurde zu dieser Zeit allerdings nicht weiter beachtet. Mill konnte die Menschen nicht von ihrer Notwendigkeit überzeugen. So verging mehr als ein Jahrhundert, bis die Idee erneut aufgegriffen wurde. In Deutschland beschäftigte sich Karl Friedrich Drais (1785–1851), der für sein Schienenfahrzeug – die Draisine – berühmt wurde, ebenfalls mit einer ähnlichen Maschine. Er baute um 1820 ein Gerät, das mit 16 Typen (gegossenen Druckbuchstaben) das Schnellschreiben ermöglichen sollte.

Unabhängig davon tüftelte William Austin Burt im US-Bundesstaat Michigan. 1829 begann Burt, seinen Typographer zu entwickeln. Sein erstes Gerät baute er aus Holz, es war von einer beachtlichen Größe. Die Typen befestigte Burt an einem Metallrad, das auf einem halbkreisförmigen Rahmen saß. Mithilfe einer Kurbel betätigte er das Rad so lange, bis sich der gewünschte Buchstabe in der richtigen Position befand. Nun bewegte der Schreiber einen Hebel, der wiederum die Type gegen das Papier drückte und einen Abdruck aus Tinte hinterließ.

Dann konstruierte Burt einen neuen Apparat, der die Größe eines heutigen Flipperautomaten besaß. Mit einiger Übung gelang es ihm, darauf so schnell zu tippen wie er von Hand schreiben konnte. Sein Freund, der Gründer und Herausgeber der *Michigan Gazette*, John P. Sheldon, erkannte die Möglichkeiten der Erfindung und beantragte für Burt ein Patent. Damit hatte der Erfinder das alleinige Recht, weitere Typographer zu bauen und zu vermarkten. Seine Maschine fand jedoch ebenfalls keine Käufer – wohl weil Burt im Grunde seines Herzens ein Erfinder war und sich nicht als Marketingstratege verstand. Aber er bereitete den Boden für weitere Entwicklungen. Der amerikanische Erfinder Christopher Latham Sholes (1819–1890) stellte sich 1867 der Herausforderung und entwarf mit seinen Freunden Carlos Glidden, James Densmore und Samuel Soule ein Gerät, das bereits die Merkmale moderner Apparate wie Gummiwalze, Zeilenschaltung und die Anordnung der Typen in der Folge QWERT aufwies. 1873 verkaufte er die Rechte an seinem Typewriter an den Büchsenmacher Philo Remington. Dieser stellte die Schreibmaschinen serienmäßig her und vertrieb sie an Schreibbüros, Anwälte, Industriebetriebe und Schriftsteller. So hat Mark Twain mit *Tom Sawyer* als erster Autor überhaupt seinem Verleger ein Typoskript geliefert.

Seitdem hat die Schreibmaschine eine steile Karriere hinter sich: Sie beschleunigte die Texterfassung und steigerte die Produktivität – eine Entwicklung, die sich über die elektrische Schreibmaschine bis zu den Computern, Notebooks und Organizern unserer Tage fortsetzt. Auch die sozialen Strukturen beeinflusste diese Maschine nachhaltig: Sie bot erstmals Frauen die Möglichkeit, in großem Umfang in das Berufsleben einzusteigen.

Die Erfindung der Schreibmaschine revolutionierte das Arbeitsleben vor allem der Frauen.

Schreibtelegraf und Morsecode

Wilhelm Eduard Weber (1804-1891), Carl Friedrich Gauß (1777-1855), Samuel Finley Breese Morse (1791-1872)

1833

DAS JAHR 1833

- Großbritannien verbietet die Sklaverei im Empire.
- Im Deutschen Bund wird der Deutsche Zollverein gegründet.
- Großbritannien erklärt seinen Anspruch auf die Falklandinseln. Argentinien, vor dessen Küste sie liegen, verwahrt sich dagegen.
- Die »Royal William« ist das erste Dampfschiff, dem die Überquerung des Atlantik gelingt.
- Ein Unbekannter ersticht in Ansbach Kaspar Hauser. Das Findelkind mysteriöser Herkunft war 1828 in Nürnberg aufgetaucht und hatte scheinbar viele Jahre in völliger Isolation gelebt.

Frühe Kulturen der Menschheit kommunizierten mit Trommelzeichen oder Rauch- und Feuersignalen über große Entfernungen. In der modernen Welt musste man dieses Problem jedoch auf andere Art und Weise lösen. Ein erster Versuch war Claude Chappes Telegrafensystem, das er Ende des 18. Jahrhunderts erfunden hatte. Doch bald war auch dieses schon zu langsam.

Chappe hatte vorgeschlagen, Masten mit beweglichen Latten aufzustellen, deren verschiedene Stellungen unterschiedliche Aussagen symbolisierten. Die Fortschritte auf den Gebieten der Elektrizität und des Magnetismus zu Beginn des 19. Jahrhunderts ließ den Gedanken an eine Verwandlung von Informationen in elektrische Signale reifen. Dazu musste es gelingen, elektrische Impulse sicht- oder hörbar zu machen.

Fast zufällig konstruierte der deutsche Physiker Wilhelm Eduard Weber zusammen mit dem Mathematiker Carl Friedrich Gauß 1833 den ersten elektromagnetischen Schreibtelegrafen. Er machte den in elektrische Impulse verschlüsselten Text als Punktschrift auf Papier sichtbar. Eigentlich hatten sich die beiden seit 1832 der Erforschung des Erdmagnetismus gewidmet. So erschien ihnen diese noch recht einfache Maschine, die Informationen über eine Distanz von etwas mehr als 1,5 Kilometern übertragen konnte, zunächst nur als ein »Abfallprodukt« ihrer Forschungen.

Den wirklichen Durchbruch für die elektrische Telegrafie schaffte ein Professor für Zeichenkunst in New York: Samuel Morse. Seine Begeisterung für elektrische und chemische Experimente ließ ihn ab 1833 an einem Schreibtelegrafen arbeiten, den er drei Jahre später in den USA zum Patent anmeldete. Der Sender des Apparates bestand aus einem Schalter, mit dem man den Stromfluss einer Leitung für eine festgelegte Dauer unterbrechen konnte. Der Empfänger bestand aus einem elektromagnetisch gesteuerten Stift, der bei den frühen Modellen Buchstaben als Zickzackzeichen auf ein Papierband schrieb.

Doch schon 1836 entwickelte Morse ein Zeichensystem, das einfacher und schneller zu übertragen war: Sein Binärcode besteht aus nur zwei Signalen, einem kurzen (Punkt) und einem langem (Strich). Buchstaben werden durch unterschiedliche Kombinationen dargestellt, wobei die häufigsten Buchstaben auch dem kürzesten Code entsprechen.

Samuel Morses erste Geräte übertrugen Nachrichten über eine Strecke von gut 30 Kilometern, dann wurden die Signale zu schwach. Erst Verstärker an den Telegrafenleitungen lösten dieses Problem.

Das Potenzial von Morses Erfindung erkannten auch die amerikanischen Politiker. 1843 bewilligte der Kongress 30000 Dollar zur Errichtung einer Telegrafenleitung zwischen Washington und Baltimore. Ein Jahr später übermittelte Morse darüber die erste Nachricht.

Der Morsecode wurde lange Zeit fast ausschließlich für die Telegrafie verwendet und ist heute teilweise noch im Seefunk und bei Funkamateuren in Gebrauch.

Der Morsecode besteht aus nur zwei Signalen, die mit einem einfachen Tastengerät erzeugt wurden.

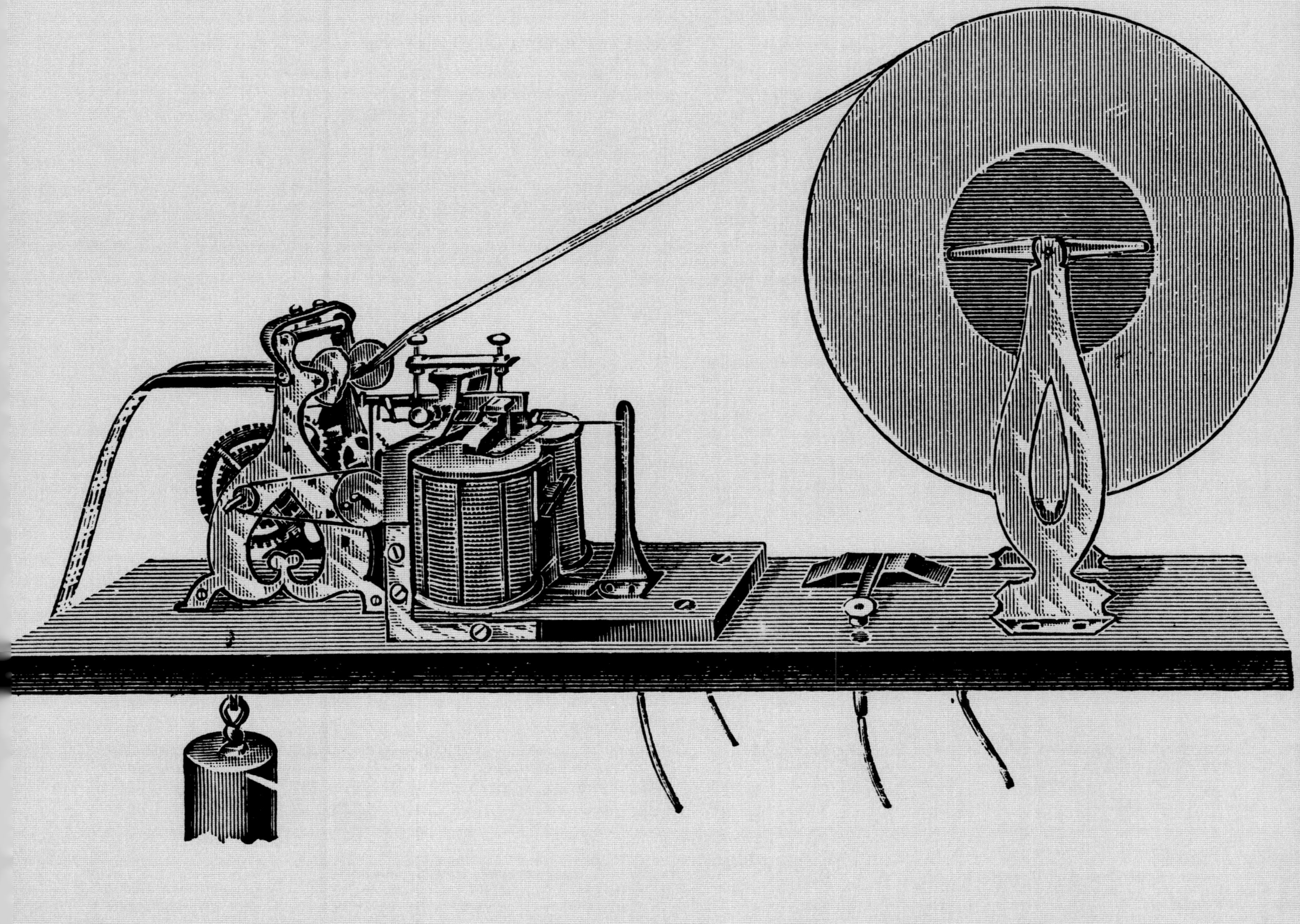

Relais – Weniger Spannung beim Schalten

Joseph Henry (1797–1878)

Joseph Henrys Erfindung des Relais brachte die Elektrotechnik einen riesigen Schritt voran. Erst machte es in der Kommunikationstechnologie Karriere, später in der Computertechnik.

1835

DAS JAHR 1835

- Im »Großen Treck« wandern viele burische Bewohner der südafrikanischen Kapregion aus dem britisch regierten Gebiet aus.
- Der deutsche Chemiker Justus Liebig erfindet eine Methode, Spiegel durch Versilbern von Glas herzustellen.
- Marie Tussaud eröffnet in London ihr heute weltberühmtes Wachsfigurenkabinett.
- Samuel Colt erhält in England und Frankreich Patente auf seinen Revolver.

In der Anfangsphase der Elektrotechnik war das Ein- und Ausschalten von Leitungen mit hohen Spannungen aufwändig und nicht ganz ungefährlich. Ein direkte Schaltung von Hochspannung erforderte massive Schalter mit großen Kontaktflächen. Andernfalls zerstörten Funken beim Schalten die Kontakte. Die Zuleitungen zum Schalter mussten sehr dick sein, da sie die hohe Spannung aufnahmen. Auch die Isolation der spannungsführenden Teile eines solchen »Direktschalters« barg Risiken: Man konnte nie sicher gehen, ob man einen elektrischen Schlag bekam.

Der Physiker Joseph Henry (1797–1878) beteiligte sich maßgeblich an der Lösung all dieser Probleme. Henry hatte zunächst an der Verbesserung der ersten Elektromagneten gearbeitet. 1829 stellte er einen Elektromagneten vor, der über eine Tonne Gewicht heben konnte. Dann beschäftigte sich der Tüftler mit der Idee, einen Stromkreis über einen Elektromagneten risikolos und zuverlässig zu schalten.

△ **Die ersten Großrechenanlagen führten ihre Schaltvorgänge noch mit Relais aus.**

1835 fand Henry die Lösung des Schaltproblems: das Relais. Dieses Gerät ist wie folgt aufgebaut: Ein separater (Schwach-) Stromkreis versorgt einen Elektromagneten, welcher aus Spule und Eisenkern besteht. Der Ein- und Ausschalter dieses Stromkreises darf Leichtbauweise haben, da hier keine Hochspannung anliegt. Das gilt auch für die Zuleitung zum Magneten. Schließt man den (Schwach-) Stromkreis, so baut sich am Elektromagneten ein magnetisches Feld auf. Dieses Feld zieht die eine Seite einer metallischen »Wippe« (in der Elektrotechnik »Anker« genannt) an. Die andere Seite der »Wippe« schließt gleichzeitig über einen dicken Schaltkontakt einen Starkstromkreis.

Der Vorteil des Relais besteht darin, dass der Benutzer die Hochspannung indirekt und damit risikolos über den Schwachstromkreis schalten kann. Zudem ist die Installation der Schwachstromkabel auch über weite Distanzen problemlos zu realisieren.

Mit diesen Eigenschaften revolutionierte das Relais die gerade entstehende Kommunikationstechnologie. Nun floss der über weite Entfernungen wirtschaftlichere Schwachstrom durch Telegrafenleitungen, an deren Enden die Relais auf den geringen Strom ansprachen und damit andere Stromkreise steuerten.

Der Siegeszug des Relais hielt bis in die Anfänge des Computerzeitalters an. Die ersten Großrechenanlagen führten ihre Schaltvorgänge noch mit Relais aus. Bei den nachfolgenden Computergenerationen verdrängten dann zuverlässigere und kompaktere Halbleiterschaltungen die Geräte. Dennoch sind Relais auch heute noch nicht völlig aus der Elektrotechnik verschwunden: In moderner Form arbeiten diese Geräte in den Bereichen Telekommunikation, Energietechnik und Datenverarbeitung.

Die Erfindung des Relais machte die gefahrlose Schaltung von Starkstromkreisen möglich.

ONLY

Faradayscher Käfig – Geheimnisse der Elektrostatik

Michael Faraday (1791–1867)

1836

DAS JAHR 1836

- Der mexikanische Staat Texas, in dem vornehmlich Amerikaner leben, ruft seine Unabhängigkeit aus. Im anschließenden Feldzug unterliegen die mexikanischen Truppen den texanischen. Texas wird eigenständige Republik.
- In London wird die *London Working Men's Association* gegründet. Sie will den Arbeitern zu mehr Rechten verhelfen.
- Martin van Buren wird zum Präsident der Vereinigten Staaten gewählt.
- Nikolaus Dreyse konstruiert das erste Zündnadelgewehr.

Bei einem Gewitter sei der Aufenthalt in einem Auto am sichersten. Mit dieser Weisheit beruhigen Eltern oft ihre ängstlichen Kleinen. Aber warum ist das eigentlich so? Michael Faraday hatte 1836 erkannt, dass auf der Oberfläche eines Gehäuses aus leitendem Material – zum Beispiel eines Metallkäfigs – elektrische Felder entstehen, die das eines Blitzes aufheben. Das Innere des so genannten »Faradayschen Käfigs« bietet auf diese Weise Schutz vor einem Stromschlag.

Der ehemalige Buchbinderlehrling Michael Faraday hatte sich als Naturforscher bereits einige Anerkennung verdient: Er hatte die Induktionsgesetze entdeckt und den ersten Elektromotor erfunden. Seine Experimente auf dem Gebiet der Elektrostatik sollten ihn schließlich noch berühmter machen: 1836 fand er heraus, dass eine Person im Inneren eines unter Strom gesetzten Metallkäfigs nicht der geringsten Gefahr eines elektrischen Stromschlages ausgesetzt war – selbst wenn sie den Käfig berührte.

Der »Faradaysche Käfig«, der seither vor allem zum Schutz vor Blitzen eingesetzt wird, funktioniert nach folgendem Prinzip: Die Umhüllung mit einer leitenden Oberfläche – etwa einem Metallkäfig – befreit das Innere eines Raumes von elektrischen oder magnetischen Feldern. Diese befinden sich nur auf der Oberfläche des Leiters. Das elektrische Feld des Blitzes erzeugt auf der äußeren leitenden Oberfläche des Käfigs so genannte »Oberflächenladungen«. Diese wiederum bilden ein Feld, welches das äußere exakt ausgleicht. Der Abstand der Gittermaschen kann sogar relativ groß sein, um diesen Effekt immer noch zu erzielen.

Bei einem Gewitter sind so die Insassen beispielsweise eines Autos – sogar eines Cabriolets mit geschlossenem Stoffdach und metallischem Überrollbügel – recht sicher. Ein Blitzschlag in den Wagen trennt die Ladungen innerhalb des Karosserieblechs, und es wird ein Feld aufgebaut, welches das des Blitzes kompensiert. Die Erdung über den Kontakt mit der Straße leitet den Blitz in den Boden ab. Auch Flugzeuge oder Schienenfahrzeuge sind durch den von Faraday entdeckten Mechanismus geschützt. Oftmals trifft ein Blitz ein Flugzeug, das durch eine Gewitterfront fliegt, ohne dass die Passagiere das überhaupt bemerken.

Nach dem Käfigprinzip sind auch »Koaxialkabel« aufgebaut, deren Umhüllung mit einem geerdeten Metallgeflecht Felder abschirmt, die sonst ein Fernsehsignal oder den Netzwerkbetrieb von Computern störten. Aber auch hoch empfindliche Messungen, zum Beispiel der Gehirnströme in der medizinischen Forschung, werden in abgeschirmten Räumen durchgeführt.

Das Prinzip des Faradayschen Käfigs kommt nicht nur zum Schutz von Räumen vor äußerer Einwirkung zum Einsatz. Oft ist der umgekehrte Fall von Bedeutung: Dann muss die Umgebung durch das Abschirmen eines Feldes nach außen geschützt werden: Ein Teil der in einer Bildröhre entstehenden Strahlung lässt sich beispielsweise auffangen, wenn in das Innere des Bildschirms ein geerdeter Metallkäfig eingebaut ist. Sicherheitsnormen für Computermonitore (TCO) haben diese Maßnahme längst als Standard verankert.

Michael Faraday, hier in seinem Londoner Labor, erkannte, wie man sich vor einem Stromschlag schützt.

Fotografie – Ein Abbild der Realität

Louis Jacques Mandé Daguerre (1787–1851), William Henry Fox Talbot (1800–1877)

1837

DAS JAHR 1837

- Der russische Schriftsteller Alexander S. Puschkin stirbt nach einem Duell an seiner Schussverletzung.
- Die britische Verwaltung Niederkanadas beendet einen Aufstand von Unabhängigkeitskämpfern.
- Im Königreich Hannover setzt König Ernst August die Verfassung außer Kraft. Als sieben Göttinger Professoren – die »Göttinger Sieben« – diese Maßnahme verurteilen, entlässt sie der König.
- Die Wiener Stadtverwaltung verbietet das Rauchen auf öffentlichen Straßen.

△ Abbildung eines Baumes in der Camera obscura.

Einen Meilenstein in der Geschichte der »Lichtbildkunst« stellen die Entdeckungen eines französischen Malers und eines englischen Physikers dar – plötzlich ist es möglich, die Realität auf Papier zu bannen.

Der arabische Gelehrte Ibn al-Haitham (um 965–1039), auch Alhazen genannt, hatte bereits im 11. Jahrhundert Pionierarbeit für die Fotografie geleistet. Ihm war nämlich eine bahnbrechende Entdeckung gelungen: Reflektiert ein Gegenstand Lichtstrahlen durch ein winziges Loch in einen dunklen Kasten, entstand in dessen Innern ein verkleinertes umgekehrtes Bild des Objektes. Diese Camera obscura (»dunkle Kammer«) oder »Lochkamera« diente beispielsweise den Malern des 17. und 18. Jahrhunderts als wertvolle Hilfe für naturgetreue Zeichnungen. Die Möglichkeit, die »Lichtbilder« festzuhalten, blieb noch eine Wunschvorstellung.

Im Jahr 1727 machte der deutsche Arzt Johann Heinrich Schulz (1687–1744) einen Schritt in diese Richtung: Er erkannte, dass sich Silberverbindungen unter Lichteinwirkung schwärzten. Die erste Aufzeichnung von Licht (Heliografie) glückte aber erst 100 Jahre später dem Lithographen Joseph Nicéphore Niepce (1765–1833). Er beschichtete eine polierte Zinnplatte mit einer lichtempfindlichen Asphaltschicht, dem so genannten »Judenpech«. Belichtete er einen Teil des Belags, so bleichte dieser aus, unbelichteter Asphalt konnte mit einer Lösung aus Lavendelöl und Terpentin abgewaschen werden. Mit Joddämpfen verstärkte Niepce diesen Kontrast. So entstand 1822 – mit einer Belichtungszeit von acht Stunden – das erste Foto der Welt: Es zeigte die Aussicht vom Fenster im Arbeitszimmer des Lithographen.

Die Idee, die Bilder der Camera obscura zu fixieren, wollte auch der französische Bühnen- und Dekorationsmaler Louis Jacques Mandé Daguerre verwirklichen. Er tat sich 1829 mit Niepce zusammen, doch erst nach dessen Tod entdeckte er ein besseres Entwicklungsverfahren: Er versilberte Kupferplatten und machte sie mit Joddämpfen lichtempfindlich. Die belichteten Bilder machte er dann auf den Platten mit Quecksilberdampf sichtbar und konservierte sie mit einer Natriumchloridlösung. 1837 entstand die erste »Daguerreotypie«, ein Stillleben.

1839 gelang dem englischen Physiker und Chemiker William Henry Fox Talbot der erste Negativ-Positiv-Prozess (Calotypie). Er behandelte Papier mit Silbernitrat und Kaliumjodid. Das darauf belichtete Bild, das so genannte Negativ, konnte er dann auf ebenfalls lichtempfindliches Silberchlorid- oder -bromidpapier übertragen (Positiv). Talbots Technik verkürzte die Belichtungszeit erheblich und ermöglichte es, beliebig viele Abzüge von einem Negativ zu erstellen.

Die neue Erfindung faszinierte die Menschen ungemein. Stundenlang betrachteten sie die Fotografien durch Lupen. Die Bilder zeigten die Natur so lebensecht und detailgetreu, wie es bis dahin noch keinem Maler gelungen war.

1851 gelang schließlich dem Engländer Frederick Scott Archer (1813–1857) das nasse Kollodiumverfahren. Es erreichte die bis dahin größte Lichtempfindlichkeit und verringerte die Belichtungszeit von bis zu fünf Minuten auf 0,5–30 Sekunden. Das Zeitalter der »Fotografie für alle« war eingeleitet.

Über die langen Belichtungszeiten der frühen Fotoapparate belustigte sich der französische Grafiker Honoré Daumier: »Die Geduld ist die Tugend der Esel.«

Chez Bauger, R. du Croissant 16. Imp. d'Aubert & Cie

La patience est la vertu des ânes.

Sonnenkorona – Expedition zum Licht

Ein Großaufgebot von Astronomen

1842

DAS JAHR 1842

- In Großbritannien verbietet der »Mines Act« Frauen- und Kinderarbeit im Bergbau.
- Ein Großbrand zerstört weite Teile der Hamburger Altstadt.
- Der Webster-Ashburton-Vertrag legt die Grenze zwischen den USA und Kanada fest und beendet damit alte Streitigkeiten.
- Giuseppe Verdis Oper *Nabucco* kommt in Mailand zur Uraufführung.

Die Sonne fasziniert den Menschen seit jeher. Was sind das für Strahlen und wie entstehen sie? Als natürlicher Versuchsaufbau für Untersuchungen standen Sonnenfinsternisse immer schon hoch im Kurs. Denn erst wenn die Sonne vom Mond verdeckt ist, was selten vorkommt, wird die Korona, der Strahlenkranz unseres Zentralgestirns, für das menschliche Auge sichtbar.

Es ist faszinierend, dass ausgerechnet zu einem Zeitpunkt, da die Sonne sich wieder einmal verfinsterte, viele neue Erkenntnisse über ihre Natur ans Licht gefördert wurden. 1842 war eine totale Sonnenfinsternis quer durch ganz Europa zu beobachten. Die seltene Chance, die Sonne genau zu beobachten, brachte eine wahre Expedition von Wissenschaftlern auf die Beine – und ihr Erfolg war außergewöhnlich.

Endgültig geklärt wurde damals die Frage, ob die bei einer Finsternis sichtbar werdende Korona – der Engländer Francis Baily prägte 1840 diesen Begriff – tatsächlich der Sonne oder doch, wie lange Zeit vermutet, dem Mond zuzuschreiben ist. Anhand spektraler Untersuchungen konnte sie bald eindeutig als solares Phänomen identifiziert werden. Die Wissenschaft hatte wieder etwas mehr festen Boden gewonnen. In der Folge entdeckte man sukzessive den Aufbau der Sonne mit ihren wie bei einer Zwiebel angeordneten Schichten: Vom Kern nach außen sich auffächernd kommt zunächst die Photosphäre, dann die Chromosphäre und als äußerste, die Sonne umhüllende Schicht die Korona. Da diese diffus und rund ist sowie eine Million Mal schwächer leuchtet als die Sonnenoberfläche, ist sie für gewöhnlich unsichtbar. Doch sie ist aufgrund ihrer inneren Dynamik für die Wissenschaft höchst interessant. 1842 wurde ihrer Erforschung der Weg bereitet.

Ebenfalls erforscht wurde seither das Phänomen der weit über die Sonnenoberfläche hinausschießenden Gasfontänen, der so genannten Protuberanzen (lateinisch: *protuberare* = hervorquellen, hervorbrechen). Ab 1842 wurden sie wissenschaftlich untersucht. Man konnte sie beobachten als glutrot aus der Sonne herausgeschleuderte Gaswolken, die in hohem Bogen zum Sonnenrand zurückströmten.

Heute erklärt man dieses Phänomen damit, dass die bis zu 400 000 Kilometer weit hinauskatapultierten glühenden Gasteilchen an den magnetischen Kraftlinien der Sonne, insbesondere der Sonnenflecken, entlangwandern und diese so sichtbar machen. Im 19. Jahrhundert jedoch war allein schon ihre Entdeckung ein bedeutendes Ereignis.

Beinahe 100 Jahre sollte es noch dauern, bis die Korona und die Phänomene am Sonnenrand unabhängig von den Sonnenfinsternissen erforscht werden konnten. 1930 erst erfand der Franzose Bernard Lyot den »Koronografen«, ein Fernrohr, in dem eine Blende die »Sonnenscheibe« abdeckt und so beliebig eine Finsternis simulieren kann. 1842 jedenfalls, als es vorübergehend dunkel wurde, erhellte sich das Geheimnis um die Sonne. Bei der Frage »Was strahlt da und vor allem wie?« steht die Physik schon lange nicht mehr vor einem großen Rätsel. Die Faszination aber ist ungebrochen, bis zum heutigen Tag.

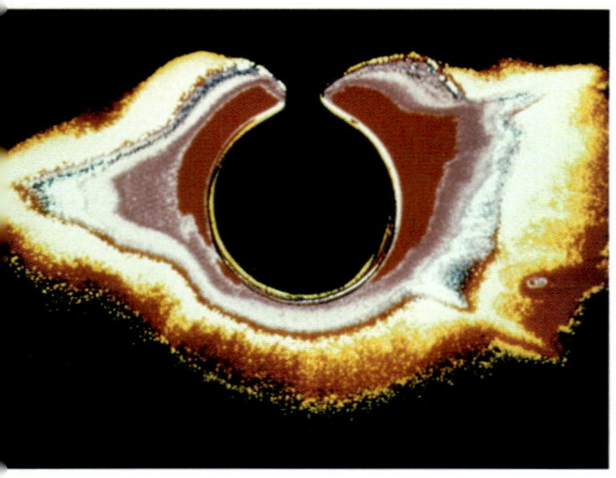

△ Nur wenn der Mond die Sonne verdeckt, wird ihr Strahlenkranz, die Korona, sichtbar.

Aus der Sonne herausgeschleuderte Gaswolken, so genannte Protuberanzen, die in hohem Bogen zum Sonnenrand zurückströmen.

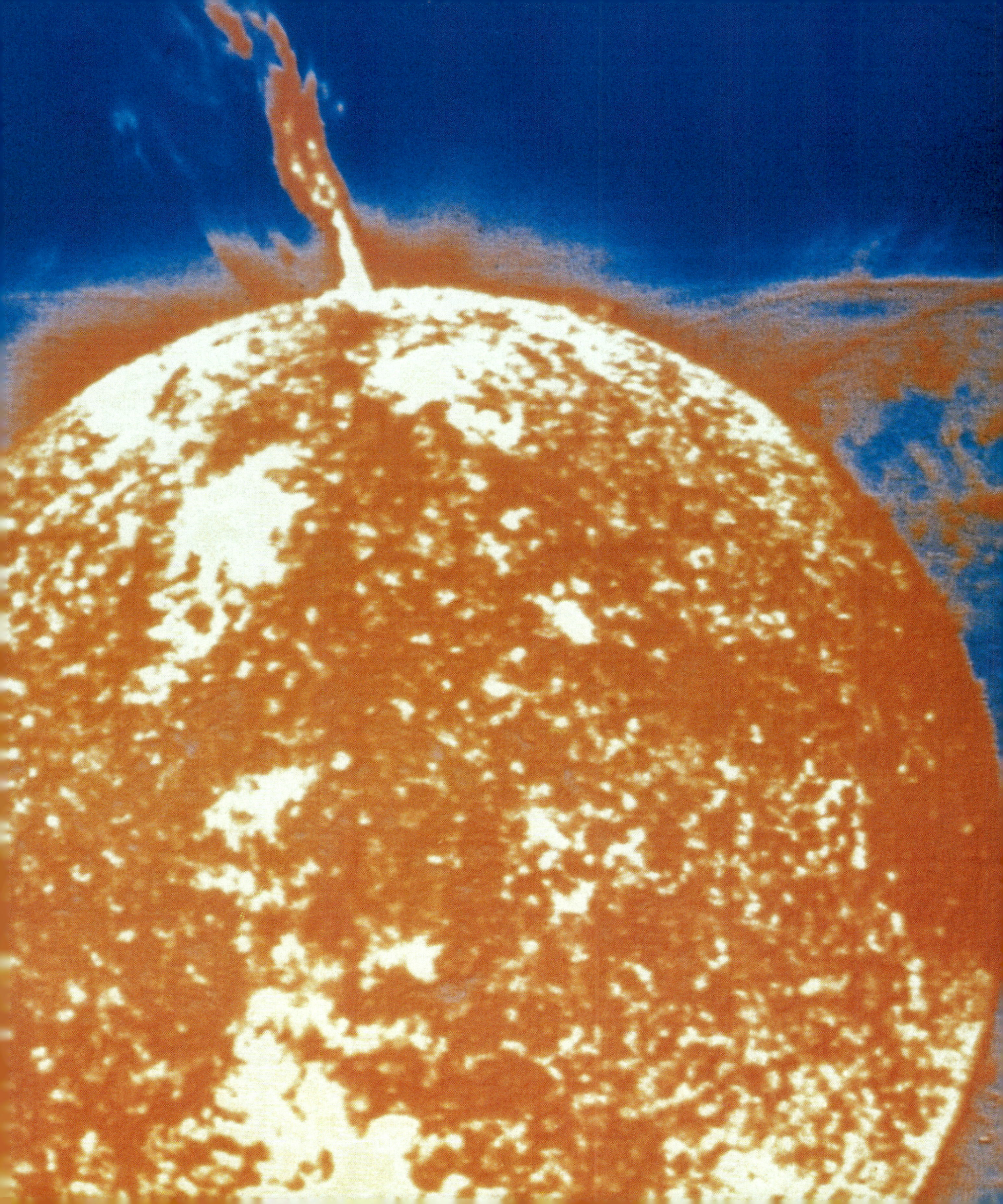

Nervensystem – Vom »Froschstrom« zum Aktionspotenzial

Emil Heinrich DuBois-Reymond (1818–1896)

Wie »erfahren« eigentlich die Muskeln, dass sie eine Bewegung ausführen sollen? Emil Heinrich DuBois-Reymond entdeckte 1843 elektrische Ströme an Nerven und Muskeln als maßgeblich Beteiligte dieser Aktion.

1843

DAS JAHR 1843

- Im deutschen Clausthal wird Robert Koch, der Begründer der Bakteriologie geboren.
- Die Londoner Wirtschaftszeitung *The Economist* erscheint zum ersten Mal.
- In den USA endet der seit 1835 andauernde Seminolenkrieg. Die Indianer hatten sich gegen ihre zwangsweise Umsiedlung von Florida nach Oklahoma gewehrt. Nun ist der Stamm praktisch ausgelöscht.
- Großbritannien nimmt den südafrikanischen Burenstaat Natal in Besitz, der nach der Auswanderung mit dem »Großen Treck« entstanden war.

Physiologen wiesen im 18. Jahrhundert durch die künstliche Reizung von Nerven nach, dass diese sensibel, also durch Reize erregbar sind. Durch die Übertragung von Energie lösten sie an den Muskeln »am Ende der Leitung« eine Kontraktion aus. Welcher Art die von den gereizten Nerven ausgehende Energie war, konnten sie allerdings nicht angeben. Ebenso wenig wussten sie über den Auslöser der Energie: War es ein äußerlicher mechanischer oder chemischer Reiz oder bildete der Organismus die Energie selbst?

Der Streit zwischen den beiden Wissenschaftlern Alessandro Volta (1745–1827) und Luigi Galvani (1737–1798) war charakteristisch für diese Debatte: 1780 verband Galvani Muskel und Nerv eines präparierten Froschschenkels über zwei Metallleiter. Der Schenkel begann zu zucken. Galvani interpretierte diese Beobachtung als eine durch die Muskeln erzeugte »tierische Elektrizität«: Der Organismus erzeuge den Strom, der die Muskelkontraktion auslöst, selbst. Alessandro Volta widersprach dieser Auffassung heftig. Er erklärte das Zucken des Froschschenkels mit der »metallischen Elektrizität«: Der Strom würde durch die Metallberührung hervorgerufen und sich lediglich in das Froschpräparat entladen. Dieser Streit sollte die Fachwelt noch einige Zeit spalten.

Die Lösung des Problems gelang dem deutschen Physiologen Emil Heinrich DuBois-Reymond. Schon als Student verfasste er eine Arbeit über elektrische Fische. Das Phänomen elektrischer Erscheinungen im Gewebe von Lebewesen faszinierte ihn weiterhin, sodass er 1840 begann, alte elektrische Messinstrumente technisch zu verbessern. Mit ihrer Hilfe wollte DuBois-Reymond schwach fließende Ströme an Nerven und Muskeln messen. 1843 gelang ihm der Nachweis, dass Nervenimpulse wenigstens teilweise elektrischer Natur waren. Eine Veränderung des elektrischen Zustands des Nervs erkannte er als Auslöser des Impulses. Diese elektrischen Veränderungen zeigten sich nicht nur an den Nerven, sondern auch entlang der Muskeln. Die Wissenschaft betrachtete von nun ab den elektrischen Reiz als Grundparameter physiologischer Versuche und konnte so den Mechanismus der nervösen Informationsübertragung sukzessive erschließen.

Kurz darauf kam die Forschung zu der Erkenntnis, dass sowohl äußere Sinnesreize als auch Steuerbefehle des Gehirns Nerven beeinflussen. Dass chemische Substanzen bei der Übertragung elektrischer Nervenimpulse an den Synapsen (Nervenenden) beteiligt sind, wies 1921 Otto Loewi (1873–1961) nach.

Die Theorien DuBois-Reymonds sind bis heute anerkannt. Sie bildeten die Grundlagen der modernen Elektrophysiologie und ermöglichten die spätere Erfindung der Elektrokardiographie (EKG) und Elektroenzephalographie (EEG), mit denen die elektrischen Ströme des Herzens und des Gehirns gemessen werden. Die Aufzeichnungen erlauben dann Rückschlüsse auf krankhafte Veränderungen. Die Bestimmung des Stroms als »Nervensaft« war somit auch eine Bereicherung für die medizinische Diagnostik.

Das Nervensystem durchzieht den gesamten Körper und ist Grundlage der Informationsübertragung.

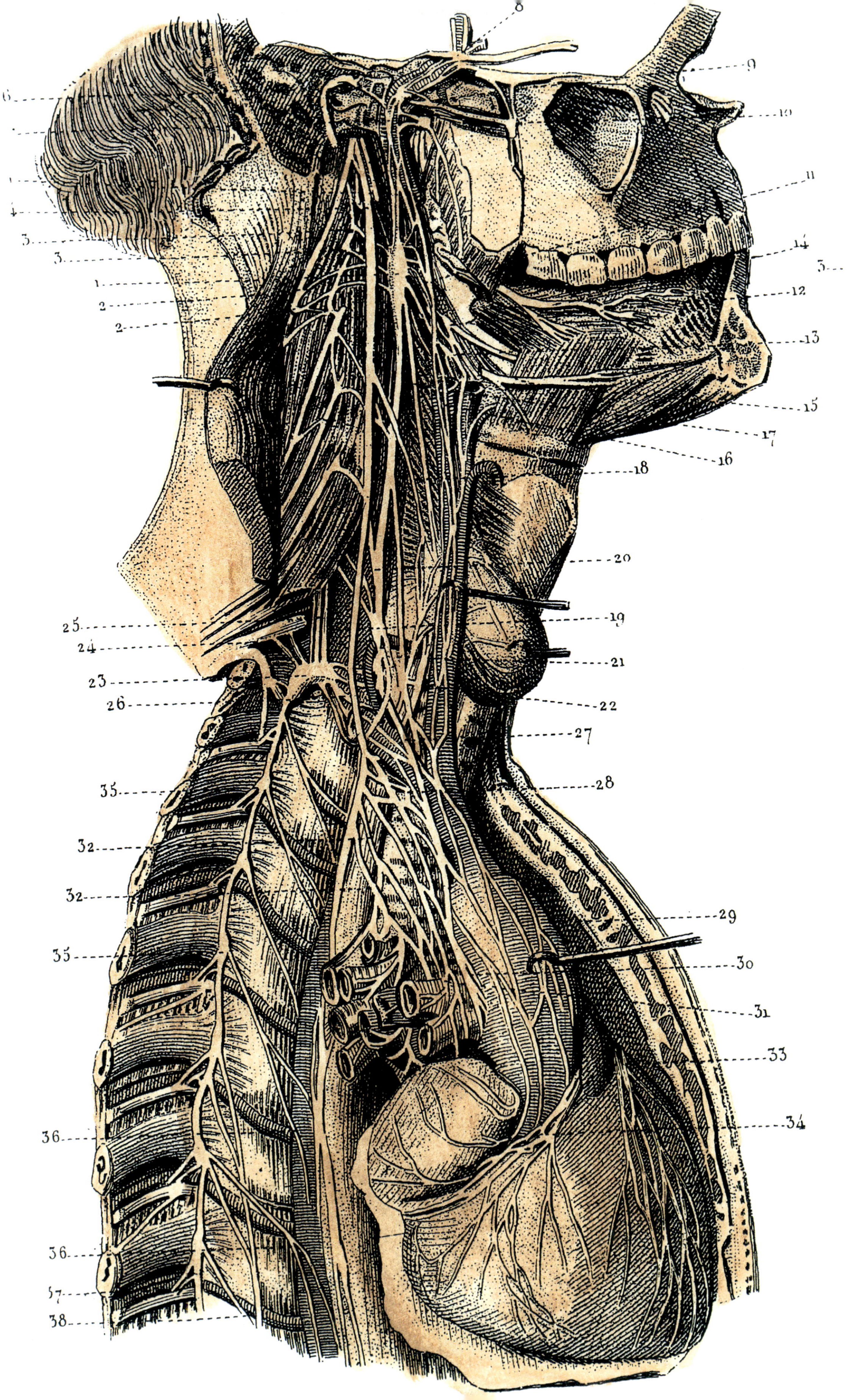
8
6
9
10
11
4
3
3
14
3
1
2
12
2
13
15
17
16
18
20
25
19
24
21
23
22
26
27
35
28
32
32
29
35
30
31
33
36
34
36
37
38

Evolutionstheorie – Der Ursprung des Lebens

Charles Darwin (1809-1882)

Mit seinem Werk *On the origins of species by means of natural selection* brachte der englische Naturforscher Charles Darwin das bislang geltende Weltbild zum Einsturz. Er zwang den »göttlichen Menschen«, sich als Teil einer ganz unromantischen Naturgeschichte zu entdecken und verbannte die Schöpfungsmythen endgültig aus den Naturwissenschaften.

1844

DAS JAHR 1844

- In Frankreich erscheint Alexandre Dumas' Roman *Die drei Musketiere*, der den Schriftsteller schlagartig berühmt macht.
- In London wird die *Young Men's Christian Association* gegründet.
- In Preußen erheben sich die schlesischen Weber gegen die zunehmende Mechanisierung des Gewerbes, die ihre Existenz bedroht. Soldaten schlagen den Aufstand sofort brutal nieder.
- Samuel Morse gelingt es erstmals, ein Telegramm zu übertragen. Er sendet es von Washington nach Baltimore.

△ Charles Darwin verbannte die Schöpfungsmythen aus den Naturwissenschaften.

Die »Evolution« bezeichnet in erster Linie den Gegenpol zur »Revolution«. Während Letztere bestehende Ordnungen gewaltsam umstürzt, verläuft die Veränderung bei der Evolution kontinuierlich und zielgerichtet. Das Denkmodell des »Evolutionismus« in der Natur- und Kulturphilosophie interpretiert die Entwicklung als aufsteigend, vom Niedrigen zum Höheren, Wertvolleren. Schon der Philosoph Heraklit (550–480 v. Chr.) hatte evolutionistische Ideen geäußert. Auch Aristoteles (384–322 v. Chr.) nahm an, dass sich niedrigere Organismen zu höheren entwickelten, gelenkt durch eine »treibende Kraft«. Doch erst die Philosophen und Biologen des 19. Jahrhunderts führten den Gedanken einer Entwicklungsgeschichte der Natur detailliert aus. Zuerst wagte 1755 der deutsche Philosoph Immanuel Kant (1724–1804), eine Entstehung der Planeten aus kosmischen Nebeln zu denken. Den Geologen dagegen stach immer deutlicher ins Auge, dass die gefundenen Versteinerungen den vorherrschenden Pflanzen und Tieren kaum ähnlich waren. Der berühmteste und einflussreichste Vertreter der »Evolutionslehre« war aber Charles Darwin.

Als junger Mann nahm er an der berühmten Forschungsreise des Expeditionsschiffs »Beagle« teil, die ihn zwischen 1831 und 1836 um die ganze Welt führte. Der Vergleich seiner gesammelten biologischen Objekte führte ihn zu folgendem Schluss: Die Entstehung von Lebewesen sei ein historischer Prozess. Seine Theorie fasste er unter dem Schlagwort »Survival of the fittest« zusammen – der Stärkste überlebt.

Seine Ansicht begründete Darwin so: Die Vertreter einer Art vererben unterschiedliche Eigenschaften an ihre Nachkommen, von denen mehr gezeugt werden, als es zur Arterhaltung eigentlich nötig wäre. Die »natürliche Auslese« (Selektion) sorgt nun dafür, dass die Nachkommen mit den geeigneteren Erbanlagen sich durchsetzen, während die »Schwachen« dem Entwicklungsprozess zum Opfer fallen.

Darwin konnte jedoch nicht erklären, auf welche Weise sich die unterschiedlichen Eigenschaften vererben – diesen Nachweis lieferte die Genetik erst zu Beginn des 20. Jahrhunderts. Er schrieb seine Ideen 1844 in einem kleinen Essay nieder, veröffentlichte diesen aber erst 15 Jahre später, nachdem ihm eine ähnliche Arbeit zur Begutachtung vorgelegt worden war. 1859 erschien *Die Entstehung der Arten durch natürliche Zuchtwahl,* 1871 folgte *Die Abstammung des Menschen.* In diesem zweiten Werk bekannte sich Darwin öffentlich zu einer Idee, die bis dahin als undenkbar galt: die Abstammung des Menschen von affenähnlichen Lebewesen.

Darwins Lehre brach zwei Tabus: die religiöse Vorstellung von einer vollendeten Schöpfung und den Vernunftglauben der Aufklärung, der den Menschen über die Natur stellte. Darwin zeigte den Menschen, dass auch sie nur Teil einer langen Entwicklung der Natur waren.

Darwin verstand die Evolution nicht als Überlebenskampf einzelner Individuen, sondern vielmehr als eine Koevolution von Arten.

Neandertaler – Unser früher Onkel

Johann Carl Fuhlrott (1804–1874)

1856

DAS JAHR 1856

- Amerikanische Bundestruppen müssen bürgerkriegsähnliche Kämpfe zwischen Gegnern und Befürwortern der Sklaverei in den Territorien Kansas und Nebraska beenden.
- Alfred Krupp führt für die Angestellten und Arbeiter seiner Eisen- und Stahlfabrik eine Kranken- und Sterbekasse ein.
- Der Pariser Frieden beendet den Krimkrieg.
- Die mexikanische Regierung zwingt die katholische Kirche per Gesetz, ihren Grundbesitz zu verkaufen.

Als Steinhauer 1856 mit Sprengsätzen zwei Grotten im Neandertal bei Düsseldorf freilegten, stießen sie auf Knochenreste. Zuerst glaubten sie, das Skelett eines großen Höhlenbären entdeckt zu haben. Doch der Elberfelder Lehrer und Naturforscher Johann Carl Fuhlrott identifizierte die Knochen eindeutig als den Überrest eines frühen, bis dahin unbekannten Menschentyps. Der irische Forscher William King benannte das prähistorische Wesen 1884 nach seinem Fundort *Homo neanderthalensis*.

Uneinigkeit herrschte unter den zeitgenössischen Wissenschaftlern über die Datierung der Knochen. Während Fuhlrott von einem »sehr hohen Alter« ausging, wagten der Anatom Franz Josef Mayer (1787–1865) und der Anthropologe Hermann Schaafhausen (1816–1893) keine Altersbestimmung. Rudolf Virchow (1821–1902), eine Autorität auf diesem Gebiet, bestand noch bis kurz vor seinem Tod darauf, es handele sich nicht um vorgeschichtliche, sondern um die Knochen eines an Rachitis erkrankten neuzeitlichen Menschen. Heute wissen wir: Das Alter der Gebeine betrug tatsächlich etwa 50 000 Jahre.

Wer also war der Neandertaler? In Afrika entstand vor etwa 1,7 Millionen Jahren eine sehr frühe menschliche Spezies, der Homo erectus. Vor etwa 800 000 Jahren verließen Angehörige dieser Gattung Afrika, um sich zuerst in Asien und dann in Europa anzusiedeln. Aus dieser Art entwickelte sich der Homo heidelbergensis. Die Entstehung riesiger Gletscher und weiter Wüsten isolierte die verschiedenen Bevölkerungsgruppen voneinander, schließlich bildeten sich zwei neue Menschentypen – der Homo neanderthalensis und der Homo sapiens.

Die Vorfahren des Neandertalers stießen vor rund 200 000 Jahren nach Europa vor. In der Eiszeit entwickelte sich eine kleine, stämmige Spezies Mensch, die dem kalten Klima besonders gut angepasst war. Rekonstruktionen ergaben, dass Neandertaler gekennzeichnet waren durch eine flache Stirn, ein fliehendes Kinn, starke Wülste über den Augen, ein massiges Skelett und leichte Biegungen verschiedener Gliedmaßenknochen. Ihre typischen Werkzeuge waren Klingen, Spitzen und Faustkeile. Diese Menschen lebten von der Jagd, bauten ihre Lager zumeist in Höhlen oder unter Felsvorsprüngen und konnten bereits Feuer entfachen. Einige Neandertalergruppen führten rituelle Handlungen durch: Sie betrieben einen Totenkult mit Grabbeigaben und Totenopfern. Lange Zeit waren die Neandertaler die einzigen Bewohner Europas, bis vor etwa 40 000 Jahren ein Konkurrent auftauchte: Der seit 170 000 Jahren in Afrika beheimatete Homo sapiens wanderte ebenfalls nach Europa aus. Einige tausend Jahre später war der Neandertaler verschwunden, nur der Homo sapiens überlebte.

Warum die Spezies des Neandertalers ausstarb, ist unklar. Einige Fachleute meinen, der Homo sapiens habe ihn verdrängt. Andere glauben, beide Arten existierten über Jahrtausende hinweg friedlich nebeneinander. Die dritte Theorie besagt, der Neandertaler sei dem Homo sapiens nicht nur technologisch unterlegen gewesen, sondern habe auch eine niedrigere Fortpflanzungsrate aufgewiesen. Weitere Informationen über den wahren Grund des Verschwindens werden uns wohl erst neue Funde liefern.

Die Neandertaler, die Europa besiedelten, waren dem kalten Klima besonders gut angepasst.

Vererbungslehre – Was Erbsen über die Abstammung verraten

Gregor Johann Mendel (1822–1884)

1857

DAS JAHR 1857

- Das Oberste Gericht der Vereinigten Staaten fällt das Aufsehen erregende »Dred-Scott-Urteil«: Der Umzug eines Sklaven von einem Sklaven haltenden in einen sklavenfreien Bundesstaat macht diesen nicht zum freien Menschen.
- Ein Börsenkrach in New York zieht die erste Weltwirtschaftskrise nach sich.
- New Yorker Iren gründen die geheime Gesellschaft *Fenier*, die Irland von der Herrschaft Großbritanniens befreien will.
- Der FC Sheffield ist der erste Fußballverein der Welt.

△ Gregor Mendel experimentierte mit Erbsen und entwickelte dabei die Grundgesetze der Vererbungslehre.

Schon seit Jahrtausenden experimentierten die Menschen mit der Züchtung von Haustieren und Kulturpflanzen, um sie zu »optimieren«. Doch nach welchen Kriterien sich die erwünschten Eigenschaften vererbten, war ihnen nicht bekannt. Der Biologe Gregor Johann Mendel entdeckte als Erster feste Gesetze bei der Vererbung.

Der Bauernsohn Johann Mendel trat 1843 unter dem Namen Gregor Mendel ins Augustinerstift von Altbrunn ein. Dort widmete sich der begabte Naturwissenschaftler der biologischen Forschung. Bald erregten die Vorgänge der Vererbung sein Interesse. Zuchtversuche, die edlere und ertragreichere Tier- und Pflanzenarten erzielen wollten, waren Mitte des 19. Jahrhunderts weit verbreitet. Schon im 18. Jahrhundert hatte der Botaniker Joseph Gottlieb Kölreuter (1733–1806) bei der Kreuzung von Pflanzen entdeckt, dass die Übertragungen von Pollen einer Art auf eine zweite in beide Richtungen zu demselben Ergebnis führten. Den entscheidenden Anstoß für die Vererbungslehre gab Charles Darwin (1809–1882), dessen Theorie der Artbildung auf der Variation von Einzelmerkmalen und Einzelindividuen beruhte.

Mendel hoffte, eine Ordnung hinter dieser Variabilität zu entdecken. Ab 1857 führte er in intensiven Versuchen Selbstbestäubungen an Erbsenpflanzen durch. Er sammelte die Samen der so befruchteten Erbsen, pflanzte sie ein und beobachtete die neue Generation. Mendel entdeckte, dass niedrigwüchsige Erbsen auch in mehreren Erbfolgen immer niedrigwüchsige Pflanzen ergaben: Ihre Erbanlagen gaben also nur das niedrige Wachstum vor (»reine Linie«). Hoch wachsende Erbsen dagegen erzeugten bei der Befruchtung sowohl hoch als auch niedrig wachsende Ableger (»nicht reine Linie«): Ihre Anlagen konnten hohes und niedriges Wachstum weitergeben. Niedrig wuchsen nur Pflanzen, die von beiden Elternteilen die niedrige Anlage erhalten hatten. Aus der Kreuzung einer reinerbig niedrigen mit einer reinerbig hohen Erbse entstanden immer nur hoch wachsende Pflanzen. Daraus folgte das erste mendelsche Gesetz: Es besagt, dass die Kreuzung zweier reinerbiger Individuen, die sich nur in einem Merkmal unterscheiden, Nachkommen hervorbringt, die unter sich alle gleich (uniform) sind. Dabei setzt sich in der ersten Generation generell nur das dominante Merkmal durch, das rezessive verschwindet dagegen scheinbar.

Das Erscheinungsbild der zweiten Nachkommengeneration führte zum zweiten mendelschen Gesetz – dem Spaltungsgesetz. Mendel paarte zwei Nachkommen der ersten Generation untereinander und entdeckte, dass diese »spalterbig« waren, das heißt, aus ihrer Kreuzung »spalteten« sich unterschiedliche Erscheinungsformen (Phänotypen) heraus. Im Fall der Erbsen wuchsen in der dritten Generation sowohl hoch als auch niedrig wachsende Pflanzen. Nach dem Zahlenverhältnis 3:1 taucht hier das rezessive Merkmal wieder auf.

Die wichtigste Erkenntnis Mendels war, dass sich das Erbgut aus voneinander unabhängigen und konstanten Erbanlagen aufbaut. Bei der Weitergabe werden diese Anlagen umgruppiert. Da die Vorgänge der geschlechtlichen Vermehrung zu dieser Zeit kaum bekannt waren, nahm die Fachwelt wenig Notiz von Mendels revolutionären Ergebnissen.

Aus Mendels Pflanzenexperimenten erwuchs die moderne Genetik und Biotechnologie.

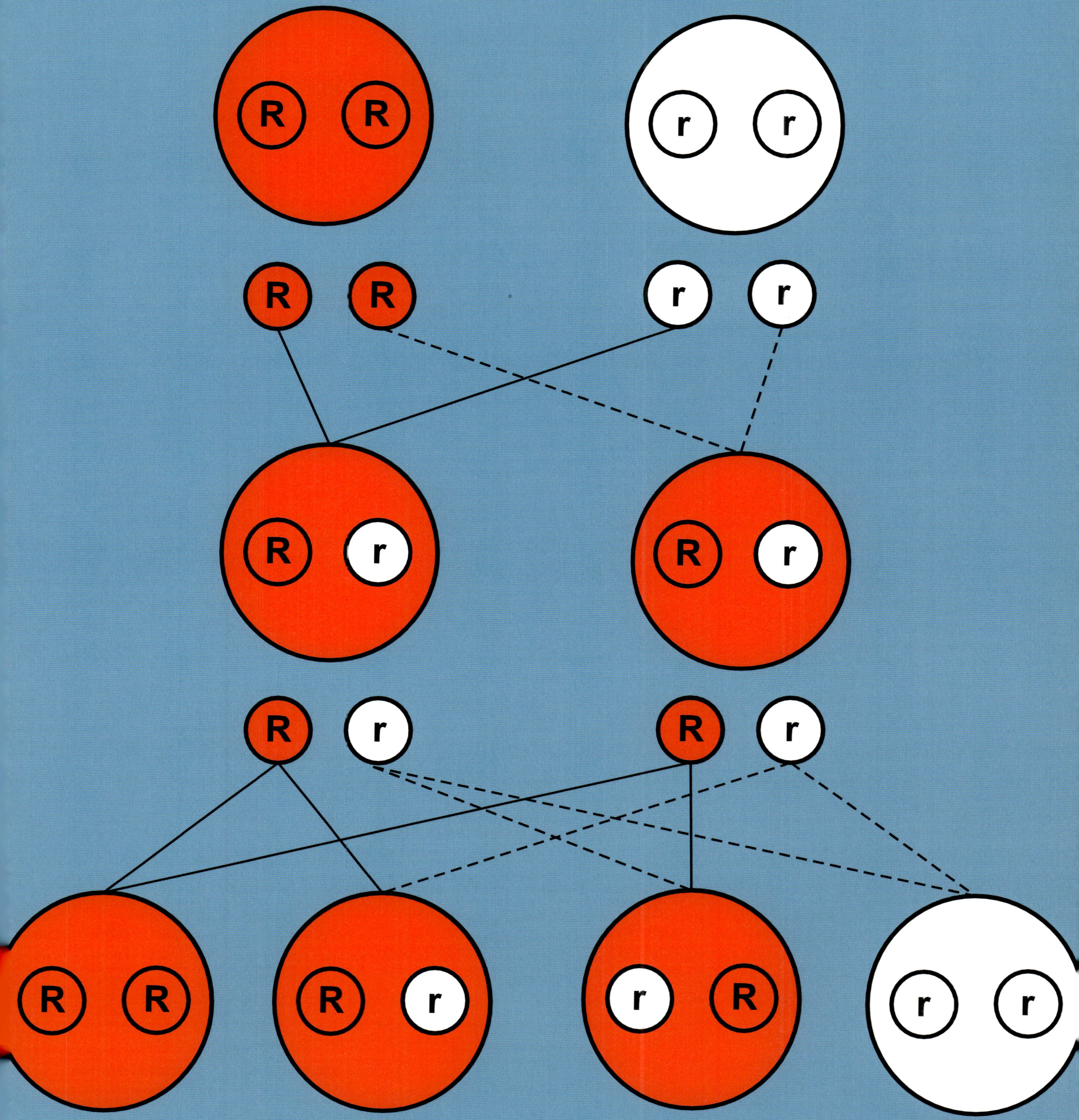
R R
r r
R R
r r
R r
R r
R r
R r
R R
R r
r R
r r

Der Kühlschrank macht Speisen haltbar

Ferdinand Carré (1824-1894)

Mitte des 19. Jahrhunderts baute der Franzose Ferdinand Carré den Prototypen eines Kühlschranks und revolutionierte damit sowohl die Industrie als auch die Privathaushalte. Dieses Gerät veränderte das Konsumverhalten und die Ernährung der Menschen tief greifend.

1859

DAS JAHR 1859

- Der neue mexikanische Präsident Benito Juárez García erlässt umfassende Reformen. Da er Privilegien von Militär und Kirche beschneidet, kommt es zum Bürgerkrieg zwischen konservativen und liberalen Kräften.
- Der radikale Gegner der Sklaverei John Brown überfällt in Harper's Ferry im US-Bundesstaat Virginia ein Waffendepot der Bundesarmee. Nach seiner Hinrichtung avanciert Brown zum Helden der Abolitionisten.
- Frankreich und Russland schließen den Pariser Vertrag, in dem der russische Zar Alexander II. Kaiser Napoleon III. seine Neutralität im Fall eines Kriegs Frankreichs gegen Österreich zusagt.

Speisen und Getränke bleiben länger frisch und verderben nicht so leicht, wenn sie im Kühlen lagern. Das wussten die Hausfrauen schon seit langer Zeit: Bereits im alten China und im antiken Rom verwendeten wohlhabende Bürger zu diesem Zweck natürliches Eis aus den Bergen. Der Transport war aber nicht nur teuer, ein Großteil des Eises schmolz auch bis zur Ankunft am Bestimmungsort. An eine längerfristige Konservierung von Fleisch, Obst oder Gemüse war also nicht zu denken. Frische Nahrungsmittel verschimmelten oder gärten schnell – wer sich das teure Eis nicht leisten konnte, musste auf viele gesunde Speisen verzichten.

Schon vor Ferdinand Carré hatten sich Wissenschaftler mit der Kühlung von Räumen oder Behältern beschäftigt. Der Arzt William Cullen demonstrierte schon im Jahr 1748, dass sich verdunstete Flüssigkeiten – in diesem Fall Äther – in einem Teilvakuum erheblich abkühlten. Der Physiker Michael Faraday (1791–1867) entdeckte eine kühlende Wirkung, als er 1823 bei einem seiner Versuche ein Reagenzglas mit Chlor erhitzte. An einem Ende der Röhre kondensierte das Chlor und das Glas kühlte merklich ab. Da sein Interesse aber der Elektrizität galt, verfolgte Faraday das Phänomen nicht.

Fast 40 Jahre später beschäftigten sich Carré und sein Bruder Edmond mit dem Problem, einen Behälter zu kühlen. Sie kannten die Versuche Cullens und Faradays und waren sich im Klaren, wie das Grundprinzip eines Kühlbehälters aussehen sollte: Die Innentemperatur des wärmeisolierten Behälters musste niedriger sein als die äußere Umgebungstemperatur. Diesen Effekt könnte, so Carré, ein Kreislaufsystem schaffen: Das Kühlmittel durchläuft das Innere des Behälters, nimmt die überschüssige Wärmeenergie auf und führt sie nach außen. Dort kühlt sie sich ab und wird dem inneren Kreislauf wieder zugeführt. Carré musste also eine Substanz finden, die sehr viel Wärme aufnehmen und ableiten konnte und keine Gefahr für den Menschen darstellte. Die Kühlmittel der Vorgängerversuche – Wasser, Luft oder Äther – erfüllten diese Voraussetzungen nur teilweise. Carré verwendete Ammoniak und konstruierte 1859 damit den ersten »Kühlschrank«.

Bereits 1862 präsentierte er zur Weltausstellung in London seine neue Erfindung, die weltweit großes Interesse weckte – vor allem in Nordamerika. Da sie während des amerikanischen Bürgerkriegs nicht mehr mit den Eislieferungen aus den Nordstaaten rechnen konnten, behalf sich der Süden mit Kühlschränken nach dem Prototyp Carrés. Den Durchbruch erlebte der Kühlschrank erst zu Beginn des 20. Jahrhunderts – zu dieser Zeit begann in den USA die industrielle Herstellung der Geräte. Spätestens ab den 1950er-Jahren besaß auch fast jeder europäische Haushalt einen Kühlschrank. Verbesserte Modelle ermöglichten es sogar, Speisen tiefzufrieren. Das ursprüngliche Kühlmittel Ammoniak ersetzten die Hersteller bald durch das noch besser geeignete FCKW (Fluorchlorkohlenwasserstoff). Seit bekannt ist, dass diese Substanz die Ozonschicht der Erde zerstört, erlebt Carrés »umweltfreundliche Urform« des Kühlschranks eine Renaissance.

Der große Durchbruch begann für den Kühlschrank erst ein halbes Jahrhundert nach seiner Erfindung.

Alles appetitlich frisch aus dem
BOSCH
KÜHLSCHRANK

Spektralanalyse – Der Fingerabdruck der Elemente

Robert Wilhelm Bunsen (1811-1899) und Gustav Robert Kirchhoff (1824-1887)

1859

DAS JAHR 1859

- Im ägyptischen Port Said beginnen die Bauarbeiten am Suez-Kanal, die zehn Jahre dauern sollen.
- Nachdem sie das Land im Jahr zuvor angegriffen hatten, erobern französische Truppen Saigon, die Hauptstadt Annams. Die Kolonie Cochinchina (Südvietnam) besteht bis Mitte des 20. Jahrhunderts.
- Der Physiker Julius Plücker entdeckt die Kathodenstrahlung. Er legt damit den Grundstein für weitere elektrotechnische Erfindungen wie den Fernseher.
- In den USA wird erstmals Erdöl gefunden – im Bundesstaat Pennsylvania.

△ **Robert Wilhelm Bunsen**

Den Chemieprofessor Robert Wilhelm Bunsen und den Physiker Gustav Robert Kirchhoff verband eine Leidenschaft für die Photochemie. Eine ihrer gemeinsamen Entdeckungen eröffnete der Wissenschaft völlig neue Möglichkeiten, den Geheimnissen der Materie auf die Spur zu kommen – die Spektralanalyse.

Noch heute benutzt man in Laboratorien den Bunsenbrenner. Das Gerät leitet Gas durch ein senkrechtes Rohr, bis es aus einer Düse schießt. Die Flamme ist bis zu 1500 Grad heiß, fast farblos und rußt nicht. Eigentlich konzipierte Robert Bunsen den Brenner als Heizgerät. Doch bald merkten er und Kirchhoff, dass sie mit diesem Gerät das elektromagnetische Spektrum chemischer Substanzen darstellen konnten: Verdampften sie in der Flamme Salze, strahlten diese ein Licht ab, welches mithilfe eines Prismas zerlegt werden konnte.

Die sieben Spektralfarben des Lichtes so sichtbar zu machen, ist noch eine einfache Übung. Bunsen und Kirchhoff aber stellten dabei fest, dass jedes chemische Element über ein charakteristisches Spektrum verfügte, das, vergleichbar einem Fingerabdruck, einzigartig war. Schnell fanden die beiden Forscher nicht nur jeweils unterschiedliche Farbzusammensetzungen im Spektrum der verdampfenden Substanzen, sondern auch Gesetzmäßigkeiten hinter diesem Phänomen. Sie konstruierten das erste Spektroskop, ein optisches Gerät, welches das abgestrahlte Licht in die Spektralfarben zerlegte. Dieses ermöglichte es ihnen, die feinen – mit dem Auge oft nicht erkennbaren – Unterschiede in den Spektrallinien sichtbar zu machen. Irrtümer waren anfangs jedoch nicht ausgeschlossen. Ebenso wie das Prisma der einfachste Teil eines Spektroskopes ist, zeigen die sieben Spektralfarben nur einen kleinen Ausschnitt der elektromagnetischen Wellen eines Spektrums. Heute sind Spektroskope aus diesem Grund hoch empfindliche Apparate mit einem integrierten Computer.

Die Spektralanalyse erlaubte es Wissenschaftlern fortan, Existenz und Konzentration chemischer Elemente in einer Substanz wahrzunehmen. Auch unbekannte Elemente lassen sich auf diese Weise aufspüren. Bunsen und Kirchhoff selbst entdeckten schon ein beziehungsweise zwei Jahre nach ihrer bahnbrechenden Erkenntnis das Cäsium und das Rubidium. Da die Entfernung zwischen Lichtquelle und Spektroskop keine Rolle spielt, kommt die Spektralanalyse auch in der Astrophysik zum Einsatz. Das Element Helium beispielsweise wurde, viele Jahre bevor es auf der Erde nachgewiesen wurde, im Spektrum der Sonne entdeckt.

Besonders spektroskopische Untersuchungen der Sterne liefern Wissenschaftlern wertvolle Erkenntnisse über chemische Reaktionen unter bestimmten Bedingungen wie extremer Hitze, Kälte oder im Vakuum. Die Spektren der Elemente ändern sich nämlich mit den äußeren Umständen. Verändern sich die Spektrallinien bei einer Bewegung der Strahlungsquelle, lässt das Rückschlüsse auf die Geschwindigkeit zu. Entsprechende beobachtete Verschiebungen im Spektrum von Galaxien führten zu der Theorie, dass sich das Universum ausdehnt.

Gemeinsam mit Gustav Robert Kirchhoff gelang es Bunsen, dem Spektrum chemischer Elemente auf die Spur zu kommen.

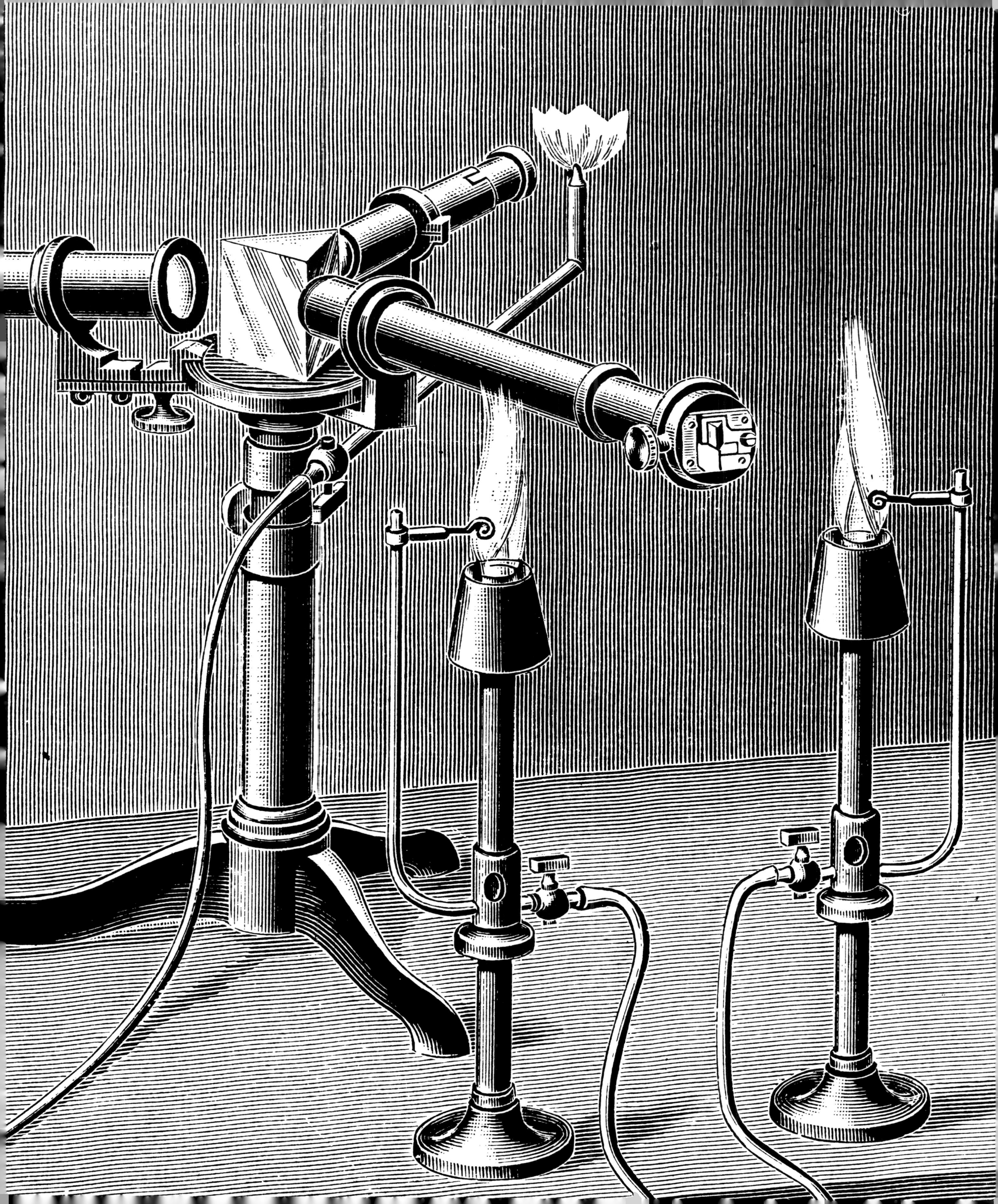

Biologie: Dem Geheimnis des Lebens auf der Spur

Wonach fragen?

Das Leben an sich ist ein vielschichtiges Phänomen und diese Vielschichtigkeit ist in all ihren Spielarten zu erkennen, ist das Signum jeder Wissenschaft, die sich mit ihm befasst. Die belebte Natur im Allgemeinen zu erforschen und ihre Gesetzmäßigkeiten im Besonderen zu entdecken, das fällt nun naturwissenschaftlich in das Aufgabengebiet der Biologie. Ihre Betätigungsfelder sind damit also vielfältig und ihre Erkenntnisse breit gefächert.

Heute ist die Fülle der an Pflanze, Tier und Mensch gesammelten Daten schon kaum mehr zu überblicken. Immer komplexer nämlich erwies sich die Welt, die sich die Wissenschaft unter dem »Programmpunkt Biologie« eröffnet hatte. Botanik, Zoologie, Anthropologie, Einzellerkunde, Genetik – all das trug (und trägt) das Seine zum biologischen Wissensschatz bei. Doch auch wenn sich das Geheimnis des Lebendigen auch auf so vielen Wegen ergründet, waren die pfadfindenden Fragen auf der wissenschaftlichen Startlinie grundsätzlich die gleichen.

Die Frage nach dem Bestand

Bereits in der Antike hatten Naturforscher begonnen, die Pflanzen und Tiere der

Botanische Studien führten zu einer immer detaillierteren Klassifikation der Pflanzen. Hier die Darstellung einer Sommerlandschaft aus dem 13. Jahrhundert.

Die Beobachtung und Zucht von Tieren in zoologischen Gärten vermittelte Ende des 19. Jahrhunderts der Bevölkerung einen Eindruck von der Exotik fremder Länder.

Erde nach wissenschaftlichen Kriterien zu sichten, zu ordnen und zu verzeichnen. Die ersten botanischen Studien enzyklopädischen Charakters gehen dabei auf Theophrast, einen Schüler des Aristoteles, zurück. Damit legte er der systematischen Erfassung der Lebewesen sowie der Bestimmung und Unterscheidung ihrer Merkmale den Grundstein. Im großen Stil begann die Bestandsaufnahme der Arten jedoch erst im 16. Jahrhundert: Zum einen hatte sich die Kenntnis der Artenvielfalt – vor allem durch das Reisen – beständig erweitert, zum anderen war man durch die allgemeine Spezialisierung zunehmend in die Lage gekommen, in der biologischen Systematik immer detailliertere Klassifikationen vorzunehmen. Einen vorläufigen Abschluss erreichte diese »Inventur des Lebendigen« 1735 mit den Arbeiten Carl von Linnés, der in seinen mustergültigen Ordnungssystemen für Pflanzen und Tiere auch die dazugehörige Benennung mit seiner binären Nomenklatur festschrieb.

Die Frage nach den Bestandteilen

Woraus besteht ein Organismus? Aus welchen Strukturen setzt sich ein lebendiger Körper zusammen? Dank der anatomischen Studien des römischen Arztes Galen gab es diesbezüglich schon im 2. Jahrhundert die ersten gesicherten Anhaltspunkte – zumindest was Pflanzen und Tiere betraf. Die Anatomie des Menschen wurde erst mit dem Beginn der Autopsie in der Neuzeit erkundet, wobei hier insbesondere Andreas Vesal die entscheidenden Wegmarken für weitere Forschungen setzte: Seine 1543 gesicherten Erkenntnisse über die Einzelteile des Gefäßsystems bildeten beispielsweise die Grundlage für die Entdeckung William Harveys, der 1628 den großen Blutkreislauf erkannte.

Neben der Autopsie aber hatte vor allem die Erfindung des Mikroskops (etwa 1590) die Forschung ausschlaggebend vorangetrieben. Mittels der neuen »Sehschärfe« kamen die Forscher 1665 der Elementareinheit des Lebens, der Zelle, auf die Spur. Damit war ein gewaltiger Sprung in die »Tiefe« gelungen. Die Entdeckung des Zellkerns 1831 war dann eine weitere Etappe auf der Suche nach den noch »unsichtbaren« Dimensionen des Lebens.

Die Frage nach den Abläufen

Bevor das Interesse auf die sich in den Zellen abspielenden Lebensvorgänge fiel, lag das Hauptaugenmerk in der Betrachtung funktionaler Aspekte vor allem auf der Besonderheit der Nerven. Deren Aufbau hatten Anatomen schon relativ früh erkannt. Das Phänomen der in ihnen stattfindenden Informationsweitergabe durch elektrische Impulse aber machte erst die Elektrophysiologie offenbar. Ihr Aufkommen im 19. Jahrhundert legte so zugleich die Basis, die Regelkreise zwischen Gehirn und Organismus sukzessive zu erschließen sowie die körpereigene Kommunikation als Bestandteil der Lebensorganisation überhaupt zu erkennen. Das war ein enormer Fortschritt.

Riesenschritte in anderer Richtung brachte vor allem die sich rasant entwickelnde Stoffwechselphysiologie: 1827 hatte man bereits Zucker, Fette und Proteine als wesentliche Bestandteile der menschlichen Nahrung erkannt. 1878 kamen die Enzyme, 1906 die Vitamine hinzu, was die Abläufe der organischen Prozesse immer weiter entschlüsselte. Die Entdeckung der Hormone 1901 tat diesbezüglich noch ein weiteres. Eine Stoffwechselleistung der besonderen Art erhellte zudem die 1946 erstmals komplett analysierte »Atmung« der Pflanzen, die Photosynthese. Der Selbsterhalt durch eigene Energiegewinnung hatte sich nicht zuletzt dadurch als herausragendes Merkmal alles Lebendigen zu verstehen gegeben.

Die Frage nach der Herkunft

Die naturwissenschaftliche Interpretation der Stammes- und Entwicklungsgeschichte der Lebensformen verbindet sich in erster Linie mit dem Namen Charles Darwin und den Grundzügen der von ihm verfassten Evolutionstheorie. Sein 1859 veröffentlichtes Hauptwerk *Über die Entstehung der Arten* stellte dabei nicht nur für die Biologie, sondern vielmehr für das gesamtwissenschaftliche Weltbild einen tief greifenden und weit reichenden Einschnitt dar. Durch seine Theorie vom gemeinsamen Ursprung der Organismen und sein Konzept der schrittweisen Evolution hatte der Mensch ein für allemal seine biologische Sonderstellung verloren.

Carl von Linné hatte den Menschen als Spezies zwar schon in das Tierreich eingegliedert, zwischen dem Homo sapiens und den Kategorien des Animalischen lagen aber zumindest emotional Welten. Damit war seit Darwin Schluss, zeigte dieser in seiner Abstammungslehre doch die unmittelbare Verbindung des Menschen zum Tier – die Evolution wurde so zum großen Thema der Anthropologie. Anlass zu neuer Forschung gab vor allem die darwinsche Selektionstheorie mit ihrem Prinzip der natürlichen Auslese – auf ihrer Grundlage entwickelte sich im 20. Jahrhundert beispielsweise die biologische Verhaltensforschung sowie die Ethologie.

Die Frage nach der Entwicklung

Ein entscheidender Erkenntnisschritt in der Frage nach der Entwicklung des Lebens von der Befruchtung an war die Entdeckung des Eis. Im Zuge dessen begründete Girolamo Fabricius bereits um 1600 mit seinen Untersuchungen an Hühnereiern von der Befruchtung bis zum Schlüpfen des voll ausgebildeten Kükens eine frühe Form der Embryologie. Der zweite und weitaus entscheidendere Schritt war dann jedoch die Verlegung des Geschehens in die Zelle, das heißt die Erkenntnis, dass jeder Keim sich zunächst aus nur einer befruchteten Eizelle (bei Mensch und Tier) beziehungsweise einer Keimzelle (bei Pflanzen) überhaupt herausbildet. Wegweisende Maßstäbe setzte hierbei vor allem Wilhelm Roux mit seiner 1885 begründeten Entwicklungsmechanik. Das Studium der Figuren der Zellteilung und der damit parallel laufenden Ausdifferenzierung des jeweiligen Lebewesens hatte der Wissenschaft jedoch nicht nur die Embryonalentwicklung, sondern auch das Wesen der Zelle wiederum ein gutes Stück weit nähergebracht.

Botanische Gärten, hier in London 1852, boten nicht nur der Wissenschaft viele neue Möglichkeiten der Forschung, sondern erfreuten sich auch in der Gesellschaft großer Beliebtheit.

Zu Beginn der Neuzeit war das Wissen über fremdländische Tierarten noch nicht sehr fundiert. Meerwunder und seltene Geschöpfe in einer Darstellung von 1550.

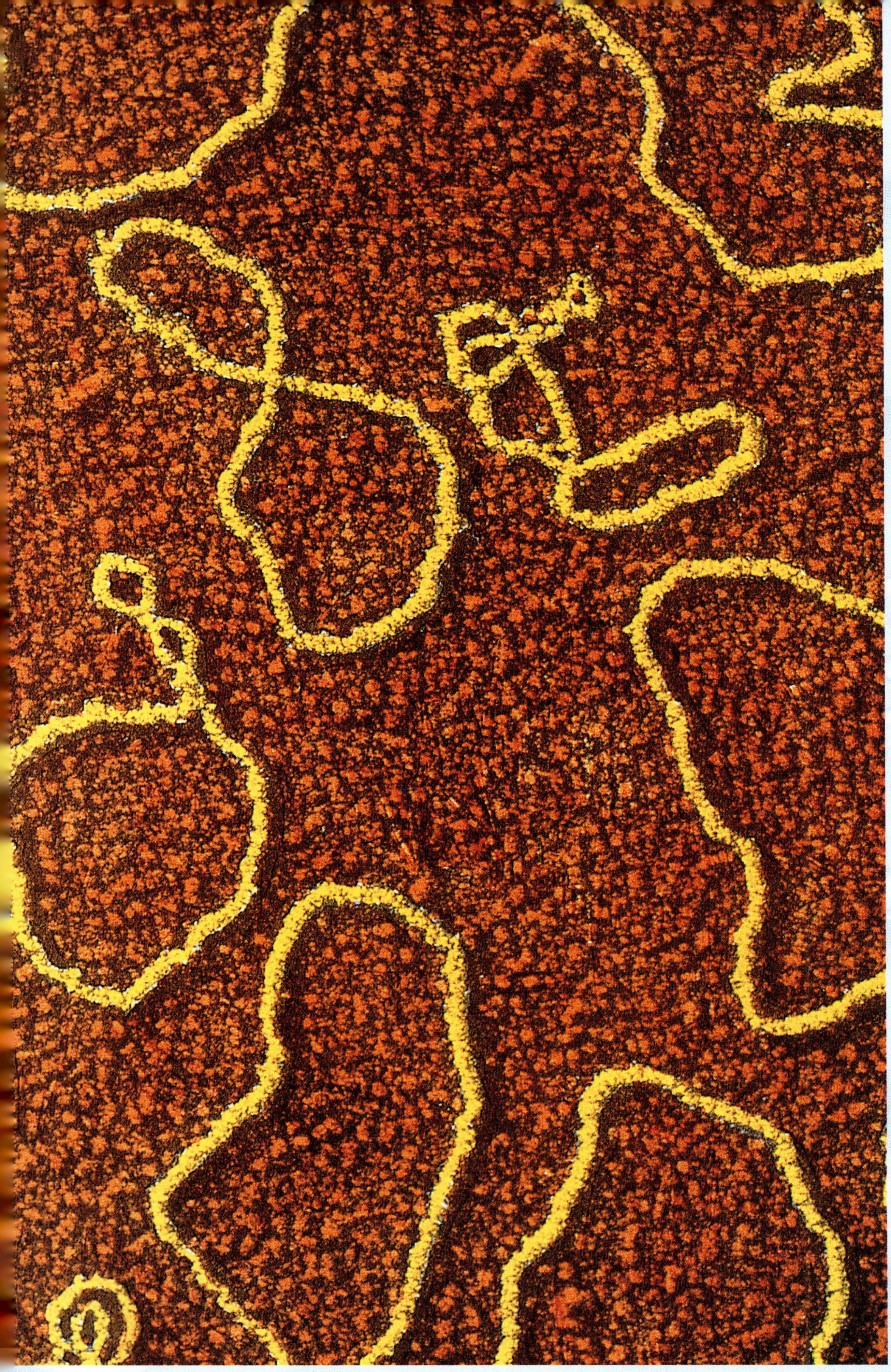

Die Frage nach der Vererbung

Die Genetik war im Grunde eine Wissenschaft des 20. Jahrhunderts. Ihre explosionsartige Entwicklung verdankte sie dabei zunächst der Wiederentdeckung der 1865 von Gregor Johann Mendel aufgestellten Vererbungsgesetze. Die weitere Forschung ging dann in atemberaubendem Tempo voran: 1910 steht die erste Chromosomentheorie der Vererbung, die schon 1926, als man die Erbanlagen in den Genen lokalisiert hatte, zur Gentheorie weiterentwickelt wurde. 1944 wurde die DNA als genetisches Material erkannt, 1953 deckten die Forscher Watson und Crick deren Doppelhelixstruktur auf, 1966 ermittelte man den genetischen Code und 1977 bestand erstmals die Möglichkeit, DNA-Sequenzen identifizierend zu analysieren. Seither galt es, die Sprache des genetischen Codes zu entziffern – ein Ziel, das im Jahr 2000 zumindest teilweise erreicht wurde: Die komplette Sequenzierung des menschlichen Genoms war gelungen. Die »Ziffernfolge« ist jetzt bekannt, die »Worte« aber sind noch immer nicht verstanden. Das Leben ist der Biologie so nicht mehr unbedingt ein Rätsel, es bleibt aber weiterhin auch ein biologisches Geheimnis.

Genetik, die Wissenschaft des 20. Jahrhunderts, eröffnet der Biologie ungeahnte Möglichkeiten, stellt die Forschung aber auch vor neue ethische Fragen.

Telefon – Fressen Pferde Gurkensalat?

Johann Philipp Reis (1834–1874)

Als Johann Philipp Reis 1861 sein »Gerät zur Schallfernübertragung« dem Frankfurter Physikalischen Verein vorstellte, hatte das Publikum für derartige technische Spielereien nur höflichen Applaus übrig. Heute ist das Telefon ein selbstverständlicher Bestandteil des modernen Lebens.

1861

DAS JAHR 1861

- Nach der Wahl des Republikaners Abraham Lincoln, der die Sklaverei ablehnt, zum Präsidenten der USA verlassen sieben Sklavenstaaten die Vereinigten Staaten und gründen die Könföderierten Staaten von Amerika.
- Der erste Kardiograph, eine Erfindung des französischen Mediziners Étienne Marey macht die Kontrolle der Herztätigkeit möglich.
- Die Fürstentümer Walachei und Moldau vereinigen sich zum Staat Rumänien.

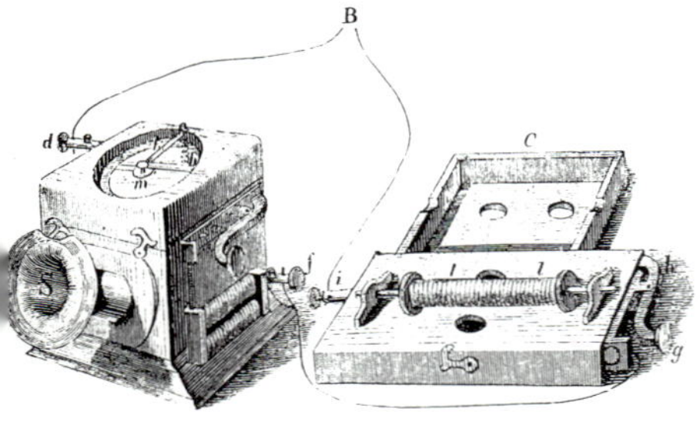

△ Der Stricknadelempfänger von Johann Philipp Reis.

Die Grundbausteine des Telefonierens sind die Vermittlungs- und Übertragungstechnik und das Endgerät (»Telefon«). Dazu bedarf es eines Verfahrens, Worte, also akustische Schwingungen, in elektrische Signale zu verwandeln und diese dann wiederum hörbar zu machen.

Ein Experiment des Lehrers Johann Philipp Reis markierte die Geburtsstunde eines solchen »Fernsprechers«. An einem hölzernen Ohrmodell wollte Reis seinen Schülern die Übertragung von Schallwellen in Elektrizität demonstrieren. Zunächst baute er eine »Sprechmuschel«: Auf einer über die Ausgangsöffnung des Holzohres gespannten Membran befestigte Reis einen Platinstreifen. Auf der Rückseite des Ohres montierte er eine Feder. Beide Teile hatten eine metallene Kontaktspitze und waren an eine Batterie angeschlossen. Erzeugte Reis vor dem Holzohr Töne, geriet die Membran in Schwingung, berührte die Feder und entfernte sich wieder von ihr: Der Stromkreis schloss und öffnete sich im Rhythmus der Schwingungen. Dieses Modell, den Sender, befestigte Reis in einem Holzkästchen mit einer Glasplatte und einem Schallrohr. Über ein Verbindungskabel leitete er dann die dort erzeugten Schwingungen in den Empfänger – ein zweites, geöffnetes Holzkästchen, in dem eine Spule auf zwei Stegen lag. Sobald die elektrischen Impulse auf die Spule trafen, bildete diese ein wechselndes Magnetfeld. Das Magnetfeld wiederum versetzte eine im Kasten befindliche Stricknadel in Schwingungen, die der Holzkasten als Resonanzkörper verstärkte. Reis schickte einen Kollegen mit dem Sender in einen anderen Raum und wies ihn an, einen frei erfundenen Satz in das Schallrohr zu sprechen. »Das Pferd frisst keinen Gurkensalat« tönte es ihm aus dem Empfänger entgegen. Das Experiment war gelungen. Die Qualität der Sprachübertragung ließ jedoch noch sehr zu wünschen übrig: Das schnelle Ein- und Ausschalten des Stroms verzerrte die Laute erheblich.

1876 meldete Alexander Graham Bell (1847–1922) in den USA ein »Gerät zur Übertragung von Lauten durch die Erzeugung elektrischer Wellen« zum Patent an. Im Inneren zweier Holzhörer führte ein Stabmagnet zu einer Induktionsspule, vor der sich wiederum eine Eisenmembran befand. Wenn nun Schallwellen die Membran zum Schwingen brachten, veränderte dies das Magnetfeld des Stabmagneten. In der Spule wurde, entsprechend den akustischen Schwingungen, analoger Strom induziert. Bells Gerät unterbrach den Stromfluss also nicht, sondern modulierte die Frequenz der Schwingungen. Weitere Vorteile, neben einer besseren Hörbarkeit, waren der gleiche Aufbau von Sender und Empfänger und die leichtere Handhabung. Die Reichweite betrug aber nur 75 Meter.

Schnell breitete sich das Telefon weltweit aus. Die Weiterentwicklung der Vermittlungstechnik und Übertragung führte bis zur heutigen Digitalsteuerung. Durch die Fortschritte in der Elektronik lässt es sich immer bequemer und mobiler telefonieren. Mit dem Telefon als Kommunikationsmittel entstand eine neue Epoche – das Kommunikationszeitalter hielt Einzug in den Industrieländern.

Bericht vom 6. Oktober 1877 über Alexander Graham Bells neuen Telefonapparat.

SCIENTIFIC AMERICAN

A WEEKLY JOURNAL OF PRACTICAL INFORMATION, ART, SCIENCE, MECHANICS, CHEMISTRY, AND MANUFACTURES.

Vol. XXXVII.—No. 14. [NEW SERIES.] | NEW YORK, OCTOBER 6, 1877. | $3.20 per Annum. [POSTAGE PREPAID.]

THE NEW BELL TELEPHONE.

Professor Graham Bell's telephone has of late been somewhat simplified in construction and also arranged in more compact portable form. It consists now of but three metal portions and is contained in a casing of wood or light hard rubber, but five and five eighths inches in length and two and seven eighths inches in diameter at the enlarged end. It will be remembered that this telephone differs from all others in that it involves the use of no battery nor of any extraneous source of electricity whatever. The only current employed is that generated by the voice of the speaker himself.

The simplicity of the construction is clearly shown in Fig. 1 of our engravings, in which both sectional and exterior views of the device are given. Referring to the sectional view, A is a permanent magnet, held by the screw shown in the rear. Around one end of this magnet is wound a coil, B, of fine insulated copper wire (silk covered), the ends of which are attached to the larger wires, C, which extend to the rear and terminate in the binding screws, D. In front of the pole and

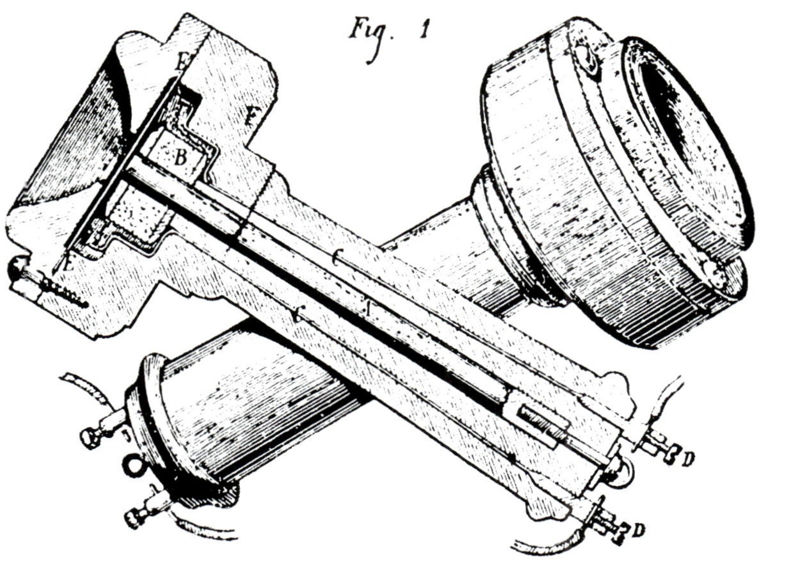

BELL'S NEW TELEPONE.

coil, B, is a soft iron disk, E. Finally the whole is inclosed in a wooden casing having an aperture in front of the disk and which, besides serving to protect the magnet, etc., acts somewhat as a resonator.

The principle of the apparatus we have already explained in some detail, but it may be summarized here as follows. The influence of the magnet induces all around it a magnetic field and the iron diaphragm, E, is attracted towards the pole. Any alteration in the normal condition of the diaphragm, produces an alteration in the magnetic field, by strengthening or weakening it, and any such alteration of the magnetic field causes the induction of a current of electricity in the coil, B. The strength of this induced current is dependent upon the amplitude and rate of vibration of the disk, and these depend in turn upon the air disturbance made by the voice in speaking, or in any other similar source. Therefore, first, a wave of air throws the diaphragm into vibration, second, each movement produces a change in the magnetic field, and third, an induced

[Continued on page 212.]

Plastik und Kunststoff – Materialien der Moderne

Alexander Parkes (1830–1898)

1862

DAS JAHR 1862

- Der preußische König Wilhelm I. ernennt Otto von Bismarck zum Ministerpräsidenten. In seiner berühmten »Blut und Eisen«-Rede will er das Parlament – das eine Heeresreform und deren Finanzierung ablehnt – überzeugen, wie wichtig das Militär für die deutsche Einigung ist.
- Die im Vorjahr gegründeten »Konföderierten Staaten von Amerika«, die sich im Bürgerkrieg mit der Union befinden, ernennen General Robert E. Lee zum Oberbefehlshaber ihrer Streitkräfte.
- Der französische Physiker Léon Foucault misst als erster Forscher die Lichtgeschwindigkeit.
- Der amerikanische Präsident Abraham Lincoln verkündet mit der *Emancipation Proclamation*, dass alle Sklaven in den konföderierten Staaten ab 1. Januar 1863 frei sind.

PVC, Nylon, Silikon – die Nachfahren des ursprünglichen Kunststoffes – zählen heute zu den meistgenutzten Materialien weltweit. Alexander Parkes präsentierte diesen künstlich hergestellten Werkstoff im Jahr 1862 in London erstmals. Die kleinen »Kunstwerke« aus dieser Zeit werden heute hoch gehandelt. Die Zeitgenossen Parkes' schätzten das neue Material jedoch zunächst nicht sehr.

Alexander Parkes besaß eigentlich weder in Chemie noch in Physik eine spezifische Ausbildung. Dennoch erlangte er auf diesen Gebieten großes Fachwissen und unternahm zahlreiche Versuche mit Substanzen wie beispielsweise dem Naturgummi. Die Massenfabrikation von Industrie- und Konsumgütern verlangte zu dieser Zeit nach immer stabileren und preisgünstigeren Rohstoffen. Warum also sollte er nicht versuchen, diese künstlich herzustellen?

In seinen Experimenten kochte Parkes nitrierte und in Schwefelsäure eingelegte Baumwolle und machte den Stoff durch Öl und Kampfer weich und elastisch. Als Endprodukt entstand ein hartes, elfenbeinfarbenes Material, das sich bei Wärmezufuhr verformen ließ: »Parkesine«, der erste künstlich hergestellte Werkstoff.

1862 stellte Parkes die ersten Produkte aus diesem Kunststoff auf der Großen Internationalen Ausstellung in London vor. Ein Reklameplakat pries das Material als wahre Wundersubstanz an: »In festem, formbaren und in flüssigem Zustand verwendbar, mal hart wie Elfenbein, mal lichtundurchlässig, mal flexibel, mal wasserundurchlässig oder verfärbbar.« Genau wie Metall konnte es »mit dem Werkzeug bearbeitet, formgestanzt oder gewalzt werden«.

Kunstvolle Verzierungen schmückten die von Parkes auf der Ausstellung präsentierten Medaillons, Kämme, Messergriffe, Kästchen und Federhalter. Heute erzielen diese Stücke Höchstpreise. Damals jedoch waren die Verbraucher von der Alternative zum Naturstoff Horn nicht überzeugt. Die Objekte aus Parkesine, später auch Xylonite genannt, blieben in den Läden liegen. Viele Käufer reklamierten Kunststoffprodukte, weil das Material sich schnell verformte oder gar riss. Schon sechs Jahre später, 1868, wurde die Herstellung von Parkesineerzeugnissen eingestellt.

Parkes Rezeptur für Kunststoff bildete dennoch die Grundlage für den Siegeszug des Plastiks als universal einsetzbarer Werkstoff: Bereits 1863 entwickelte der Amerikaner John Wesley Hyatt die Parkesine weiter und nannte seinen Stoff nach seiner Basis Zellulose »Zelluloid«. Hermann Staudinger (1881–1965), der Leiter des Freiburger Instituts für Chemie, gelang 1920 der entscheidende Schritt für die heutige Kunststoffproduktion: Er entwickelte in sich stabile thermoplastische Kunststoffe.

Der Begriff »Plastik« oder »Kunststoff« bezeichnet heute eine Vielzahl von künstlichen, in Chemielaboren hergestellte Stoffe, die Polymere. Je nach Zusammensetzung besitzt Kunststoff unterschiedliche Eigenschaften: Verpackungen, Kleidungsstücke, Möbel, Elektrogeräte und große Teile von Fahrzeugen bestehen hauptsächlich aus dem Stoff, den Parkes 1862 erstmals entwickelt hatte.

Künstliche Werkstoffe ermöglichten die Massenproduktion von Konsumgütern, wurden aber auch in der Industrie schon bald nach ihrer Erfindung eingesetzt.

Dynamit - Eine explosive Mischung

Alfred Nobel (1833-1896)

1867

DAS JAHR 1867

- Für knapp sieben Millionen Dollar verkauft Russland Alaska an die Vereinigten Staaten.
- Karl Marx veröffentlicht den ersten Band seines dreiteiligen Werks *Das Kapital*.
- Radikale Befürworter der Sklaverei gründen in Tennessee den Ku-Klux-Klan, der die Rassentrennung mit Terror und Lynchjustiz durchsetzen will.
- Der siamesische König Radma IV. tritt Kambodscha an Frankreich ab.

△ Historische Darstellung des Sueskanals. Dynamit vereinfachte die großen Kanalbauten.

Die Erfindung des Dynamits symbolisiert das Janusgesicht des technischen Fortschritts in nahezu perfekter Weise: einerseits befreite es die Bergleute von der schwersten Fronarbeit und ermöglichte die großen völkerverbindenden Kanal- und Tunnelbauten des 19. Jahrhunderts. Andererseits brachte es vielen Menschen Zerstörung und Tod.

Das Dynamit ist der »große Bruder« des Schießpulvers, das in Europa seit dem 13. Jahrhundert bekannt war. Es hatte die Kriegsführung und den Bergbau bereits tiefgründig verändert: Der Einsatz unter Tage brachte eine deutlich gesteigerte Abbaumenge als es Arbeiter mit reiner Muskelkraft schaffen konnten. Zudem konnten die Bergarbeiter durch die neue, weniger anstrengende Technik länger eingesetzt werden. Aus diesem Grund schlug das Dynamit geradezu wie eine Bombe ein – im Vergleich dazu waren die Umwälzungen, die das Schießpulver mit sich brachte, gering.

Da sein Vater Waffen aller Art baute, befasste sich Alfred Nobel schon früh mit diesem hoch explosiven Thema. Im Verlauf des Krim-Kriegs entdeckte er 1853 zum ersten Mal die ungeheure Sprengkraft von Nitroglycerin. Angeregt durch diese Tatsache begann Nobel seine Forschungen. 1864 gelang es ihm das leicht entzündliche Nitroglycerin durch eine kleine Kapsel Schwarzpulver kontrolliert zur Explosion zu bringen. Diese Entdeckung bedeutete auf dem Gebiet der modernen Sprengstofftechnik eine wahre Revolution.

Doch vorerst gab es noch ein Problem mit Nobels Verfahren: Da das Nitroglycerin sich rasend schnell entzündete, kam es immer wieder zu Katastrophen, von denen eine auch zum Tod seines Bruders führte. Nobel fand jedoch heraus, wie er den hochexplosiven Stoff sicherer machen konnte: Er mischte Kieselgur, eine natürlich vorkommende Erde aus Kieselalgen, unter das Nitroglycerin – das Gurdynamit war erfunden.

1867 meldete Nobel den neuen Sprengstoff unter dem Namen »Dynamit« (griechisch *dynamis* = Kraft) zum Patent an, um es in Produktion zu bringen. Eigentlich zum friedlichen Einsatz Untertage gedacht, fand seine Erfindung aber bei den Armeen der Welt seine Hauptanwendung. Innerhalb von nur neun Jahren stieg die Dynamitproduktion der Nobelwerke um das 450fache – von elf Tonnen im Jahr 1867 auf 5000 Tonnen 1876.

Aber auch Bergwerksbesitzer und Tunnelbauer stürzten sich auf den neuen Sprengstoff. Die Realisierung der zahlreichen Eisenbahntunnel im 19. Jahrhundert wäre ohne Dynamit kaum möglich gewesen. Und so sprengteen sich die Baumeister in den folgenden Jahren mit Dynamit durch die Alpen. Beim Bau des Panamakanals wurden beispielsweise 30 000 Tonnen Dynamit in die Luft gesprengt – auch hier fand der neue Explosivstoff reißenden Absatz.

Doch die hauptsächlich militärische Nutzung des Dynamits, ließ Nobel an seiner Erfindung zweifeln. Als friedliches Vermächtnis an die Nachwelt gründete Nobel schließlich testamentarisch eine Stiftung, die jährliche Preise für wissenschaftliche Forschungen und den Erhalt des Weltfriedens vergibt – den Nobelpreis.

Durch die Erfindung des Dynamits gelang es Alfred Nobel ein internationales Firmenimperium aufzubauen.

Periodensystem – Die innere Logik der Elemente

Dmitrij Iwanowitsch Mendelejew (1834-1907), Julius Lothar Meyer (1830-1895)

1869

DAS JAHR 1869

- Die erste Eisenbahnlinie zwischen Boston und Oakland verbindet die amerikanische Ost- und Westküste.
- Der Sueskanal, der das Mittelmeer mit dem Roten Meer verbindet, wird eröffnet.
- In München wird der Deutsche Alpenverein gegründet.
- Napoleon III. bewilligt dem französischen Parlament mehr Rechte, so die Gesetzesinitiative und die Budgetbewilligung.

Im 19. Jahrhundert identifizierten Naturwissenschaftler immer mehr chemische Elemente. Gleichzeitig stellten die Forscher aber auch Ähnlichkeiten zwischen chemischen Eigenschaften und dem Atomgewicht verschiedener Elemente fest. Dahinter musste eine höhere Ordnung stecken.

Der deutsche Chemiker Johann Wolfgang Döbereiner teilte 1829 verwandte Elemente in Triaden ein: So meinte er zum Beispiel eine enge Verwandtschaft von Calcium, Strontium und Barium oder von Chlor, Brom und Jod zu erkennen. Max von Pettenkofer stellte 1850 Vierergruppen wie Stickstoff, Phosphor, Arsen und Antimon als »chemische Familien« zusammen. Zehn Jahre später hielt der Italiener Stanislao Cannizzaro auf dem ersten internationalen Chemikerkongress in Karlsruhe einen Vortrag, der auch Dmitrij Iwanowitsch Mendelejew aus Sankt Petersburg inspirierte.

Cannizzaro legte in seinem Referat dar, dass die meisten gasförmigen Elemente als zweiatomige Moleküle auftreten. Er schlug demnach vor, die chemischen Elemente nach ihrem Atomgewicht zu ordnen. Als er die Elemente nach diesem Prinzip in einer zeilenförmigen Reihe anordnete, entdeckte der Brite John Newlands 1864 eine »Periodizität der Oktaven«: Nach jeweils sieben Elementen folgte ein achtes, welches dem ersten in seinen Eigenschaften glich. Fünf Jahre später gelang es dann Mendelejew und dem Deutschen Julius Lothar Meyer unabhängig voneinander, alle Verwandtschaftsbeziehungen chemischer Elemente in einem System, dem Periodensystem der Elemente, zu gliedern.

Dieses ordnet die Elemente nach steigender Atommasse und – daher der Name – nach ähnlichen regelmäßig wiederkehrenden chemischen und physikalischen Charakteristika (Perioden). Gruppiert man die Perioden übereinander, ergibt sich ein Schema, in dem verwandte Elemente in vertikalen Spalten (Gruppen) stehen. In den horizontalen Zeilen wachsen die Ordnungszahlen und die Eigenschaften verändern sich. Sowohl zwischen den Elementen in den Horizontal- als auch denen in den Vertikalreihen ergeben sich erkennbare Gesetzmäßigkeiten.

Die Bedeutung des Periodensystems lag darin, dass die Wissenschaftler mit seiner Hilfe noch nicht entdeckte Elemente »auf dem Papier« vorab identifizieren und die Lücke später auffüllen konnten. So sagte Mendelejew die Existenz der später Gallium, Germanium, Scandium und Rhenium genannten Stoffe voraus. Letzteres konnte nach mühsamer Suche erst 1925 durch die Analyse von Röntgenspektren ausgemacht werden. Unregelmäßigkeiten in Mendelejews System behoben andere Forscher nach ihm, indem sie die Elemente nicht mehr nach ihrem Gewicht, sondern der Anzahl der Protonen im Atomkern ordneten.

Heute besteht das Periodensystem aus 115 chemischen Elementen, die Plätze 113, 115 und 117 sind jedoch noch nicht besetzt. Die Transurane ab Ordnungszahl 92 kommen, mit Ausnahme des Plutoniums, nicht natürlich vor, sondern werden künstlich erzeugt. Das Element 101 – Mendelevium – erhielt seinen Namen nach seinem Entdecker Mendelejew. Der Versuch, die von Mendelejew gefundenen Gesetzmäßigkeiten zu erklären, führte schließlich zur Quantentheorie.

Das Periodensystem ermöglichte es der Wissenschaft, noch nicht entdeckte Elemente vorab zu identifizieren.

Periodisches System nach Mendelejeff.

Wasserstoff 1.

Wertigkeit	0	1	2	3	4	3 (5)	2 (6)	1 (7)
I. Periode	He 4	Li 7	Be 9	B 11	C 12	N 14	O 16	Fl 19
II. Periode	Ne 20	Na 23	Mg 24	Al 27	Si 28	P 31	S 32	Cl 35

Wertigkeit	0	1	2	3	4	3 (5)	2 (6)	1 (7)	6	4	2	0	1	2	3	4	3 (5)	2 (6)	1 (7)
III. Periode	Ar 40	K 39	Ca 40	Sc 44	Ti 48	V 51	Cr 52	Mn 55	Fe 56	Co 59	Ni 59	—	Cu 64	Zn 65	Ga 70	Ge 72	As 75	Se 79	Br 80
IV. Periode	Kr 83	Rb 85	Sr 88	Y 89	Zr 91	Nb 94	Mo 96	—	Ru 102	Rh 103	Pd 106	—	Ag 108	Cd 112	In 115	Sn 119	Sb 120	Te 128	J 127
V. Periode	X 130	Cs 133	Ba 137	La 139	Ce 140	—	—	—	—	—	—	—	—	—	—	Er 167	—	—	—
VI. Periode	—	—	—	Yb 172	—	Ta 181	W 184	—	Os 191	Ir 193	Pt 195	—	Au 197	Hg 200	Tl 204	Pb 207	Bi 208	—	—
VII. Periode	—	—	Ra 226	—	Th 232	—	Ur 238	—	—	—	—	—	—	—	—	—	—	—	—

Bakteriologie – Erforschung des Mikrokosmos

Ferdinand Julius Cohn (1828–1898)

Bakterien leben überall: im Boden, im Wasser, in der Luft. Gesichtet hatten Forscher die Mikroorganismen bereits Mitte des 17. Jahrhunderts. Als Verursacher von Krankheiten erkannte sie erst Louis Pasteur, sie zu klassifizieren gelang nach ihm Ferdinand Julius Cohn.

1872

DAS JAHR 1872

- Großbritannien schafft die öffentliche Stimmabgabe ab und beschließt die geheime Wahl.
- Das erste Fußballländerspiel wird zwischen Schottland und England in Glasgow ausgetragen. Es endet mit einem torlosen Unentschieden.
- Der japanische Kaiser (Tenno) weigert sich, ein Parlament zuzulassen.
- Im Ruhrgebiet streiken 15 000 Bergarbeiter für bessere Arbeitsbedingungen.

»Bakterien« (griechisch *bakterion* = Stock, Stab) sind mikroskopisch kleine Einzeller ohne klar umrissenen Zellkern. Sie vermehren sich im Allgemeinen durch Zellteilung und sind in drei Grundformen aufgeteilt: die Kugelform (Kokkus), die Stäbchenform (Bakterium) und die Schraubenform. Manche Bakterien zählen zu den Sporenbildnern (Bazillen), das heißt, sie bringen eine Art Samen hervor. Auftreten und Vermehrung dieser Kleinstlebewesen hängen von der Temperatur ab – es gibt Arten, die in extremer Kälte oder Hitze gedeihen, und solche, die einen normalen Wärmebereich von 10 bis 50 Grad Celsius bevorzugen. Bei 80 bis 100 Grad Celsius sterben alle Bakterien ab, bis auf die Sporen, die erst bei einer Hitzeeinwirkung von rund 120 Grad Celsius zugrunde gehen.

Eine erste Vermutung, dass solche krankheitserregenden Lebewesen existieren, die zum Beispiel das Sumpffieber auslösen, äußerte schon Caesars Reichsbibliothekar Marcus Terrentius Varro im Jahr 35 v. Chr. Um die Mikroorganismen wahrzunehmen, bedurfte es aber der Hilfe eines besonderen Apparates: Der Delfter Amateurwissenschaftler Anton van Leeuwenhoek (1632–1723) beobachtete 1676 Bakterien unter einem selbst gebauten Mikroskop. Die »Keimtheorie« des Chemikers Louis Pasteur (1822–1895), ein Spezialist auf dem Gebiet der Mikroorganismen, beschrieb Bakterien bereits als Krankheitskeime, die den menschlichen Organismus veranlassen, Abwehrkörper zu bilden. Dieser Nachweis bereitete der Immunforschung und der Entwicklung von Impfstoffen den Weg. Auf Pasteurs Entdeckungen gründet sich aber auch die Bakteriologie.

Die erste Einteilung von Bakterien unternahm 1872 der deutsche Biologe und Botaniker Ferdinand Julius Cohn. Sein dreibändiges Werk *Über Bakterien, die kleinsten lebenden Wesen* klassifizierte die Bakteriengattungen und -arten erstmals nach morphologischen (die äußere Form betreffenden) Merkmalen. Auch beschrieb Cohn, wie Bakterienkulturen anzulegen seien.

Auch förderte Cohn den jungen deutschen Arzt Robert Koch (1843–1910). 1876 gelang es Koch, den Milzbrandbazillus zu isolieren und im Labor auf festem Nährboden wie Gelatine zu züchten. Der Forscher nahm an, dass giftige Stoffwechselprodukte der Bakterien befallene Tiere verenden ließen. 1882 entdeckte Koch den Tuberkelbazillus. 1884 entwickelte der dänische Bakteriologe Hans Christian Gram (1853–1938) ein Verfahren, um Bakterien zu färben und so zu unterscheiden.

Trotz dieser neuen Erkenntnisse blieb es weiterhin ein Rätsel, warum manche Menschen an Infektionen erkrankten, mit deren Erregern sie nie in Berührung gekommen waren. Als die Wissenschaft dann als das fehlende Glied der Kette die Ärzte ausgemacht hatte, war ein großer Schritt getan. Trotz anfänglicher Proteste setzte es sich in den Krankenhäusern durch, dass sich die Mediziner vor dem Kontakt mit jedem Patienten die Hände wuschen. Die Bakteriologie erwies sich damit als segensreich für die Menschheit: Nun beschritt die Medizin wirksame Vorbeugungs- und Behandlungswege.

Schon in der Antike wurde vermutet, dass Kleinstlebewesen Krankheiten auslösen – aber erst nach rund 1800 Jahren ließ sich ihre Existenz beweisen.

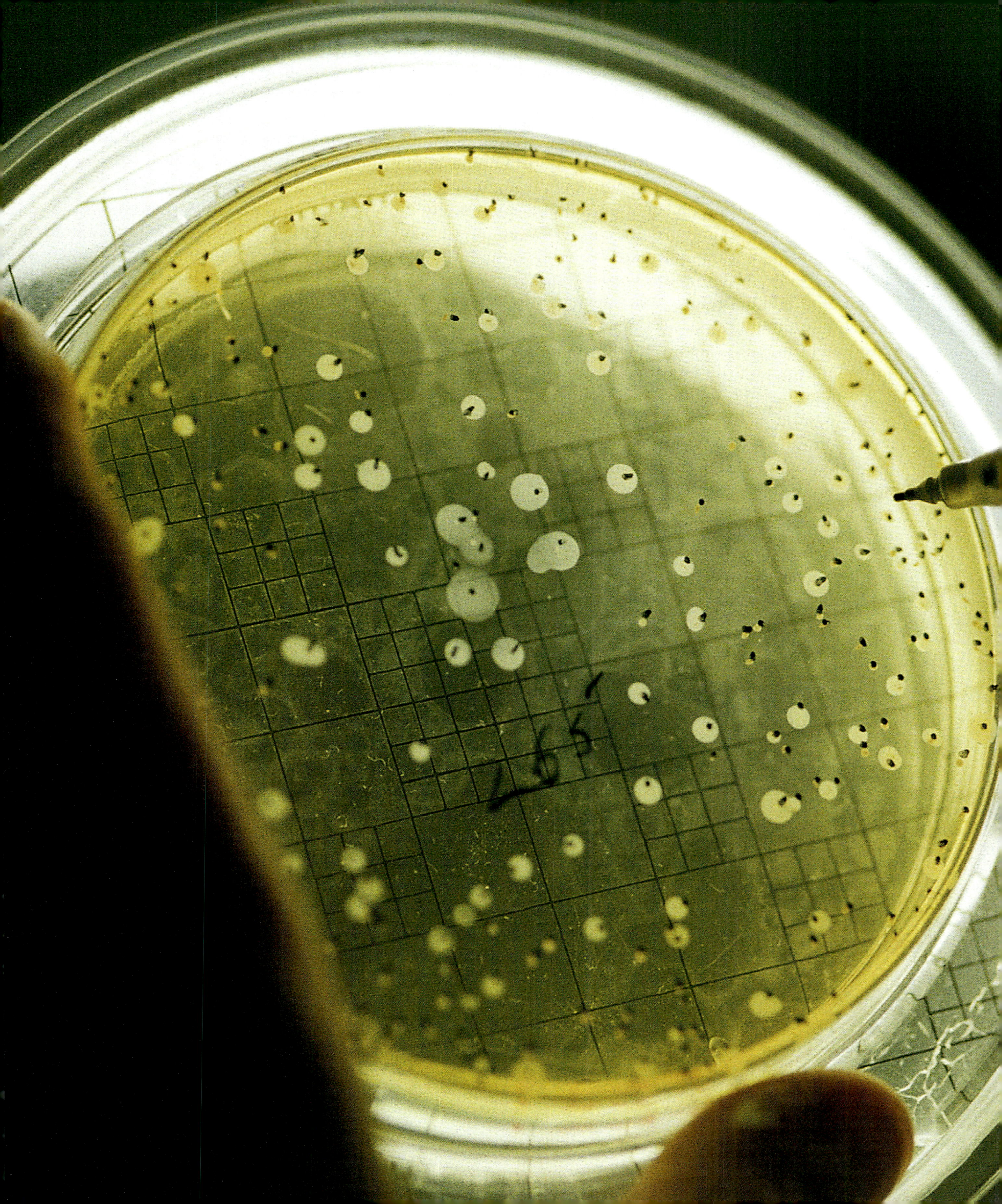

Kontraktionstheorie – Wie Gebirge entstehen

James Dwight Dana (1813–1895), Eduard Suess (1831–1914)

»Der Zusammenbruch des Erdballs ist es, dem wir beiwohnen!« So fasste der österreichische Geologe Eduard Suess die Lehre zusammen, Gebirge entstünden durch Abkühlung und Schrumpfung der Erde. Diese Kontraktionstheorie stand am Beginn der Lehre von der »globalen Tektonik«.

1873

DAS JAHR 1873

- Im Kulturkampf gegen den Katholizismus verabschiedet Preußen die Maigesetze, die die katholische Kirche staatlicher Aufsicht unterwerfen.
- Der deutsche Archäologe Heinrich Schliemann findet bei seinen Ausgrabungen in Troja den Schatz des Priamos.
- Italien beginnt mit der Säkularisation der Klöster.
- Die USA führen den Goldstandard ein, um den Dollar zu stützen.

Im 18. Jahrhundert begannen Naturforscher wie Johann Scheuchzer (1684–1738), Horace-Bénédict de Saussure (1740–1799) oder der Abt Antonio Lazzaro Moro (1687–1764), die Alpen geologisch zu erforschen. Dabei entdeckten sie, dass die Gesteinsschichten dort ganz »regellos« durcheinander geworfen waren: Sie lagen schräg, waren steil gestellt, gebogen und gefaltet. Diese »Unordnung« zu erklären, fiel ihnen schwer: Scheuchzer vermutete die Sintflut, Moro vulkanische Kräfte als Verursacher.

Erst 1829 präsentierte der Geologe Jean Baptiste Élie de Beaumont (1798–1874), der seit 1825 an einer umfassenden geologischen Karte Frankreichs gearbeitet hatte, eine neue Theorie der Gebirgsbildung: Die Gebirgsketten der Erde, so Élie de Beaumont, seien von unterschiedlichem Alter und es könnten mehrere Hebungssysteme unterschieden werden. Die Ursache der Hebungen und Faltungen der Gebirge sah Élie de Beaumont in einer langsamen »Kontraktion«, einer Schrumpfung der Erde. Da sein Inneres aus einem ursprünglich glutflüssigen Zustand langsam abkühle, ziehe sich der Erdball zusammen.

Der französische Geologe begründete damit die »Tektonik«, die Lehre vom Aufbau und der Bildung der Erdkruste. Fast 30 Jahre später tat der Geologe James Hall (1811–1898) einen zweiten entscheidenden Schritt in diesem »steinigen« Bereich. Er machte 1858 in den Appalachen, einem Mittelgebirgszug im Osten der USA, eine interessante Entdeckung: Hier war das Ausmaß der Sedimentschichten, der Ablagerungen der urzeitlichen Meere, mehr als zehnmal so groß wie außerhalb des Gebietes. Er schloss daraus, dass der Ursprung der Gebirge in solchen Sedimentationsbecken lag, die sich im Verlauf der Erdgeschichte unter dem Gewicht der Ablagerung einsenkten. Der Geologe James Dwight Dana (1813–1895) prägte für diese Becken 1873 den Begriff »Geosynklinale«, was so viel wie »Erdkrusteneinbiegungen« bedeutet. Er verband sie mit Élie de Beaumonts Theorie und folgerte: Die Sedimentationsbecken entstanden durch horizontalen Druck infolge der Kontraktion der Erde.

Zum eigentlichen »Propheten« der Kontraktionstheorie wurde aber Eduard Suess. Er veröffentlichte zwischen 1883 und 1888 sein mehrbändiges Werk *Das Antlitz der Erde,* in dem er die Schrumpfungshypothese zu Ende dachte. Wegen der auffälligen Übereinstimmungen der alten Pflanzen- und Tierwelt nahm er die Existenz eines großen Südkontinentes an – »Gondwanaland«, der Südamerika, Afrika, Vorderindien, Teile Australiens und der Antarktis umfasste. Die Verbindung sollten Landbrücken gebildet haben, die später im Meer versanken.

Dieser Hypothese von Eduard Suess setzte zwar 1912 der Polarforscher Alfred Wegener (1880–1930) seine Kontinentalverschiebungstheorie entgegen. Am Beginn der modernen »globalen Tektonik« stand dennoch die Kontraktionstheorie.

James Dwight Dana meinte, der Ursprung der Gebirge liege in Sedimentationsbecken, die sich im Laufe der Erdgeschichte unter dem Gewicht der Ablagerung senkten.

Ottomotor – Eine zündende Antriebsidee

Nikolaus August Otto (1832–1891)

Die Erfindung der Dampfmaschine hatte eine industrielle Revolution ausgelöst. Doch die Dampfmaschinen waren so groß und teuer, dass nur Großunternehmer sie sich leisten konnten. Kleinere Industrien, Handwerk und Gewerbe drohten die allgemeine technische Entwicklung zu verpassen – wenn kein kostengünstigeres Antriebsaggregat gebaut wurde.

1876

DAS JAHR 1876

- Die Sioux und Cheyenne unter der Führung Sitting Bulls bringen der Siebten Kavallerie der US-Armee unter General Custer in der Schlacht am Little Bighorn River eine vernichtende Niederlage bei.
- In Bayreuth wird das Richard-Wagner-Festspielhaus eröffnet.
- Spanien gibt sich eine neue Verfassung und wird zur konstitutionellen Monarchie.
- Der deutsche Mediziner Robert Koch entdeckt den Milzbranderreger.

1862 beschrieb der französische Ingenieur Alphonse Beau de Rochas erstmals die Funktionsweise eines Viertaktmotors, bei dem sich ein Luft-Gas-Gemisch durch Verdichtung selbst entzündete. Dieser Motor wurde nie gebaut. Unabhängig von Beau de Rochas arbeitete der deutsche Ingenieur Nikolaus August Otto an der Entwicklung eines Gasmotors. Drei Jahre nach der Gründung der ersten Motorenfabrik der Welt – der Gasmotoren-Fabrik Deutz – konstruierte Otto 1867 einen atmosphärischen Gasmotor. Der 1876 realisierte Ottomotor – ein Viertaktgasmotor mit verdichteter Ladung – stellte das Vorbild für alle weiteren Verbrennungsmotoren dar.

Im Gegensatz zur Dampfmaschine wird bei diesen Motoren die Energie direkt aus dem Verbrennen eines Luft-Kraftstoff-Gemischs gewonnen. Der Brennraum besteht aus einem einseitig geschlossenen Zylinder, in dem sich ein eng sitzender Kolben bewegt. Eine über eine Pleuelstange mit dem Kolben verbundene Kurbelwelle verwandelt das Hin und Her des Kolbens in eine vierteilige Drehbewegung: Zunächst entfernt sich der Kolben vom Zylinderkopf, öffnet ein Einlassventil, saugt das Gemisch an und verdichtet es mit der nächsten Bewegung in Richtung Zylinderkopf. Am Ende dieses Schritts erfolgt die Zündung. Die sich ausdehnenden Brenngase treiben den Kolben wieder in die andere Richtung. Mit der vierten – erneut entgegengesetzt verlaufenden – Bewegung drückt der Kolben die Abgase durch ein Auslassventil aus der Verbrennungskammer, und der Ablauf beginnt von neuem.

Ottos erster Motor wurde noch durch eine Gasflamme gezündet, die gegen Ende der Verdichtungsphase in den Zylinder eingeführt wurde. 17 Jahre dauerte die Konstruktion des heute noch üblichen benzinbetriebenen Motors mit elektrischer Zündung.

Ein Patent erhielt der Erfinder auf den Urtyp aller Verbrennungsmotoren allerdings nicht – Beau de Rochas hatte die geistige Urheberschaft angemeldet. Trotzdem setzte mit dem »handlichen«, schnell laufenden Otto-Benzinmotor – und in der Folge auch mit dem Diesel- und Elektromotor – eine zweite industrielle Revolution ein. Nun konnten sich endlich auch kleinere Betriebe die wichtige neue Antriebstechnik leisten.

Große Bewunderung brachte der Ingenieur Gottlieb Daimler den Erfindungen Ottos entgegen. Daimler hatte bereits in mehreren großen europäischen Maschinenfabriken gearbeitet und interessierte sich für den Gasmotor als Alternative zur Dampfmaschine. Als technischer Direktor der von Otto gegründeten Motorenfabrik Deutz entwickelte er den Ottomotor weiter und startete die Serienproduktion. 1883 ließ er einen leichten Einzylindermotor patentieren, den er erst in ein Zweirad, dann in ein Boot und schließlich in einen Kutschwagen einbauen ließ: Zeitgleich mit, aber unabhängig von Carl Benz hatte er das Automobil erfunden.

Der Ottomotor ermöglichte die Entwicklung des Automobils, das ab Ende des 19. Jahrhunderts im Straßenbild auftauchte.

Phonograph - Eine Erfindung spricht für sich selbst

Thomas Alva Edison (1847-1931)

Als Thomas Alva Edison im Jahr 1877 mit dem »Phonographen« den Vorgänger des Grammophons entwickelte, war das eine echte Attraktion: Erstmals konnten Töne – seien es Reden, Musik oder auch Gesang – aufgezeichnet und wiedergegeben werden. Und das alles speicherte nur die dünne Rille einer Kupferwalze.

1877

DAS JAHR 1877

- Der erste landesweite Streik in den USA weitet sich von den Eisenbahnern bald zum Generalstreik aus.
- Die britische Königin Viktoria wird zur Kaiserin Indiens gekrönt.
- Nachdem der Forscher Henry Morton Stanley den Kongo bis zur Mündung bereist hat, ist es möglich, den Flussverlauf zu kartografieren.
- In Berlin wird das Reichspatentamt eröffnet.

Die Idee, einen Phonographen (Schallaufzeichner) zu bauen, kam dem Erfinder Thomas Alva Edison während er als Telegrafist arbeitete. Nach Erfindung des elektromagnetischen Telefons durch Alexander Graham Bell (1847–1922) und des Kohlemikrofons durch David Edward Hughes (1831–1900) existierten bereits die technischen Möglichkeiten, Schallwellen zu senden und zu empfangen.

Es gab auch schon ein Gerät, das Töne zwar aufzeichnen, aber nicht wiedergeben konnte. Edison kombinierte diese Apparate zum Prototypen des Phonographen. Die ersten Worte, die er damit aufnahm, gingen in die Geschichte ein: Die erste Strophe des berühmten Kinderreims »Mary had a little lamb«.

Doch wie funktionierte dieser »Tonschreiber«? Ein Trichter lenkte den Schall gegen eine Aufnahmemembran, an der ein Stift befestigt war. Die Spitze dieses Stiftes drückte auf eine mit Stanniolpapier umwickelte Kupferwalze, die durch eine Kurbel angetrieben und an dem Stift entlang bewegt werden konnte. Sobald die Schallwellen die Membran in Schwingungen versetzten, hinterließ der Stift auf der sich drehenden Walze je nach Amplitude der Schwingungen unterschiedlich tiefe Spuren (Tonspur). Ließ man die Walze nochmals ablaufen, bewegte sich der Stift in der aufgezeichneten Rille und versetzte die Membran in dieselben Schwingungen wie bei der Aufnahme. Durch den Schalltrichter verstärkt waren diese als die zuvor aufgezeichneten Töne hörbar.

Edison sah den Nutzen seiner Erfindung vor allem im erzieherischen und beruflichen Bereich – Millionen von Menschen nur zu unterhalten, lag nicht in seinem Interesse. Er wollte die Stimmen berühmter Männer für die Nachwelt erhalten, Aufzeichnungen von Vorträgen und Vorlesungen anfertigen, blinde Menschen literarische Werke hören lassen. An die Aufzeichnung von Musik dachte Edison nur am Rande. Viele Interpreten klassischer Musik weigerten sich anfangs sogar, ihre Stimme mit so einem »Spielzeug« aufnehmen zu lassen.

Beständig verbesserte Edison seine Lieblingserfindung, von der er scherzhaft sagte, sie solle einmal seinen Lebensabend finanzieren. Ein neueres Modell des Phonographen besaß zwei Nadeln und zwei Membranen, jeweils eine zum Aufnehmen und eine zum Abspielen. Da sich die Bauteile des Prototyps sehr schnell abnutzten, entwickelten Hersteller langlebigere Walzen, Nadeln und Membranen. Zur Vermarktung des Geräts gründete der Erfinder 1878 die »Edison Speaking Phonograph Company«. Die anfänglich erwirtschafteten 25 000 Dollar Jahresumsatz erhöhten sich Ende des 19. Jahrhunderts schon auf 250 000 Dollar. Erst 1907 gingen die Umsatzzahlen durch die Entwicklung eines Konkurrenzartikels zurück: Emil Berliners Schallplatte war zwar »nur« ein Tonträger. Den meisten Kunden genügte das allerdings, weil sie die Funktion der Aufnahme selbst kaum nutzten.

Schon bald nach seiner Erfindung wurde der Phonograph ein kommerzieller Erfolg.

WHAT WILL YOU DO

IN THE

LONG, COLD, DARK, SHIVERY EVENINGS,

WHEN YOUR HEALTH AND CONVENIENCE COMPEL YOU TO STAY

INDOORS ?

WHY !!! HAVE A PHONOGRAPH, OF COURSE.

It is the FINEST ENTERTAINER in the WORLD.

There is nothing equal to it in the whole Realm of Art.

It imitates any and every Musical Instrument, any and every natural sound, faithfully :

the **HUMAN VOICE,** the **NOISE OF THE CATARACT,** the **BOOM OF THE GUN,** the **VOICES OF BIRDS OR ANIMALS.**

From

£2 2s.

THE GREATEST MIMIC.

A Valuable Teacher of Acoustics. Most Interesting to Old or Young. A Pleasure and Charm to the Suffering, bringing to them the Brightness and Amusements of the outside World by its faithful reproductions of Operas, New Songs, Speeches, &c.

EVERY HOME WILL sooner or later have its **PHONOGRAPH** as a **NECESSITY.**

HAVE YOURS NOW ; you will enjoy it longer.

Brought within the reach of every family by Mr. Edison's last production at **£2 2s.**

Send for our Illustrated Catalogues to

EDISON - BELL CONSOLIDATED PHONOGRAPH CO., LD.,

Or to our Licensees— **39, Charing Cross Road, W.C.**

EDISONIA LD., 25 to 22, Banner Street, and City Show-Rooms, 21, Cheapside, E.C., LONDON.

Impfstoffe – Ein Meilenstein in der Medizingeschichte

Louis Pasteur (1822–1895)

1879

DAS JAHR 1879

- Der Republikaner Jules Grévy wird zum Staatspräsidenten Frankreichs gewählt.
- Nach vielen anderen Industrienationen beschließt auch das Deutsche Reich, Schutzzölle zu erheben.
- Deutsches Reich und Österreich schließen den Zweibund, ein Verteidigungsbündnis gegen das Zarenreich.
- Erstmals wird der künstliche Süßstoff Saccharin hergestellt.

Was »pasteurisierte Milch« ist, wissen wir vom täglichen Einkauf. Die »Pasteurisierung« tötet Mikroorganismen wie etwa Bakterien in Lebensmitteln ab und macht die Produkte dadurch haltbarer. Um diese Methode erfolgreich einzusetzen, musste ihr Namensgeber, Louis Pasteur, jedoch erst die Bakterien als Erreger von Fäule oder Krankheit identifizieren. Damit konnte er auch der Impfforschung gewaltigen Vorschub leisten.

Das Grundprinzip der aktiven Impfung – das Immunsystem durch die Gabe des Krankheitserregers zu stärken – war schon seit dem 18. Jahrhundert bekannt. Allerdings kannte man die eigentlichen Ursachen der Krankheit nicht – die Erreger. Erst 1850 wies die Wissenschaft einen Mikroorganismus, den Milzbrandbazillus, im Blut von Tieren nach. In den 1870er- und 1880er-Jahren fanden Forscher die Erreger von Lepra, Malaria, Tuberkulose, Cholera, Diphtherie, Tetanus und Syphilis.

Ein Pionier der Forschung mit solchen Krankheitserregern war der Chemiker und Physiker Louis Pasteur. Sein Interesse an Mikroorganismen erwachte, als er sich mit der Gärung befasste. Pasteur wies erstmalig nach, dass beim Prozess von Fäulnis und Gärung solche Lebewesen mitwirken. Diese Beobachtung veranlasste den Forscher, Lebensmittel zu erhitzen, um die hitzeempfindlichen Bakterien darin abzutöten. Er schlussfolgerte richtig, dass diese Prozedur die Nahrungsmittel haltbarer machen würde. Sie heißt nach ihrem Erfinder seither »Pasteurisieren«.

Erst später dehnte Pasteur seine Untersuchungen auf die Krankheiten des Menschen aus. In der Überzeugung, dass viele Krankheiten durch Bakterien hervorgerufen werden, wandte er sich 1879 der Immunisierung mit abgeschwächten Krankheitskeimen zu. 1881 führte Pasteur zu diesem Zweck ein wegweisendes Experiment durch: Er impfte einige Schafe einer Versuchsherde mit abgeschwächten Milzbrandbakterien. Nach einiger Zeit setzte er alle Tiere dem eigentlich tödlichen Milzbranderreger aus. Die geimpften Schafe überlebten die Krankheit schadlos, während die anderen daran zugrunde gingen. So entwickelte er in der Folge Schutzimpfungen gegen Hühnercholera, Milzbrand und vor allem gegen die Tollwut.

Diese grundlegenden Entdeckungen Pasteurs führten 1872 zur Begründung der Bakteriologie – der Wissenschaft von den Bakterien. Man nannte sie nach dem griechisch-lateinischen Begriff Bakterie (»Stöckchen« oder »Stab«), der Form der zuerst beobachteten Kleinstlebewesen. Schon bald konnte der neue Forschungszweig weitere Erfolge auf dem Gebiet der Schutzimpfung verzeichnen.

Pasteurs »Keimtheorie«, wonach krankheitserregende Mikroorganismen vom Kranken über den Arzt auf den gesunden Menschen übergehen, hatte ebenfalls weit reichende Konsequenzen. Bis Mitte des 19. Jahrhunderts waren die mangelhaften hygienischen Zustände in den Krankenhäusern für eine hohe Sterblichkeitsrate verantwortlich. Als die Ärzte begannen, alle Geräte zu sterilisieren – sei es physikalisch durch Hitze oder chemisch durch Formaldehyd, änderte sich die Situation nachhaltig zum Wohle der Patienten. Die Asepsis, die Keimfreiheit, ist seither Standard in den Kliniken.

In seinem Labor experimentierte Louis Pasteur mit abgeschwächten Keimen zur Immunisierung vor Krankheiten.

Glühbirne – Ein Geistesblitz erhellt das Dunkel

Thomas Alva Edison (1847–1931)

1879

DAS JAHR 1879

- Der Konflikt zwischen Chile, Peru und Bolivien um die nördliche Atacamawüste weitet sich zum Krieg aus. Dabei geht es um die Salpeterlagerstätten in dem Gebiet – Salpeter ist ein Grundstoff für Schießpulver und Dynamit.
- Die Zeitschrift der Zeugen Jehovas, *Der Wachtturm*, erscheint erstmalig.
- In Georgien wird Josef Stalin als Sohn eines Schusters geboren.
- Die südafrikanischen Buren gründen den Afrikander Bound, der die Förderung des Afrikaans zum Ziel hat.

Als Thomas Alva Edison der Öffentlichkeit 1879 die Glühbirne – das neueste Produkt aus seiner Erfinderwerkstatt präsentierte –, waren die Menschen hingerissen. Auf Knopfdruck konnte Edison einen Raum in so hellem Licht erstrahlen lassen, wie es mit Kerzen, Öllampen oder Gasbeleuchtung niemals möglich war.

Im 19. Jahrhundert gab es zwar Kerzen, Petroleumlampen und Gaslampen, um »Licht in die Dunkelheit« zu bringen. Gerade Gaslampen aber waren sehr feuergefährlich, die erleuchteten Räume wurden zudem heiß und stickig. Kostspielige Bogenlampen, die durch den Stromfluss zwischen zwei Kohleelektroden und die Ionisierung der Luft einen hellen Lichtbogen erzeugten, konnten sich viele nicht leisten. Sie kamen deshalb hauptsächlich zur Beleuchtung von Straßen oder Plätzen zum Einsatz. Die Hauptschwierigkeit auf der Suche nach einem Leuchtkörper lag darin, ein geeignetes Material für den Leuchtkörper zu finden. Es musste Strom leiten, höchste Temperaturen aushalten, langlebig und preisgünstig sein. Einen Fortschritt stellte die Beobachtung dar, dass das Glühmaterial in einem möglichst luftleeren Glaskolben weniger schnell verbrannte.

1878 gingen Thomas Alva Edison und seine Mitarbeiter die Lösung des Problems an. Die Versuche, mit Kohle oder Platin eine effiziente Glühbirne zu produzieren, waren aber stets erfolglos verlaufen. Die Kohle hatte zwar den höchsten Schmelzpunkt, enthielt aber zu viel Sauerstoff und verbrannte deshalb zu schnell. Platin leuchtete erst dann hell genug, wenn es fast seinen Schmelzpunkt erreicht hatte. Mit verkohlten, bei hoher Temperatur in Kohlepulver nachbehandelten Baumwollfäden fand Edisons Forschergruppe dann das richtige Material: Diese Lampen glühten 13 Stunden lang. Auf der Suche nach einem noch besser geeigneten Glühfaden erprobten Edison und seine Mitarbeiter beinahe jedes Material, das ihnen in die Finger kam – von Spielkartenstreifen über Barthaare bis hin zu Pflanzenfasern. 1880 schließlich bestand eine japanische Bambusfaser den Test. Ihre Brenndauer belief sich auf 1200 Stunden. Edison baute den Erfolg aus und entwickelte ein Beleuchtungssystem, das ein Kraftwerk mit Generatoren, Kabel und Leitungen, das Schraubgewinde der Glühbirne und das Zubehör für den Haushaltsanschluss umfasste.

Mit eindrucksvollen Installationen, zum Beispiel auf der Internationalen Elektroausstellung 1881 in Paris, erregte Edison die Aufmerksamkeit der Öffentlichkeit. Edisons »Geistesblitz« löste alle Probleme, welche die Gasbeleuchtung mit sich gebracht hatte. Die Glühbirne erleuchtete auch kleinere Räume und war dabei sauber und bequem zu handhaben. Mit dem Ausbau der Stromversorgung, die den Preis für elektrisches Licht sinken ließ, entwickelte sich die Glühbirne zum Massenartikel. Um die Glühlampen noch heller und haltbarer zu machen, griffen die Hersteller dann wieder auf Metallfäden als Glühkörper zurück. Die gebräuchlichste Birne bestand aus einem Wolframdraht in einem mit Argon und Stickstoff gefüllten Glaskolben.

Mittlerweile ist elektrisches Licht überall selbstverständlich. Die verschwenderische Handhabung des Stroms ist jedoch einem sparsameren, umweltbewussteren Umgang gewichen.

Die Glühbirne entwickelte sich zum Massenartikel und ist heute aus keinem Haushalt mehr wegzudenken.

Das ist die richtige Lampe!
AEG
AEG
Metalldraht-Lampe

Entdeckung des Malariaerregers

Charles Louis Alphonse Laveran (1845-1922)

In den tropischen Regionen der Erde forderte die Malaria seit jeher viele Opfer unter den Einheimischen. Im 18. und 19. Jahrhundert – der Zeit der Kolonialisierung und der Forschungsreisen – wurde die Krankheit auch für die nun in Afrika lebenden Europäer zum gefürchteten Feind. Woher das »Sumpffieber« kam, wusste niemand – man vermutete, die Fäulnisgase in den tropischen Sümpfen seien der Auslöser.

1880

DAS JAHR 1880

- Der Bau des Kölner Doms ist nach 600 Jahren beendet.
- Die Schweizer Autorin Johanna Spyri veröffentlicht ihren Roman *Heidis Lehr- und Wanderjahre*, der reißenden Absatz findet.
- Die irischen Nationalisten, organisiert in der *Home Rule Party*, beschließen, eine Agrarreform durch einen Streik der Arbeiter gegen die englischen Grundbesitzer zu erzwingen.
- Frankreich annektiert die Südseeinsel Tahiti.

Die Malaria ist den Menschen in den betroffenen Gebieten seit der Antike bekannt. Heute unterscheiden Mediziner drei Varianten der Krankheit mit unterschiedlichem Krankheitsverlauf: Die Malaria tertiana und die Malaria quartana sind durch zyklisch wiederkehrende heftige Fieberanfälle gekennzeichnet. Die gefährlichste Form, die Malaria tropica, zeigt sich dagegen durch ein stetig ansteigendes Fieber und schädigt die Gehirn- oder Nierenfunktion. Sie führt meist rasch zum Tod des Patienten.

Die früheste Aufzeichnung eines Malariafalls ist rund 4000 Jahre alt und stammt aus Thailand. Das Gesundheitshandbuch des chinesischen Kaisers Huang-Ti (um 2700 v. Chr.) berichtet von drei Malariadämonen, die die Menschen mit einem Hammer, einem Eimer kalten Wassers und einem Stein quälen. Diese Folterwerkzeuge symbolisieren die typischen Symptome der Malaria: Kopfschmerz, Schüttelfrost und Fieber. Die Eroberungszüge der großen Herrscher verschleppten die Krankheit auch in bisher nicht gefährdete Gebiete.

Der holländische Naturforscher Antonie van Leeuwenhoek (1632–1723) vermutete als Erreger der Krankheit erstmals einen lebenden Organismus, den er Animaculum nannte. 1717 stellte der Arzt Giovanni Lancisi die These auf, dass Stechmücken die Malaria übertragen. Beweisen konnte er diese Theorie allerdings nicht. Bis weit hinein ins 19. Jahrhundert glaubten Wissenschaftler fälschlich, die Malaria (italienisch *mala aria* = schlechte Luft) werde von den tropischen Sumpfgasen ausgelöst. 1880 fand der in Algerien stationierte Militärarzt Charles Louis Alphonse Laveran im Blut eines an Malaria erkrankten Soldaten den Erreger: Plasmodien, eine Gattung der Einzeller, die im Blut von Lebewesen schmarotzen. Diese Plasmodien, so Laveran, übertrugen sich bei einem Stich der Anophelesmücke auf den Menschen. Dort lösten sie verschiedene Ausprägungen der Malaria und andere Tropenkrankheiten aus. Als der Arzt seine Ergebnisse an der Medizinischen Akademie in Paris präsentierte, löste er weltweit kontroverse Diskussionen aus. Obwohl ein anderer französischer Militärarzt ähnliche Beobachtungen gemacht hatte, lehnten Mediziner außerhalb Frankreichs die Erklärung aus nationalistischen, antifranzösischen Motiven ab. Auch unter den französischen Kollegen gewann Laveran wenig Mitstreiter und selbst die Armee würdigte seine Leistung nicht durch eine Beförderung. 1896 gab Laveran die Militärkarriere auf und ging an das Institut Pasteur, das ihn mit offenen Armen empfing. 1907 erhielt er den Nobelpreis für Medizin.

Die Ergebnisse Laverans spornten die medizinische Wissenschaft in der Suche nach Krankheitserregern und einem wirksamen Impfstoff gegen Infektionen an. Dennoch stirbt weltweit alle 15 Sekunden ein Mensch an Malaria.

Wie hier bei den britischen Truppen in Burma war das Sumpffieber bei europäischen Forschern und der Kolonialbesatzung in Asien und Afrika im 18. und 19. Jahrhundert gefürchtet.

Wolkenkratzer – Hochstapelei fängt klein an

Metropolen Nordamerikas

1884

UM DAS JAHR 1880

- 1881: Der Revolverheld William H. Bonney, genannt »Billy the Kid«, wird in Licoln County, New Mexico, erschossen.
- 1882: Der *Chinese Exclusion Act* untersagt für zehn Jahre jegliche chinesische Einwanderung in die USA.
- 1883: Die New Yorker Brooklyn Bridge ist bei ihrer Einweihung die längste Hängebrücke der Welt.
- 1884: Das Deutsche Reich betritt die Bühne der Kolonialmächte: Südwestafrika wird das erste so genannte Schutzgebiet des Landes.

△ Die höchsten Wolkenkratzer – Petronas Twin Towers in Kuala Lumpur.

Gegen Ende des 19. Jahrhunderts boomte die Industrialisierung, auch und vor allem in den Vereinigten Staaten von Amerika. Die Firmen benötigten immer mehr Platz für Verwaltungsgebäude. Ein reges Wachstum im Banken-, Verkehrs- und Versicherungswesen forderte zusätzliche Flächen. Die Folge: Die Grundstückspreise in den Zentren schnellten in die Höhe. Die Unternehmer konnten ihre Flächenkosten nur dadurch in den Griff bekommen, indem sie ihre Grundstücke maximal ausnutzten, am besten durch Hochhäuser.

Doch die Häusergiganten forderten den Einsatz ganz neuer Erfindungen und Technologien. Das fing schon beim Fundament an: Hochhäuser sind Schwergewichte. Ab 16 Stockwerken benötigen sie verstärkte Pfeiler, welche man im Felsuntergrund verankern muss. Meistens bedeutet dies Bauarbeiten unterhalb des Grundwasserspiegels. Maschinen müssen das Wasser aus den tiefen Bauabschnitten abpumpen.

Etwa ab 1884 war die Bautechnik endlich weit genug entwickelt, diese im wahrsten Sinne des Wortes grundlegenden Bedingungen zu erfüllen. Gleichzeitig machte auch die Statik enorme Fortschritte. Der so genannte Stahlskelettbau ermöglichte einen regelrechten Wachstumsschub bei Neubauten. Das von 1884 bis 1885 erbaute Chicagoer Home Insurance Building hat das erste Stützgestell aus Stahl. Ein solches Stahlskelett ist verhältnismäßig schnell herzustellen und feuerfest.

Die Fortschritte beschränkten sich nicht auf die Grundkonstruktion der Hochhäuser. Mit neuen Erfindungen setzte man Maßstäbe bei Komfort und Wirtschaftlichkeit. Der US-Amerikaner Elisha Graves Otis (1811–1861) erfand bereits im Jahr 1852 den ersten sicheren Fahrstuhl. Im Aufzugschacht installierte Schienen verhinderten einen Absturz, wenn die Halteseile versagten. Den ersten Dampfaufzügen folgten hydraulische und später elektrische Ausführungen. Zuverlässig und schnell gelangten Personen und Güter bis in die obersten Etagen der Hochhäuser.

Um die Wende zum 20. Jahrhundert bestimmten immer höhere Gebäude die Metropolen Nordamerikas. Doch erst das im Jahr 1913 fertig gestellte Woolworth Building ist der erste »echte« Wolkenkratzer. Das bis heute existierende Bürogebäude überragt die Straßen von New York City um Schwindel erregende 241 Meter. Mit Betonpfeilern bis zum Felsengrund, Stahlskelettbauweise und Hochgeschwindigkeitsfahrstühlen zeigt das Woolworth Building alle Merkmale eines modernen Wolkenkratzers. Beispielhaft ist die Flächennutzung: Neben dem Woolworth-Hauptquartier und anderen Büros gab es Geschäfte, Gesundheitseinrichtungen, ein Rasierstudio und ein Restaurant.

Im Verlauf des 20. Jahrhunderts wurden Wolkenkratzer weltweit zu Symbolen der Moderne, des Wohlstands und der Wirtschaftlichkeit. Seit der unfassbaren Zerstörung des World Trade Center am 11. September 2001 versinnbildlichen sie aber auch die Anfälligkeit der Zivilisation gegenüber dem Terror. Nichtsdestotrotz faszinieren Wolkenkratzer noch immer durch ihre Größe. Mit 452 Meter Höhe sind die Petronas Twin Towers in Kuala Lumpur zurzeit die höchsten Bauwerke der Welt.

Die Errichtung von Hochhäusern ermöglichte es, knappen Grund optimal zu nutzen.

Hasenjagd im 12. Jahrhundert. Waffen dienten anfangs vor allem zur Jagd von Tieren.

Vom Faustkeil zur Atombombe

Das Werkzeug des Menschen

Nicht ohne eine gewisse Berechtigung schrieb der griechische Philosoph Heraklit aus Ephesos (544–483 v. Chr.) bereits um 500 v. Chr. den bis heute viel zitierten Satz: »Krieg ist der Vater aller Dinge.« Diese Aussage erwies sich im Verlauf der Geschichte immer wieder als zutreffend: Die Fähigkeit, Bronze herzustellen oder Eisen zu verhütten, erlaubte nicht nur die Fertigung von landwirtschaftlichen Geräten. Auch immer wirkungsvollere Waffen konnten so geschmiedet werden. Diese nutzten die Menschen dann, um das eigene Land gegen angriffslustige Nachbarn zu verteidigen oder auch selbst den eigenen Machtbereich auszudehnen: Die Entwicklung jeder Kultur ging immer Hand in Hand mit der Fähigkeit, sich selbst zu verteidigen oder das eigene Einflussgebiet zu erweitern.

Steinzeitliche Waffen

Der Mensch der Steinzeit erfand Pfeil und Bogen, Speere und Dolche, die sich aus dem Faustkeil entwickelten. All diese Waffen dienten sowohl der Jagd als auch dem Kampf gegen feindliche »Artgenossen«. Vor allem Pfeil und Bogen erwiesen sich als ungemein erfolgreiche Erfindung – sie wurden bis in die Neuzeit im militärischen Bereich eingesetzt. Im Hundertjährigen Krieg (1339–1453) zwischen England und Frankreich sicherten etwa die englischen Langbogenschützen den entscheidenden Vorteil. Im Kampf mit den französischen Truppen, die sich mit den anscheinend moderneren Armbrüsten bewaffnet hatten, behielt die englische Armee die Oberhand. Grund dafür war der Umstand, dass Bogenschützen pro Minute bis zu zwölfmal schießen können, Armbrustschützen zwei- bis dreimal. Auch der Speer überdauerte die Steinzeit: Er behielt bis zur Erfindung des Schießpulvers seinen militärischen Wert, obwohl er im Lauf der Zeit technisch stetig verbessert wurde. Als Wurfspieß und als Hieb- und Stoßwaffe fand er Eingang in Waffenkammern der Antike und des Mittelalters.

Bronze und Eisen

Einen Durchbruch in der Waffentechnik bedeutete die Erfindung der Bronze um 3600 v. Chr. Von nun an war es möglich, im Kampf nicht nur steinerne Dolche,

sondern auch Schwerter einzusetzen. Ihre längere Metallklinge stellte eine wesentlich wirksamere Hieb- und Stoßwaffe dar. Auch die Härte und Festigkeit nahmen erheblich zu, was die Qualität der Waffen außerordentlich steigerte. Daneben eignete sich die Bronze natürlich auch zur Herstellung von Abwehrwaffen: Ab jetzt konnten Waffenschmiede auch Schilde und Rüstungen aus Metall produzieren.

Einen weiteren Meilenstein der Waffentechnik markiert der Beginn der Eisenzeit um 1500 v. Chr. Nun lernten die Schmiede, Eisenerze zu verhütten, also den Sauerstoffanteil des Erzes mithilfe von Holzkohle bei Temperaturen von 1150 Grad Celsius zu verringern. So erhielten sie einen neuen, waffenfähigen Werkstoff. Das frühgeschichtliche Eisen war noch relativ weich, doch schon wenige Jahrhunderte später konnten es die Menschen durch das Hämmern und Schmieden im Holzkohlenfeuer sowie das anschließende Abschrecken im Wasser härten. Nun erwies sich das Eisen gegenüber der bisher verwendeten Bronze als überlegen. Schon in der Antike waren Eisenwaffen teilweise kriegsentscheidend: Bei der Eroberung Roms durch die Kelten 387 v. Chr. spielte dieser Vorsprung sicherlich eine Rolle.

Eine Wendung brachte in der Spätantike dann das Vordringen der Reitervölker aus dem Osten. Um sich ihrer überlegenen berittenen Gegner zu erwehren, griffen die Römer seit dem 3. Jahrhundert n. Chr. immer häufiger auf ein längeres Schwert

Gegen Ende des Mittelalters gewannen flexible Bodentruppen mit Lanzen und Helebarden gegenüber den Ritterheeren wieder vermehrt an Geltung.

Einen riesigen Schub gab der modernen Waffentechnik die Motorisierung und Automatisierung, die in den Massenvernichtungen des Ersten und Zweiten Weltkriegs ihre ersten Höhepunkte fanden.

zurück. Das traditionelle Kurzschwert war in der neuen Kriegsführung wirkungslos. Auch die Erfindung und Fortentwicklung des Sattels erhöhte die Schlagkraft der berittenen Einheiten. Von nun an erwiesen sich berittene, mit Lanzen oder Schwertern ausgerüstete Kämpfer den bis zu dieser Zeit üblichen Bodentruppen endgültig überlegen. Für mehrere Jahrhunderte bildeten nun Ritterheere das militärische Rückgrat der europäischen Mächte und beeinflussten die gesamte Kultur des Mittelalters.

Der Schritt in die Neuzeit

Der Übergang vom Mittelalter in die Neuzeit um 1500 stellte eine »militärische Revolution« dar: Dafür verantwortlich zeichnet die Erfindung des Schießpulvers, einer Mischung aus Salpeter, Holzkohle und Schwefel. Das Schießpulver veränderte die Bewaffnung, Taktik und Strategie der Soldaten – der Nahkampf »Mann gegen Mann« verlor an Bedeutung. Der technologische Fortschritt brachte verbesserte Gewehre und Geschütze. Diese wurden immer haltbarer, verlässlicher und zielgenauer. Als wesentliche Verbesserung gilt die Steinschlossflinte, die um 1640 gebräuchlich wurde: Die Verwendung von Feuersteinen für die Zündschlösser machte sie zuverlässiger und verkürzte die Ladezeit. Ebenso erzielte das verbesserte Pulver eine immer stärkere Explosivkraft.

Nun begann ein Rüstungswettlauf, der im 19. und 20. Jahrhundert in eine neue Phase trat. Johann Nikolas Dreyse erfand das Zündnadelgewehr, das die preußische Armee 1841 einführte. Es war ein zuverlässiger Hinterlader, mit dem doppelt so schnell gefeuert werden konnte wie mit einem bis dahin üblichen Vorderlader. Zudem konnten die Soldaten nun im Liegen nachladen, sodass sie aus der Deckung schießen konnten. Im preußisch-österreichischen Krieg 1866 erwiesen sich diese Gewehre als kriegsentscheidend. Weitere Verbesserungen brachten neue Pulversorten und Sprengstoffe: 1867 erfand Alfred Nobel das Dynamit. Wenig später wurde das Schießpulver ohne Salpeter gebräuchlich – nun entstand beim Abfeuern kein Rauch mehr, und der Büchsenknall fiel weniger laut aus. Auch erhöhte sich die Reichweite der Schüsse.

Einen riesigen Schub gab der Militärtechnik im beginnenden 20. Jahrhundert die Motorisierung, die auch zur Entwicklung von Panzern führte. Während ihr Wert im Ersten Weltkrieg noch gering blieb, erwiesen sie sich in den ersten Feldzügen des Zweiten Weltkriegs als entscheidende Waffe. In gleicher Weise erkannten die Generalstäbe im frühen 20. Jahrhundert bald auch die Möglichkeiten, die sich durch die Luftfahrt ergaben.

Die Massenvernichtung

Der technische Fortschritt ermöglichte schließlich den »totalen Krieg«, den Propagandaminister Joseph Goebbels am 18. Februar 1943 in seiner berüchtigten Sportpalastrede einforderte. Eine gebündelte Anstrengung der Forscher sollte vermeintliche Wunderwaffen erbringen, um die sich abzeichnende Niederlage im Zweiten Weltkrieg abzuwenden: Die V1- und V2-Raketen, die gegen England zum Einsatz kamen, sind Vorläufer der modernen Marschflugkörper und Mittelstreckenraketen.

Den Höhepunkt bedeutete allerdings der erste Einsatz einer Atombombe durch die amerikanischen Streitkräfte am 6. August 1945 in Hiroshima. Vorausgegangen war das Manhattan-Projekt, in dem 300 000 Mitarbeiter unter Leitung von Robert Oppenheimer die Atombombe entwickelt hatten. Die Möglichkeit, Atomkerne zu spalten, setzte ungeheure Energien frei – und gab der Menschheit die Fähigkeit, sich selbst vollständig auszulöschen.

Lochkarten – Das Ende des Datenchaos

Hermann Hollerith (1860–1929)

1886

DAS JAHR 1886

- Ludwig II. ertrinkt unter mysteriösen Umständen im Starnberger See. Zuvor hatten ihn seine Minister als bayerischen König abgesetzt und entmündigt.
- Der Apachenhäuptling Geronimo ergibt sich nach langem Kampf den amerikanischen Truppen. Damit ist der indianische Widerstand gegen die weiße Besiedlung ihres Landes endgültig gebrochen.
- Der Apotheker John S. Pemberton entwickelt in Atlanta die Rezeptur für Coca-Cola – als Sirup gegen Müdigkeit und Kopfschmerzen.
- In New York wird feierlich die Freiheitsstatue enthüllt. Frankreich hatte sie den USA geschenkt.

Die Datenflut zu bewältigen ist kein spezifisches Problem des Computerzeitalters. Schon im 19. Jahrhundert produzierten Verwaltung, Handel und Industrie enorme Datenmengen. Diese zu handhaben und auszuwerten erforderte einen enormen Zeit- und Rechenaufwand. Bis zum Beispiel die Ergebnisse einer 1880 in den USA erhobenen Volkszählung vorlagen, vergingen ganze sieben Jahre. Als der amerikanische Ingenieur Hermann Hollerith das Problem gelöst hatte, war das eine echte Sensation.

Hermann Hollerith hatte an der Auswertung der Volkszählung mitgearbeitet und selbst erlebt, wie langwierig und mühsam diese Prozedur war. Er überlegte also fortan, wie sich solche Datensätze maschinell auswerten ließen – und erinnerte sich an eine Konstruktion aus der Textilindustrie: Der Tüftler Joseph-Marie Jacquard (1752–1834) hatte 1805 einen Webstuhl entwickelt, bei dem ein Paket von Lochkarten das Weben komplizierter Muster regelte.

Auf diesem Prinzip basierte Holleriths Erfindung von 1886: Er teilte die Karten in Felder, von denen jedes eine Frage der Volkszählung repräsentierte. In diese Felder wurden dann die Antworten gesetzt: Die gestanzten Löcher bedeuteten »Ja«, die ungelochten Felder »Nein«. Die »Speicherung«, das heißt, die Übertragung der Daten auf die Karten übernahmen Stanzmaschinen. Die »Hollerithmaschine« sortierte die Lochkarten anschließend und verarbeitete die Daten, indem sie die Löcher zählte.

Bereits bei der amerikanischen Volkszählung von 1890 kamen die »Hollerithmaschinen« zum Einsatz – mit überwältigendem Erfolg: Statt der erwarteten Bearbeitungszeit von zwölf Jahren waren die Daten bereits nach zwei Jahren ausgewertet, obwohl sich die Menge der Informationen seit der letzten Zählung verzwölffacht hatte.

In den folgenden Jahren setzten auch verwaltungsintensive Einrichtungen wie Militär, Versicherungen, Banken und Industriebetriebe Lochkartenmaschinen ein.

Die Datenverarbeitung war nun einfacher geworden, doch das barg auch die Gefahr eines Missbrauchs: Die aufgezeichneten Angaben zur Religionsangehörigkeit oder nationalen Herkunft nutzte beispielsweise das NS-Regime, um so genannte »Staatsfeinde« bei Volkszählungen ausfindig zu machen.

Trotz dieser Nachteile erlebte der Aufschwung des Lochkartensystems nach dem Zweiten Weltkrieg seinen Höhepunkt: Ob bei der Fahndung nach Verbrechern, der Verwaltung von Konten oder der Erstellung von Lohnabrechnungen – die Lochkarte spielte im Wirtschaftsleben der 1950er- und 1960er-Jahre eine äußerst bedeutende Rolle.

Bald entstanden immer zuverlässigere und schnellere Sortier- und Zählmaschinen zur Auswertung der Karten. Doch die Blütezeit dauerte nicht ewig: Die Automaten hielten mit der Entwicklung neuer Technologien nicht mehr Schritt. Ab den 1970er-Jahren verdrängten effizientere und flexiblere Speichermedien wie Magnetlaufwerke oder Disketten die Lochkarten aus der Datenverarbeitung. Heute werden sie praktisch nur noch zur Zeiterfassung bei Stechuhren älteren Baujahrs verwendet.

Mit Weiterentwicklung der Technik wurden Lochkarten von modernen digitalen Systemen verdrängt.

Grammophon und Schallplatte – Musik für die Massen

Thomas Alva Edison (1847–1931), Emil Berliner (1851–1929)

Seit der Antike galten das gesprochene Wort und die Musik als »flüchtige Künste«, die mit Schrift oder Noten nur unvollständig festgehalten werden konnten. Erst mithilfe von Grammophon und Schallplatte gelang es ab 1887, Töne zu »konservieren«. Diese Möglichkeit machte sich die »Klangindustrie« zunutze und brachte die Aufzeichnungen unters Volk.

Der Erfinder Thomas Alva Edison übergab 1877 seinem Schweizer Feinmechaniker den Bauplan eines Apparates zur Schallaufzeichnung und -wiedergabe, bei dem die Schallwellen über einen Trichter mit Membran eingefangen und mit einer Nadel als Punktschrift in eine Walze gedrückt wurden. 1878 führte er diesen »Phonographen« öffentlich vor und sorgte damit für die Sensation des Jahres. Erst 1903 fand Edison aber ein Kopierverfahren, um die Walzen serienmäßig herzustellen. Bis dahin hielt sich der Beruf des »Walzensängers«, der buchstäblich jede Walze besingen musste.

Der Schritt von der Walze zur Schallplatte gelang Emil Berliner (1851–1929), einem in die USA immigrierten Buchhalter, der sich in seiner Freizeit mit Technik und Naturwissenschaften befasste. Am 8. November 1887 meldete er sein »Grammophone« zum Patent an, das auf dem Prinzip des »Phonographen« basierte. Im Gegensatz zu Edisons Apparat bewegte sich die Nadel des Grammophons jedoch nicht vertikal, sondern horizontal, und schwang in der waagrechten Spur mehr oder weniger nach links und rechts (»Berliner- oder Seitenschrift«). Unter dem Vergrößerungsglas erschien die Rille als Wellenlinie mit unterschiedlicher Amplitude. Außerdem verwendete Berliner zur Aufzeichnung der Schallwellen mit Wachs überzogene Zinnscheiben. Von diesen Rohlingen konnten Pressfolien in großer Anzahl hergestellt werden – die ersten Schallplatten. Bewusst verzichtete Berliner dabei auf die Möglichkeit, die Platte mehrmals neu zu bespielen. Sie war hauptsächlich zur Tonwiedergabe und nicht zur Aufnahme bestimmt.

Bereits 1889 bot die Spielzeugfirma »Kämmer und Reinhard« in Waltershausen in Thüringen einen »Original-Berliner-Phonographen« an. Jedem Gerät lagen sechs Schallplatten aus Zelluloid bei: Auf der einen Seite befand sich die aufgezeichnete Musik, auf der anderen ein dazu passender Kinderliedtext. Zu Berliners Sängern zählte auch ein gewisser Enrico Caruso (1873–1921): Für 100 Dollar sang er zehn Arien.

Mit der Entwicklung der Schellackplatte begann dann die Massenproduktion der Tonträger: Ab 1897 industriell hergestellt, beherrschte die mit 78 Umdrehungen pro Minute laufende »Platte« jahrzehntelang die Tonindustrie. 1904 führte die Firma »Odeon« in Berlin die zweiseitig spielbare Platte ein. Im Laufe der Zeit löste die Saphirnadel die herkömmliche Nadel ab. Sie übertrug die Schwingungen auf eine dünne Kristallplatte, die elastischen Verformungen erzeugten an der Platte kleine elektrische Spannungen. Der »Plattenspieler« verstärkte diese elektrisch und machte sie über einen Lautsprecher hörbar.

Erst die Erfindung der digitalen Tonaufzeichnung und -wiedergabe über CDs besiegelte den Niedergang der Schallplatte. Heute sind vor allem die Schellackplatten unter Sammlern gefragte Raritäten.

Erst mit dem Grammophon gelang der Schritt zur Schallplatte und somit zur Massenproduktion von Tonträgern.

1887

DAS JAHR 1887

- In Mailand wird Giuseppe Verdis Oper *Othello* uraufgeführt und frenetisch bejubelt.
- Großbritannien annektiert das südafrikanische Zululand, damit Transvaal, die burische Südafrikanische Republik, keinen Meereszugang erhält.
- Mit einer entsprechenden Erklärung Papst Leos XIII. endet der Kulturkampf zwischen Preußen und der katholischen Kirche.
- Der US-Kongress ändert den Status der Indianer: Mit dem *Daws General Allotment Act* gelten fortan nicht mehr die Stämme als Rechtskörperschaften, sondern die Einzelpersonen. Das indianische Land wird verstaatlicht.

Radio - Faszinierende Wellen aus dem Äther

Guglielmo Marconi (1874-1937)

Trotz aller Unkenrufe hat das Radio bis heute der Konkurrenz durch das Fernsehen – und seit neuestem auch durch das Internet – erfolgreich getrotzt. Eingeleitet hat das Zeitalter des Radios der junge physikbegeisterte Guglielmo Marconi in einer Villa bei Bologna.

1887

DAS JAHR 1887

- Das Deutsche Reich schließt mit Russland den Rückversicherungsvertrag: Im Falle eines Kriegs verpflichten sich die beiden Staaten zur gegenseitigen Neutralität.
- Der Schweizer Julius Maggi eröffnet eine Fabrik für Suppenwürze.
- 150 000 Demonstranten protestieren im Londoner Hyde Park gegen die Irlandpolitik der britischen Regierung.
- Frankreich vereinigt seine Kolonie Cochinchina mit den Schutzgebieten Kambodscha, Tonking und Annam zur Indochinesischen Union.

△ **Das Radio wird zum Massenmedium: Der Volksempfänger der 1930er Jahre diente der nationalsozialistischen Propaganda.**

Das Prinzip des »Radios« beziehungsweise der Rundfunktechnik besteht in der Verbreitung von Tönen durch elektromagnetische Wellen. Über ein Mikrofon werden die Töne live oder im Studio aufgenommen und in Schwingungen umgewandelt. Im »Sender« erfolgt die »Aufmodulierung« auf Trägerschwingungen, deren Frequenz höher ist als die der aufgenommenen. Eine Sendeantenne strahlt die Hochfrequenz-Schwingungen als elektromagnetische Wellen an die Empfangsantennen der »Radioapparate«.

Dem Physiker Heinrich Rudolf Hertz (1857–1894) gelang es 1887, elektromagnetische Wellen nachzuweisen und in der Praxis einzusetzen. Ein Jahr später konstruierte Hertz einen Sender, den »Resonator«, mit dem er erstmals elektromagnetische Wellen erzeugen und übertragen konnte. Der Physiker Édouard Branly erkannte dann 1888 die Möglichkeit, Radiowellen in elektrischen Strom umzuwandeln. Branly baute daraufhin eine radioleitende Röhre (Detektor), mit deren Hilfe er Wellen über eine große Distanz hinweg aufspüren konnte. Der Detektor nahm die Wellen sogar durch Wände wahr. Diese Erfindung machte sich Alexander Popow (1859–1906), ein Assistent an der Torpedobootschule in Kronstadt, zunutze. Mit dem »Detektor« »empfing« er luftelektrische Entladungen aus Gewitterwolken. So konnte er frühzeitig vor weit entfernten Unwettern warnen. Popow bemerkte auch, dass sich die Empfindlichkeit des »Empfängers« steigerte, wenn er ihn mit einem senkrechten langen Draht verband. Über diese »Antenne« stellte er eine drahtlose Morseverbindung her und sendete über 250 Meter die Worte »Heinrich Hertz«.

Der eigentliche Pionier des Radios aber war Guglielmo Marconi (1874–1937). Sein Nachbar in Bologna, ein renommierter Physikprofessor, machte ihn auf die Arbeit des Heinrich Hertz aufmerksam und weckte seinen Forscherdrang. 1894 begann Marconi mit Experimenten im Hof der Villa seines Vaters. Schon ein Jahr später gelang es ihm, elektrische Impulse über 2400 Meter zu übertragen. 1899 – Marconi war inzwischen nach England übergesiedelt – stellte er eine Verbindung über 50 Kilometer zwischen Dover und Wimereux her. 1901 folgte die erste drahtlose Verbindung über den Atlantik zwischen Cornwall im Südwesten Englands und Neufundland – also über 3400 Kilometer.

Als es dem Physiker Karl Ferdinand Braun (1850–1918) 1898 glückte, elektromagnetische Wellen in die von ihm gewünschte Richtung auszustrahlen, war er der Übertragung von Signalen einen Schritt näher gekommen. 1909 erhielten Braun und Marconi den Physik-Nobelpreis für ihre Verdienste um die Entwicklung der drahtlosen Telegrafie. Nach erfolgreichen Vorführungen 1896 in London erhielt Marconi ein Patent und gründete die *Wireless Telegraph and Signal Company Ltd.* Mit der Entwicklung von Geräten, die Töne aufzeichnen konnten, und der Verbesserung der Sende- und Empfangsanlagen wurde das Radio zum »Massenmedium«. Musik, Hörspiele und Nachrichten erreichten nun jeden Haushalt, der ein Radiogerät besaß. 1898 eröffnete im englischen Chelmsford die weltweit erste Radiofabrik. 1922 kam das erste tragbare Radio auf den Markt.

Guglielmo Marconi wurde für seine Verdienste im Jahre 1909 mit dem Nobelpreis für Physik ausgezeichnet.

Bewegte Bilder! Kinopremiere in Paris

Auguste Lumière (1862–1954), Louis Lumière (1864–1948)

Die lang ersehnte »lebende Fotografie« wurde 1895 Realität, zuerst als Attraktion für Cafébesucher, dann für ein Massenpublikum. Die »zweite Welt« auf 35 Millimeter konnte die Zuseher unterhalten und verzaubern – aber auch manipulieren.

1895

DAS JAHR 1895

- In London wird der Schriftsteller Oscar Wilde wegen seiner homophilen Neigungen zu zwei Jahren Zuchthaus mit Zwangsarbeit verurteilt.
- Alfred Nobel ruft eine Stiftung ins Leben, die nach seinem Tod außergewöhnliche wissenschaftliche Leistungen mit dem Nobepreis belohnen soll.
- Theodor Fontane veröffentlicht den Roman *Effi Briest*.
- In Paris wird der Gewerkschaftsdachverband Confédération Générale du Travail (CGT) gegründet.

Ein Film ist eigentlich nichts anderes als eine Abfolge vieler einzelner Bilder. Der optische Eindruck der Bewegung basiert auf einem physikalischen Phänomen: Wenn der Betrachter eine Reihe von Bildern in ausreichend schneller Geschwindigkeit sieht, verschmelzen sie vor dem Auge zu einem bewegten Bild. Vorläufer des Films – so genannte Abblätterbücher oder fotografische Reihenaufnahmen – basierten auf diesem Prinzip. Es gab bereits Konstruktionen, die kreisförmig angeordnete Bilder durch kurze Blitze beleuchteten und so den Ablauf der Sequenzen »flimmerfrei« machten.

Die Brüder Lumière, Söhne eines Lyoner Fabrikanten fotografischer Papiere, sind die »Geburtshelfer« des modernen Kinos. Der Durchbruch bei der Konstruktion von Filmprojektoren gelang Louis Lumière mit seinem »Cinematographen«, den die Brüder am 13. Februar 1895 patentieren ließen. Am 28. Dezember fand in Paris, im Grand Café auf dem Boulevard des Capucines, die erste Filmvorführung statt.

Der Cinématographe Lumière war ein kombiniertes Aufnahme- und Vorführgerät, dessen technische Ausstattung zukunftsweisend wurde: Bildstillstand während Aufnahme und Projektion, abgedunkelter Weitertransport, hinreichend hohe Bildfrequenz. Die ersten Vorstellungen in Jahrmarktbuden, Varietés und Cafés zeigten eine bunte Mischung kurzer Filme, die alltägliche und besondere Ereignisse dokumentierten. Die Brüder Lumière drehten über 1000 solcher Streifen: die Zugeinfahrt in einen Bahnhof, Familienszenen, Paraden oder einen Stierkampf.

Schon 1893 hatte der amerikanische Erfinder Thomas Alva Edison (1847–1931) ein »Kinetoskop« präsentiert. Er stellte das Gerät auf Rummelplätzen auf und nach Einwurf von fünf Cent konnte der Betrachter einen kurzen Rollfilm sehen. Technisch war das Gerät dem der Lumièrebrüder unterlegen, aber von Edisons Erfindung blieb der perforierte Zelluloidfilm, das Filmformat der »35 Millimeter« und die englische Bezeichnung für das Kino, »movie« (*to move* = bewegen).

Der Schritt zur Unterhaltungsindustrie vollzog sich nach der Jahrhundertwende. Zu Beginn des Ersten Weltkrieges existieren in Deutschland bereits 2900 Kinos, in den USA gar 15 700. Die populärsten Genres hatten das französische und amerikanische Kino bereits bis 1910 etabliert: Kriminal- und Abenteuerfilm, Science-Fiction-, Horror-, Kostüm- und Westernfilm. Ihre erste Sternstunde erlebte die »Traumwelt Kino« mit Georges Méliès (1861– 1938), der um die Wende zum 20. Jahrhundert bis heute berühmte Trickfilme schuf wie etwa *Die Reise zum Mond* (1902). Um 1910 kündigte sich die goldene Ära des Stummfilms an und 1913 wurde mit *Der Student von Prag* der erste deutsche Kunstfilm präsentiert. Ab den 1930er-Jahren löste der Tonfilm die Stummfilmproduktion ab. Obwohl »Kino« oft gleichgesetzt wird mit dem Studiosystem Hollywoods entfalteten doch im Laufe der Zeit viele andere Nationen eine eigene Filmsprache und -thematik, welche die Geschichte des Kinos individuell prägten.

Die Gebrüder Lumière schufen die technischen Voraussetzungen für die Entwicklung des Kinos.

Röntgenstrahlen eröffnen den Blick nach innen

Wilhelm Conrad Röntgen (1845–1923)

1895

DAS JAHR 1895

- Herbert George Wells veröffentlicht mit *The Time Machine* seinen ersten Science-Fiction-Roman.
- Islamische Kurden richten im Osmanischen Reich ein Gemetzel unter christlichen Armeniern an. 200 000 Menschen sterben.
- Robert Gascoyne-Cecil wird Premierminister Großbritanniens. Er lehnt die irischen Bestrebungen nach der Home Rule entschieden ab.

△ Die nach Wilhelm Conrad Röntgen benannten Strahlen leiteten eine neue Ära der Medizin ein.

Die nach ihrem Entdecker benannten Röntgenstrahlen leiteten eine neue Ära der Medizin ein: Mit ihrer Hilfe können Ärzte in das »Innere des Menschen« sehen, ohne ihn notgedrungen mit einem Skalpell zu verletzen. Doch auch in vielen anderen Bereichen sind die »X-Strahlen« heute unverzichtbar, vor allem in der Materialprüfung.

Gegen Ende des Jahres 1895 experimentierte der Würzburger Physikprofessor Wilhelm Conrad Röntgen mit so genannten »Kathodenstrahlen« – Elektronenstrahlen, die sich in Elektronenröhren entladen. Am Abend des 8. November beobachtete er dabei einen mysteriösen Vorgang: Eine mit schwarzem Kartonpapier umhüllte Röhre erzeugte ein Leuchten auf einer meterweit entfernt stehenden Glasplatte. Diese hatte zwar eine fluoreszierende Beschichtung, nach damaligem physikalischen Wissen war eine solche Erscheinung dennoch ein Ding der Unmöglichkeit.

Röntgen erkannte schnell, dass nicht die Kathodenstrahlen selbst das geheimnisvolle Leuchten erzeugten, sondern eine neue Art von Strahlen, die entstanden, wenn die Kathodenstrahlen auf feste Materialien trafen. Diese durchdrangen die Materie und erzeugten ein fotografisches Abbild des Inneren. Aufnahmen seiner und der Hand seiner Frau Anna Bertha (1839–1919) waren unter den ersten Röntgenbildern. Bei der Benennung setzte Röntgen anstelle der ihm noch unbekannten physikalischen Eigenschaften der Strahlung ein X. »X-rays« (»X-Strahlen«) lautet auch heute noch die internationale Bezeichnung, nur in Deutschland heißen sie nach ihrem Entdecker. 1901 erhielt Röntgen für seine bahnbrechende Entdeckung den ersten Nobelpreis für Physik.

Er selbst beschäftigte sich nur noch wenige Jahre mit den neuen Strahlen. Ihre weitere Untersuchung überließ er seinen jüngeren Kollegen, gab jedoch die wichtigsten Anwendungsgebiete vor. Schon zu Beginn des Jahres 1896, also nur wenige Wochen nach der ersten Beobachtung, setzten Ärzte in vielen Ländern die Strahlen trotz unzulänglicher technischer Mittel in ihrer täglichen Praxis ein – plötzlich war es einfach, Knochenbrüche korrekt einzurichten.

Ein zweites großes Einsatzgebiet der Röntgenstrahlen neben der Medizin sollte die Materialprüfung in der Technik werden. Die Überprüfung, ob Nahtverbindungen und Metallteile einwandfrei sind, ist heute fester Bestandteil der Sicherheitstechnik. Solche Prüfungen hatte Röntgen bereits vorgenommen: Er fertigte Aufnahmen von vier verlöteten Zinkstreifen an, eine erste moderne Schweißnahtkontrolle. Die zerstörungsfreie Materialprüfung findet gegenwärtig vor allem beim Verlegen von Rohrleitungen für Öl oder Gas Verwendung, also bei den großen Überlandpipelines. Auch wer mit dem Flugzeug reist, kommt indirekt mit Röntgenstrahlen in Kontakt: Spezielle Prüfanlagen durchleuchten das Gepäck der Fluggäste und machen so mitgeführte Waffen ausfindig.

Wilhelm Conrad Röntgen selbst hatte seine revolutionäre Entdeckung zeitlebens nicht patentieren lassen – er wollte, dass jeder Arzt und Forscher ungehindert damit arbeiten konnte. Er starb 1923 völlig verarmt – die Röntgenstrahlen hatten ihn nicht reich gemacht.

Wilhelm Conrad Röntgen: Aufnahmen seiner eigenen Hand gehörten zu den ersten Bildern, die er mithilfe der von ihm entdeckten Strahlen anfertigte.

P
T
i
i
B
S
C
+
−

Ödipuskomplex – Die Psychoanalyse und das Unbewusste

Sigmund Freud (1856–1939)

Seelische Erkrankungen stellten die Medizin lange Zeit vor ein Rätsel. Wie sollten Ärzte die Ursachen der Krankheit feststellen und den Patienten behandeln, wenn sein Körper eigentlich gesund war? Ende des 19. Jahrhunderts entwickelte Sigmund Freud dann eine neue Form der Psychoanalyse und -therapie, die im »Unbewussten« den Auslöser von Neurosen sah.

1897

DAS JAHR 1897

- Unter dem neuen Staatssekretär im Reichsmarineamt, Alfred von Tirpitz, beginnt das Deutsche Reich mit der Aufrüstung der Flotte.
- Rudolf Diesel baut den ersten Dieselmotor.
- Der Ire Bram Stoker veröffentlicht den Horrorroman *Dracula*.
- Der deutsche Außenminister Bernhard von Bülow charakterisiert in einer Rede vor dem Reichstag die beginnende deutsche Imperialpolitik: »Wir wollen niemanden in den Schatten stellen, aber wir verlangen auch unseren Platz an der Sonne.«

»Ohne organischen Befund« – diese Diagnose stellte die Ärzte im 19. Jahrhundert vor ein großes Problem. In den meisten Fällen reichte weder das Wissen der klassischen Psychologie noch das der medizinischen Neuroanatomie aus, um die Patienten erfolgreich zu behandeln. Auch der Wiener Nervenarzt Sigmund Freud (1856–1939) stellte in seiner Praxis immer wieder fest, dass er die Ursachen von Ängsten, Neurosen oder Zwangsvorstellungen nicht hinreichend bekämpfen konnte. Er beschloss also, auf dem Gebiet der Therapie neue Wege zu finden.

Freud hatte zunächst hirnanatomische Forschungen betrieben und in Paris unter Leitung des Neurologen Jean Martin Charcot (1825–1893) das Krankheitsbild der Hysterie untersucht. Aus Frankreich brachte Freud auch die Technik der Hypnose mit. Mithilfe der Suggestion und Hypnose wollte der Arzt verdrängte traumatische Erfahrungen – in denen er die Ursache vieler Leiden ohne organischen Befund sah – »hervorholen«. Dann sollte der Patient sie »abreagieren«. Diese Maßnahme stellte den ersten Ansatz der freudschen »Psychoanalyse« dar, die das Unbewusstsein in die Diagnostik und Therapie mit einbezog. Später rückte Freud immer mehr von den hypnotisch-suggestiven Mitteln ab und wandte sich anderen Methoden wie der »freien Assoziation« oder der »Traumdeutung« zu. Träume waren für Freud wie Spiegel, in denen er das Unbewusste betrachten konnte. Ihre Entschlüsselung bot ihm die Möglichkeit, bei seinen Patienten zu den unterdrückten oder verdrängten Ereignissen vorzustoßen, die er als Ursache psychischer Leiden sah.

Aber Freud ging noch weiter, denn es blieben ja weiterhin die Fragen: Wie kommt es zur Neurose? Sowie: Worin entscheidet sich die psychische Entwicklung eines Menschen generell? Bei seiner Forschung stieß er auf einen bis dato kaum beachteten Aspekt – die Sexualität. Ihr räumte er in der menschlichen Lebensgeschichte eine zentrale Stellung ein. Der Ansatz brach ein Tabu, brachte aber wesentliche Aufschlüsse über die Hintergründe seelischer Störungen.

Freud vertrat die Ansicht, dass die Sexualität nicht erst in der Pubertät, sondern bereits im Kindesalter beginnt und ihr Erleben zu einem prägenden Faktor für die Psyche wird. Im Zuge seiner 1897 begonnenen Selbstanalyse erkannte er hierzu erstmals ein mustergültiges Motiv: den Wunsch des männlichen Kindes nach Vereinigung mit der geliebten Mutter bei gleichzeitigem Wunsch, den als Rivalen gehassten Vater auszuschalten. Freud nannte dies den Ödipuskomplex – in Anlehnung an den griechischen Mythos des König Ödipus, der unwissentlich seinen Vater tötete und seine Mutter heiratete.

In seiner Praxis versuchte Freud, solche unbewussten kindlichen Verhaltensmuster aufzudecken und zu verarbeiten. Seine Ansätze bilden noch heute als »Freudianismus« einen Zweig der Psychologie. Kritik an diesem System richtete sich vor allem gegen den überdehnten Sexualitätsbegriff. Freuds Verdienst aber bleibt es, das Unbewusste in das Blickfeld der Wissenschaft gerückt zu haben.

Sigmund Freud war der Ansicht, in der Sexualität eine Dominante des menschlichen Lebens ausgemacht zu haben.

Radioaktivität – Aufbruch in ein strahlendes Zeitalter

Marie Curie (1867–1934), Pierre Curie (1859–1906)

Als Radioaktivität bezeichnet man spontane Umwandlungsprozesse in Atomkernen, bei denen energiegeladene Strahlen und Teilchen an die Umgebung abgegeben werden. Als Marie Curie den Begriff das erste Mal verwendete, hatte auch sie selbst erst eine wage Vorstellung, was sich hinter dem Phänomen verbarg.

Die junge Polin war im Jahr 1891 als Marya Sklodowska nach Paris gekommen, um an der Sorbonne Physik zu studieren. Sie interessierte sich besonders für die Entdeckungen von Wilhelm Conrad Röntgen und Antoine Henri Becquerel auf dem Gebiet der Strahlenforschung: Röntgen hatte 1895 bei Experimenten eine bisher unbekannte Strahlung entdeckt. Sie brachte Kristalle zum Fluoreszieren und schwärzte fotografisches Papier, wenn das Gerät eingeschaltet wurde, obwohl Röntgen die Lichtquelle des Apparates mit schwarzer Pappe verschlossen hatte. Ein Jahr später wies Becquerel nach, dass eine solche Strahlung auch von natürlichen Uransalzen abgesondert wurde.

Marie Curie wiederholte Becquerels Versuche daraufhin mit Pechblende, einem uranhaltigen Erz, das in geringen Konzentrationen im Boden vorkommt. Sie fand heraus, dass das Erz noch intensiver strahlt als reines Uran, und folgerte deshalb, dass es noch andere, energieintensivere Elemente enthalten müsse. Zusammen mit ihrem Ehemann, dem Physikprofessor Pierre Curie, entdeckte sie 1898 die strahlenden Elemente Radium und Polonium. Damit zeigten die Curies, dass Radioaktivität eine Eigenschaft ist, über die verschiedene Elemente von Natur aus verfügen. Sie bewiesen, dass die Strahlung nicht durch den chemischen oder physikalischen Zustand der Ausgangssubstanzen hervorgerufen wird, sondern auf Vorgängen beruht, die im Inneren der Atome stattfinden. Das Tor zur Kernforschung war mit diesem Nachweis geöffnet.

In den folgenden Jahren entdeckten andere Forscher immer mehr radioaktive Stoffe. Schnell erkannte man, dass Radioaktivität eine viel intensivere Energiequelle darstellte als alles bisher Bekannte.

Das von den Curies entdeckte Element Radium spielte lange eine wichtige Rolle in der Krebstherapie. Die radioaktive Strahlung schädigt lebende Zellen, allerdings diejenigen von Krebstumoren viel stärker als gesunde. Durch eine gezielte Bestrahlung konnte man also Krebswucherungen zerstören, ohne das gesunde Gewebe allzu sehr zu beeinträchtigen.

Pierre und Marie Curie wurden 1903 gemeinsam mit Becquerel für die Entdeckung der Radioaktivität mit dem Nobelpreis für Physik belohnt. Die Forscherin war die erste Frau, der eine solche Ehrung zuteil wurde. 1911 – nach dem Tod ihres Ehemanns – erhielt Marie für ihre Arbeiten zum Radium als erste Person einen zweiten Nobelpreis: den für Chemie.

Die Forscherin starb im Jahr 1934 an Blutkrebs. Ihre Tochter Irène und deren Ehemann Frédéric Joliot setzten ihre Arbeit fort. Sie erhielten 1935 den Nobelpreis für Chemie für die Herstellung künstlicher radioaktiver Elemente mittels Bestrahlung. Die Suche nach neuen radioaktiven Substanzen führte schließlich zur Entdeckung der Kernspaltung und damit auch zur Nutzung von Atomenergie und -waffen.

Marie Curies Tochter Irène setzte das Lebenswerk ihrer Mutter fort und erhielt wie sie den Chemie-Nobelpreis.

1898

DAS JAHR 1898

- Auf der Titelseite der Zeitung *L'Aurore* erscheint der Artikel »J'accuse« (»Ich klage an«) des Schriftstellers Émile Zola. Zola verurteilt darin die ungerechtfertigte Verurteilung und Verbannung des jüdischen Offiziers Alfred Dreyfus. Darüber entbrennt ein Streit, der Frankreich in eine schwere Krise stürzt. Zola muss nach England fliehen.
- In Minsk wird die Sozialdemokratische Arbeiterpartei Russlands gegründet. Aus ihr gehen 1903 Lenins *Bolschewiki* hervor.
- Der deutsche Reichstag verabschiedet das erste Flottengesetz. Es leitet das Wettrüsten mit England ein.
- Die österreichische Kaiserin Elisabeth, genannt »Sisi«, wird am Genfer See ermordet.

Viren – Wandelbare Krankheitserreger

Martinus Willem Beijerinck (1851–1905)

Einige Mikroorganismen waren Ende des 19. Jahrhunderts noch unentdeckt. So gab es immer noch eine Reihe unheilbarer Krankheiten – von der Grippe bis zur Tollwut –, die Jahr für Jahr viele Opfer forderten. Gegen Ende des 19. Jahrhunderts erkannten die Forscher die Erreger.

1898

DAS JAHR 1898

- Das Luxushotel »Ritz« öffnet in Paris seine Tore.
- Die britischen Chemiker Morris W. Travers und William Ramsay entdecken die Edelgase Neon, Krypton und Xenon.
- Die USA greifen in den spanisch-kubanischen Krieg ein. In seinem Verlauf annektieren die USA Hawaii. Der Krieg endet mit einem amerikanischen Sieg. Spanien muss die Philippinen, Puerto Rico und Guam an die USA abtreten. Kuba wird selbstständig.
- Otto von Bismarck stirbt in Friedrichsruh.

Der französische Chemiker Louis Pasteur (1822–1895) hatte zwar den Erreger des Milzbrands und der Hühnercholera identifiziert. Es gelang ihm aber nicht, den Verursacher der Tollwut zu finden. Pasteur vermutete daher richtig, dass dieser kleiner als die Bakterien sei – zu klein, um mit den damaligen technischen Mitteln wahrgenommen zu werden.

Der russische Botaniker Dimitri Iosifovich Ivanowsky (1864–1929) konnte diese These im Jahr 1892 bestätigen. Er erforschte die »Tabakmosaikkrankheit«, die hauptsächlich Tabakpflanzen befiel. Kranke Pflanzen waren durch eine mosaikartige Veränderung der Blätter zu erkennen und ihr Saft infizierte gesunde Gewächse. Ivanowsky ließ diese Flüssigkeit durch einen Filter laufen, der alle Bakterien zurückhalten musste. Doch der Saft blieb auch nach der Reinigung infektiös. Also waren Bakterien nicht die Erreger der Tabakmosaikkrankheit.

Neben Ivanowsky machte der holländische Botaniker Martinus Willem Beijerinck 1898 die gleiche Entdeckung. Seine Forschungen kennzeichneten den Beginn der Virologie. Er gab den winzigen Erregern den Namen »filtrierbares Virus« (lateinisch *virus* = Gift). Der deutsche Bakteriologe Friedrich August Löffler (1852–1905) fand 1898 mit der Maul- und Klauenseuche die erste bei Tieren auftretende Viruskrankheit. In der Folge identifizierte die Forschung Gelbfieber, Kinderlähmung, Masern, Mumps, Windpocken und die Grippe als virale Infektionen.

Auch die Erreger selbst konnten Virologen bald näher beschreiben: Sie bilden eine Übergangsform zwischen belebter und unbelebter Materie. Anders als Bakterien besitzen sie keinen eigenen Stoffwechsel und sind als »Schmarotzer« auf eine lebende Wirtszelle angewiesen. 1935 kristallisierten amerikanische Biochemiker das Tabakmosaikvirus und gewannen wichtige Einblicke in sein Inneres. Meist in der Mitte der Viren liegt die von Protein umhüllte Nukleinsäure (DNS oder RNS). Nachdem der Erreger ein Loch in die befallene Zellwand »gefressen« hat, dringt die Nukleinsäure in die Zelle ein und infiziert sie mit den eigenen Erbanlagen. Die Wirtszelle trägt diese bei ihrer Teilung weiter.
Die Suche nach geeigneten Impfstoffen gegen Viruserkrankungen erwies sich als problematisch. Wie bei der Vorbeugung bakterieller Infektionen basierte die Impfung auf der Injektion abgeschwächter Erreger. Doch die Viren erwiesen sich als sehr aggressiv – einen »harmlosen« Erreger zu finden, der nur leichte Symptome auslöste und dennoch die Produktion von Antikörpern anregte, war sehr schwierig. Erst die Zellkultivierung in Reagenzgläsern ermöglichte der Forschung den Durchbruch. Der amerikanische Mikrobiologe John Franklin Enders (1897–1985) und seine Mitarbeiter züchteten im Labor das Virus der spinalen Kinderlähmung. Der Mikrobiologe Albert Bruce Sabin (1906–1993) fand 1957 eine schwache Virusart für die drei Varianten der Kinderlähmung und stellte einen Impfstoff her. In den 1960er- und 1970er-Jahren fanden Virenforscher dank der Möglichkeit, Viren an lebenden Zellkulturen zu züchten, zahlreiche weitere Impfsera.

Bei der Virenforschung, hier im Labor für die Erforschung des HI-Virus der Firma Bayer, sind höchste Sicherheitsmaßnahmen nötig.

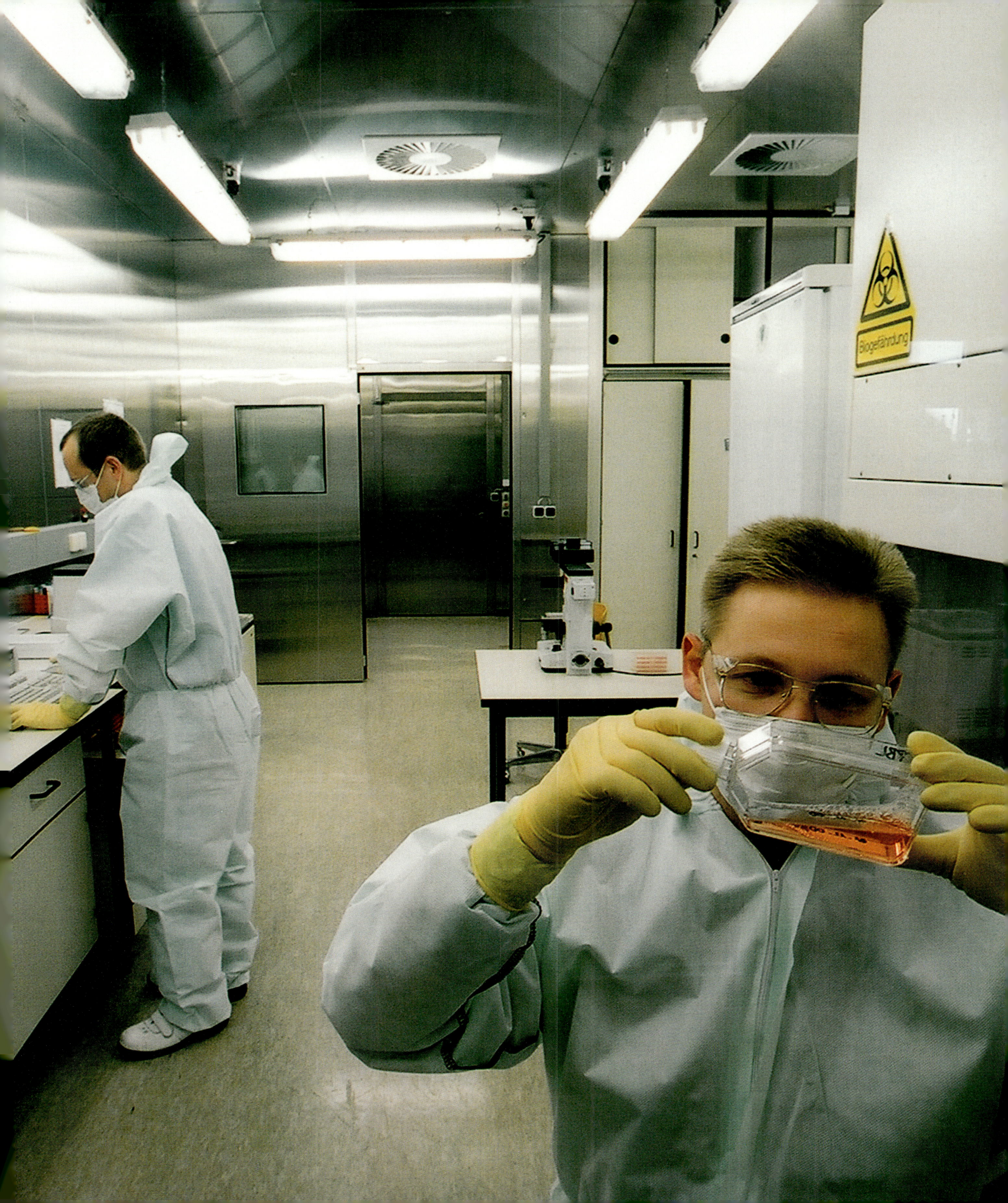
Biogefährdung

Zeppelin – Die Luftfahrt hebt ab

Graf Ferdinand von Zeppelin (1838–1917)

An den Ufern des Bodensees hob zu Beginn des 20. Jahrhunderts ein Luftschiff ab, das dem zivilen Flugverkehr völlig neue Perspektiven eröffnete. Heute erinnern nur noch vereinzelte Werbezeppeline an diese damals so bahnbrechende Erfindung.

1900

DAS JAHR 1900

- Der deutsche Physiker Max Planck formuliert die Quantentheorie.
- In China bricht der »Boxeraufstand« aus: National gesinnte Oppositionelle begehren gegen die Macht des Landadels und den Einfluss fremder Nationen im Land auf.
- Die Internationale Automobilausstellung in Frankfurt am Main findet erstmalig statt.
- Mit dem Zweiten Flottengesetz verdoppelt das Deutsche Reich seine Kriegsflotte.

△ **Heute bestimmen in aller Regel Werbezeppeline unser Bild von Luftschiffen.**

Mit allen Mitteln wollten die Menschen sich seit der griechischen Antike den Traum vom Fliegen erfüllen: Die einen versuchten es mit selbst gebauten Schwingen, andere Konstrukteure machten sich die Eigenschaft bestimmter Gase zunutze, um die Schwerkraft zu überwinden. Die Brüder Étienne-Jacques (1745–1799) und Michel-Joseph (1740–1810) Montgolfier entwickelten so die ersten Heißluftballons. Der große Nachteil dieser Ballons lag jedoch darin, dass sie kaum lenkbar sowie auf gutes Wetter und günstige Winde angewiesen waren. Ein planmäßiger Flugverkehr mit Heißluftballons erschien unmöglich.

Ende des 19. Jahrhunderts gingen Ingenieure in den USA und Europa das Problem von der aerodynamischen Seite her an. Otto Lilienthal (1848–1896) setzte weiter auf den Gleitflug und scheiterte. Zu Beginn des 20. Jahrhunderts gelang es den Gebrüdern Wilbur (1867–1912) und Orville (1871–1948) Wright, Motorflugzeuge einige Minuten in der Luft zu halten. Bereits vor Zeppelin hatten Forscher in Frankreich Versuche mit Luftschiffen unternommen, deren nicht starre Form sich aus dem Überdruck des Traggases (Wasserstoff oder Helium) ergab. Besonders stabil waren diese Fahrzeuge jedoch nicht und mit zehn Kilometern in der Stunde auch nicht schnell. Zeppelin »schwebte« im wahrsten Sinne des Wortes ein solideres, schnelleres und besser lenkbares Fluggefährt vor. Gemeinsam mit dem Ingenieur Theodor Kober (1865–1930) entwickelte er dann ein starres Luftschiff mit einem leichten Aluminiumrahmen, der dem Ballon eine Fassung gab und an dem eine Gondel für Passagiere und Besatzung befestigt werden konnte. Mit einer Länge von 128 und einem Durchmesser von zwölf Metern war das erste Luftschiff von beachtlicher Größe. Zwei 11-Kilowatt-Verbrennungsmotoren an den Propellern ließen den »Zeppelin« bei seinem Jungfernflug am 2. Januar 1900 über den Bodensee eine Geschwindigkeit von 32 Kilometern in der Stunde erreichen. Dieses Luftschiff erregte sofort Aufmerksamkeit: Das Militär interessierte sich für den Zeppelin als Aufklärungsflugschiff. Einzelne europäische Staaten lobten Preise für Langstreckenflüge und Geschwindigkeitsrekorde aus. Zeppelins eigene Stiftung und die spätere »Luftschiffbau Zeppelin GmbH« erhielten ausreichend finanzielle Unterstützung, um 1910 den kommerziellen Luftverkehr mit Personenbeförderung aufzunehmen. In diesem Bereich – und nicht im militärischen – lag auch die zukünftige Bestimmung der Zeppeline, die mit ihren großen Vorräten brennbaren Gases feindlichen Flugzeugen im Ersten Weltkrieg ein leichtes Ziel boten.

Die Nachfolger Zeppelins führten nach Ende des Kriegs regelmäßige Atlantikflüge durch. Auch Großbritannien und die USA bauten eine eigene Luftschiffflotte auf. Nachdem die »Hindenburg LZ 129« 1937 in der Nähe von New York verunglückte und 36 Passagiere in den Tod riss, stellten die Betreiber der Zeppelinflotten den Verkehr jedoch ein. Heute werden die Luftschiffe fast nur noch für die Präsentation von Werbebotschaften am Himmel oder als Transportmittel in unwegsame Gebiete eingesetzt. Der Verdienst Zeppelins bleibt unbestritten: Mutig setzte er seine Vision eines regelmäßigen Personenluftverkehrs in die Tat um und bahnte so der kommerziellen Luftfahrt den Weg.

Die Katastrophe des Luftschiffs Hindenburg 1937 beendet die große Zeit der Zeppeline.

Der Palast des Minos - Kein Mythos, sondern Realität

Sir Arthur Evans (1851-1941)

1900

DAS JAHR 1900

- In London wird das *Labour Representation Committee* gegründet. Aus ihm geht 1906 die Labour Party hervor.
- Großbritannien besetzt die Burenstaaten Transvaal und Oranjefreistaat und erklärt den Burenkrieg für beendet. Doch die Buren führen einen Guerillakrieg weiter.
- Paris nimmt den Betrieb der ersten Metrostrecke auf.

Neben den Ausgrabungen in Pompeji führt kein anderes Bauwerk der Antike dem modernen Menschen das Leben dieser Zeit so lebhaft vor Augen wie der riesige, prachtvoll ausgestattete minoische Palast von Knossos. Die unmittelbarsten Zeugnisse der minoischen Kultur, beschriftete Tontäfelchen, haben jedoch ihr Geheimnis bis heute kaum preisgegeben.

Im 3. und 2. Jahrtausend v. Chr. herrschte auf den Ägäischen Inseln, dem griechischen Festland und der Westküste Kleinasiens die bronzezeitliche »ägäische« Kultur. Nur die Insel Kreta bildete einen eigenständigen Raum – hier fand sich die minoische Kultur. Ihren Namen verdankt sie dem geheimnisumwobenen König Minos, der Sage nach ein Sohn des Zeus und der Europa, der von Knossos aus Kreta regierte.

Den Erzählungen nach wollte Minos einst einen von Poseidon geschickten Stier nicht opfern. Gekränkt veranlasste der Gott daraufhin, dass sich die Frau des Minos in das Tier verliebte und von ihm den Minotaurus – halb Mensch, halb Stier – gebar. Minos schloss die Kreatur in ein Labyrinth ein. Als die Athener seinen Sohn Androgeos ermordeten, begann Minos einen Krieg gegen sie und forderte als Tribut sieben Jünglinge und sieben Jungfrauen, die alle neun Jahre dem Minotaurus zum Opfer fallen sollten. Erst Theseus spürte dann den Minotaurus in seinem Labyrinth auf und tötete ihn.

Gehörte diese Geschichte in das Reich der Sage? Der britische Archäologe Arthur Evans glaubte ebenso wie sein Kollege Heinrich Schliemann (1822–1890) fest an den Wahrheitsgehalt der homerischen Erzählung. 1894 besuchte Evans auf der Suche nach Artefakten mit minoischen Schriftzeichen erstmals Kreta. Der Mythos faszinierte den wohlhabenden Forscher so sehr, dass er das Gelände des Kephalahügels bei Knossos kaufte. Hier vermutete er die Reste des Palastes. 1899 erhielt er die Grabungserlaubnis und begann sofort mit der Arbeit.

Das Forscherglück war in der Tat auf Evans' Seite: Schon 1900 spürte er das erste Versteck von Schrifttäfelchen auf – den Objekten, die er am meisten begehrte. Der Palast von Knossos erwies sich im Laufe der Ausgrabungen als sehr umfangreiche, großzügig angelegte Anlage, die vollständig aus Lehmziegeln bestand. Die Archäologen fanden Thronräume, Innenhöfe und von großen roten Säulen flankierte Treppenaufgänge. Das gesamte Areal war durch keine einzige Mauer geschützt – Minos hatte sich dank seiner überlegenen Flotte sicher gefühlt. Die erstaunlichsten Entdeckungen Evans' und seiner Mitarbeiter in Knossos waren die zahlreichen Fresken. Als wichtigsten Fund betrachtete der Archäologe selbst jedoch die vielen tausend Schrifttafeln mit Piktogrammen und so genannten »Linear-A-« und »Linear-B«-Schriftzeichen. Erst 1953 gelang es dem Architekten Michael Ventris, »Linear B« wenigstens ansatzweise zu entziffern und die Sprache als Griechisch zu identifizieren. »Linear A« ist dagegen nach wie vor nicht entschlüsselt.

Anders als Schliemann, der sein Leben lang Anfeindungen, Kritik und Spott ertragen musste, war Evans zeitlebens ein anerkannter Archäologe. 1911 erhielt er sogar einen Adelstitel. Er blieb bis zum Einmarsch der Deutschen während des Zweiten Weltkrieges auf Kreta.

Die Weitläufigkeit des Geländes stellte sich erst heraus, als der Palast von Knossos ausgegraben wurde.

Blutgruppen – A, B, Null: ein einfaches Schema

Karl Landsteiner (1868–1943)

1900

DAS JAHR 1900

- In Österreich dürfen Frauen ab sofort Ärztinnen und Apothekerinnen werden.
- Sigmund Freud publiziert *Die Traumdeutung*, das Standardwerk der Psychoanalyse.
- In Paris öffnet die Weltausstellung ihre Pforten.
- Im Deutschen Reich tritt das Bürgerliche Gesetzbuch in Kraft.

Seit Mitte des 17. Jahrhunderts versuchten Ärzte immer wieder, den bei einer Blutung entstandenen Verlust des »roten Saftes« durch eine Blutübertragung auszugleichen. Trotz gelegentlicher Erfolge traten dabei meist schwere Komplikationen auf, die oft zum Tod des Patienten führten.

Der österreichische Arzt Karl Landsteiner fand 1900 den Schlüssel zu diesem Problem. Landsteiner entnahm seinen Mitarbeitern und sich selbst Blutproben und trennte das Blut in Plasmaflüssigkeit und rote Blutkörperchen. Anschließend vermischte er die Plasmaproben mit jeweils fremden roten Blutkörperchen. In einigen Fällen bildete das Plasma mit den roten Blutkörperchen sichtbar Klumpen, in anderen Fällen nicht. Die Zusammenballung resultierte, so Karl Landsteiner, aus folgendem Vorgang: Bestimmte Substanzen des fremden Blutes – die Antigene – mobilisierten Antikörper (Eiweiß, das sich gegen ein gewisses Antigen richtet) des eigenen Blutes. Dieses Ergebnis veranlasste Landsteiner zur Annahme der Existenz unterschiedlicher Blutgruppen. Er gliederte das menschliche Blut in vier Gruppen – A, B, AB und 0 – und nahm so die erste Einteilung der Blutgruppen in ein System vor, das noch heute gültig ist. Welche Blutgruppe ein Mensch hat, lässt sich anhand biochemischer Merkmale auf der Oberfläche der roten Blutkörperchen und der Antikörper bestimmen.

△ Rote Blutkörperchen in der Vergrößerung.

Neben dem AB0-System existieren weitere Blutuntergruppen-Einteilungen. Das Rhesussystem ist das bekannteste unter ihnen. Es unterscheidet mehrere Antigene, so genannte Rhesusfaktoren, die auf den roten Blutkörperchen vorhanden sind. Auch die Entdeckung dieses Systems ist Landsteiner und seinem Kollegen Alexander Wiener zu verdanken. 1940 injizierten sie Kaninchen rote Blutkörperchen von Rhesusaffen: Die Kaninchen bildeten Antikörper gegen das Affenblut. Bei weiteren Versuchen fanden die beiden Forscher heraus, dass eben dieses, mit Rhesusaffenblut vorbehandelte Kaninchenserum auch menschliche rote Blutkörperchen zur Verklumpung bringen kann. Dieses Merkmal bezeichnet man als Rhesusfaktor und Menschen, deren Blut diese Eigenschaft aufweist, als Rhesus-positiv. Ebenso wie die Eigenschaften des Blutes einer Blutgruppe werden diese Faktoren vererbt.

Landsteiners Forschungen veränderten das Weltbild der Medizin grundlegend. Die Entdeckung der Blutgruppen ermöglichte sichere Bluttransfusionen, verbesserte damit die Operationstechnik und konnte in der Gerichtsmedizin etwa für den Vaterschaftsnachweis oder die Überführung von Verbrechern anhand von Blutflecken erfolgreich eingesetzt werden.

Dennoch gehörte die Blutgruppenbestimmung noch lange nach Landsteiners Entdeckung nicht zur täglichen Routine. In manchen chirurgischen Abteilungen machte man sich zwar die Mühe, vor einer Transfusion zu prüfen, ob das Blut eines Patienten mit dem des Spenders wirklich übereinstimmte. Meist wurde dies aber als Zeitverschwendung angesehen. Erst nach dem Ersten Weltkrieg wurden Blutgruppenbestimmungen allgemein anerkannt. Für seine bahnbrechende Entdeckung wurde Karl Landsteiner 1930 mit dem Nobelpreis für Physiologie ausgezeichnet.

Karl Landsteiner entdeckte die Blutgruppen und unterteilte das menschliche Blut in vier Gruppen – A, B, AB und 0.

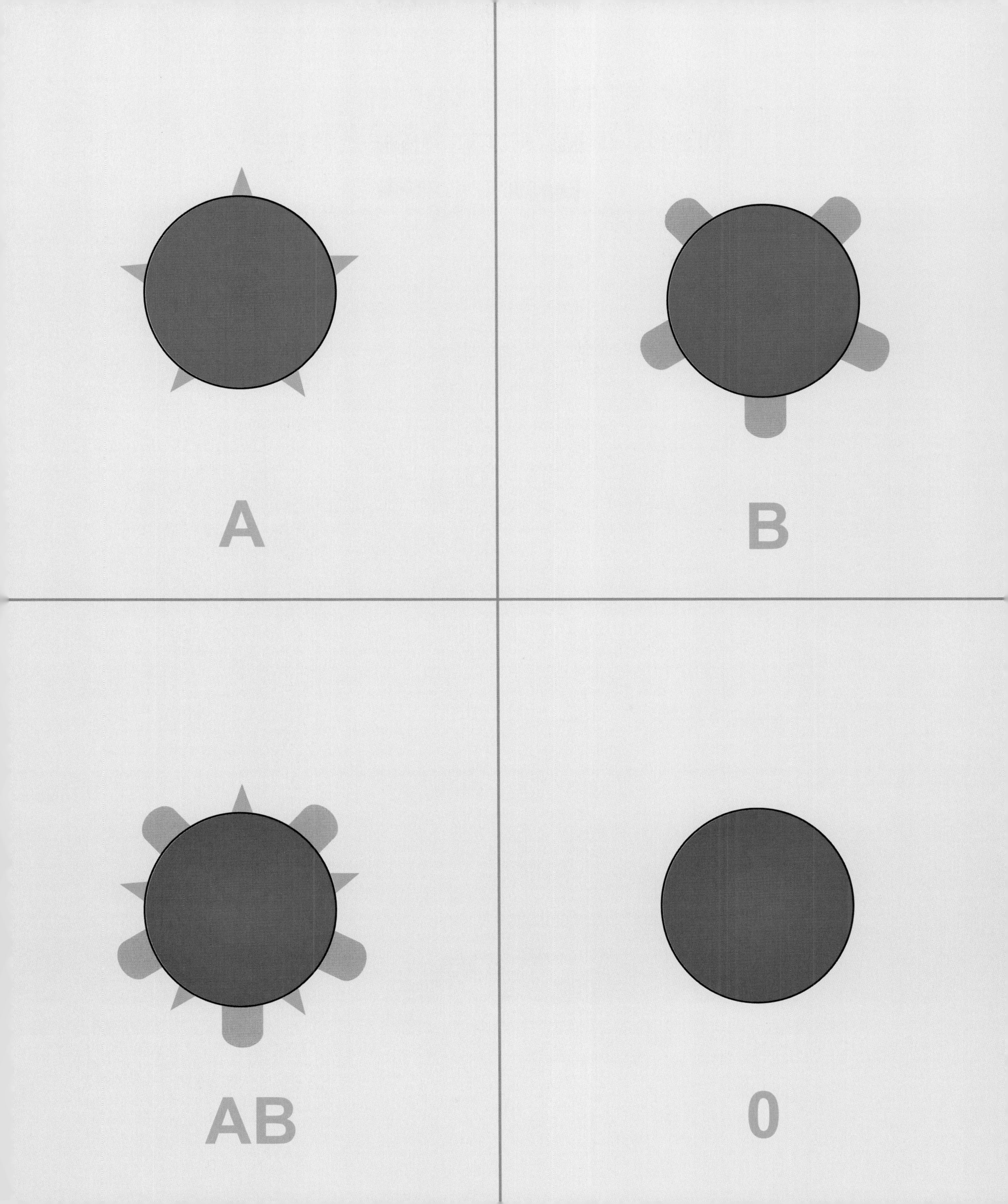
A
B
AB
0

Der erste Motorflug – Wem gebührt alle Ehre?

Gustav Weißkopf (1874–1927), Wilbur (1867–1912) und Orville Wright (1871–1948)

Wer hat den ersten motorisierten Flug absolviert? Während die Gebrüder Wright lange Zeit als Pioniere des Motorflugs galten, brachte die Forschung in den 1960er-Jahren neue Erkenntnise: Es war Gustav Weißkopf.

Gustav Weißkopf war Mitarbeiter des Gleitflugpioniers Otto Lilienthal (1848–1896). Gemeinsam mit Lilienthal unternahm Weißkopf Ende des 19. Jahrhunderts einige Flugversuche in Berlin. 1895 wanderte er in die Vereinigten Staaten aus, baute dort Gleitflugzeuge und experimentierte mit verschiedenen Antriebstechniken. Mit einem durch Dampf angetriebenen Flugzeug landete Weißkopf 1899 jedoch an einer Hauswand. Den ersten Erfolg hatte Weißkopf mit einem anderen Modell: Seine »Nr. 21« besaß nach dem Vorbild der Vögel einen geschlossenen Rumpf und zusammenklappbare Flügel. Die Besonderheit des Flugzeugs bestand aber in seinem selbst konstruierten Benzinmotor. Am 14. August 1901 stieg Weißkopf mit diesem Flieger von Bridgeport, Connecticut 15 Meter hoch und legte eine Strecke von 850 Metern zurück. Der erste Motorflug war geglückt.

Das Folgemodell, die »Nr. 22«, flog 1902 schon 11,3 Kilometer weit. Der Flug endete jedoch mit einem Absturz ins Meer – Weißkopf konnte sich zwar retten, die »Nr. 22« jedoch versank. Finanziell und gesundheitlich angeschlagen arbeitete Weißkopf weiter beharrlich an neuen Flugmaschinen. Da ihm jeglicher Geschäftssinn fehlte, brachten die Erfindungen dem Flugfanatiker aber keinen finanziellen Erfolg. Da es Weißkopf im Gegensatz zu den Gebrüdern Wright auch nicht verstand, die Öffentlichkeit auf seine Leistung aufmerksam zu machen, gerieten seine Taten bald in Vergessenheit.

Orville und Wilbur Wright hatten sich seit ihrer Jugend für die Luftfahrt begeistert und unternahmen ebenfalls zahlreiche Flugversuche.

Während Gustav Weißkopf seine Flüge in Eindeckern absolviert hatte, flogen die Gebrüder Wright in Doppeldeckern. Bis zu den 1930er-Jahren wurden die meisten Flugzeuge als Doppel-, Drei- oder Vierdecker konstruiert, in der Annahme, mehrere Tragflächen verursachten einen höheren Auftrieb und eine größere Stabilität. Erst als die Tragflächen so verändert wurden, dass sie ihre Eigenlast und die während des Fluges auftretenden Kräfte ohne Außenverstrebungen aushielten, setzte sich der Eindecker durch. Wann immer die Wrights mit ihrem technischen Latein am Ende waren, suchten sie den Kontakt zu anderen Flugpionieren und boten ihnen Geld für Informationen. Ob auch Gustav Weißkopf den cleveren Brüdern Details seines Wissens verkaufte, ist nicht belegt. Möglicherweise trug er so jedoch zu dem Ereignis bei, das als »erster Motorflug« in die Geschichtsbücher einging: 1903 stiegen die beiden mit einem Motorflugzeug in den Dünen von Kitty Hawk (North Carolina) in die Lüfte auf. Da sie ihre Flüge dann in Frankreich öffentlich vorführten und im Ersten Weltkrieg mit dem amerikanischen Kriegsministerium zusammenarbeiteten, sicherten sie sich einen Platz in der Geschichte.

1942 ließ sich Orville Wright schriftlich bestätigen, dass er und sein Bruder die Pioniere des Motorflugs waren. Erst 1964 entdeckte eine von der amerikanischen Luftfahrtbehörde eingesetzte Kommission zur Erforschung des Sachverhaltes bislang unbekannte Unterlagen Weißkopfs. Sie dokumentierten die Pionierleistung des Piloten.

Für die Aufnahme einer größeren Zahl von Passagieren waren weder die Maschinen Gustav Weißkopfs noch diejenigen der Gebrüder Wright gedacht.

1901

DAS JAHR 1901

- In London stirbt Königin Viktoria, die seit 1837 den Thron innehatte. Damit geht das »Viktorianische Zeitalter« zu Ende.
- US-Präsident William McKinley stirbt nach einem Attentat. Als Nachfolger wird sein Vizepräsident Theodore Roosevelt im Amt vereidigt.
- Australien entsteht als Dominion im britischen Empire aus den sechs Kolonien des Kontinents.
- In Norwegen werden erstmalig die Nobelpreise für herausragende wissenschaftliche Leistungen verliehen.

Darstellung der Fahrt des Moses durch das Rote Meer, 12. Jahrhundert.

Verkehrstechnik: Der mobile Mensch

Ein Grundbedürfnis

Auch wenn es nicht einfach war, blieb das Bestreben, Personen oder Fracht einfach und komfortabel zu transportieren, zu jeder Zeit ein Ziel der Menschheit. Eine frühe Möglichkeit, das Problem zu lösen, stellte die Zähmung und Züchtung von Lasttieren dar. Sie sollten die Mühen des Tragens oder Gehens übernehmen. Die Erfindung des Rades um 3000 v. Chr. stellt die erste Sternstunde auf diesem Gebiet dar: Das Rad verringerte die Reibung wesentlich und sparte Mensch und Tier so einige Kräfte. Zudem sollte nicht übersehen werden, dass selbst ein einfacher Karren auf einen einigermaßen ebenen Weg angewiesen war. Darum gingen technische Neurungen bei den Transportmitteln stets mit verbesserten Transportwegen einher. Nach dem Untergang des Römischen Reichs verfiel aber sein ausgezeichnetes Wegenetz. Das war bis ins 19. Jahrhundert eine der Hauptursachen für den langsamen Personen- und Warentransport.

Fortschritte

Im Mittelalter wurde der vierrädrige Wagen erfunden, der eine drehbare Vorderachse benötigte. Weitere Verbesserungen betrafen die Anspanntechnik der Zugtiere, die Verwendung von Pferden statt Ochsen und die Räder, die nun weniger häufig zu Bruch gingen. Wollten die Menschen des Mittelalters jedoch Waren oder Personen wirklich schnell ans Ziel bringen, mussten sie auf die Wasserwege umsteigen.

Weitere entscheidende technische Fortschritte brachte erst das 15. Jahrhundert, der Übergang vom Mittelalter zur Neuzeit. Nach der ungarischen Stadt Kocs bezeichneten die deutschsprachigen Menschen ein völlig neuartiges Gefährt – die Kutsche. Erstmals waren hier Fahrwerk und Wagenkasten getrennt – der Passagierraum hing nun in Ketten oder später Gurten und ruhte nicht mehr direkt auf der Achse. Das machte die Reise entschieden bequemer. Die Menschen des Mittelalters hatten die Fahrt in einem Pferdewagen noch als unehrenhaft und beschämend betrachtet, die Kranken, Alten und allenfalls Frauen vorbehalten war.

Doch nun begann sich diese Auffassung zu ändern. Zuerst schätzten die Frauen die Vorteile des neuen Verkehrsmittels, später schlossen sich auch die Männer dieser Meinung an. Im 16. und 17. Jahrhundert stellten prächtige Kutschen ein wahres Statussymbol der hochadeligen Residenzen dar. Doch beschränkte sich die Verwendung von Kutschen, die nun gegenüber Reitpferden den Vorzug erhielten, nicht nur auf den Hochadel, sondern erfasste bis in das 17. Jahrhundert die gesamte Gesellschaft. Jeder, der es sich leisten konnte, wusste bald die Vorteile von Kutschen zu schätzen, die durch den Einbau von Federn im Verlauf der Zeit immer bequemer wurden. Die Annehmlichkeit einer längeren Kutschfahrt darf aber nicht überschätzt werden. Zeitgenössische Berichte strotzten von Klagen über die Torturen, die Reisende auszustehen hatten.

Die Revolution des Verkehrs

Erst die Industrialisierung im 19. Jahrhundert schaffte in beiden Punkten Abhilfe. Im Jahr 1830 verkehrte zum ersten Mal eine öffentliche Eisenbahnverbindung zwischen Liverpool und Manchester. Bereits fünf Jahre vorher hatte eine öffentliche Eisenbahnlinie den Gütertransport zwischen den englischen Städten Darlington und Stockton übernommen. Im Kohlebergbau hatten dampfgetriebene Eisenbahnen den betriebsinternen Transport bereits am Beginn des 19. Jahrhunderts übernommen. Im Jahr 1835 verkehrte zwischen Nürnberg und Fürth die erste deutsche Eisenbahn. Trotz gesundheitlicher Bedenken gegenüber der neuartigen Technologie – es musste dem Körper schaden, wenn er sich mit solch »unnatürlichem« Tempo bewegte –, überzeugte das neue Verkehrskonzept die Menschen rasch: Noch nie waren sie so schnell und bequem von einem Ort zum anderen gelangt. Schon die Geschwindigkeit von etwa 15 Kilometern in der Stunde bedeutete eine entschiedene Verbesserung: Postkutschen hatten um 1800 nur vier Stundenkilometer erreicht. So blieb die Eisenbahn im direkten Vergleich der

Die Revolution des Verkehrswesens ging Anfang des 19. Jahrhunderts von England aus, hier der Bahnhof von Cambridge.

unbestreitbare Sieger. Im öffentlichen Verkehr erwies sich die Eisenbahn im 19. Jahrhundert den im 18. Jahrhundert üblichen Postkutschen bei weitem überlegen. In dieser Hinsicht fand eine Verkehrsrevolution statt, die bisher unüberwindbare Entfernungen zusammenschrumpfen ließ und damit tief in das Alltagsleben der Menschen eingriff.

Die Industrialisierung

Technologisch beruhte die Eisenbahn auf zwei Voraussetzungen: Zum einen auf der Erfindung der Dampfmaschine, die in England das Zeitalter der Industrialisierung eingeläutet hatte, und andererseits auf dem Einsatz von Schienen. Entscheidende Verbesserungen gelangen gegen Ende des 18. Jahrhunderts mit dem Einsatz von Eisenschienen. Verantwortlich dafür waren Verbesserungen in der Eisenverhüttung. Bereits 1801 verkehrte in England eine öffentliche, von Pferden gezogene Bahn. Der Einbau von Dampfmaschinen mechanisierte dann den Antrieb. Der Wirkungsgrad wurde im 19. Jahrhundert unaufhörlich verbessert – gegen Ende des Jahrhunderts erreichten dampfgetriebene Eisenbahnzüge eine Geschwindigkeit von 120 Kilometern pro Stunde, 1907 sogar von 155 Stundenkilometern.

Entscheidend für den Durchbruch der Eisenbahn war jedoch nicht nur ihre technische Überlegenheit, sondern auch die Tatsache, dass im 19. Jahrhundert Kohle für den Antrieb und die Produktion des Eisens reichlich zur Verfügung stand, Futtergetreide für die Pferde aber immer teurer wurde. Zurückzuführen war dies auf die Bevölkerungszunahme im ausgehenden 18. und im 19. Jahrhundert, welche die Getreidepreise in die Höhe trieb. So erwies sich die Eisenbahn auch im Hinblick auf die Kosten als überlegen.

Ende des 19. Jahrhunderts herrschte in den Metropolen wie London bereits vor Verbreitung des Automobils ein Verkehrschaos.

Das Auto erobert die Welt

Im Individualverkehr blieben die Menschen allerdings auch weiterhin auf die gute alte Kutsche angewiesen. Das änderte sich erst im Jahr 1886, als Carl Benz (1844–1929) und Gottlieb Daimler (1834–1900) unabhängig voneinander jeweils einen funktionsfähigen motorbetriebenen Wagen konstruierten. Nach ersten Erfolgen in Frankreich gelang es Nikolaus August Otto (1832–1891) 1876, den ersten funktionsfähigen Viertaktmotor zu entwickeln. Benz und Daimler knüpften daran an und verhalfen damit der neuen Technologie des Automobils zu ihrem unbeschreiblichen Siegeszug rund um die ganze Welt.

Mit der Technologie des Automobils begann der Siegeszug des Individualverkehrs.

Alpha-, Beta-, Gammastrahlen – positiv, negativ, neutral

Ernest Rutherford (1871–1937)

Mit der Entdeckung der Radioaktivität gelang Henri Becquerel 1896 ein Aufsehen erregender Nachweis: Scheinbar leblose Materialien wie Uran sendeten beim spontanen Zerfall energieintensive Strahlen aus. Ursprung und Wesen dieser Strahlung hingegen lagen noch einige Zeit im Dunkeln.

1902

DAS JAHR 1902

- Arthur James Balfour wird neuer Premierminister Großbritanniens.
- Ein Friedensvertrag beendet den Burenkrieg zwischen Großbritannien und den Burenrepubliken Oranjefreistaat und Transvaal offiziell – beide Länder werden britische Kolonien.
- Russland nimmt die Transsibirische Eisenbahn in Betrieb. Sie verbindet Moskau mit Wladiwostok.

Die Errungenschaften Becquerels sowie Marie und Pierre Curies gaben den Untersuchungen eines Wissenschaftlers Anstoß in eine neue Richtung: Der in Neuseeland geborene Physiker Ernest Rutherford hatte sich bis dato mit elektromagnetischen Feldern beschäftigt und wandte sich nun schwerpunktmäßig der Erforschung radioaktiver Strahlung zu. Rutherford stellte fest, dass nicht nur verschiedene Elemente jeweils unterschiedliche Strahlung aufwiesen. Auch die Strahlung eines einzigen Elements war nicht homogen, sondern konnte eine höchst unterschiedliche Durchdringungskraft haben. Radioaktive Strahlung, so folgerte er, muss sich aus mindestens zwei Bestandteilen zusammensetzen. Alphateilchen, die nur wenige hundertstel Millimeter in Aluminium eindringen, und Betateilchen, die eine 100-mal so starke Durchdringungskraft haben.

Der französische Physiker Paul Ulrich Villard (1860–1934) entdeckte noch eine dritte Strahlenart, die Gammastrahlen. Ihre Durchdringungskraft lag noch erheblich über der der Betastrahlung. Außerdem bemerkte Rutherford eine starke Ablenkung der Bahn der Betastrahlung in Richtung des positiv geladenen Pols, während die der Alphastrahlung – weniger stark – in Richtung des negativen Pols gelenkt wurde. Die Gammastrahlen bewegten sich weder in die eine noch in die andere Richtung.

Daraus folgerte der Wissenschaftler, dass die Betastrahlung aus negativ geladenen (Elektronen), die Alphastrahlung aus positiv geladenen Teilchen (Protonen) bestehe und Gammastrahlen ungeladene Energiewellen seien. Rutherford kam weiter zu der Annahme, dass es sich – aufgrund ihrer Masse – bei den Alphateilchen um doppelt positive geladene Heliumionen handele, also Heliumatome, deren Kern zwei Protonen besitzt. Diese Vermutung untermauerte er durch spektroskopische Beobachtungen.

Wenn aber Elemente beim Zerfall Heliumionen abgeben (Alphazerfall), dann musste Radioaktivität die Umwandlung eines chemischen Elementes in ein anderes sein. Denn wenn dem Atomkern mit einem Heliumion zwei Protonen verloren gehen, entsteht ein Element, das im Periodensystem zwei Stufen tiefer steht. Beim Betazerfall wird dagegen ein Elektron abgegeben, sodass sich die Ordnungszahl des Elementes um eins erhöht. Das bei der radioaktiven Umwandlung entstehende Element ist meist auch radioaktiv, zerfällt weiter – es bilden sich Zerfallsreihen. Gammastrahlung bewirkt dagegen keine Veränderung, es ist eine extrem kurzwellige, energieintensive elektromagnetische Strahlung. Sie wird beim Alpha- oder Betazerfall vom Atomkern abgegeben.

Im Jahr 1902 veröffentlichte Ernest Rutherford seine Erkenntnisse über die beim Zerfall chemischer Elemente entstehenden Strahlen in seinem Artikel *Die Ursache und Natur der Radioaktivität.* Seine Entdeckung war in der Folge für die Nutzung der Kernenergie und auch den Strahelenschutz von entscheidender Bedeutung.

Für die Nutzung der Kernenergie als auch für den Strahlenschutz war die Entdeckung der verschiedenen Arten von radioaktiver Strahlung von entscheidender Bedeutung.

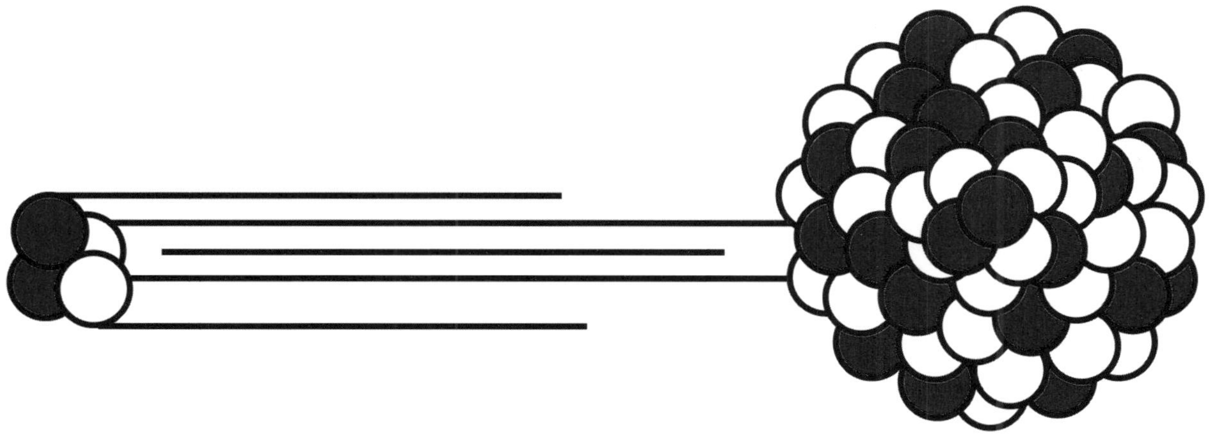

α

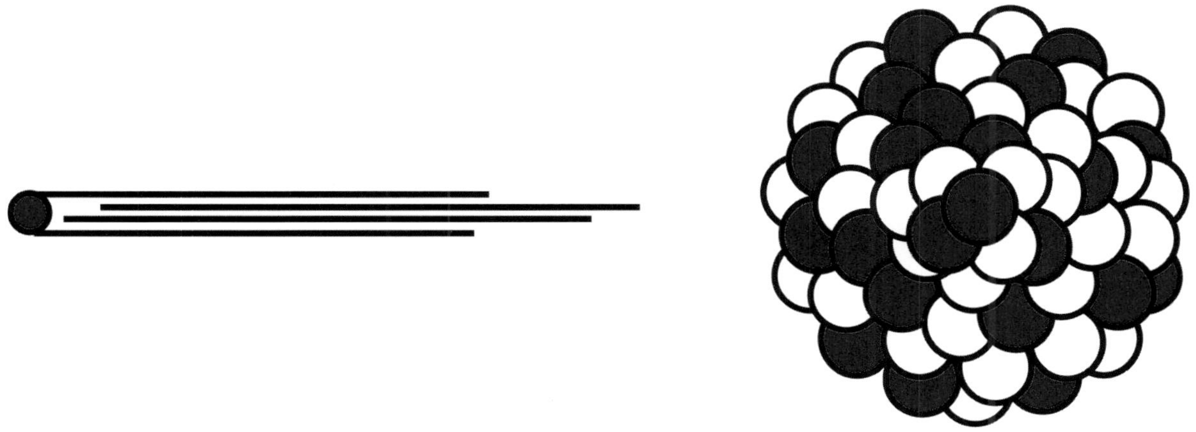

β

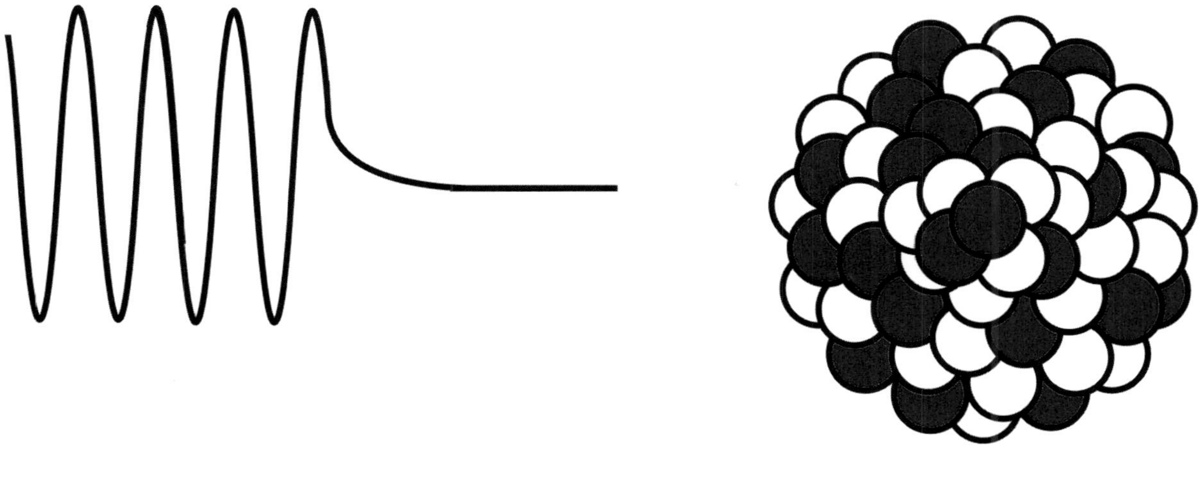

γ

Hormone – Das Geheimnis der körpereigenen Botenstoffe

Ernst Henry Starling (1866–1927), William Maddock Bayliss (1866–1924)

1902

DAS JAHR 1902

- Im ägyptischen Assuan wird der gleichnamige Staudamm eingeweiht.
- Ein verheerender Ausbruch des Vulkans Mount Pelée auf der französischen Antilleninsel Martinique fordert 30 000 Menschenleben.
- In Los Angeles wird das erste dauerhafte Lichtspielhaus eröffnet.

Wie regelt der menschliche Organismus eigentlich seine verschiedenen Funktionen wie zum Beispiel die Verdauung? Er bildet einige steuernde Substanzen selbst – das bemerkten die beiden Physiologen Ernst Henry Starling und William Maddock Bayliss 1902.

Die beiden Forscher fanden in einem Versuch an einem lebenden Tier heraus, dass nicht nur die Nervenimpulse allein die Körperfunktionen steuerten, sondern dass noch andere Boten daran beteiligt sein mussten: Nachdem sie alle zur Bauchspeicheldrüse führenden Nerven durchtrennt hatten, arbeitete das Organ weiter und sonderte Verdauungssubstanzen ab, sobald der säurehaltige Mageninhalt den Darm erreichte. Kam sie in Kontakt mit der Magensäure, gab die Schleimhaut des Dünndarms ein Sekret ab. Diesen Stoff, der die Bauchspeicheldrüse anregte, verdauungsfördernde Stoffe auszuscheiden, nannten die Wissenschaftler »Sekretin«. 1904 schlug Starling vor, alle Substanzen, die andere Organe aktivieren, »Hormon« zu nennen.

Bald fanden sich neue Erkenntnisse zu den neu entdeckten Botenstoffen. Sie entstehen an verschiedenen Orten im Körper: In endokrinen Drüsen gebildete Hormone gelangen direkt über das Blut an ihren Wirkungsort. Nervenzellen im Zwischenhirn dagegen wandeln elektrische Impulse in chemische (Hormon-)Signale um, die Neurohormone. Und Gewebshormone gehen von einzelnen Zellverbänden aus. Alle Hormone erfüllen aber denselben Zweck: Sie übertragen Informationen, indem sie sich an bestimmte Zellpunkte (Rezeptoren) haften und die Zelle zu einem genetisch programmierten Stoffwechselschritt, etwa die Bildung eines neuen Hormons oder Enzyms, animieren. Manche Hormone wirken unabhängig voneinander, andere stehen miteinander in Wechselwirkung. Das Zentrum des Hormonsystems ist der Hypothalamus im Gehirn und die Hirnanhangdrüse.

Die Forschung schritt nun schnell voran: Auf der Suche nach weiteren Hormondrüsen konnte die schon 1901 von dem Chemiker Jokichi Takamine (1854–1922) in der Nebenniere entdeckte Substanz als das Hormon Adrenalin (früher Epinephrin) identifiziert werden. Es regt den Glukosestoffwechsel bei körperlicher Aktivität oder Stress an, um dem Körper schnell Energie bereitzustellen.

1921 erzielten der junge Arzt Frederick Grant Banting (1891–1941) und sein Assistent Charles Herbert Best (1899–1978) einen bahnbrechenden Forschungserfolg – die mögliche Behandlung der Diabetes (Zuckerkrankheit): Die Bauchspeicheldrüse von Zuckerkranken produziert zu wenig Insulin, ein Stoffwechselhormon, das für die Verwertung von Zucker (Glukose) im Körper zuständig ist. Banting und Best isolierten also aus den Bauchspeicheldrüsen lebender Tiere Insulin und injizierten es Diabetespatienten. So regulierten sie deren Hormonmangel.

1929 isolierte der Chemiker Adolf Friedrich Johannes Butenandt (1903–1995) aus Eierstöcken und Hoden die Sexualhormone. Tadeus Reichstein (1897–1996) entdeckte gemeinsam mit Kendall eine ganze Familie von Hormonen, die Kortikosteroide aus den Nebennieren. Es gelang ihnen, vier der sechs aktiven Hormone zu isolieren und erstmals eines davon, das Kortikosteron, künstlich herzustellen. Von ihm leitet sich das Kortison, ein Entzündungshemmer, ab.

Das Zentrum des Hormonsystems ist der Hypothalamus im Gehirn und die Hirnanhangdrüse. Mit Hormonen können wir gezielt Informationen an unseren Körper weitergeben.

2

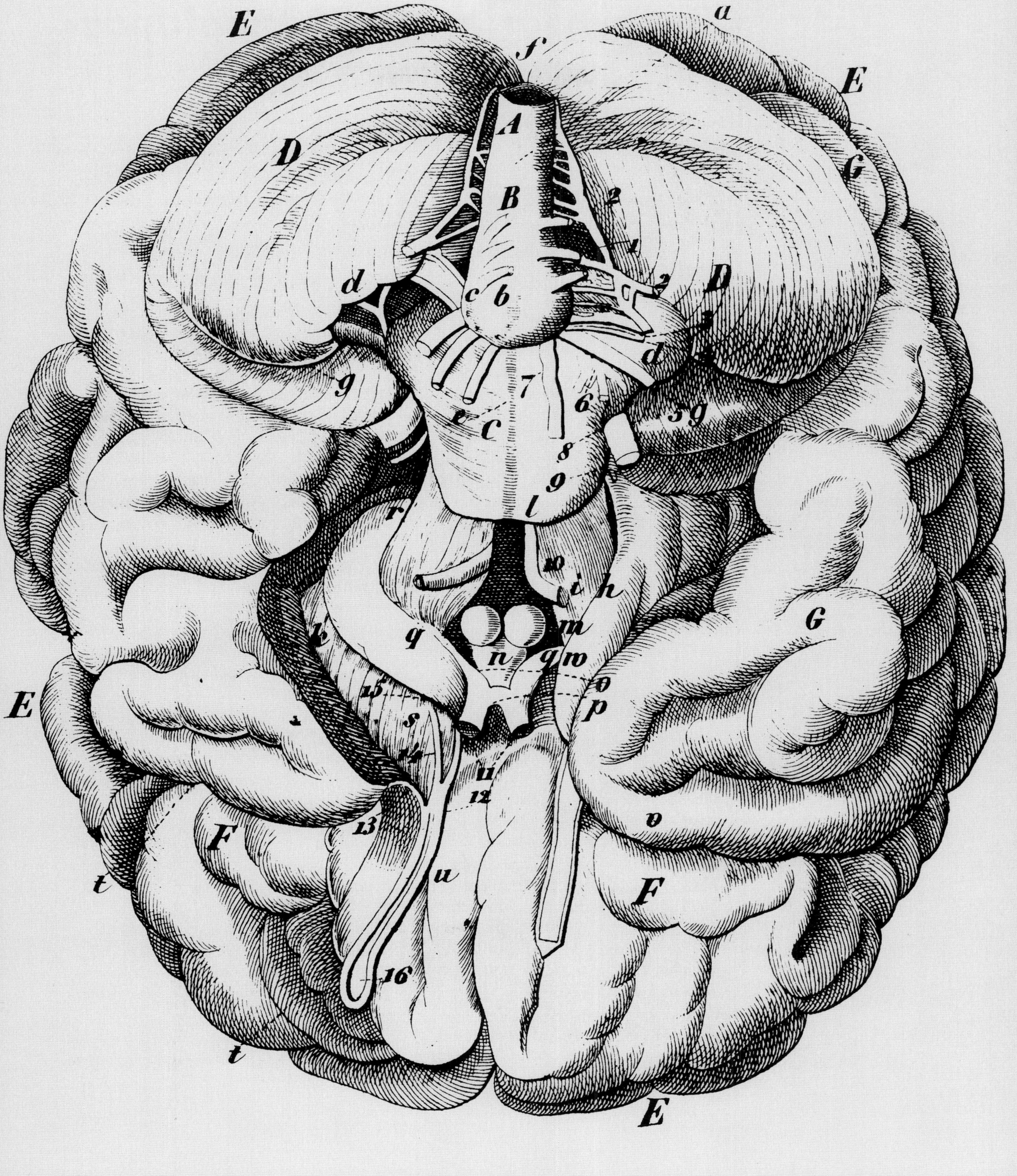

Chaostheorie – Die Schöpfungskraft aus dem Nichts

Henri Poincaré (1854–1912)

Die griechische Mythologie betrachtete das »Chaos« als »Urstoff«, als ursprünglichen Zustand der Welt. Die christliche Vorstellung von der göttlichen »Schöpfung aus dem Nichts« verdrängte diese Deutung. Erst der Theoretiker Henri Poincaré entdeckte 1903 im Chaos wieder den schöpferischen Dämon: die »Nichtlinearität« und ihre spontanen Kräfte, Ordnung herzustellen.

Der Begriff »Chaostheorie« entstand erst in den 1970er-Jahren. Er steht für die Erkenntnisse aus Mathematik, Physik und Chemie auf dem Gebiet der so genannten »nichtlinearen Dynamik«. Demzufolge leitet sich die Chaostheorie von dem Grundsatz ab, dass auch scheinbar vollkommen stabile Systeme wie etwa das Sonnensystem stets einen »Rest« von Unordnung in sich tragen. Dieser kann sie ohne Anstoß von außen in ein Chaos stürzen. Umgekehrt verfügt das Chaos über Kräfte, die Ordnung schaffen.

Die Naturwissenschaft hatte sich schon seit dem 16. Jahrhundert damit beschäftigt, die Welt in Zahlen, Gesetze und Formen zu fassen. Mit der Entwicklung des »mechanischen Weltbildes« durch Isaac Newton (1642–1727) glaubten die Forscher, Ordnung in Raum und Zeit gebracht zu haben. Der Mathematiker Pierre Simon de Laplace (1749–1827) formulierte einen Satz, der diesen Glauben verdeutlicht: »Würde man die Position und die Bewegung aller Punkte im Universum genau messen, könnte man den Rest der Ewigkeit ausrechnen.«

Ende des 19. Jahrhunderts stieß der Mathematiker Henri Poincaré bei einer Untersuchung der Planetenbahnen jedoch an die Grenzen solcher Theorien. Es war ihm zwar möglich, mit Newtons Gleichungen zur Anziehungskraft zwischen Planeten die Bahnen zweier Körper – beispielsweise Sonne und Erde – zu berechnen. Nahm er aber einen dritten Körper dazu, war die Gleichung mathematisch nicht mehr lösbar.

Einige Bahnen könnten schon bei der geringsten Störung aus dem Sonnensystem »fliegen« und das Planetensystem explosionsartig aus dem Gleichgewicht bringen. Poincaré hatte entdeckt, dass kleinste »Ursachen« Vorgänge von großer Komplexität auslösen konnten. Er erkannte aber schon die verborgene Kreativität solcher Prozesse, die spontan neue Strukturen auf anderen Ebenen schaffen konnten.

Besonders der in Russland geborene Physikochemiker Ilya Prigogine (geb. 1917) wies solche Prozesse spontaner Ordnungsbildung in der Natur nach. Nach den Gesetzen der klassischen Thermodynamik kennt die Zeit nur eine Richtung – die des zunehmenden Verlustes von Energie und damit von Ordnung. Prigogine zeigte jedoch, dass der »Lauf« der Zeit umkehrbar ist: Systeme geraten durch eigentlich unbedeutende und zufällig auftretende Veränderungen in Turbulenzen, wobei an bestimmten Verzweigungspunkten (»Bifurkationen«) die Selbsterschaffung von Ordnung möglich ist. Nach Prigogines Ansicht ist im Verlauf der Erdgeschichte an diesen »Bifurkationspunkten« menschliches Leben entstanden.

Heute bemühen sich die Chaostheoretiker, Kreativität nach dem Muster spontaner Ordnungsbildung aus Unordnung zu verstehen – also die gesamte kulturgeschichtliche Entwicklung des Menschen.

Fraktale – Kreativität spontaner Ordnungsbildung aus Unordnung heraus.

1903

DAS JAHR 1903

- Per Gesetz verbieten die USA die Einwanderung Krimineller, Prostituierter und anderer unliebsamer Personen.
- Die exilierte Arbeiterpartei Russlands spaltet sich in gemäßigte Menschewiki (»Minderheitler«) und radikale Bolschewiki (»Mehrheitler«).
- Der amerikanische Autor von Reise- und Abenteuerromanen Jack London veröffentlicht seinen Roman *Der Ruf der Wildnis*.
- Aus den Wahlen zum Deutschen Reichstag gehen das katholische Zentrum und die Sozialdemokraten als stärkste Fraktionen hervor.

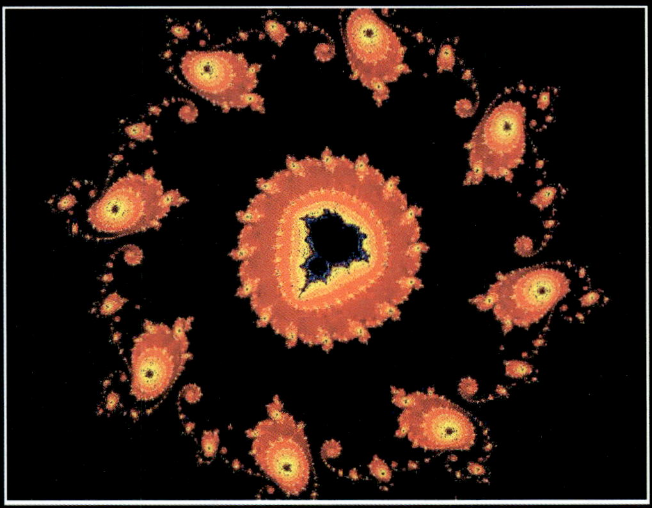

Radar - Das Ende des blinden Navigierens

Christian Hülsmeyer (1881-1957)

1904

DAS JAHR 1904

- Der russische Physiologe Iwan Petrowitsch Pawlow erhält für seine Forschungsarbeit zum Konditionieren den Nobelpreis für Medizin.
- In der Kolonie Deutsch-Südwestafrika erheben sich die Herero gegen die Siedler. Deutsche Truppen schlagen die Rebellion brutal nieder – dabei wird das Volk der Herero fast ausgelöscht.
- Der irische Nationalistenführer John Edward Redmond fordert die Unabhängigkeit seines Landes von Großbritannien.
- Um die Mandschurei und Korea entbrennt der Russisch-Japanische Krieg.

Christian Hülsmeyers Radargerät ortete Schiffe oder Flugzeuge selbst durch den dichtesten Nebel exakt und bestimmte, wie schnell und in welche Richtung diese sich fortbewegten. Doch wie so viele Erfindungen musste auch das Radargerät Anhänger des Althergebrachten – die in diesem Fall dem Nebelhorn vertrauten – erst überzeugen.

Am 18. Mai 1904 präsentierte der Ingenieur und Hochfrequenztechniker Christian Hülsmeyer in Köln sein »Telemobiloskop« – ein Gerät für die Schifffahrt, das selbst im dichten Nebel Schiffe in Entfernungen von bis zu drei Kilometern ausfindig machen konnte.

Bereits 1886 hatte der Physiker Heinrich Rudolf Hertz nachgewiesen, dass elektromagnetische Wellen von Hindernissen reflektiert werden. Auf eben diesem Prinzip basierte Hülsmeyers Apparat: Das Gerät übertrug scharf gebündelte elektromagnetische Wellen in Form kurzer Impulse an eine parabolische Antenne, also eine Antenne mit gekrümmter Fläche. Diese sendete die Wellen in den Raum, ein Metallreflektor vergrößerte ihre Richtwirkung zusätzlich. Wenn die Wellen auf ein Hindernis im Strahlungsweg stießen, reflektierte das Objekt die auftreffenden Sendeimpulse. Je nach Material des Hindernisses geschah dies mehr oder weniger stark. In den Impulspausen empfing die Antenne diese Reflexion, die sich – gleich einem Echo – in ein hörbares Signal verwandelte. Aus der Zeitdifferenz zwischen Senden der Impulse und Eintreffen der Reflexion konnte Hülsmeyer die Entfernung des Hindernisses bestimmen. Mehrmaliges, kurz aufeinander folgendes Vermessen des georteten Ziels gab Aufschluss, wie es seine Position veränderte und wie schnell es sich bewegte. Mit dem »Telemobiloskop« war es möglich, unabhängig von den Sichtverhältnissen Objekte mit großer Genauigkeit zu orten. Gerade auf See war es von enormem Vorteil, sich nähernde Schiffe bereits in großer Distanz zu erkennen.

Das Publikum verfolgte Hülsmeyers Vorführung interessiert. Ein Geldgeber, der in das Gerät investieren wollte, fand sich jedoch nicht: Die Fachleute bezweifelten seine Zuverlässigkeit.

In den 1920er-Jahren experimentierten Funker weiter am Telemobiloskop. Sie arbeiteten mit unterschiedlichen Frequenzen, Antennen, Impulsgebern und Empfängern, um das hörbare Signal der Ortung in ein sichtbares zu verwandeln. Anfang der 1930er-Jahre vollzog Robert Watson-Watt (1892–1973) den entscheidenden Schritt in diese Richtung: Er koppelte eine braunsche Röhre – jene Kathodenstrahlröhre, die auch dem Empfang von Fernsehbildern dient – an den Empfänger des »Telemobiloskops«. Der Funker konnte nun auf einem Bildschirm erkennen, wo und in welcher Entfernung sich das Zielobjekt befand. Diese Konstruktion erhielt den Namen »Radar«, eine Abkürzung für *Radio Detecting and Ranging* (»Entdecken und Orten durch Funkwellen«).

Das Gerät kam im Zweiten Weltkrieg zum militärischen Einsatz. Auch heute ist Radar in der militärischen und zivilen See- und Luftfahrt von Bedeutung. Das modernere »Sekundärradar« arbeitet inzwischen mit einem »Abfragefunkfeuer«. Statt einer einfachen passiven Reflexion sendet ein Antwortgerät an Bord des georteten Objekts codierte Informationen zurück. Das Radar ist unabdingbar, um eine sichere Abwicklung des Flugverkehrs zu gewährleisten.

Ohne Radarortung wäre die sichere Abwicklung der modernen Schifffahrt nicht mehr zu gewährleisten.

Genetik – Wie funktioniert die Vererbung?

William Bateson (1861–1926)

Theorien, wie sich Eigenschaften und Merkmale der Eltern auf die Kinder übertragen, gab es schon im Griechenland der Antike. Doch erst die mendelschen Gesetze und die darauf basierenden Forschungen schufen zu Beginn des 20. Jahrhunderts die Grundlagen der Genetik, der systematischen Untersuchung der Vererbung.

1905

DAS JAHR 1905

- Robert Koch erhält den Nobelpreis für Medizin.
- Die russische Armee beendet eine Protestkundgebung von 30 000 Arbeitern gewaltsam. An diesem »Blutsonntag« werden 1000 Demonstranten getötet.
- In Chicago kommt es zu blutigen Unruhen, als Streikbrecher aus den Südstaaten den Streik der Transportarbeiter beenden sollen.
- US-Präsident Theodore Roosevelt bekräftigt, dass die Länder Lateinamerikas amerikanisches Interessengebiet sind.

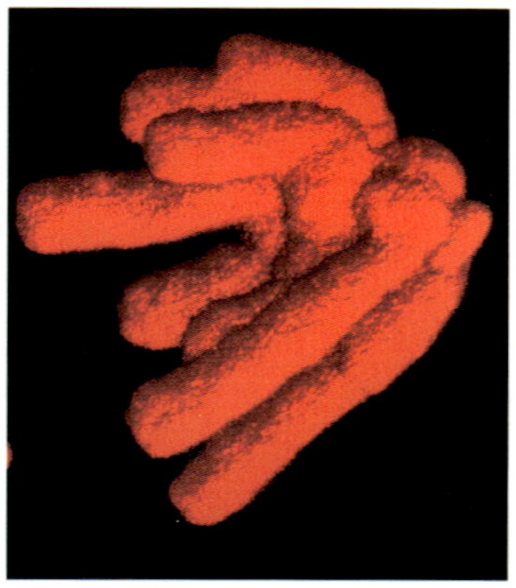

△ Chromosomen sind die Träger der Erbsubstanz.

Die experimentellen Arbeiten des Botanikers Gregor Johann Mendel (1822–1884) über die Vererbung bei Erbsenstauden bildeten die Grundlage für die Gesetze der Vererbung. Im Garten des Augustinerklosters Sankt Thomas in Brünn hatte Mendel Kreuzungsversuche mit Erbsengewächsen durchgeführt und dabei bestimmte Gesetzmäßigkeiten erkannt. Er kam zu dem Schluss, dass sich die untersuchten Merkmale (zum Beispiel Farbe oder Wuchs) als getrennte, voneinander unabhängige Einheiten vererbten. Diese paarweise auftretenden Einheiten nannte Mendel »Elemente«. Später bezeichneten die Forscher diese als »Gene«.

Diese bahnbrechende Arbeit Mendels blieb 34 Jahre unbeachtet. Erst 1900 nahm eine Gruppe von Forschern, zu welcher der Botaniker Hugo de Vries (1848–1935) zählte, die mendelschen Erkenntnisse wieder auf. De Vries bestätigte durch eigene Züchtungsexperimente nicht nur die Regeln des Augustinerpaters – er entdeckte sogar weitere Gesetzmäßigkeiten: 1901 beobachtete er bei einer Nachtkerzenpflanze ein neues Merkmal, das scheinbar durch die sprunghafte Veränderung eines Gens entstanden war. Dieses Phänomen nannte de Vries »Mutation« (Veränderung).

1902 kam der Forscher Walter Stanborough Sutton (1877–1916) zu dem Schluss, dass sich die mendelschen Vererbungsfaktoren auf Chromosomenpaaren befinden. Chromosomen sind mikroskopisch kleine Strukturen des Zellkerns, die aus Desoxyribonukleinsäure (DNS) und Proteinen bestehen und die Erbsubstanz der höheren Organismen repräsentieren.

Als Begründer der Genetik gilt jedoch der Biologe William Bateson. 1905 erkannte er die Chromosomen als Träger verschiedener Erbmerkmale und die Existenz von Genen. Als eifriger Verfechter der mendelschen Theorie wurde Bateson zum Wegbereiter der Genetik im 20. Jahrhundert. Zusammen mit dem Genetiker Reginald Crudell Punnett (1875–1967) wies er zudem nach, dass sich Gene gegenseitig beeinflussen.

Ein weiterer wichtiger Fortschritt in der Vererbungslehre war 1909 die Entdeckung des Biologen Wilhelm Johannsen (1857–1929): Er definierte das »Gen« als Träger der Erbanlagen. Ihren Höhepunkt erreichte die Genforschung allerdings erst nach dem Zweiten Weltkrieg, als die chemische Zusammensetzung der Gene Inhalt der Forschung wurde. In den 1940er- und 1950er-Jahren identifizierte die Wissenschaft dann die Nukleinsäuren als Grundsubstanzen der Vererbung.

Die moderne Genetik ist mittlerweile einen großen Schritt weiter. Sie untersucht nicht nur die Zusammenhänge der Vererbung bei verschiedenen Organismen, sondern greift durch gentechnische Verfahren in das Erbgut ein – das 1996 im Labor gezeugte Klonschaf »Dolly« ist ein lebender Beweis für den Erfolg dieser Bemühungen.

Erst die Genetik klärte, wie Eigenschaften auf die nächste Generation übertragen werden.

Vitamine – Lebenswichtige Nahrungsbausteine

Christiaan Eijkman (1858–1930), Frederick Gowland Hopkins (1861–1947)

1906

DAS JAHR 1906

- In London entsteht aus dem *Labour Representation Committee* die *Labour Party*.
- Zar Nikolaus II. eröffnet in Moskau die Duma, das erste russische Parlament. Es verfügt nur über wenige Rechte.
- In Österreich wird das direkte, allgemeine, gleiche und geheime Wahlrecht für alle männlichen Bürger eingeführt.
- Das britische Panzerschiff »Dreadnought« ist fertig gebaut. Es ist das Größte der Welt und läutet eine neue Welle im Wettrüsten zwischen Deutschem Reich und Großbritannien ein.

△ Vitaminlieferant Gemüse.

Die Seefahrer verbrachten im Zeitalter der Entdeckungsreisen oft Monate auf dem offenen Ozean. Frisches Gemüse und Obst aßen sie also fast nie. Viele Matrosen litten unterwegs an Gewichtsverlust, Muskelschwund und Blutungen – sie hatten Skorbut, eine gefürchtete Seefahrerkrankheit.

Was war die Ursache dieser Erkrankung? Der schottische Arzt James Lind (1716–1794) suchte die Antwort in der Ernährung: 1747 verteilte er unterschiedliche Lebensmittel an Matrosen, die Skorbut hatten. Zitrusfrüchte, so stellte Lind fest, minderten die Symptome erheblich.

1886 wandte sich die medizinische Forschung einer weiteren unbestimmbaren Krankheit zu, die mit einem Schwächegefühl und Schmerzen begann. Beriberi (singhalesisch *beri* = Schwäche) trat vor allem in Ländern auf, in denen die Menschen viel polierten, das heißt geschälten Reis aßen. Der holländische Arzt Christiaan Eijkman (1858–1930) war ein ernster Vertreter der Theorie, dass alle Krankheiten auf Keimen beruhen. Er reiste 1886 nach Java, um Beriberi an Versuchshühnern, die er zu diesem Zweck mitgebracht hatte, zu erforschen. Es gelang ihm aber nicht, die Krankheit als bakterielle Infektion zu identifizieren. 1896 zeigten die Tiere, die mit poliertem Reis gefüttert worden waren, jedoch beriberiähnliche Symptome. Gab man ihnen normales Futter, erholten sich die Hühner. Zunächst glaubte Eijkman, ein im Reis enthaltenes Gift bleibe durch das Entfernen der Schale unneutralisiert im Reiskorn und löse die Krankheit aus. Diese Annahme stellte sich aber als falsch heraus. Den Nachweis, dass in der Nahrung enthaltene Stoffe die Gesundheit beeinflussten, erbrachte dann ein anderer Forscher.

Bisher hatten sich Wissenschaftler, die sich mit der Ernährung beschäftigten, hauptsächlich auf die Eiweiße konzentriert, die sich aus verschiedenen lebensnotwendigen Aminosäuren zusammensetzen. 1900 entdeckte der englische Biologe Frederick Gowland Hopkins (1861–1947) eine neue Aminosäure, das Tryptophan. Er stellte fest, dass dem Eiweiß »Zein« Tryptophan fehlte. Erhielten Versuchstiere dieses »unvollständige« Eiweiß als einzige Proteinquelle, starben sie – bei keinem anderen Nahrungseiweiß war das der Fall. Ergänzte Hopkins Zein jedoch um die Aminosäure, verlängerte sich das Leben der Tiere. 1906 stellte er dann die These auf, dass die Nahrung weitere für die Gesundheit wichtige Bausteine enthalten müsse.

Im Gegensatz zu den Eiwißen liefern Vitamine aber keine Energie. Der Biochemiker Casimir Funk schlug 1912 für die Benennung dieser Stoffe den Begriff »Vitamine« (lateinisch *vita* = Leben) vor, in der irrigen Annahme, sie seien alle Amine (Stickstoffverbindungen). Vitamine sind aber organische Verbindungen, die entweder wasser- oder fettlöslich sind. Ihre Konzentration im Körper bedingt zum Beispiel das Wachstum, ein funktionierendes Immunsystem und den Stoffwechsel. Eine Überdosierung von Vitaminen kann jedoch auch gesundheitsschädlich sein.

Auf Initiative des Biochemikers Elmer Vernon McCollum bürgerte sich ab 1913 die Bezeichnung der unterschiedlichen Vitamine mit Buchstaben ein. Auf die Entdeckung von Vitamin A, Vitamin B, Vitamin C und Vitamin D folgte die der Vitamine E und K.

Kristallaufnahme von Vitamin C – Vitamine sorgen für ein funktionierendes Immunsystem.

Atommodell – Die Materie nimmt Gestalt an

Ernest Rutherford (1871-1937)

Das Phänomen der Radioaktivität und vor allem die Entdeckung der drei verschiedenen Strahlungsarten machte der Wissenschaft endgültig deutlich, dass der Atomkern keine stabile Masse sein konnte. Wie aber sieht ein Atomkern genau aus?

1911

DAS JAHR 1911

- Im Wettlauf zum Südpol siegt der norwegische Polarforscher Roald Amundsen: Seine Expedition gelangt vor der des Engländers Robert F. Scott ans Ziel.
- Das *Parliamentary Bill* beseitigt das Vetorecht des britischen Oberhauses.
- Der mexikanische Diktator Porfirio Diaz tritt in den Wirren der Revolution zurück und geht ins spanische Exil.
- Standard Oil, der Ökonzern John D. Rockefellers, wird gemäß eines »Anti-Trust«-Urteils des Obersten Gerichtshofs der USA zerschlagen.

Lange Zeit stellte man sich Atome als kugelförmige, elastische, mit Materie gefüllte Gebilde vor, die den Gesetzen der klassischen Mechanik gehorchen. Wenn das zuträfe, dann müssten Alphateilchen, die auf Atome treffen, eigentlich daran abprallen und stark abgelenkt werden.

Ernest Rutherford machte die Probe aufs Exempel und beschoss eine dünne Goldfolie mit Alphastrahlen. Ein Großteil der Strahlung durchdrang dabei das Material und wurde nur sehr schwach abgelenkt. Rutherford schloss aus dieser Beobachtung, ein Atom müsse vor allem aus leerem Raum bestehen.

Der Physiker Joseph John Thomson entwickelte 1904 die Theorie, dass Atome aus einer kugelförmigen Ladungsverteilung und darin beweglichen Elektronen bestehen. Positive und negative Ladungen seien gleichmäßig im Atom verteilt. Rutherford aber entdeckte bei seinen Versuchen auch, dass einige wenige Teilchen sehr stark abgelenkt wurden. Er nahm an, dass dies durch positiv geladene Zentren innerhalb der Atome verursacht wurde.

Mithilfe einer mathematischen Auswertung seiner Versuche kam Rutherford zu dem Schluss, ein Atom setze sich aus einem positiv geladenen Atomkern und einer negativ geladenen Hülle zusammen. Die Masse ist im Kern konzentriert, während die Elektronen auf der Hülle ständig um ihn herum kreisen – ähnlich wie Planeten um die Sonne. Er nahm an, dass der Kern winzig klein sei und die Entfernung zur Hülle im Vergleich dazu sehr groß.

In seiner Grundstruktur ist dieses Prinzip des 1911 veröffentlichten rutherfordschen Atommodells heute noch gültig. Man geht in der modernen Atomphysik davon aus, dass sich im Kern die positiv geladenen Protonen sowie nicht geladene Neutronen befinden, die etwa gleich schwer sind und durch starke Kernkräfte zusammengehalten werden.

Rutherford hatte die Existenz dieser Neutronen bereits vorhergesagt, die Technik erlaubte damals nur den Nachweis geladener Teilchen. Die Zahl der Elektronen im Atom, die den Kern umkreisen, entspricht der der Protonen im Kern und ist identisch mit der Ordnungszahl des jeweiligen Elements im Periodensystem.

Allerdings müsste nach den Gesetzen der Elektrodynamik eine beschleunigte, bewegte Ladung – wie die Elektronen auf der Atomhülle – Energie in Form von Licht abgeben, dabei an Bewegungsenergie verlieren und schließlich in den Kern stürzen.

Warum dies nicht der Fall ist, können sich die Forscher bislang nicht erklären. Auch die verschiedenen Wechselwirkungen zwischen den atomaren Teilchen sind teilweise nur in mathematischen Formeln zu beschreiben, aber nicht darstellbar. Trotz dieser offenen Fragen und immer neuer Entdeckungen bildet Rutherfords Atommodell auch heute noch die theoretische Basis und den Ausgangspunkt für die moderne Kernphysik.

Das Atom – die Masse ist im Kern konzentriert, während die Elektroden auf der Hülle ständig um ihn herum kreisen.

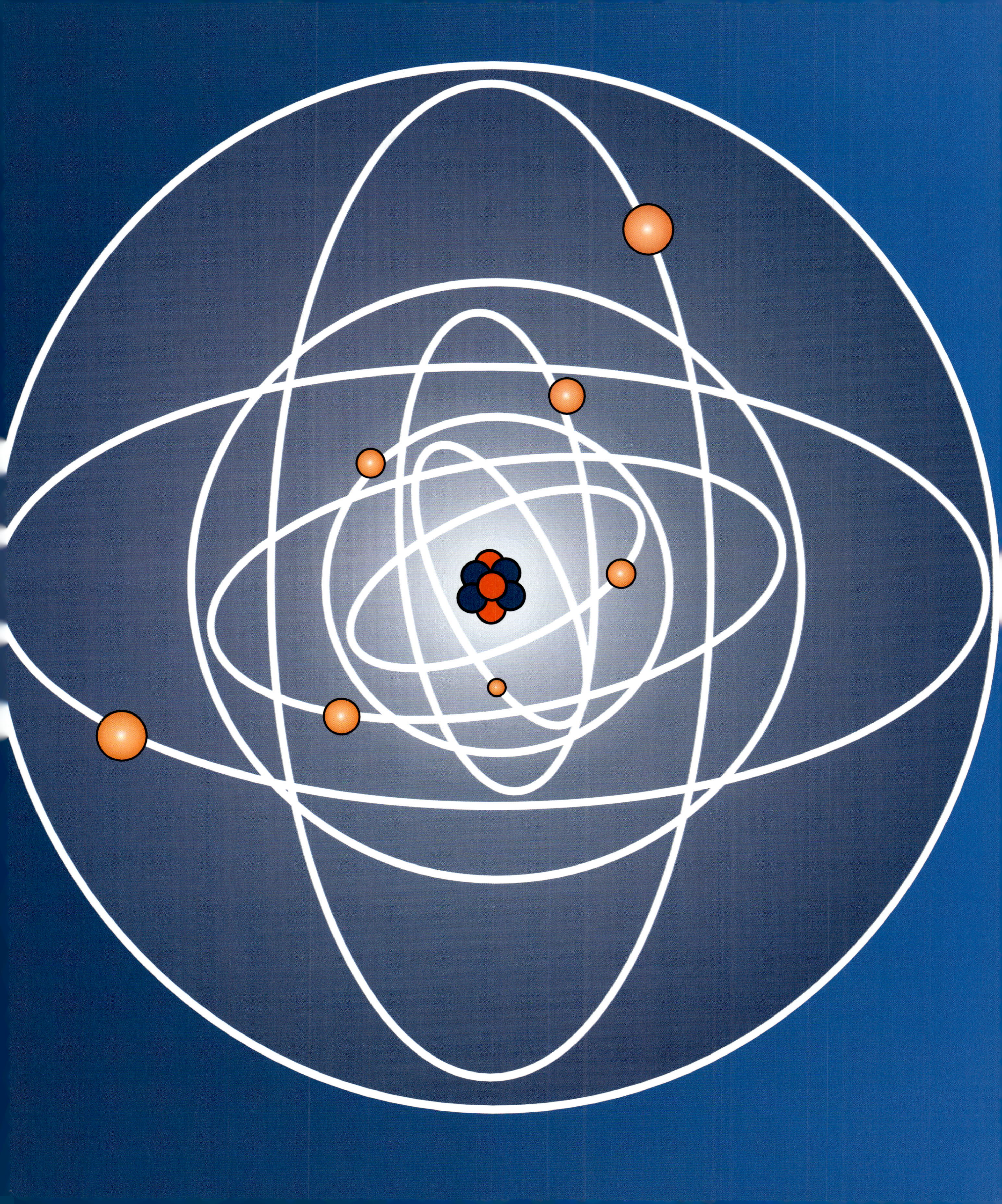

Kontinentalverschiebung – Vom Urkontinent zur Erde von heute

Alfred Wegener (1880–1930)

1912

DAS JAHR 1912

- Auf seiner Jungfernfahrt rammt der als unsinkbar geltende Passagierdampfer »Titanic« einen Eisberg und sinkt. 1503 der 2200 Menschen an Bord kommen bei dem Unglück ums Leben.
- Auf dem Rückweg vom Südpol gerät die Expedition des britischen Polarforschers Robert F. Scott in einen schweren Schneesturm. Dabei kommen alle Teilnehmer um.
- Archäologen der Deutschen Orientgesellschaft stoßen bei Ausgrabungen im ägyptischen El-Amarna auf die Büste der Nofretete.
- Mit der Abdankung des letzten Kaisers, des sechs Jahre alten Pu-Yi, wird China Republik.

△ Der Polarforscher Alfred Wegener: zunächst verspottet.

Wie entstand das »Gesicht« der Erde? Diese Frage beschäftigte Geologen seit dem 18. Jahrhundert. Die Anhänger der verschiedenen Theorien stritten sich heftig um eine Antwort – jeder glaubte sich im Recht. Als der Meteorologe und Polarforscher Alfred Wegener 1912 seine These von der Verschiebung der Kontinente formulierte, verspotteten ihn seine Kollegen.

Zwei Protagonisten bestimmten die Debatte um die Entstehung der Kontinente und Meere zwischen 1790 und 1820: Die Geologen James Hutton (1726–1797) und Abraham Gottlob Werner (1749–1817). Sie vertraten jeweils konträre Meinungen. Während Hutton und seine Anhänger (»Plutonisten« oder »Vulkanisten«) glaubten, die Gestaltungskräfte der Erde kämen aus einem »Zentralfeuer« im Erdinneren, waren Werner und die »Neptunisten« überzeugt, alles Gestein habe sich aus dem Wasser kristallisiert.

Schon vor Entwicklung dieser Theorien war Wissenschaftlern die merkwürdige Entsprechung verschiedener Küstenlinien der Kontinente aufgefallen. Wie waren diese entstanden? Eine haltbare Erklärung sprach erst der Astronom, Meteorologe und Polarforscher Alfred Wegener (1880–1930) konkret aus. Wegener lehrte als Professor für Meteorologie und Geophysik in Graz. Um 1910 kam Wegener beim Betrachten einer Weltkarte die Idee, die heute durch die Weltmeere getrennten fünf Kontinente könnten im Perm (vor etwa 225 Millionen Jahren) Bestandteile eines riesigen, zusammenhängenden Kontinents im Urmeer Panthalassa (»ganzer Ozean«) gewesen sein. Nach Zerbrechen dieser Pangäa (»ganze Erde«) bewegten sich die Erdschollen über Jahrmillionen in einer langsamen, aber beständigen Strömung auf den tieferen Erdschichten auseinander. Dabei kam es immer wieder zu Faltenwürfen, Stauchungen und Überlappungen, die sich in Erd- oder Seebeben äußerten. Als weitere Belege für diese These nannte Wegener die Fortsetzung von Gebirgsketten und die Übereinstimmung der fossilen Fauna und Flora beiderseits des Atlantiks. Des Weiteren beobachtete er auf beiden Seiten dieses Ozeans vergleichbare permokarbone Vereisungsspuren (Tillite).

1912 trug Wegener seine Ergebnisse erstmals öffentlich vor, erntete aber nur Hohn und Spott. Trotzdem blieb er von seiner Theorie überzeugt. 1915 publizierte er sein Buch *Entstehung der Kontinente und Ozeane*. In der Folge musste die Geologie zahlreiche geophysikalische, geologische und (paläo-)klimatologische Fragestellungen neu überdenken.

Die Forschung nach dem Zweiten Weltkrieg bestätigte Wegeners Theorie. Unsicherheit herrschte nur – auch bei Wegener – über die Kräfte, die diese Kontinentalverschiebung ausgelöst hatten. Er selbst hatte vorsichtig Konvektionsströmungen im magnetischen Erduntergrund vermutet. Auch diese These lässt sich inzwischen belegen. Entlang ausgedehnter Bruchspalten drängt unter den Ozeanen geschmolzenes Material aus dem Erdmantel und erstarrt in Buckeln an der Oberfläche. Auf dieser schiefen Ebene gleitet die Erdkruste ab und drückt die Kontinentalplatten vor sich her.

Wegeners revolutionäre Hypothese, die heute unter der Bezeichnung »Plattentektonik« gelehrt wird, zählt inzwischen zum Allgemeinwissen.

Heute ist man der Ansicht, dass Erdbeben mit der Kontinentalverschiebung zusammenhängen können.

Fließband - Automobilproduktion im Akkord

Henry Ford (1863-1947)

»Massenproduktion für den Massenkonsum!« So lautete das Motto des amerikanischen Industriellen Henry Ford. Er wollte das teure Automobil für jedermann erschwinglich machen. Mit dem Montagefließband erreichte er sein Ziel und ebnete der modernen Industrieproduktion den Weg.

1913

DAS JAHR 1913

- New York feiert die Einweihung des größten Bahnhofs der Welt, der Grand Central Station.
- Der Deutsche Reichstag beschließt eine Verstärkung des Heeres.
- Am Wiener Burgtheater wird George Bernard Shaws *Pygmalion* uraufgeführt.
- Woodrow Wilson wird als neuer Präsident der USA vereidigt.

Als Ford in der Automobilbranche zu arbeiten begann, wurden die Wägen praktisch als Einzelstücke handgefertigt. Sein Ziel war es, die Produktion schneller und vor allem kostengünstiger zu machen. Dafür bediente er sich der Erfahrungen anderer Vordenker: Der amerikanische Ingenieur Frederick W. Taylor (1856–1915) hatte ebenfalls Wege gesucht, die menschliche Arbeitskraft ökonomischer einzusetzen. Dazu hatte er die Produktion in Einzelschritte zerlegt und sie nach den Kriterien eines effizienten Arbeitsablaufs neu zusammengesetzt. Von einer solchen Rationalisierung der Arbeit versprach sich Taylor zugleich eine gerechtere Entlohnung der Arbeiter: Wer viel schaffte, verdiente auch mehr. Sogar von den Schlachthäusern Chicagos ließ sich Ford inspirieren – schon seit 1870 kamen hier Transportbänder zum Einsatz, um jeden Arbeitsschritt einzeln zu vollenden.

△ Von der Rationalisierung der Arbeit durch Zerlegung der Produktion in Einzelschritte versprach man sich eine gerechtere Entlohnung der Arbeiter.

Henry Ford setzte Taylors Ideen in der Praxis nahezu perfekt um – und ließ auch die Förderbänder nicht außer Acht. 1913 – zehn Jahre nach Gründung seiner Ford Motor Company – führte er die Fließbandfertigung von Autos ein. Jedes Werkstück sollte mechanisch von einem Arbeiter zum nächsten geführt werden und so stets zur richtigen Zeit am richtigen Platz sein.

Mit dieser revolutionären Neuerung im Produktionsprozess hatte sich der Sohn einfacher irischer Einwanderer einen Traum erfüllt: Die kostengünstige Herstellung sollte den Kaufpreis senken – und plötzlich konnte sich jedermann ein Auto leisten! Gleichzeitig würden gute Löhne den Konsum – und damit seinen Profit – ankurbeln. Jeder Arbeiter brauchte Geld: Je mehr er leistete, desto mehr bekam er bezahlt – und desto mehr würde er ausgeben (zum Beispiel für ein Auto). Ford betrachtete also den Akkordlohn als einzige Motivation für die Arbeiter. Er beschäftigte hauptsächlich ungelernte Kräfte, die schnell eingewiesen wurden: Kurze Arbeitszeiten und Akkordlohn sah er als Bedingung des »Konsums für alle«. Diese Philosophie wurde nun auch »Fordismus« genannt.

Das berühmte Model T rollte bis 1927 etwa 15 Millionen Mal vom Band. Um solche Massen zu bewältigen, hatte man das Produkt Auto vollkommen standardisiert. Lediglich in der Karosserie gab es geringe Variationen.

Leider hatte die Einführung der Fließbandproduktion auch Schattenseiten. Henry Ford erkannte zwar, dass die immer gleichen Handgriffe seine Arbeiter einer ermüdenden Routine unterwarf. Doch er glaubte, ihren Bedürfnissen dennoch gerecht zu werden – für eine Arbeit ohne intellektuelle Anstrengung zahlte er immerhin gute Löhne! Schon in den 1930er-Jahren erkannte man, dass nicht nur der Anreiz des Lohnes, sondern auch das »Betriebsklima« die Leistung der Beschäftigten und damit das Produktionsergebnis bestimmt. Damit kehrte auch die industrielle Fertigung zu komplexeren Abläufen zurück, die mehrere Arbeiter gemeinsam erledigen. Obwohl die Fließbandarbeit nicht »ausgestorben« ist, übernehmen heute meist Roboter einfache Tätigkeiten.

Fords Methode wurde rasch auf andere Fertigungen übertragen, wie bei der Herstellung von Scheinwerfern 1926.

Echolot – Die Tiefe verliert ihren Schrecken

Paul Langevin (1872–1946)

1915

DAS JAHR 1915

- Nachdem ein deutsches U-Boot den Passagierdampfer »Lusitania« versenkt hatte, an Bord dessen 120 US-Staatsbürger waren, ziehen die USA ein Eingreifen in den Ersten Weltkrieg in Erwägung.
- Deutsche Luftschiffe starten Angriffe auf die Ostküste Großbritanniens.
- Deutsche Truppen erobern Polen.

Der Untergang des Ozeanriesen »Titanic« nach dem Zusammenstoß mit einem Eisberg machte ein großes Manko der Schifffahrt deutlich: Hindernisse in der Tiefe waren oft nicht oder nur zu spät zu entdecken – was katastrophale Folgen haben konnte. Der Physiker Paul Langevin erfand schließlich ein Gerät, das Schallwellen in die Meerestiefen aussendete. Wurden die Schallwellen reflektiert, war das Hindernis ausgemacht – und die Gefahr gebannt.

Die Schreckensmeldung vom Untergang des als unsinkbar gerühmten Ozeandampfers »Titanic« erschütterte 1912 die Welt. Das Unglück hatte auf tragische Weise bewiesen, dass die Schifffahrt noch nicht ausreichend gegen die Gefahren, die unter der Oberfläche der Ozeane lauerten, gewappnet war.

Der Physiker Alexander Behm (1880–1952) begann ein Jahr nach dem folgenschweren Unfall die ersten Experimente, um Hindernisse unter Wasser zu orten. Er entwickelte ein kombiniertes Sende-Empfang-Gerät, einen Vorläufer des »Echolots«.

Bei Behms Apparatur erzeugte eine Lotpatrone auf einer Seite des Schiffes ein Knallsignal, dessen Schallwellen beim Aufprall auf den Meeresgrund oder ein Hindernis als Echo zurückkamen. Ein Gerät auf der anderen Seite des Schiffes empfing diese Töne und ermittelte aus dem Zeitunterschied zwischen Aussenden und Empfang der Impulse den Abstand eines Hindernisses sowie die Wassertiefe.

1915 veränderte der französische Physiker Paul Langevin (1872–1946) diese Konstruktion: Er setzte Ultraschallwellen ein, um die Seetiefe auszuloten und Eisberge frühzeitig zu erkennen: Langevin befestigte eine Reihe von Mikrofonen am Bug des Schiffes. Seine so genannten »Hydrofone« sendeten Schallwellen aus, deren Frequenzen von über 20 Kilohertz das menschliche Ohr nicht mehr wahrnahm. Sobald diese Schallwellen auf ein Hindernis stießen, wurde das Signal reflektiert. Spezielle Geräte an Bord des Schiffes empfingen die Impulse und berechneten daraus die Entfernung des jeweiligen Objektes.

Doch leider liefen die ersten Einsätze des »Echolots« seiner eigentlichen Aufgabe, Leben zu retten, zuwider: Im Ersten Weltkrieg wurde es zumindest indirekt als Waffe verwendet. Die britische Marine setzte ein leicht modifiziertes Echolot namens ASDIC *(Anti Submarine Detection and Investigation Committee)* mit einem aktiven Lautsystem ein. Die Schallwellen des Geräts klangen für das menschliche Ohr wie ein feines »Ping«. Wurde das Geräusch reflektiert, konnten die britischen Soldaten Größe, Fahrtrichtung, Geschwindigkeit und Tauchtiefe eines feindlichen Unterseebootes errechnen und es vernichten.

Heute kommen Echolote vor allem im zivilen Bereich zum Einsatz: In der Schifffahrt, der Sportfischerei, aber auch bei verschiedenen geologischen Untersuchungen sind sie unverzichtbar. Äußerst präzise arbeitende Vermessungsecholote tasten den Meeresgrund ab – so können Forscher zum Beispiel das Profil von Meeresgräben und Unterwassergebirgen exakt berechnen.

Hätte die »Titanic« bereits über ein Echolot verfügt, wäre sie 1912 wohl nicht untergegangen.

Relativitätstheorie - Gedanken über Raum und Zeit

Albert Einstein (1879-1955)

Die Relativitätstheorie ist die herausragendste Denkleistung des 20. Jahrhunderts – sie veränderte unsere Vorstellung von Raum und Zeit grundlegend und beschäftigt die Forscher bis zum heutigen Tag. Zugleich verhalf sie Albert Einstein zum Ruf des besten Physikers der Neuzeit. Die populäre Zusammenfassung seiner Theorie – »Alles ist relativ« – lehnte er selbst immer ab. Er betonte vielmehr: »Der liebe Gott würfelt nicht!«

1915

DAS JAHR 1915

- Zum ersten Mal kommt in einem Krieg Giftgas zum Einsatz: Deutsche Truppen verwenden in der Schlacht bei Ypern Chlorgas gegen französische Soldaten.
- Die deutschen Schutztruppen in Südwestafrika ergeben sich den britischen und südafrikanischen Streitkräften unter General Louis Botha.
- Portugal erhält nach einem Putsch der Offiziere eine Militärregierung.
- Das Deutsche Reich rationiert den Brot- und Mehlverbrauch. An zwei Tagen der Woche darf auch kein Fleisch verkauft werden.

1887 machten die amerikanischen Physiker Albert Abraham Michelson (1852–1931) und Edward Williams Morley (1838–1923) ein Experiment, bei dem sie feststellten, dass die Lichtgeschwindigkeit immer konstant ist. Wie sollte dieses Phänomen jedoch gedeutet werden? Der Lösungsvorschlag Albert Einsteins – damals Angestellter des Patentamtes in Bern – revolutionierte 1905 das menschliche Verständnis von Raum und Zeit: die spezielle Relativitätstheorie.

Einstein ging davon aus, dass die Geschwindigkeit des Lichts von etwa 300 000 Kilometern pro Sekunde das absolute Limit ist. Nichts ist schneller, weder Materie, noch Strahlung, noch Information. Auch ist der Wert immer gleich, unabhängig davon wie schnell sich die Lichtquelle oder der Beobachter bewegen. Diese Theorie basiert auf der so genannten Lorentztransformation. Sie ersetzte die absolute durch eine vom Bewegungszustand abhängige Zeit. Der Lauf einer bewegten Uhr erscheint dem still stehenden Zuschauer langsamer als dem mitbewegten Beobachter. Ähnliches träfe auf die räumlichen Abmessungen eines Körpers zu, der einem ruhenden Beobachter verkürzt erscheint, wenn er sich annähernd mit Lichtgeschwindigkeit bewegt. Raum und Zeit verlieren damit ihre absolute Bedeutung.

Die Lichtgeschwindigkeit im Vakuum jedoch, so Einsteins Erkenntnis, bleibt immer gleich, unabhängig davon wie schnell sich Lichtquelle oder Beobachter bewegten. 1907 folgte die Feststellung des universellen Zusammenhangs von Masse und Energie, die Einstein in der berühmten Formel $E = mc^2$ (Energie = Masse mal dem Quadrat der Lichtgeschwindigkeit) ausdrückte. Die Anwendung dieser Formel findet sich zum Beispiel bei der Kernfusion in einer Wasserstoffbombe.

In der allgemeinen Relativitätstheorie von 1915 stellte Einstein den Bezug der Schwerkraft (Gravitation) zum Raum-Zeit-Kontinuum her. Ausgehend von der Idee, die Krümmung des Raumes, der seinerseits wieder die Bewegung der Materie determiniere, bestimme die Materie, folgerte Einstein, ein eng an der Sonne vorbeilaufender Lichtstrahl müsse zur Sonne hin abgelenkt werden. Bislang glaubte die Wissenschaft, der Lichtstrahl beschreibe eine absolut kerzengerade Bahn. Eine Expedition der britischen *Royal Society* zur Sonnenfinsternis am Golf von Guinea brachte 1919 Gewissheit. Die Messergebnisse zeigten: Einstein hatte Recht!

Andere Aussagen der einsteinschen Theorie, etwa die relativistische Zeitdilatation, wonach die Uhren langsamer laufen, wenn sie sich bewegen, konnten dagegen erst nach seinem Tod bewiesen werden. Manche harren bis heute ihrer experimentellen Bestätigung. Die Erforschung der Struktur des Weltalls, die Kosmologie, wäre ohne die allgemeine Relativitätstheorie aber undenkbar.

Albert Einstein: Teile seiner Relativitätstheorie konnten erst nach seinem Tod bewiesen werden.

Kommunikation auf Bienenart

Karl von Frisch (1886–1982)

Eine Biene entdeckt eine Wiese blühenden Klees. Kein Artgenosse ist zu sehen. Kurze Zeit später umschwirren Hunderte von Bienen den Klee. Das erste Tier muss die anderen verständigt haben. Wie aber geht diese Kommunikation vor sich? Dem österreichischen Biologen Karl von Frisch gelang es, dieses Rätsel zu lösen.

1919

DAS JAHR 1919

- In Berlin schlagen Freikorpssoldaten den Januaraufstand der KPD nieder und ermorden die Führer des sozialistischen Spartakusbunds, Rosa Luxemburg und Karl Liebknecht.
- Friedrich Ebert (SPD) wird zum ersten Präsidenten der Weimarer Republik gewählt.
- Die alliierten Sieger beschließen in Paris die Gründung des Völkerbundes als Instrument der Friedenssicherung. Die USA treten dem Völkerbund nicht bei, da er nicht ihren Vorstellungen entspricht.
- In Versailles wird der Friedensvertrag zur Beendigung des Ersten Weltkriegs unterzeichnet.
- Der US-Kongress beschließt den 18. Verfassungszusatz: Die Prohibition verbietet die Herstellung, den Transport und den Verkauf alkoholischer Getränke.

△ Informationen über den Standort von Nahrungsquellen können Bienen an Artgenossen weitergeben.

Ein Bienenvolk besteht durchschnittlich aus 10 000 bis 60 000 weiblichen unfruchtbaren Arbeitsbienen und einer Königin. Im Sommer kommen mehrere Tausend männliche Drohnen hinzu, deren einzige Aufgabe darin besteht, den Kampf um die Begattung der Königin durchzufechten. Nur sechs bis zehn Drohnen erreichen ihr Ziel. Nach dem Hochzeitsflug treiben die Arbeiterinnen die Drohnen aus dem Bienenstock. Sind die vielen Tausend Eier der Königin befruchtet, bleiben die Arbeitsbienen drei Wochen im Stock und kümmern sich um den Wabenbau und die Brutpflege. Dann schwärmen sie aus, um Nektar und Pollen zu sammeln.

Der Biologe Karl von Frisch widmete von 1919 an seine wissenschaftliche Arbeit ganz dem Studium der Honigbiene. Frisch entdeckte, dass der Geruchssinn der Bienen dem des Menschen sehr ähnlich ist. Außerdem können sie mit Ausnahme von Rot alle Blütenfarben voneinander unterscheiden. Um sich außerhalb des Stocks zu orientieren, benutzen die Bienen das polarisierte Licht der Sonne als »Kompass«. Das ermöglicht ihnen, sich auch bei wolkenverhangenem Himmel zurechtzufinden.

Frisch beobachtete außerdem als Erster, dass die Arbeitsbienen Informationen austauschen, wo sich eine »ertragreiche« Blumenwiese oder ein »ergiebiger« Wald befinden: Ihre »Sprache« ist der Tanz.

Über diesen Tanz zeigen Bienen, die von einem erfolgreichen Nektarstreifzug in ihren Stock zurückkehren, ihren Genossinnen, wo genau sich ihre Futterquelle befindet. Frisch unterschied zwei tänzerische Grundformen, die jeweils unterschiedliche Angaben bedeuten: Wirbt die heimkehrende Sammlerin mit dem »Rundtanz«, ist die Futterquelle in einem Umkreis von bis zu 100 Metern zu finden. Die ausschwärmenden Bienen richten sich dann vor allem auch nach dem Geruch der Blütenart, deren Pollen die tanzende Biene an ihren feinen Haaren in den Stock trägt. Ist das Flugziel hingegen über 100 Meter entfernt, tanzt die Biene auf den heimischen Waben den »Schwänzeltanz«, eine präzisere Wegbeschreibung.

Der Schwänzeltanz beschreibt in etwa die Figur einer gestauchten Acht. Die Richtung des Tanzes gibt den anderen Bienen Aufschluss über den Winkel zwischen den Verbindungslinien »Bienenstock – Sonne« und »Bienenstock – Pflanze«. Die Frequenz der Schwänzelbewegungen, welche die Biene mit dem Hinterleib vollführt, zeigt an, wie weit die gesuchten Blüten vom Bienenstock entfernt sind: je weiter die Entfernung, umso langsamer der Tanzrhythmus und umso länger auch die Schwänzelstrecke in jeder Tanzfigur. Auf diese Weise entsteht ein perfekt ausgearbeiteter »Flugplan«.

1973 erhielt Karl von Frisch zusammen mit Konrad Lorenz (1903–1989) und Nikolaas Tinbergen (1907–1988) den Nobelpreis für Physiologie und Medizin – ihre Leistungen auf dem Gebiet der Verhaltensforschung wurden damit belohnt: Diesen drei Wissenschaftlern ist es zu verdanken, dass die Annahme, nur höher entwickelte Lebewesen seien zur Kommunikation überhaupt fähig, korrigiert wurde.

Ohne den von Karl von Frisch entschlüsselten Schwänzeltanz der Bienen könnten so komplexe Gesellschaften wie ein Bienenvolk nicht funktionieren.

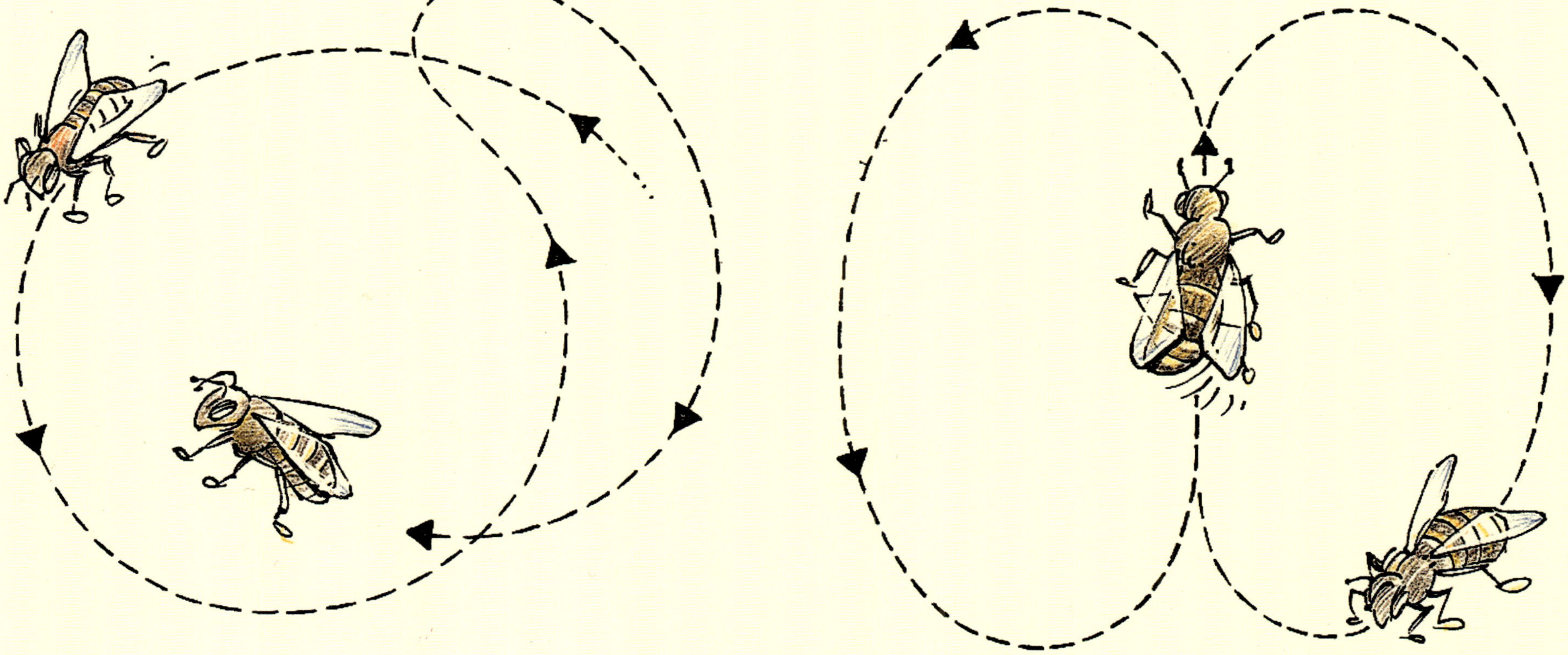

40°
40°

Luftfahrt: Die Eroberung der Lüfte

Der Traum der Menschheit

Fliegen zu können wie ein Vogel, diesen Wunsch haben die Menschen schon vor Abertausenden von Jahren gehegt. Die griechische Mythologie erzählt von Dädalus, der mit seinem Sohn Ikarus fliegend von der Insel Kreta fliehen wollte. Erst vor gut 200 Jahren wurde absehbar, dass dieser Traum Wirklichkeit werden könnte. In den Anfängen der Luftfahrt fantasierten die Erfinder noch von recht einfachen Flugtechniken. Im Mittelpunkt der Bestrebungen stand stets die Imitation des Vogelflugs. In waghalsiger Manier stürzten sich Abenteurer mit Schwingen aus Federn, Stoff und primitiven Verstrebungen von Hügeln und Abgründen – und landeten hart auf dem Boden der Tatsachen.

Mit Zeppelinen war es erstmals in der Geschichte der Menschheit möglich, eine größere Anzahl von Passagieren durch die Luft zu transportieren.

Einer der Ersten, der wissenschaftliche Überlegungen zur Bewegung in der Luft anstellte, war der italienische Maler und Naturforscher Leonardo da Vinci. Um 1500 fertigte er Skizzen von Hubschraubern und Fallschirmen an. Seine Versuche mit Schwing- und Schlagflügeln waren jedoch zum Scheitern verurteilt:

Die Technik macht's möglich

Erst einige Jahrhunderte später war den Erfindern klar, dass der Flug eines Menschen ohne technischen Antrieb nur als Gleiten möglich ist. Die Vorläufer des modernen Drachenflugsports segelten im 18. Jahrhundert mehr oder weniger erfolgreich durch die Luft – mit selbst gebastelten Flügeln stürzten sie sich von Bergen und Türmen.

Doch schon zu Beginn des 18. Jahrhunderts keimte die Idee auf, ein Fluggerät müsse »leichter als Luft« sein, um abheben zu können. Einen direkten Vorläufer des Heißluftballons ließ ein brasilianischer Pater vor den Augen des portugiesischen Königs steigen: Am 8. August 1709 erhob sich sein Fluggerät im Empfangssaal bei Hof kurzzeitig vom Boden. Die Konstruktion in Form eines Troges wurde von einer mit Destillaten gefüllten Segeltuchblase getragen, die der Geistliche mit Kerzen erhitzt hatte. Erst mehr als sieben Jahrzehnte später, 1783, gelang es den französischen Brüdern Montgolfier, eine technisch weitaus ausgereiftere Variante des Heißluftballons in den Himmel zu schicken.

Noch im selben Jahrhundert avancierte das Ballonfahren in ganz Europa zur Mode für die Reichen. Der Ballon – zunächst mit heißer Luft gefüllt, später auch mit Wasserstoff – dominierte die Luftfahrt lange Zeit. Allerdings waren diese Ballone noch nicht steuerbar – sie flogen, wohin der Wind sie trug. Die Konstrukteure hatten jahrzehntelang nicht erkannt, dass sie mit ihrem Ballon Teil des Windes sind und mit eigener Geschwindigkeit dagegen ansteuern müssen.

Im 19. Jahrhundert konzentrierten sich die Flugabenteurer auf die Weiterentwicklung von Gleitdrachen und Ballons. 1804 entwarf der britische Erfinder Sir George Cayley starre Gleitflügel für den Menschen. Damit glückte erstmals ein Flug mit einer Konstruktion, die schwerer als Luft war.

Das Luftschiff wird geboren

Bei der Weiterentwicklung des Ballons erkannten die Pioniere bereits sehr früh, dass zigarrenförmige Ballons aerodynamischer sind als rundliche. Die erste »fliegende Zigarre« konstruierte der Franzose Henri Giffard 1852. Er absolvierte einen dreieinhalbstündigen Flug und legte dabei 28 Kilometer zurück. Dieses erste wirklich frei bewegliche Luftschiff war ganze 44 Meter lang und wurde von einer Dampfmaschine angetrieben.

Gegen Ende des 19. Jahrhunderts setzte der deutsche Techniker Ferdinand Graf Zeppelin einen Meilenstein im Gleitfliegen: Er konstruierte das erste lenkbare »Starrluftschiff«. 1900 stieg Graf Zeppelin zu seinem Jungfernflug auf. Damit war die Entwicklung eines Luftschiffes mit

1909 überquerte Louis Blériot in einem Motorflugzeug erstmals den Ärmelkanal zwischen Frankreich und England.

Moderne Verkehrsmaschinen mit Düsentriebwerken machen das Fliegen zu einer für alle erschwinglichen, schnellen und angenehmen Art zu reisen.

steuerbaren Ballonen gelungen. 1909 richtete Zeppelin sogar den ersten Linienflugdienst in Deutschland ein.

Pionierarbeit der Gleitflieger

Die spektakulären Gleitflugversuche des deutschen Tüftlers Otto Lilienthal prägten das ausgehende 19. Jahrhundert: Mit seinen drachenartigen Fluggleitern gelangen ihm ab 1891 Gleitflüge bis 350 Meter. Die frühen Motorflugversuche anderer Pioniere, die parallel zu den Ballonexperimenten im 19. Jahrhundert gestartet wurden, scheiterten bis zur Jahrhundertwende.

Das geistige Erbe Lilienthals trat der deutsche Flugzeugnarr Gustav Weißkopf an. Er baute das erste Gleitflugzeug. Später bastelte er an motorisierten Flugapparaten. 1901 schaffte er den Durchbruch: Weißkopf startete mit einem selbst konstruierten Eindecker zum ersten bemannten Motorflug der Geschichte. Seine Pionierleistung geriet in Vergessenheit – denn er hatte sie nicht publik gemacht.

Dennoch hatte er mit dieser Leistung die Gebrüder Wright überflügelt, die sich seit Jahren in die Geheimnisse des Motorflugs vertieft hatten. 1903 setzten die Brüder schließlich zum ersten Jungfernflug an. 1908 machte sich bereits das US-Kriegsministerium die Erfindung zunutze und visierte eine industrielle Fertigung der Flugzeuge an. Auch in Frankreich und in England gab es bald zahlreiche funktionstüchtige Maschinen. So fanden hier 1909 bereits große Motorflug-Wettbewerbe statt. In jenem Jahr überquerte der Flugzeugbauer Louis Blériot in seinem Motorflieger erstmals den Ärmelkanal von Frankreich nach England– er brauchte dafür nur 27 Minuten.

Flugzeuge im Einsatz

Im Ersten Weltkrieg wurden die Flugzeuge bereits für die Luftwaffe herangezogen. Doch unmittelbar nach dem Ersten Weltkrieg nahm der Passagierflugverkehr mit umgebauten Militärflugzeugen planmäßige Routen auf. Am 25. August 1919 flogen die ersten vier Fluggäste im europäischen Luftraum von London nach Paris.

Der deutschen Flugzeugbauer Professor Hugo Junkers konzipierte im selben Jahr als Erster große Verkehrsmaschinen für Linienflüge. Seine Technik ist bis heute richtungsweisend für den Verkehrsflugzeugbau. In den 1920ern weitete sich das Flugnetz zügig aus, zahlreiche Fluggesellschaften wurden gegründet. Doch eine Flugreise war damals nicht nur ein sehr kostspieliges, sondern auch ein äußerst waghalsiges Unterfangen – so manche Maschine musste wegen technischer Mängel notlanden oder stürzte gar ab. Parallel zu dieser Entwicklung versuchten zahlreiche Abenteurer und Pioniere den Atlantik zu überqueren und andere Streckenrekorde aufzustellen. Eine herausragende Leistung vollbrachte Charles Lindbergh im Jahr 1927: Alleine bewältigte er den bis dahin längsten Transatlantikflug von New York nach Paris ohne Zwischenlandung.

Seither wurde die Fluggeschwindigkeit drastisch gesteigert. Im Jahr 1947 gelang es dem US-Major Charles Yeager, mit rund 1228 Kilometern pro Stunde die Schallmauer zu durchbrechen. Ab 1976 setzten sowohl die British Airways als auch die Air France auf Transatlantikflügen den Überschalljet »Concorde« ein. Mit bis zu 2600 Kilometern pro Stunde ist sie so schnell wie kein anderes Verkehrsflugzeug.

Wettervorhersage - Sonnige Aussichten für Meteorologen

Vilhelm Bjerknes (1862-1951)

Niemand Geringerer als ein französischer Kaiser gab der Entwicklung einer treffsicheren Wettervorhersage den entscheidenden Auftrieb: Napoleon III. verlor 1854 zahlreiche seiner im Krimkrieg eingesetzten Schiffe, als ein Orkansturm über das Schwarze Meer fegte. Der Kriegsherr war schockiert und ließ die Zusammenhänge des Unwetters untersuchen.

1921

DAS JAHR 1921

- General Resa Khan reißt nach einem Miltärputsch die Macht in Persien an sich.
- Adolf Hitler wird neuer Vorsitzender der NSDAP.
- John Harwood konstruiert die erste automatische Armbanduhr.
- Die Kairoer Konferenz unter Leitung Winston Churchills beschließt, Transjordanien von Palästina abzutrennen.

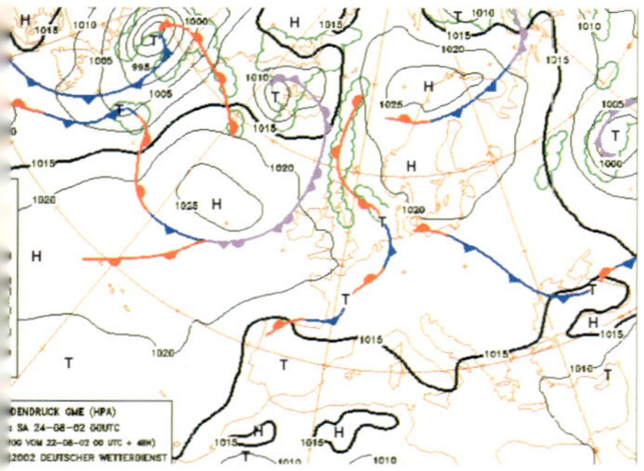

△ **Auch mit moderner Satellitentechnik ist keine absolut sichere Trefferquote möglich.**

Der französische Astronom Urbain Leverrier (1811–1873) sammelte daraufhin Wetterbeobachtungen aus ganz Europa. Bei seiner Auswertung erkannte er, dass sich der Sturm als Tiefdruckwirbel angekündigt und während seines Entstehens über Hunderte von Kilometern hinweg messbare Spuren hinterlassen hatte. Diese Vorstellung einer räumlichen Aufeinanderfolge von Wetterphänomenen war vorher in der Theorie nur von wenigen Vordenkern formuliert worden. Der Wichtigste von ihnen war der deutsche Physiker Heinrich Wilhelm Brandes (1777–1834), der bereits 1820 in seinen *Beiträgen zur Witterungskunde* von »Ursachen, die gleichsam über Europa von Ort zu Ort fortgehen« schrieb und damit Recht haben sollte. Bis 1875 hatten fast alle industrialisierten Länder meteorologische Dienste eingerichtet, Grundlage einer systematischen Datenerfassung.

Den wichtigsten Schritt von der Beobachtung zur Analyse vollbrachte der norwegische Geophysiker Vilhelm Bjerknes 50 Jahre nach den Ereignissen am Schwarzen Meer. 1904 veröffentlichte er seine Theorie, wonach eine Wetterprognose nur dann möglich sei, wenn sie den Lehrsätzen der klassischen Physik folge. Bjerknes ging davon aus, dass sich das Wetter anhand physikalischer Gesetze aus genauen Daten von Bewegung, Dichte, Druck, Temperatur und Feuchtigkeit der Luft errechnen lässt. Nach Jahren intensiver Forschung und Analyse legte er im Jahr 1921 seine »Polarfronttheorie« vor. Er beschrieb darin als erster Forscher die Gesetzmäßigkeiten, welche für Entwicklung und Verlauf der Tiefdruckgebiete entscheidend sind. Damit legte er die wichtigste Grundlage für die Prognose des Wetters in den mittleren Breiten.

Doch konnte Bjerknes das Wetter noch nicht vorhersagen. Zum einen fehlten ihm Messdaten aus den höheren atmosphärischen Schichten, zum anderen waren die nötigen Berechnungen nicht schnell genug vorzunehmen, um nicht von der Realität überholt zu werden. Einen Schritt auf dem Weg, die zahlreichen Messdaten richtig auszuwerten, tat der englische Wissenschaftler Lewis Fry Richardson (1881–1953). In seinem 1922 veröffentlichten Buch *Wettervorhersage durch numerische Prozesse* beschreibt er die Vision eines Superrechenzentrums mit 64 000 Mitarbeitern, die untereinander vernetzt unentwegt meteorologische Datensätze bearbeiten sollten. Richardson griff mit dieser nie verwirklichten Idee die Lösung voraus, denn in der Tat ist eine verlässliche Vorhersage erst seit Einführung der Computertechnologie in den 1950er-Jahren möglich.

Von einer hundertprozentigen Trefferquote sind allerdings auch die modernen Meteorologen noch ein gutes Stück entfernt. Das liegt vor allem daran, dass es auch mit der modernen Satellitentechnik praktisch nicht möglich ist, sämtliche Wetterphänomene auf jedem Ort des Globus wahrzunehmen. Selbst lokale Veränderungen können die Großwetterlage durcheinander bringen. So liegt die Trefferquote bei der Drei-Tages-Vorhersage auch heute noch nicht höher als 70 Prozent.

Erst die Computerauswertung von Satellitenbildern machten Wettervorhersagen halbwegs verlässlich.

Neurotransmitter – Wie das Nervensystem funktioniert

Otto Loewi (1873–1961)

Die Vorstellungen wie das Nervensystem funktioniert, wandelten sich im Verlauf der Jahrhunderte. In der Antike vermuteten die Menschen einen »Geist« im Körper, in der Neuzeit war bereits bekannt, dass an den Nervenfasern elektrische Ströme fließen. Dass aber biochemische Substanzen an den Nervenenden elektrischer Impulse übermitteln, erkannte erst im Jahr 1921 der Physiologe Otto Loewi.

1921

DAS JAHR 1921

- Irland wird in die britische Provinz Ulster (Nordirland) und den Freistaat Irland geteilt.
- In Shanghai wird die Kommunistische Partei Chinas ins Leben gerufen. Ein Mitbegründer ist Mao Zedong.
- Die deutsche Regierung erkennt die Reparationsforderungen der Alliierten an und verpflichtet sich, über 66 Jahre 132 Milliarden Goldmark zu bezahlen.
- Albert Einstein erhält in Anerkennung seiner Arbeit zur Quantentheorie den Nobelpreis für Physik.

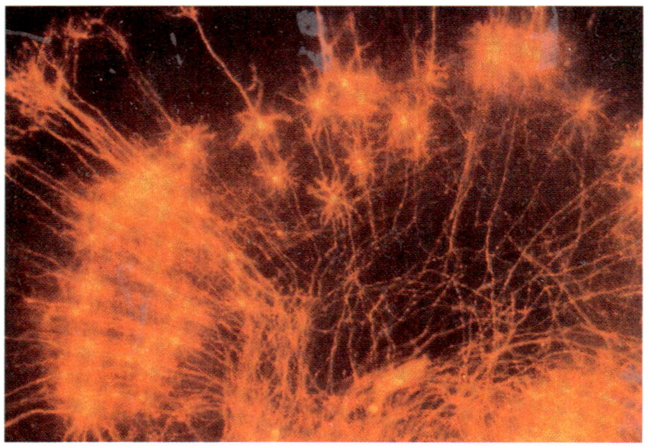

△ **Fluoreszenzaufnahme von Nervenzellen.**

Den antiken Glauben, durch die Nerven fließe ein besonderer »Geist«, hatte bereits der italienische Arzt Luigi Galvani (1737–1798) 1791 zu widerlegen versucht. Galvani verband die Muskeln eines abgetrennten Froschschenkels mit zwei Metallleitern. Das nachfolgende Zucken des Muskels deutete der Arzt fälschlicherweise als Entladung einer den Nerven eigenen Elektrizität. In der Tat sind aber entlang der Nervenbahnen und Muskeln geringe elektrische Spannungen zu beobachten.

Allein im Gehirn gibt es mehr als 100 Milliarden Nervenzellen (Neuronen). Sie stehen durch ein komplexes Netzwerk von Nervenfasern miteinander in Verbindung. Die Aktivität des Nervensystems beruht einerseits auf elektrischen Signalen in den einzelnen Nervenzellen, andererseits auf chemischen Signalen, die zwischen ihnen ablaufen. Die Kontaktstellen zwischen den Nervenzellen sind die Synapsen. Eine normale Nervenzelle kann etwa 1000 solcher Synapsen ausbilden.

Doch wie überspringt ein elektrischer Impuls die Schwelle zwischen zwei Nervenenden (Synapsen)? Der Organismus benötigt bestimmte »Botenstoffe« zur Verbindung der Zellen. Dieser Nachweis gelang 1921 dem deutschen Physiologen Otto Loewi: Ein erregter Nerv setzt eine chemische Substanz frei, den so genannten Neurotransmitter. Dieser überquert die Distanz zwischen den einzelnen Nervenzellen, dazu verwandelt er den elektrischen Nervenimpuls in ein chemisches Signal. Neurotransmitter funktionieren nach dem Schlüssel-Schloss-Prinzip, das heißt, ein Neurotransmittermolekül passt genau in die betreffende Empfangsstelle. Neben Acetylcholin, das der englische Physiologe Henry Hallet Dale (1875–1969) erkannte, zählen Dopamin und Serotonin zu den bekanntesten Überträgersubstanzen.

Die Entdeckung der Neurotransmitter – mittlerweile kennt man über 40 solcher Botenstoffe – führte nicht nur zu einem besseren Verständnis des Nervensystems. Auch bislang kaum zu therapierende Störungen im Bereich der Neurotransmitter, etwa Alzheimer und Parkinson, konnten in der Folgezeit diagnostiziert und behandelt werden.

Die Aktivität des Nervensystems beruht einerseits auf elektrischen Signalen in den einzelnen Nervenzellen und chemischen Signalen, die zwischen ihnen ablaufen.

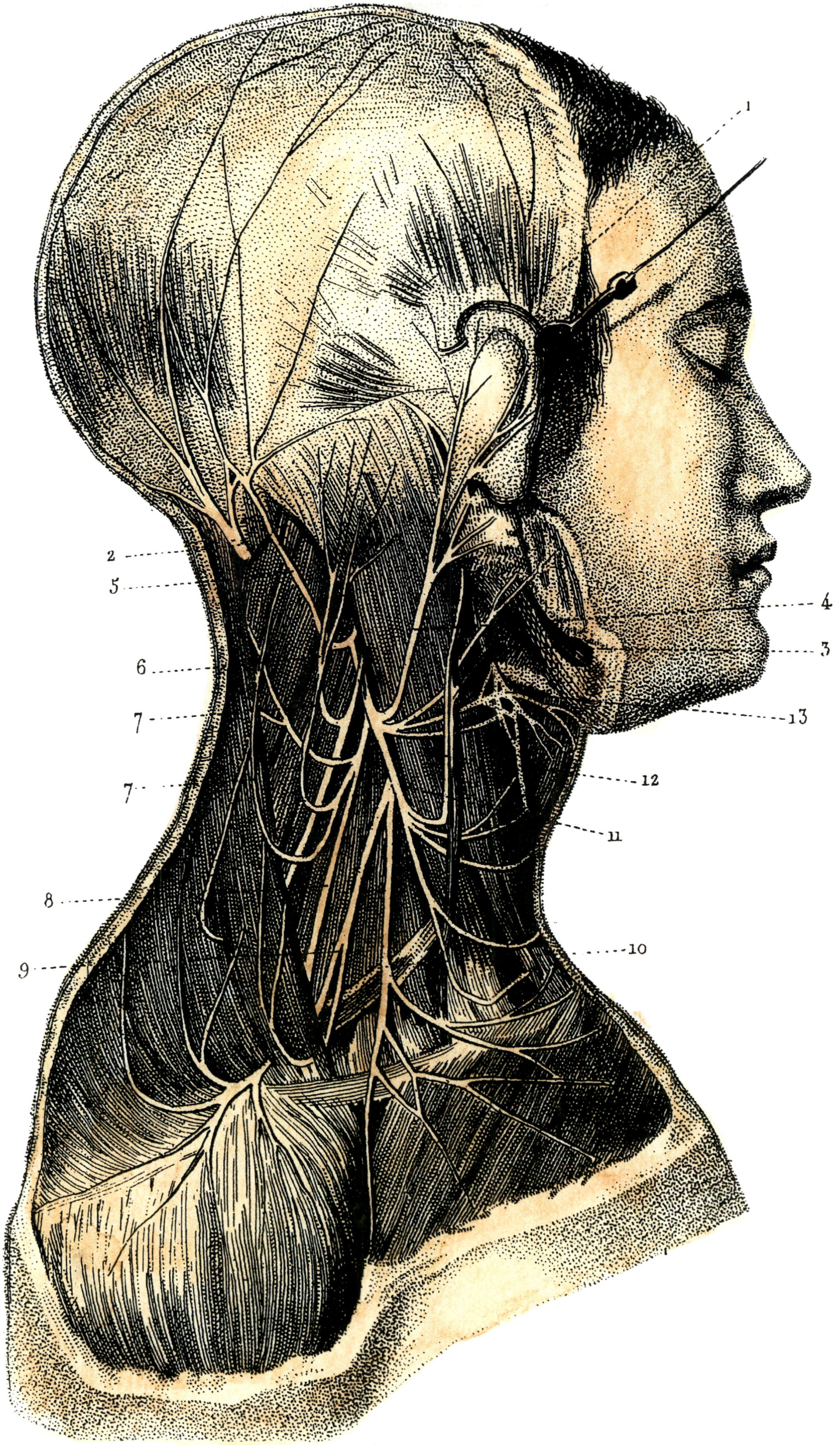

1
2
5
4
3
6
7
13
7
12
11
8
10
9

Fernsehen – Die ganze Welt in einem Kasten

Wladimir Kosma Zworykin (1889–1982)

Durch das Telefon oder später den Hörfunk konnten seit Beginn des 20. Jahrhunderts Töne in alle Welt übertragen werden – der Aufschwung der Massenmedien nahm seinen Anfang. Am nächsten Schritt, der Möglichkeit bewegte Bilder ebenso einfach zu übermitteln, wurde indessen eifrig gearbeitet.

1924

DAS JAHR 1924

- In Gorki stirbt Wladimir Iljitsch Lenin, der erste Regierungschef der Sowjetunion.
- James Ramsey MacDonald wird der erste Premierminister einer Labour-geführten Regierung in Großbritannien.
- Der US-Kongress beschränkt die Einwanderung aus Südosteuropa und Asien und untersagt die Einwanderung aus Japan.
- Griechenland wird Republik, König Georg II. geht ins rumänische Exil.

Die Entwicklungsgeschichte des Fernsehens war in ihren Anfängen in erster Linie die Suche nach neuen technischen Geräten, die eine Übertragung von mindestens zehn Bildern pro Sekunde ermöglichten. So viel ist – den Gesetzen der visuellen Wahrnehmung zufolge – nötig, um den Eindruck von Bewegung entstehen zu lassen. Das zu erreichen, war enorm schwierig. Die erste »Phototelegraphie«, die 1904 zwischen München und Nürnberg stattfand, übermittelte beispielsweise nur ein Bild in 45 Minuten.

Die elektrische Übertragung bewegter Bilder erforderte beim Senden das punktweise Abtasten einer Szene mehrmals pro Sekunde. Die in elektrische Signale umgewandelten Helligkeitswerte konnten dann übertragen werden. Ein Empfänger musste nun mit ausreichender Geschwindigkeit die elektrischen Signale wieder in optische verwandeln und zu einem Gesamtbild anordnen. Bereits 1884 hatte der deutsche Ingenieur Paul Gottlieb Nipkow einen mechanischen Apparat konstruiert, mit dem sich Bilder zerlegen und wieder zusammensetzen ließen: Das Grundprinzip war eine rotierende Scheibe durch deren spiralförmig angeordnete Löcher Licht eindrang. Die elektrische Wiedergabe von Bildern wurde durch die braunsche Röhre – entwickelt 1897 durch den Physiker Karl Ferdinand Braun – ermöglicht. Nach diesem Prinzip funktionieren noch heute Fernsehapparate oder Computerbildschirme. Im Inneren der Röhre produziert ein Elektronenstrahl beim Auftreffen auf einen Fluoreszenzschirm einen Leuchtpunkt, wobei der Strahl durch elektrische und magnetische Felder gelenkt werden kann. Bei einem modernen Fernsehgerät lässt der Elektronenstrahl auf der Leuchtschicht des Bildschirms rund 13 Millionen Punkte in der Sekunde entstehen, das entspricht 25 Vollbildern.

1906 setzte Max Dieckmann die braunsche Röhre erstmals als Bildschreiber ein. Es gelang ihm, damit zwanzigzeilige Schattenbilder zu erzeugen. Die mangelnde Leistungsfähigkeit des Gerätes behob der ungarische Techniker Dénes von Mihály durch die Konstruktion eines Röhrenverstärkers. Mihály übertrug 1919 in Budapest bewegliche Schattenbilder über eine fünf Kilometer lange Leitung.

Die erste speichernde Fernsehröhre entwarf der russisch-amerikanische Physiker Wladimir Kosma Zworykin 1924. Sein »Ikonoskop« bestand aus einer Aufnahmeröhre, einem elektronischen Bildabtaster sowie einer Wiedergaberöhre. Zwar erforderte die Produktion annehmbarer Aufnahmen extrem gute Lichtverhältnisse, die sich nur im Studio realisieren ließen. Doch für die weitere Entwicklung war das Ikonoskop aufgrund seiner vollständig elektronischen Funktionsweise wegweisend.

1928 wurde das Gerät auf der Berliner Funkausstellung erstmals vorgeführt. Trotz der geringen Größe der Bildschirme von wenigen Quadratzentimetern und des starken Flimmerns der Bilder setzten damit 1929 die ersten Fernsehübertragungen durch die BBC ein.

Der Schotte John Logie Baird entwickelte die von Zworykin entwickelte Technik weiter.

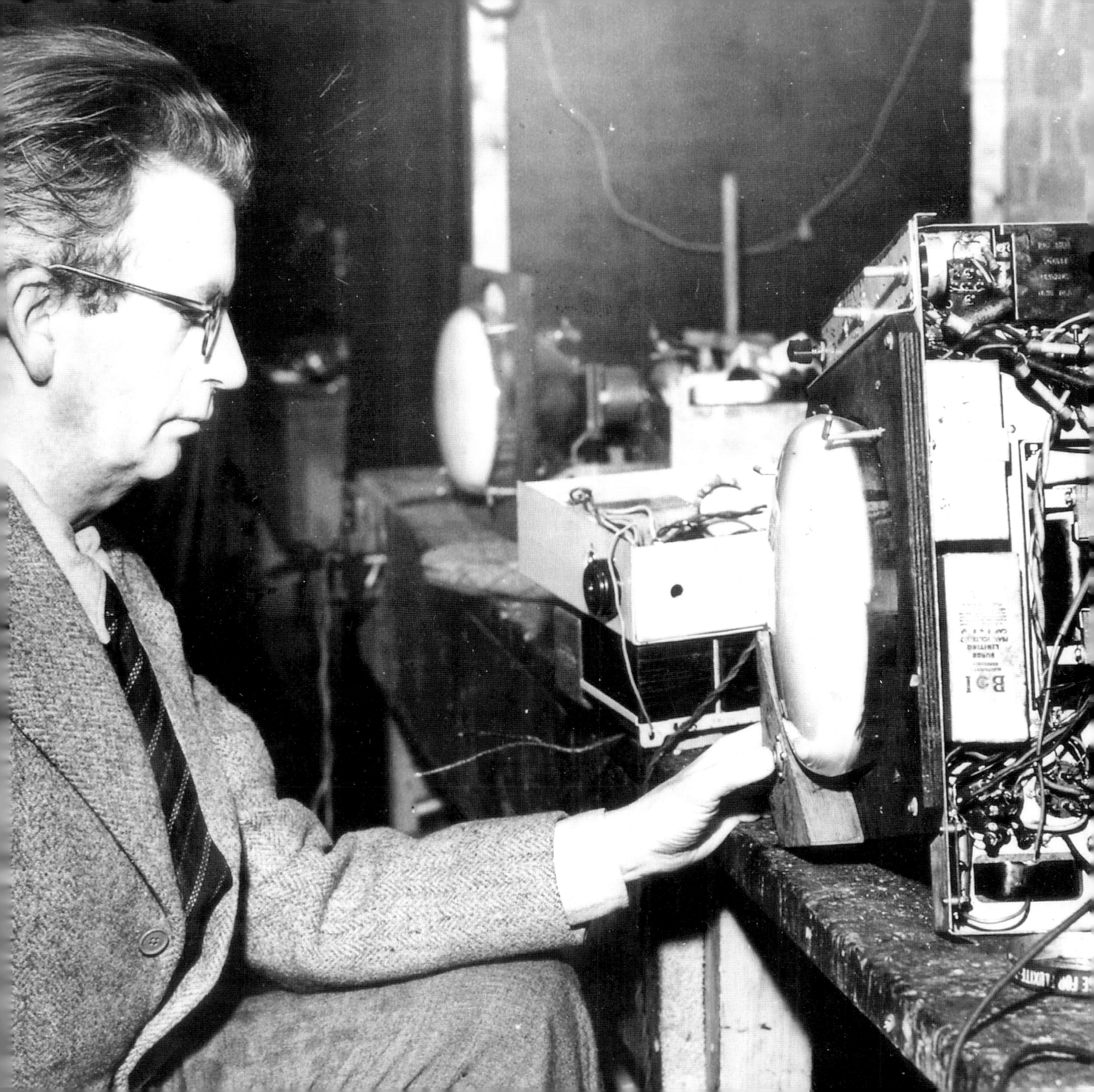

Rakete – Die Reise zu den Sternen

Robert Hutchins Goddard (1882–1945), Wernher von Braun (1912–1977)

1926

DAS JAHR 1926

- Der deutsche Außenminister Gustav Stresemann erhält mit seinem französischen Kollegen Aristide Briand den Friedensnobelpreis für die gemeinsame Versöhnungspolitik.
- Die Dominions des britischen Empire (Irland, Kanada, Neufundland, Australien, Neuseeland, Südafrikanische Union) erhalten im *Commonwealth of Nations* die Autonomie. Staatsoberhaupt bleibt die britische Krone.
- Deutschland wird in den Völkerbund aufgenommen.

Es klingt unglaublich: Simple Feuerwerksraketen waren die Vorläufer der modernen Weltraumraketen. Die Arbeit der Forscher Robert Hutchins Goddard und Wernher von Braun auf diesem Gebiet trug wesentlich dazu bei, dass Flüge ins All und zu fernen Planeten im 20. Jahrhundert kein Traum blieben – leider aber auch, dass moderne Kriegsherren eine neue »Wunderwaffe« zur Verfügung hatten.

Eine Rakete besteht aus einem Antriebssystem und einer Schubdüse, welche einen beschleunigten Gasstrom ausstößt. Die Rakete erfährt so einen Rückstoß, der sie vorwärts treibt. Das Steuersystem bringt die Rakete dann in die gewünschte Bahn. Bis zu den Experimenten des amerikanischen Physikers Robert Hutchins Goddards funktionierten Raketen meist mit einem Feststoffantrieb. Der feste Treibstoff wird hier als Block in die Brennkammer geschoben oder direkt hineingegossen. Goddard ging also das Problem der Brennstoffentwicklung und des Antriebs an. Bereits 1909 hatte er Pläne für eine Flüssigtreibstoffrakete vorgelegt, bei der flüssiger Sauerstoff und Wasserstoff einen maximalen Rückstoß erzeugen sollten. Diese Flüssigstoffe hatten gegenüber den festen zwei Vorteile: Die Schubkraft war besser zu steuern und der Antrieb war selbst während des Fluges ein- und ausschaltbar. So konnten die Flüssigtreibstoffraketen ihre Flugbahnen und -geschwindigkeiten im Weltall einhalten.

Am 16. März 1926 ließ der inzwischen »Moon-Man« betitelte Physiker alle Zweifler verstummen: Er zündete seine erste Flüssigtreibstoffrakete. In weniger als 2,5 Sekunden flog das knapp drei Meter hohe Treibgeschoss 55,2 Meter weit. 1929 startete Goddard dann eine Rakete, die mit Kamera und Messinstrumenten ausgerüstet war. Mit der Zeit folgten weitere Experimente, bis zum so genannten »Stufenprinzip« – einer Rakete aus mehreren Stufen mit eigenen Antrieben, die nacheinander zündeten. Die leer gebrannten Stufen konnten einfach abgeworfen werden und der Flugkörper verlor so an Gewicht.

Der zweite Pionier auf dem Gebiet der Raketentechnologie war der Physiker Wernher von Braun. Von Braun träumte seit seiner Jugend von der Erforschung des Weltalls. Zu Beginn der 1930er-Jahre arbeitete er an der Weiterentwicklung der Flüssigstoffraketen. Bereits im Dezember 1934 schossen zwei von braunsche Raketentypen (A1 und A2) 2200 Meter hoch. Im Raketenforschungszentrum Peenemünde entwarf der Techniker bis 1942 eine 14 Meter hohe Rakete, die A4 (oder V2, »Vergeltungswaffe 2«). Diese Flüssigstoffrakete mit ihren 25 Tonnen Schubkraft stellte alle bisherigen Versuche in den Schatten: Mit bis zu 5,4facher Schallgeschwindigkeit erreicht sie Höhen von 90 Kilometern. Sogleich ordnete Adolf Hitler die weltweit erste Produktion von Angriffsraketen an. In den letzten Kriegsjahren feuerte die deutsche Armee Tausende mit Sprengstoff bestückte V2-Raketen auf England, Holland und Belgien ab.

Nach der deutschen Kapitulation forschte von Braun in den USA weiter, wo er ab 1960 die bislang leistungsstärkste Rakete, die »Saturn V«, konstruierte. Mit der Mondlandung dieses Modells 1969 ging dieser Traum von Brauns und der Menschheit endlich in Erfüllung.

Zunächst ausschließlich militärisch genutzt wurden Raketen seit den 1950er-Jahren auch in der Raumfahrt eingesetzt.

Penicillin - Ein wahrer Wunderpilz

Alexander Fleming (1881-1955)

Ein Pilz gab dem bekanntesten Antibiotikum der heutigen Zeit seinen Namen: der Penicillium notatum. Seinem Entdecker Alexander Fleming ist es zu verdanken, dass die Menschheit Krankheiten wie Tuberkulose, Typhus und Diphtherie besiegen konnte.

1929

DAS JAHR 1929

- Die Aktienkurse an der New Yorker Börse fallen am 25. Oktober, dem »Schwarzen Freitag«, ins Bodenlose. In der Folge beginnt die Weltwirtschaftskrise.
- Thomas Mann erhält den Literaturnobelpreis.
- In Hollywood findet die erste Oscar-Verleihung statt.
- In New York öffnet das *Museum of Modern Art* (»MoMA«) seine Pforten.

Ende des 19. Jahrhunderts hatte die Bakteriologie bereits Wege gefunden, um Infektionen vorzubeugen. War ein Patient aber erkrankt, waren die Mediziner hilflos. Es galt also, einen Stoff zu finden, der die Bakterien direkt vernichtete – ein »Antibiotikum« (griechisch *anti* = gegen, *biotikos* = zum Leben gehörig). Dass Schimmelpilze diese Wirkung besaßen, hatte schon Louis Pasteur (1822–1895) entdeckt. Versuche, aus den Pilzen Arzneimittel herzustellen, scheiterten allerdings – meist aus finanziellen Gründen.

Anfang des 20. Jahrhunderts machte der britische Bakteriologe Alexander Fleming (1881–1955) eher zufällig eine Entdeckung, welche die Suche nach den Antibiotika endlich vorantreiben sollte. Eigentlich forschte Fleming gerade an einem bestimmten Bakterienstamm, den Staphylokokken. Er versäumte jedoch, die Kultur zu kühlen. Einige Zeit später bemerkte er, dass die Bakterien teilweise abgestorben waren und sich ein grünlicher Schimmelpilz gebildet hatte. Bei näherer Betrachtung zeigte sich um die Schimmelkolonien eine durchsichtige Zone, in der keine Bakterien mehr gediehen: Der Pilz wirkte bakterizid – er tötete die Mikroorganismen. Um weitere Untersuchungen vornehmen zu können, musste Fleming den Pilz jedoch erst identifizieren und isolieren. Den bakteriziden Stoff nannte er nach dem Pilz »Penicillin«.

Fleming erkannte zunächst, dass Penicillin die weißen Blutkörperchen im menschlichen Organismus nicht angriff und sich daher für eine Behandlung von Infektionen eignete. Später entdeckte er, wie der Stoff wirkte: Penicillin zerstört vor allem Staphylokokken und Streptokokken, die Erreger von Milzbrand oder Diphtherie. Ihre Zellwände bestehen aus verketteten Zuckermolekülen. Das Penicillin blockiert diese Verkettung und verhindert so den Aufbau neuer Zellwände bei der Vermehrung der Bakterien.

Die Wissenschaft nahm von dieser Aufsehen erregenden Entdeckung, die er 1929 publik machte, zunächst nur wenig Notiz. Erst 1938 griff ein britisches Forscherteam angesichts des drohenden Weltkrieges die Arbeit Flemings wieder auf. Dem Pathologen Howard Florey (1898–1968) und dem Chemiker Ernst Boris Chain (1906–1979) gelang es, die bakterizide Säure aus den Pilzen zu isolieren. Mit Unterstützung der Rockefeller-Stiftung und des US-Landwirtschaftsministeriums leiteten Florey und Chain die industrielle Produktion des Penicillins in die Wege. Ab 1944 wurde gereinigtes und konzentriertes Penicillin hergestellt. Zunächst stand das Medikament nur den amerikanischen Streitkräften zur Verfügung. Erst ab 1945 konnte jedermann das Antibiotikum auf Rezept erhalten. Im selben Jahr erhielten Fleming, Chain und Florey den Nobelpreis für Physiologie und Medizin.

Penicillin war das erste wirksame Antibiotikum und gilt Medizinern als erste Wahl unter Bakterien hemmenden Stoffen. Diese Mikroorganismen können zwar in der Erbfolge Widerstandskräfte gegen ein Antibiotikum aufbauen und werden resistent gegen den Wirkstoff. Im Fall von Penicillin geschieht das aber langsamer.

Mit dem Antibiotikum Penicillin gelang es der Medizin, Krankheiten wie Tuberkulose und Diphtherie zu besiegen.

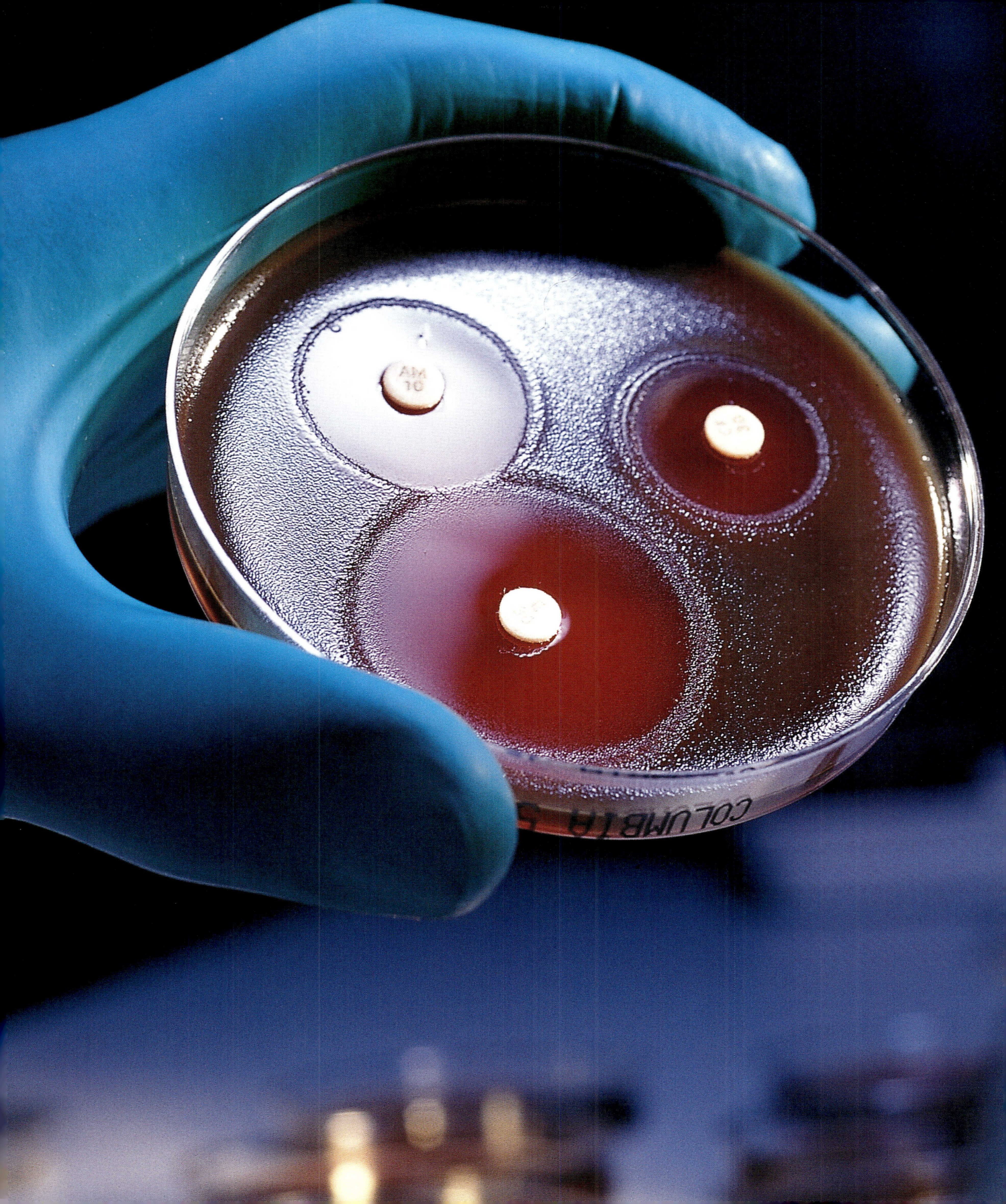
AM
10
COLUMBIA

EEG - Das Gehirn gibt sein Geheimnis preis

Hans Berger (1873-1941)

1929

DAS JAHR 1929

- Der indische Nationalkongress ruft die Bürger zum zivilen Ungehorsam auf, um die Unabhängigkeit der britischen Kolonie zu erzwingen.
- Das Königreich der Serben, Kroaten und Slowenen heißt auf Anordnung des Königs Alexander I. fortan Jugoslawien.
- In Berlin erliegt der deutsche Außenminister Gustav Stresemann einem Schlaganfall.
- Der US-Automobilhersteller *General Motors* kauft die Rüsselsheimer Opelwerke auf.

Als jüngste medizinische Disziplin konnte die Psychiatrie gegen Ende des 19. Jahrhunderts die meisten Nervenkrankheiten weder erklären noch wirksam behandeln. Die Entdeckung der Elektroenzephalographie (der griechische Begriff *enzephalon* bedeutet »Gehirn«) löste dieses Problem: Am Verlauf der Gehirnströme erkennen Psychiater oder Neurologen Funktionsstörungen des Gehirns und können die richtige Therapie beginnen.

Während der Aufklärung im 18. Jahrhundert befreiten neue Denkansätze psychisch Kranke von dem Stigma, das ihnen bis dahin anhaftete. Nicht Sünde oder Besessenheit erkannten Ärzte und Forscher nun als Ursache eines auffälligen Verhaltens, sondern eine Krankheit des Geistes.

Dieser neue Ansatz nahm von England seinen Ausgang und verbreitete sich rasch weiter. Der Quäker William Tuke (1732–1822) gab seinem 1794 in York gegründeten Privatsanatorium den wegweisenden Namen »The Retreat« (Der Zufluchtsort). Wilhelm Griesinger (1817–1868) war einer der ersten deutschen Psychiater, der sich erfolgreich für die gewaltfreie Behandlung psychisch Kranker einsetzte.

Die Ärzte interessierten sich nun für die Vorgänge im Gehirn der Patienten. Da sie den Kranken nicht »in die Köpfe« schauen konnten, leiteten sie möglichst viele Informationen aus dem Verhalten der Betroffenen ab. So konnten die Forscher schon verschiedene Krankheiten wie Demenz, Paranoia, manisch-depressive Psychose oder Epilepsie unterscheiden. Der Krankheitsverlauf ließ sich also zumindest äußerlich erkennen.

Was sich im Inneren des Gehirns abspielte, konnten die Wissenschaftler – ohne operative Eingriffe – erst im 20. Jahrhundert registrieren: 1929 entdeckte der deutsche Psychiater Hans Berger, dass an der menschlichen Kopfhaut ständig elektrische Spannungsschwankungen auftreten. Diese mussten seiner Ansicht nach Rückschlüsse auf die Hirntätigkeit zulassen. Um sie zu messen, konstruierte er eine Furcht erregend wirkende Apparatur: Berger befestigte feuchte Silberplättchen mit Gummiband oder Klebstoff an verschiedenen Punkten der Kopfhaut. Diese dienten als Ableitelektroden, die er über ein Kabel mit dem Registriergerät (Elektroenzephalograph) verband. Den Spannungsunterschied zwischen zwei Elektroden verstärkte er elektronisch und zeichnete ihn mithilfe einer beweglichen Schreibfeder als Kurve auf.

Die auf dieser Kurve, dem Elektroenzephalogramm (EEG), erkennbare Veränderung der Spannung deutete Berger als Zeichen der Hirntätigkeit – und zwar nicht nur der eines Kranken: Das EEG eines gesunden Säuglings beispielsweise verläuft in einer ruhigen Linie ohne große Schwankungen, während die Hirnströme eines jungen Erwachsenen kleine regelmäßige Zickzackkurven beschreiben, die im hohen Alter immer flacher werden. Störungen der Gehirnfunktion, wie sie ein Tumor verursacht, zeigen sich in unregelmäßigen Kurven.

Besonders ergiebig ist heute die Erstellung eines EEGs im Schlaf, das Einblick in tiefere Gehirnschichten gibt. Hans Berger hat also nicht nur den psychisch Kranken seiner Zeit ein leichteres Los beschert, sondern der Forschung bis zum heutigen Tag ein faszinierendes Feld eröffnet – das Gehirn des Menschen.

Die Entdeckung der Elektroenzephalographie ermöglichte dem Menschen erste Einblicke in die Funktion seines Gehirns.

Computer – Künstliche Intelligenz wird Realität

Vannevar Bush (1890–1974)

1930

DAS JAHR 1930

- Der deutsche Reichspräsident Paul von Hindenburg löst den Reichstag auf, nachdem dieser eine Notverordnung zur Finanzkrise abgelehnt hatte.
- Amerikanische Astronomen machen den neunten Planeten des Sonnensystems ausfindig, den sie Pluto benennen.
- In der Sowjetunion bricht nach der Enteignung der Großbauern (»Kulaken«) eine Hungersnot aus, der Millionen Menschen zum Opfer fallen.
- Ho Chi Minh wird der erste Vorsitzende der neu gegründeten Kommunistischen Partei Vietnams. Diese strebt ein Ende der französischen Kolonialmacht in Indochina an.

Seit Anfang des 19. Jahrhunderts gab es mechanische Analogrechner, die zum Beispiel die Gezeiten oder Schiffsschwingungen berechneten. Wurden die Aufgaben allerdings komplexer, waren Zahnräder oder Spindelgetriebe nicht mehr flexibel genug. In den 1920er-Jahren begannen die Techniker daher, an elektrischen Rechenelementen zu arbeiten.

Hier lag ein Schwerpunkt Vannevar Bushs am Massachusetts Institute of Technology. Bush hatte recht bald die elektrische Addition und Subtraktion für Analogrechner entwickelt; 1927 kamen Multiplikationsschaltungen und weitere elektrische Rechenelemente hinzu. 1930 war es dann soweit: Bush nahm einen elektromechanischen Großrechner in Betrieb, der die verschiedenen Operationen kombinieren und so komplexe Berechnungen in Sekundenschnelle durchführen konnte. Damit war die »Hardware« des Computers erfunden. Nachteil der Analogrechner blieb ihre begrenzte Genauigkeit. Ein Rechner, der digital, das heißt mit Ziffern, nach dem Prinzip des Zählens, arbeitete, konnte hier weit mehr leisten.

Für die Entwicklung des modernen, speicherprogrammierbaren Digitalrechners wurde der englische Mathematiker Alan Turing (1912–1954) wegweisend. Bereits sein Landsmann Charles Babbage (1792–1871) hatte bei seinem »Analytical Engine« 1833 eine einfache Form der Programmsteuerung verwendet. Sein Entwurf, der schon sämtliche Bestandteile und die Grundstruktur des modernen Computers enthielt (Rechen- und Steuerwerk, interner Speicher, Ein- und Ausgabevorrichtung), war jedoch zu aufwändig, um realisiert werden zu können.

Turings Beruf war es, Fernschreibcodes zu entschlüsseln. Er entwickelte die »Colossus«-Rechner mit, die ersten Digitalrechner, die bereits mit Elektronenröhren arbeiteten. Ihr Name spielt auf die riesigen Maße an, die diese ersten Rechner noch aufwiesen. 1942 gelang es den Engländern mit einer solchen Anlage, die Verschlüsselungen der deutschen Chiffriermaschine »Enigma« zu knacken. Als Freund ausgefallener Ideen war Turing von Anfang an fest davon überzeugt, dass Computer menschliches Denken nachahmen können. 1936 entwarf er die »Turingmaschine«, einen einfachen und leistungsfähigen Rechner, den er selbst als Universalmaschine bezeichnete. Sie könne, so verkündete er, jedes Problem lösen, dem mathematisch oder logisch beizukommen sei. Die theoretische Grundlage seines Modells veröffentlichte Turing 1937. Damit war ein großer Fortschritt in der Entwicklung einer mathematischen Universalsprache erreicht, die die Voraussetzung für die »Software«, das Programmieren von Rechnern war.

Unabhängig von Bush und Turing arbeitete der deutsche Bauingenieur Konrad Zuse (1910–1995) an einer elektrischen programmierbaren Rechenmaschine. Dabei beschritt er einen ganz neuen Weg. Hatten bisher alle Rechner das Dezimalsystem benutzt, dessen Übertragung in elektrische Schaltungen sehr aufwändig war, griff Zuse auf das binäre Zahlensystem zurück, mit dem sich schon Leibniz beschäftigt hatte. Der Rechner brauchte dazu nur mit den Zahlen 0 und 1 zu arbeiten, die in die Schaltungen »Strom an« oder »Strom aus« umgesetzt wurden. Alle Zeichen konnten nun über den binären Code dargestellt und die Schaltungen nach der Algebra von George Boole (1815–1864) berechnet werden.

Vom analogen zum digitalen Computer wurden die Rechner immer kleiner und ihre die Leistung immer größer.

IBM 305 RAMAC

Neutronen – Zum Kern der Sache

James Chadwick (1891–1974), Werner Heisenberg (1901–1976)

1932

DAS JAHR 1932

- Der Demokrat Franklin D. Roosevelt gewinnt die US-amerikanischen Präsidentschaftswahlen.
- Der Sohn des amerikanischen Flugpioniers Charles Lindbergh wird entführt und getötet.
- Die NSDAP erhält in den Wahlen zum Deutschen Reichstag mit 37 Prozent zwar die meisten Stimmen, kann aber keine mehrheitsfähige Regierung bilden.
- Aldous Huxley veröffentlicht seinen utopischen Roman *Schöne neue Welt*.

Der Begriff Atom leitet sich her vom griechischen *átomos* und heißt unteilbar. In der Antike noch als das kleinste unteilbare Teilchen aufgefasst, das den elementaren Baustein der Welt ausmacht, wurde das Geheimnis des Atoms im 20. Jahrhundert gelüftet. Mit der Entdeckung der Protonen und Neutronen war es erstmals gelungen, zum Kern der Sache vorzudringen.

In der recht jungen Geschichte der Kernphysik – sie beginnt mit dem ausgehenden 19. Jahrhundert – stellt das Jahr 1932 zweifellos ein wichtiges Datum dar. Bis dahin wusste man zwar um den Aufbau der Atome – das von Rutherford 1911 entwickelte Atommodell zeigte diesen – und kannte auch die Bestandteile der Atomhülle. Doch was den Atomkern betraf, tappte man noch im Dunkeln. Mit der Entdeckung des Neutrons 1932 sollte sich das grundlegend ändern.

Zunächst kannten die Forscher lediglich zwei Elementarteilchen: Die negativ geladenen Elektronen, die, den Atomkern umkreisend, die Atomhülle bilden, und die positiv geladenen Protonen. Diese hatte Rutherford bereits 1914 beim Wasserstoff entdeckt, nachdem es vor ihm Niels Bohr schon gelungen war, den Bau des Wasserstoffatoms überzeugend zu beschreiben. Wasserstoffatome sind die kleinsten Atome, sie besitzen nur ein Elektron. Wird es ihnen genommen, bleibt ein positiv geladener Kern zurück, der wesentlich kleiner als das Atom selbst ist. Rutherford war zu der Überzeugung gelangt, das kleinste positiv geladene Elementarteilchen gefunden zu haben. Dieses nannte er Proton (griechisch: »das Erste«).

Was aber war mit den Atomen anderer Elemente, die nicht in der Gleichung »Der Atomkern besitzt ein Proton« aufgingen? Hier gingen die Physiker fälschlicherweise davon aus, dass Protonen und Elektronen im Atomkern zusammenspielen. 1920 äußerte Rutherford schon die Vermutung, dass es neben dem Proton noch ein elektrisch neutrales Teilchen geben müsse. Er selbst konnte ein solches »Neutron« aber nicht nachweisen. Dies gelang erst seinem Kollegen James Chadwick (1891–1974), der es 1932 in der freien Form aus einer Versuchsreihe über Strahlungsreaktionen in Atomen ableitete.

Noch im selben Jahr stellte der Physiker Werner Heisenberg (1901–1976) seine neue Theorie der Atomkerne auf. Er erkannte als Erster, dass das Neutron im Zusammenspiel mit dem Proton den Atomkern bildet, und ebnete damit der Grundlagenforschung den Weg. Insbesondere konnte sein Proton-Neutron-Modell schon präzisen Aufschluss über die in den Atomen wirksamen Energien geben. Die weitere Forschung gewann auch bald Erkenntnisse darüber, wie diese Kräfte unter welchen Umständen freizusetzen sind. Die Kernspaltung, die daraus entstand, gab den Anstoß zu einer folgenreichen Entwicklung.

In der theoretischen Physik lebte mit Heisenberg vor allem die Suche nach einer einheitlichen Materietheorie wieder auf. Grundlegende Erkenntnisse über die Natur der Atome gab es seit 1932 zwar immer wieder, was jedoch fehlte, war die zusammenführende Schau, welche die Welt letztlich auf einen einzigen Nenner bringen würde. Diese »Weltformel« allerdings ist bis heute nicht gefunden.

Die Erforschung der Neutronen mittels eines Teilchenbeschleunigers ist technisch komplex, je kleiner die Teilchen, umso größer der Aufwand.

Not-Aus

OR 58 QR

POWERHUB
ALANTEC
POWERHUB
ALANTEC
POWERHUB
ALANTEC

Prägung bei Tieren – Lektionen des Überlebens

Konrad Lorenz (1903–1989)

Die Geschichte der Verhaltensforschung ist beinahe ebenso eng mit dem Namen Konrad Lorenz verbunden, wie es dieser einst selbst mit seinen Gänsen war. Lorenz' Entdeckung der Prägung bei Tieren markiert den eigentlichen Beginn der vergleichenden Verhaltensforschung (Ethologie).

1933

DAS JAHR 1933

- In den USA tritt Franklin D. Roosevelts Reformpaket *New Deal* in Kraft, welches das Land aus der Wirtschaftskrise führen soll.
- Der deutsche Reichspräsident Paul von Hindenburg ernennt Adolf Hitler am 1. Februar zum Reichskanzler. Am 23. März verabschiedet der Reichstag nur gegen die Stimmen der SPD das so genannte Ermächtigungsgesetz. Dieses gestattet es der Regierung, ohne Zustimmung des Parlaments Gesetze zu erlassen. Mit der Verschmelzung der exekutiven und legislativen Macht im Staat endet die Weimarer Republik.
- In den USA wird er 18. Verfassungszusatz zur Prohibition aufgehoben.

△ **Nestflüchtende Vögel, wie beispielsweise Gänse, schließen sich kurz nach dem Schlüpfen dem ersten bewegten »Objekt« an, das ihnen begegnet.**

Der zentrale Ansatz der im 20. Jahrhundert neu begründeten Verhaltensforschung war es, das Verhalten von Tieren unter bestimmten Fragestellungen zu beobachten. So wollten die Wissenschaftler Aufschlüsse über die spezifische Lebensorganisation der Arten gewinnen. Die Untersuchungen basierten dabei auf der Annahme, jedes Verhalten beruhe auf zwei Grundlagen: der Arterhaltung und dem Konkurrenzkampf. Diese These stammte bereits aus der Evolutionslehre des 19. Jahrhunderts.

Jeder Erkenntnis der Ethologie ging aber zunächst die Beobachtung voraus. Als Initiator der Verhaltensforschung im 20. Jahrhundert gilt Konrad Lorenz. Zwischen 1933 und 1938 studierte er im österreichischen Altenburg Graugänse und gewann dabei die ersten verhaltensbiologisch relevanten Einblicke. Lorenz begleitete das Leben der Gänse teilweise von ihrem ersten Tag an. Dabei fand er zum Beispiel heraus, dass sich die nestflüchtenden Vögel kurz nach dem Schlüpfen dem ersten bewegten »Objekt« anschlossen, das ihnen begegnete. In freier Natur ist das in der Regel der Muttervogel. Wurden die Eltern dem Nest jedoch absichtlich fern gehalten und durch ein anderes Tier, einen Menschen oder sogar einen bewegten Gegenstand ersetzt, folgten die Küken auch diesem »Ersatzelternteil«.

Aus dieser »Fehlprägung« – Lorenz nannte die Fixierung auf das Elterntier »Prägung« – zog der Verhaltensforscher einen erstaunlichen Schluss: Um die Erhaltung der Art zu gewährleisten, hatte die Natur das Verhalten junger Vögel »automatisiert«. Noch bevor sie eigene Erfahrungen gemacht hatten, hielten sie sich an das, was ihnen durch bestimmte Reize signalisierte, es sichere ihr Überleben – und sei es ein Ball. Bei der Prägung, so Lorenz, handele es sich daher um eine den Tieren angeborene Verhaltensweise, deren Reizschema und Auslösemechanismus bereits erblich verankert sei. Die Ethologie bezeichnet diesen Teil des Verhaltensrepertoires als »instinktiv«, im Gegensatz zu den »erlernten Verhaltensweisen«.

Lorenz' Versuche bescherten der Ethologie in der Folgezeit zahlreiche weitere Erkenntnisse, wobei sich seine Zusammenarbeit mit dem niederländisch-britischen Zoologen Nikolaas Tinbergen (1907–1988) als sehr fruchtbar erwies. In gemeinsamen Studien untersuchten die beiden eine Vielzahl angeborener Verhaltensmechanismen sowie deren auslösende Schlüsselreize. Zu diesen Mechanismen zählt zum Beispiel das »Kindchenschema«: Bestimmte Schlüsselreize wie eine rundliche Körperform, eine hohe Stirn, große Augen oder ein tapsiger Gang lösen bei Menschen wie Tieren das Brutpflegeverhalten, einen »Mutterinstinkt« aus.

1973 erhielten die drei Forscher Konrad Lorenz, Nikolaas Tinbergen und Karl von Frisch (1886–1982) für ihre herausragenden Leistungen auf dem Gebiet der Ethologie den Nobelpreis für Medizin. Die Erklärung des tierischen Verhaltens als Ausdruck unbewusst »abgespulter« Überlebensstrategien führte letztlich auch dazu, dass menschliche Verhaltensweisen in einem neuen Licht erschienen.

Konrad Lorenz der »Vater« der Verhaltensforschung im 20. Jahrhundert mit seinen Graugänsen.

LSD – Vom Psychopharmakon zur Hippiedroge

Albert Hofmann (geb. 1906)

1938

DAS JAHR 1938

- In der Türkei stirbt der Staatsgründer und -präsident Kemal Atatürk.
- Die »Queen Elizabeth« läuft als größtes Schiff der Welt vom Stapel.
- Durch die Erfindung dickflüssiger Tinte kommen Kugelschreiber in Gebrauch.
- Die Juden in Deutschland müssen ihr gesamtes Vermögen melden, wodurch es dem staatlichen Zugriff preisgegeben wird.

Die als »LSD« (Lysergsäurediäthylamid) bekannte Droge ist ursprünglich Bestandteil eines giftigen Pilzes, des »Mutterkorns«. Seine stimulierende Wirkung auf Muskeln und Blutgefäße ist schon seit der Antike bekannt. 1938 stellte der Chemiker Albert Hofmann in einem Selbstversuch mit LSD halluzinogene »Nebenwirkungen« fest.

Das »Mutterkorn« ist das Myzel (Pilzfäden) eines schmarotzenden Pilzes, der besonders in Roggenblüten zu finden ist. Er bildet sich statt eines Getreidekorns in den Ähren. Mutterkorn enthält unter anderem Alkaloide (giftige, stickstoffhaltige Verbindungen), Tyramin, Histamin und Cholin. Da es die Muskeln der Gebärmutter anregt, setzten schon antike Ärzte Mutterkorn zur Geburtshilfe, aber auch zur Abtreibung ein. Außerdem verengt der Pilz nach der Einnahme die peripheren Blutgefäße und steigert damit den Blutdruck. Selbst in geringen Dosen ist Mutterkorn allerdings auch giftig.

Ab Mitte der 1930er-Jahre experimentierte der Chemiker Albert Hofmann bei der Firma Sandoz in Basel mit einer Substanz des Mutterkorns, der »Lysergsäure«. Auf der Suche nach einem kreislauf- und atmungsstimulierenden Mittel stellte er 1938 erstmals »Lysergsäurediäthylamid« (LSD 25) her. Die Wirkungen des Stoffes auf die Psyche entdeckte er bei einem Selbstversuch am 19. April 1943: Hofmann berichtete von Schwindel und Ängsten, aber auch von bunten und fantastischen Gebilden, die er mit geschlossenen Augen wahrnahm und die in ihm ein Glücksgefühl auslösten.

Erste systematische Untersuchungen von LSD unternahm der Arzt Arthur Stoll (1887–1971) an der psychiatrischen Klinik der Universität Zürich. Er verfasste zudem das erste Protokoll eines Selbstversuches, in dem er alle Wirkungen von Euphorie bis Depression beschrieb. Hofmanns Firma »Sandoz« brachte das LSD unter dem Namen »Delysid« auf den Markt und notierte auf dem Beipackzettel: »Zur seelischen Auflockerung bei analytischer Psychotherapie, besonders bei Angst- und Zwangsneurosen«.

Ende der 1950er-Jahre mutierte das LSD mit der »Rauschmittelwelle« zur Massendroge. Zwischen 1964 und 1966 erreichte es den Höhepunkt seiner Popularität. Begeisterte Hippies schwärmten von den Wunderwirkungen der Droge, doch das konnte die steigende Zahl seelischer Zusammenbrüche oder Selbstmorde unter dem Einfluss von LSD nicht kaschieren. 1966 sah sich Sandoz daraufhin gezwungen, das »Medikament« vom Markt zu nehmen.

LSD ist bis heute umstritten. Ob es Psychotherapien tatsächlich unterstützen kann, wurde nie endgültig belegt. Seine medizinische Verwendung verlangte stets eine strenge Kontrolle. Zwar inspirierte LSD den Ethnologen Carlos Castañeda (1931–1998) zu einer fulminanten Gesellschaftskritik. Auch der ehemalige Assistent für Psychologie an der Harvard-Universität und spätere »Drogenpapst« Timothy Leary propagierte die bewusstseinserweiternde Wirkung des LSD als revolutionär. Die Nebenwirkungen des LSD-Konsums sind jedoch nicht zu unterschätzen: Veränderungen des Denkens und der Persönlichkeitsstruktur, die auf Dauer sogar zu einer schizophrenen Psychose führen können. Ab den 1980er-Jahren verdrängten Kokain und Ecstasy das LSD in der »Beliebtheitsskala« der Drogen. Das von ihm mit ausgelöste Drogenproblem aber bleibt.

Die Molekühlstruktur von LSD im Modell. Die Nebenwirkungen der Droge sind nicht zu unterschätzen.

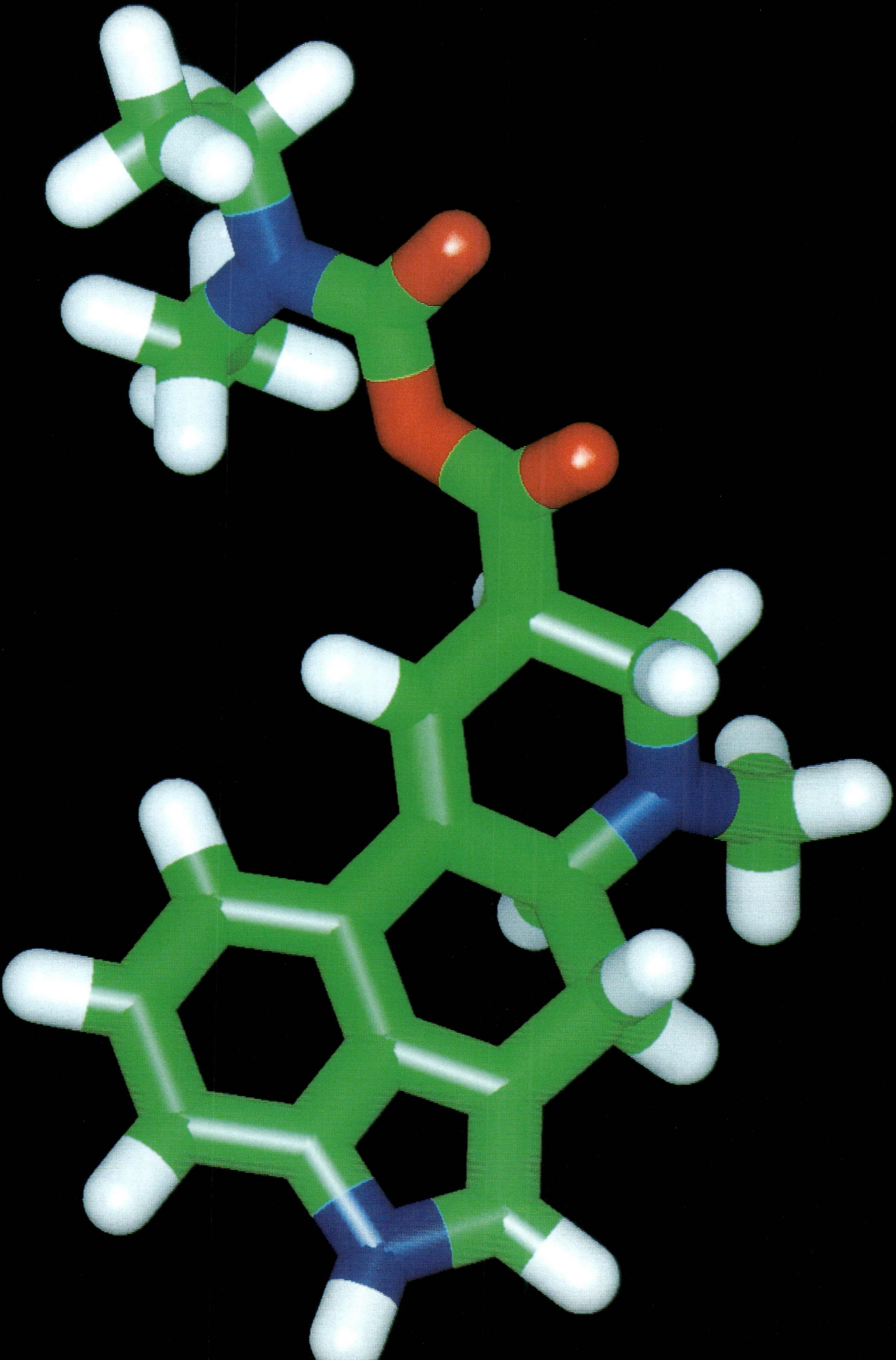

Kernspaltung – Das Unteilbare wird teilbar

Otto Hahn (1879–1968), Friedrich Straßmann (1902–1980)

Das Atom galt seit der Antike als kleinste, unteilbare Einheit der Materie. Als Otto Hahn und Friedrich Straßmann 1938 Uran mit Neutronen beschossen, wollten sie neue Elemente herstellen, so genannte »Transurane«. Doch stattdessen lösten sie eine Kernspaltung aus. Diese Erkenntnis sollte nicht nur die Atomphysik, sondern auch die Welt verändern.

1938

DAS JAHR 1938

- Nach der Besetzung Österreichs durch die deutsche Wehrmacht erklärt Adolf Hitler den Anschluss des Landes an das Deutsche Reich.
- Im Münchner Abkommen stimmen Italien, Frankreich und Großbritannien zu, dass das Deutsche Reich die sudetendeutschen Gebiete der Tschechoslowakei annektiert.
- In den Pogromen der so genannten »Reichskristallnacht« zerstören Einheiten der SA jüdische Geschäfte, Synagogen und Häuser. Sie ermorden 91 Menschen und schicken 26 000 in Haft genommene Personen in Konzentrationslager.

Im Jahr 1934 hatte der italienische Physiker Enrico Fermi Uran mit Neutronen beschossen und dabei völlig neue Elemente hergestellt. Diese so genannten »Transurane« waren schwerer als Uran – Fermi ging also davon aus, dass die Atomkerne Neutronen absorbiert hatten. Der Chemiker Otto Hahn, Direktor des modernen Kaiser-Wilhelm-Instituts für Chemie in Berlin-Dahlem, wollte gemeinsam mit der Wiener Physikprofessorin Lise Meitner (1878–1968) und dem Chemiker Friedrich Straßmann die Forschung von Enrico Fermi fortsetzen. Um »Transurane« herzustellen und zu isolieren, bestrahlten sie ebenfalls Uran mit Neutronen.

Bei der Untersuchung einer bestrahlten Uranprobe entdeckten Hahn und Friedrich Straßmann 1938 – Lise Meitner war inzwischen nach Schweden emigriert – statt Transuranen aber die Elemente Barium und Krypton. Diese beiden Elemente sind aber nicht schwerer, sondern leichter als Uran. Als einzig mögliche Erklärung sahen sie die Spaltung des unter Beschuss gespaltenen Urankerns in kleinere, leichtere Elemente an. Zwar war die natürliche Kernspaltung – der Zerfall radioaktiver Elemente – schon lange bekannt. Doch die Versuchsergebnisse Hahns und Straßmanns bewiesen, dass diese Reaktion auch künstlich herbeigeführt werden konnte. Die theoretische Begründung dieses Phänomens lieferten die Physikerin Lise Meitner und ihr Neffe Otto Robert Frisch.

Meitner zufolge geriet der Urankern durch den Neutronenbeschuss in Schwingungen und verformte sich länglich. Dadurch wurden die Abstoßungskräfte beider Pole des neuen Gebildes stärker als die Kräfte, die den Kern bisher zusammenhielten. Bei der Kernspaltung entstehen dann nicht nur zwei leichtere Elemente, sondern es werden auch überzählige Neutronen und eine bis dahin für unmöglich gehaltene Energiemenge freigesetzt. Meitner erklärte die während der Spaltung ihrer Meinung nach ablaufende Kettenreaktion wie folgt: Bei der Uranspaltung werden im Durchschnitt 2,5 Neutronen frei. Wenn diese auf weitere Atomkerne treffen, spalten sie weitere Kerne. Damit sich diese Reaktion selbst aufrechterhält, muss die »kritische Masse« überschritten werden – es muss also ausreichend Uran vorhanden sein. Ansonsten entweichen zu viele Neutronen ungenutzt und die Reaktion kommt zum Erliegen.

1942 erzeugte der inzwischen in die USA emigrierte Enrico Fermi die erste Kettenreaktion und bewies damit Meitners Theorie. Während das deutsche Atomprojekt immer noch in den Kinderschuhen steckte, warfen die USA 1945 Atombomben über den japanischen Städten Hiroshima und Nagasaki ab. Entsetzt vom fürchterlichen Missbrauch seiner Entdeckung protestierte Otto Hahn nicht nur gegen die militärische Verwendung der Atomenergie, sondern gegen jegliche Aufrüstung. Doch auch die spätere friedliche Nutzung der Kernenergie war von Anfang an wegen ihres Gefahrenpotenzials sehr umstritten.

Internationales Symbol für Radioaktivität: Es warnt vor der nicht sichtbaren radioaktiven Strahlung.

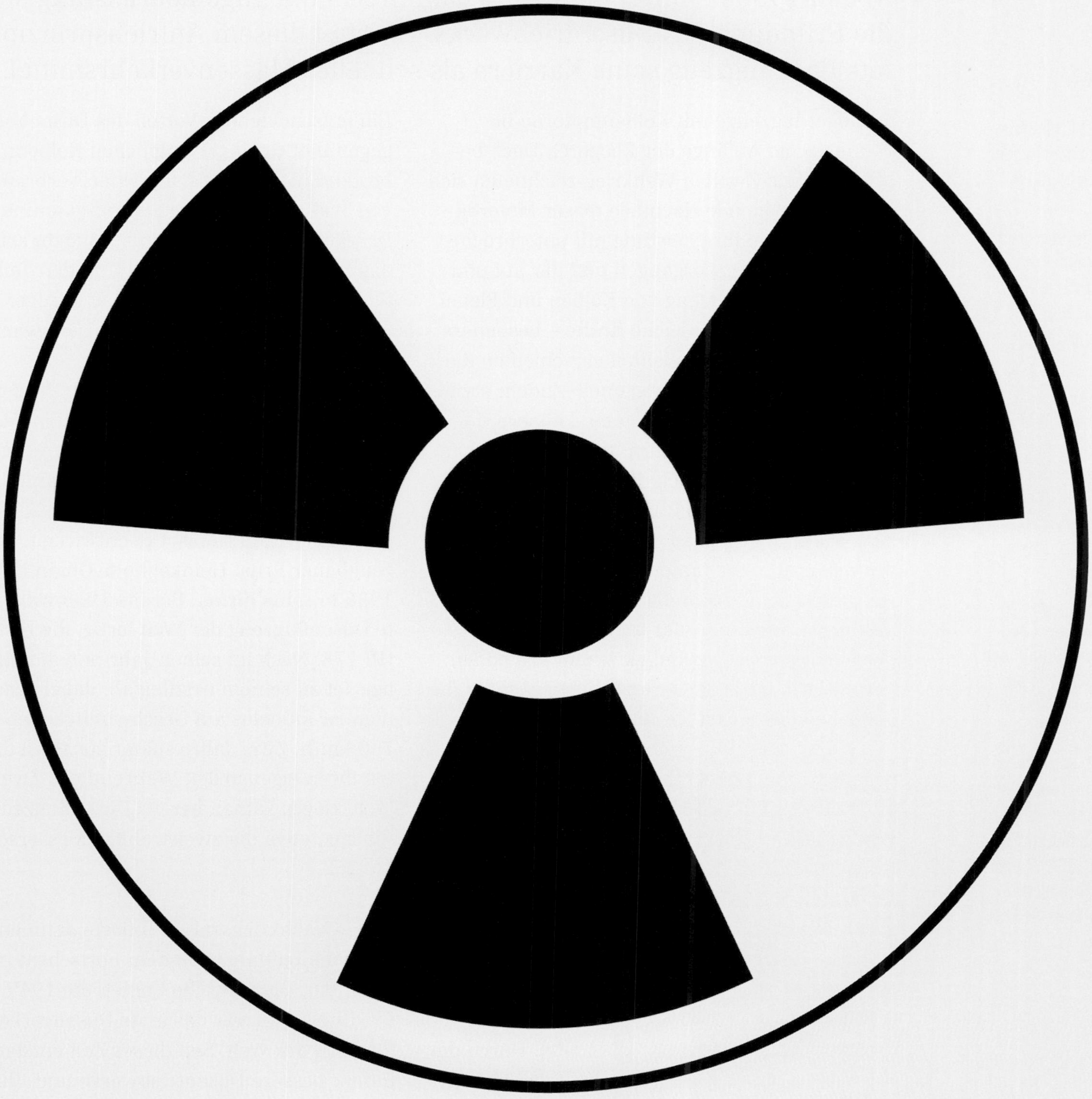

Düsenflugzeug - Schneller ohne Propeller

Sir Frank Whittle (1907-1987)

1941

DAS JAHR 1941

- Generalleutnant Erwin Rommel wird Oberbefehlshaber der deutschen Truppen in Nordafrika.
- Ohne Kriegserklärung greift das Deutsche Reich Russland an. Das »Unternehmen Barbarossa« war seit Dezember des Vorjahres geplant worden.
- Der US-Präsident Franklin D. Roosevelt und der britische Premierminister Winston Churchill unterzeichnen die so genannte »Atlantikcharta«, die ihre gemeinsame Politik nach Ende des Kriegs darlegt.
- Ab sofort müssen Juden im Deutschen Reich den »Judenstern« tragen. Damit beginnen die Vorbereitungen des systematischen Völkermords.
- Die japanische Luftwaffe greift den US-Stützpunkt Pearl Harbor auf der Hawaiiinsel Oahu an. Damit ist die Pazifikflotte der USA vorläufig außer Gefecht gesetzt. Tags darauf erklären die USA Japan den Krieg.

In den 1930er-Jahren fand eine bahnbrechende Ingenieurleistung statt: die Erfindung des Düsentriebwerks. Erst mit diesem Antriebsprinzip startete das Flugzeug seine Karriere als schnelles Massenverkehrsmittel.

Propellerflugzeuge mit Kolbenmotoren bestimmten die Anfänge der Fliegerei. Doch bereits vor dem Zweiten Weltkrieg zeichneten sich zwei entscheidende Nachteile dieser Motoren ab: Sie erzielen ihre Leistung mit unterbrochenen Verbrennungsvorgängen und der auf und ab gehenden Bewegung von Kolben und Pleuel. Dabei entstehen erhebliche Kräfte – besonders bei hohen Geschwindigkeiten verschleißen die Kolbenmotoren also sehr schnell. Zudem erzielten Propellerflugzeuge kaum eine höhere Geschwindigkeit als 800 km/h. Bei einem solchen Flugtempo bewegen sich die Spitzen der Propellerblätter bereits mit Überschallgeschwindigkeit. Dabei nimmt das Leistungsvermögen des Propellerantriebes rapide ab – die Kolbenmotoren galten damit bei hohen Geschwindigkeiten als Spritvernichter. Aufgrund des Verschleißes, der niedrigen Geschwindigkeit und des hohen Verbrauchs der Propellermaschinen suchten die Flugzeugtechniker nach Alternativen.

An einem völlig neuen Konzept arbeitete auch der britische Luftwaffenoffizier Sir Frank Whittle (1907–1987): Zu Beginn der 1930er-Jahre entwickelte er das Düsentriebwerk. Dieses arbeitete nach dem Rückstoßprinzip: Indem die Düsen Luft nach hinten ausstießen, bewegte sich das Flugzeug nach vorne. Ein mehrstufiger Kompressor saugt Luft an und drückt sie hoch verdichtet in die Brennkammer. Dort wird Treibstoff eingespritzt und entzündet. Durch die Hitze dehnt sich die Luft stark aus und jagt mit hoher Geschwindigkeit durch die nachfolgende Turbine ins Freie. Der Rückstoß der Luft erzeugt die Vorwärtsbewegung des Triebwerks. Zugleich bewegt die herausströmende Luft die Turbinenschaufeln. Diese treiben wieder den Kompressor an, welcher neue Luft ansaugt.

Ein entscheidender Vorteil des Düsenantriebes gegenüber den herkömmlichen Kolbenmotoren bestand in der kontinuierlichen Verbrennung von Treibstoff. Dadurch wirkten kontinuierliche Drücke auf die Mechanik ein. Zudem arbeitete das Düsentriebwerk mit rotierenden Teilen, wodurch eine höhere Leistung bei weniger Lärm und geringerem Verschleiß möglich war.

Bereits im Jahr 1930 meldete Whittle seine revolutionäre Erfindung zum Patent an. Sieben Jahre später hatte er das erste Aggregat fertig entwickelt und gebaut. In Deutschland hatte Hans von Ohain völlig unabhängig von Whittle ebenfalls Düsentriebwerke entwickelt. Der Flugzeugbauer Ernst Heinkel holte Ohain im Jahr 1936 in seine Firma. Bereits 1939 war das erste Düsenflugzeug der Welt fertig, die Heinkel HE 178. Noch im selben Jahr hob der einstrahlige Jet zu seinem Erstflug ab, dabei beschleunigte er mühelos auf Geschwindigkeiten über 700 km/h. Zwei Jahre später starteten die Briten ihren eigenen Jet. Während des Zweiten Weltkrieges kamen bereits Düsenflugzeuge zum Einsatz, etwa die zweistrahlige Messerschmitt Me 262.

In der Nachkriegszeit profitierte dann endlich die zivile Luftfahrt von dem Fortschritt im Motorenbau. Die britische Comet, die 1949 ihren Erstflug hatte, war das erste Düsenverkehrsflugzeug der Welt. Seit dieser Zeit entstanden immer bessere Düsentriebwerke und -flugzeuge. Heute transportieren jährlich etwa 7000 Düsenflugzeuge rund eine Milliarde Passagiere rund um den Erdball.

Der Jetantrieb arbeitet nach dem Rückstoßprinzip: Indem die Düse Luft nach hinten ausstößt, bewegt sich das Flugzeug nach vorne.

Kernkraft - Ungeahnte Energiereserven

Enrico Fermi (1901-1954)

1942

DAS JAHR 1942

- Die Bewohner des Warschauer Ghettos werden in das Vernichtungslager Treblinka deportiert.
- Die Sechste Armee der deutschen Wehrmacht wird in Stalingrad von sowjetischen Truppen eingekesselt.
- Auf der »Wannseekonferenz« besprechen SS- und Staatsvertreter die »Endlösung der europäischen Judenfrage«.
- Britische Truppen unter General Bernard Montgomery erobern El-Alamein in Nordafrika.

Der Chemiker Otto Hahn hatte 1938 die Kernspaltung entdeckt. Nun sollte der Physiker Enrico Fermi den Amerikanern zu einer Atombombe verhelfen. Seine Experimente erbrachten jedoch zunächst eine Möglichkeit, die Kernspaltung friedlich zu nutzen: zur Energiegewinnung.

Schon vor Otto Hahn hatte Enrico Fermi selbst schwere Atomkerne durch den Beschuss mit Neutronen gespalten und so seit 1934 künstlich eine Reihe radioaktiver Stoffe hergestellt. Für diese Leistung erhielt er 1938 den Nobelpreis für Physik. Als die Faschisten in Italien die Macht ergriffen, emigrierte Fermi in die Vereinigten Staaten. Dort betrachtete die US-Regierung die Kernspaltungsexperimente deutscher Chemiker mit wachsender Besorgnis. Als selbst Albert Einstein vor dem deutschen »Uranverein« warnte, initiierte die amerikanische Regierung 1942 das Manhattan Project, dessen Aufgabe der Bau der ersten Atombombe war.

Fermi zählte zu den wichtigsten Mitarbeitern des Projektes. Ihm war es gelungen, das größte der anfänglichen Probleme zu lösen: die Anregung einer Kettenreaktion. Nur eine solche lawinenartig wachsende Zahl gespaltener Urankerne ließ nämlich eine Atombombe überhaupt »funktionieren«. Am 2. Dezember 1942 gelang es Fermi in seiner Versuchsanlage auf dem Sportplatz der Universität von Chicago, eine sich selbst erhaltende Kernkettenreaktion auszulösen: Bei der Kernspaltung wird ein Atomkern mit einer hohen Anzahl von Nukleonen – Fermi verwendete dazu das Uranisotop 235 – in zwei (meist radioaktive) Atomkerne mit mittlerer Nukleonenzahl zerlegt. Dieser Prozess setzt Energie frei, und außerdem überzählige Neutronen. Diese regen weitere Kernspaltungen an, sodass die Reaktion von selbst weiterläuft.

An diesem Punkt trennte sich die Entwicklung der friedlichen von der militärischen Nutzung der Kernkraft. Die US-Forscher arbeiteten weiter an der Konstruktion von Atomsprengkörpern – die 1945 mit dem Abwurf der Atombombe über Hiroshima ihren ersten Höhepunkt fand. Parallel dazu führten Fermis Experimente in eine andere Richtung. Er kontrollierte die Kettenreaktion nämlich mit Kadmiumstäben. Kadmium »filtert« die Neutronen und hält so den Spaltungsprozess auf. Fermis Reaktor war also »nur« ein regelbares Kraftwerk, das nicht mehr als ein Watt Leistung erbrachte.

1951 erzeugte der Versuchsreaktor EBR 1 im US-Bundesstaat Idaho zum ersten Mal Strom durch Kernspaltung. Dies geschah – und geschieht heute noch – ähnlich wie in einem »normalen« Wärmekraftwerk: Die als Wärme frei werdende Kernenergie erhitzt ein Kühlmittel, das über einen oder mehrere Wärmetauscher eine Turbine antreibt. Diese erzeugt den Strom. Der Reaktor heizt jedoch nicht nur, er strahlt auch Radioaktivität ab. Bei der energietechnischen Nutzung der Atomenergie treten leider gefährliche radioaktive Strahlen als unerwünschte Nebenprodukte auf.

Die spaltbaren Isotope wie Plutonium oder Uran bringen aber noch weitere Probleme mit sich: Plutonium beispielsweise ist hochgradig giftig und seine Halbwertszeit – das heißt, die Zeitdauer, in der sich die Zahl der ursprünglich vorhandenen Atome halbiert – beträgt 24 400 Jahre. Die Entsorgung und Lagerung des radioaktiven »Atommülls« ist das eigentliche Problem der theoretisch sehr umweltfreundlichen und Ressourcen sparenden Kernenergie.

Ähnlich wie in einem »normalen« Wärmekraftwerk wird mit Kernkraft Strom erzeugt.

△ **Die friedliche Nutzung der Kernenergie birgt selbst bei höchsten Sicherheitsstandards eine Vielzahl nicht beherrschbarer Gefahren.**

KRB

Antibiotikum – Der Sieg gegen die Mikroorganismen

Selman Abraham Waksman (1888–1973)

1944

DAS JAHR 1944

- Adolf Hitler überlebt ein Bombenattentat des Obersts Graf Schenk von Stauffenberg unverletzt.
- An der französischen Küste der Normandie gehen am 6. Juni, dem »D-Day«, 150 000 alliierte Soldaten an Land.
- Franklin D. Roosevelt gewinnt die US-Präsidentschaftswahlen für eine vierte Amtszeit.

Ein Antibiotikum (griechisch *anti* = gegen, *biotikos* = zum Leben gehörig) ist ein Stoffwechselprodukt von Bakterien, Pilzen, Algen, Flechten oder höheren Pflanzen. Es tötet Bakterien oder hemmt ihre Zellteilung. Vor Erfindung dieser »Wunderwaffe« fielen mehr Menschen bakteriellen Infektionen zum Opfer als den Kriegen.

Zwar kannte die Medizin Mitte des 20. Jahrhunderts bereits Impfstoffe gegen verschiedene bakterielle Erkrankungen und konnte diesen so vorbeugen – das Problem, infizierte Patienten zu behandeln bestand aber weiterhin. Doch die Bakteriologie gewann in der Folge immer tiefere Einblicke in die Welt der Mikroorganismen. Der Botaniker Ferdinand Julius Cohn (1828–1898) veröffentlichte 1872 eine Abhandlung, in der er die kleinen Lebewesen systematisch klassifizierte. Auch förderte Cohn die weitere Entwicklung der Forschung, da er den jungen Arzt Robert Koch (1843–1910) unterstützte. Koch gelang es erstmals, Milzbrandbazillen zu züchten, um sie im Labor zu untersuchen. 1882 fand Koch den Tuberkelbazillus (Koch-Bazillus).

Eigentlicher Entdecker der »Antibiotika« war Alexander Fleming. 1928 stellte Fleming eher zufällig fest, dass der Schimmelpilz »Penicillium notatum« Bakterienkulturen zerstörte. Weitere Untersuchungen ergeben, dass bestimmte Bakterienstämme beim Kontakt mit Sporen des Pilzes absterben. Das »Penicillin« – es hemmt den Aufbau der bakteriellen Zellwände – erwies sich als segensreich in einer Zeit, in der Cholera oder Wundbrand praktisch jeden Infizierten dahinrafften. In den 1940er-Jahren stellten Howard Florey (1898–1968) und Ernst Boris Chain (1906–1979) reines Penicillin her, das in großen Mengen ab 1945 zur Verfügung stand.

Penicillin löste zwar viele Probleme – gegen die Tuberkulose aber kam es nicht an. Weitere Antibiotika wie das 1939 aus Strahlenpilzen isolierte Tyrothricin waren zu giftig, um dem Erkrankten über längere Dauer verabreicht zu werden. Andere von Strahlenpilzen (Streptomyzeten) gebildete Substanzen eigneten sich besser für die Bekämpfung der Tuberkulose.

Daran arbeitete der Mikrobiologe Selman Abraham Waksman. Der gebürtige Russe war 1910 in die USA emigriert – als Jude durfte er in seiner Heimat nicht studieren. An der Rutgers University und in Berkeley, Kalifornien, studierte er Mikrobiologie und Biochemie. Nach seiner Promotion im Jahr 1918 arbeitete er am Institut für Bodenchemie und Bakteriologie der Rutgers University. Seine Forschung konzentrierte sich auf im Erdreich lebende Bakterien, die Actinomycetales. Zusammen mit seinem Assistenten Albert Schatz gelang es Waksman im Jahr 1944, aus diesen pilzähnlichen Bakterien, die an Kompostierungsvorgängen im Erdreich beteiligt sind, das Antibiotikum Streptomycin zu isolieren.

Damit hatten die Forscher das erste effiziente Mittel im Kampf gegen die Tuberkulose, die weltweit verbreitetste Infektionskrankheit gefunden. Zehn Jahre später war die Tuberkulose in den USA praktisch nicht mehr vorhanden. 1952 erhielt Waksman in Anerkennung dieser Leistung den Nobelpreis für Medizin.

Zwar besitzt Streptomycin eine geringere therapeutische Breite als Penicillin und kann bei falscher Dosierung zur Vergiftung führen. Da es aber die Tuberkulose heilen kann und sie in den Industrieländern fast ausrottete, war seine Entdeckung ein Meilenstein der Medizin.

Die Entwicklung und industrielle Herstellung von Antibiotika: ein Meilenstein der Medizingeschichte.

Applied Biosystems

Raumfahrt: Aufbruch zu neuen Welten

Erst die Entwicklung gewaltiger Raketen als Transportsystem ermöglichte den Aufbruch in den Weltraum.

Die Fähigkeit, die Erdatmosphäre mittels Raketen zu verlassen, machte den Griff des Menschen nach den Sternen möglich. Doch was suchen wir fernab unseres Blauen Planeten? Wir wollen herausfinden, wo der Ursprung der Erde liegt – und ob es im Weltraum Leben gibt.
Die Raumfahrt ist eine sehr junge Disziplin, obwohl es Raketen schon vor Hunderten von Jahren gab. Die Feuerwerksraketen der frühen chinesischen Kulturen waren freilich noch recht primitiv, dennoch legten die frühen Flugkörper den Grundstein für die moderne Raketentechnologie: Wer hätte schon gedacht, dass die Nachfolger dieser mit Schießpulver gefüllten, etwa fünf Kilogramm schweren Eisenstangen, die eine Reichweite von 1000 Metern besaßen, den Menschen bis ins Weltall befördern sollten?

Auch im 18. und 19. Jahrhundert änderte sich an der einfachen Konstruktion dieser militärischen Raketen nicht viel. Der russische Mathematiker und Physiker Konstantin Ziolkowski schmiedete aber damals schon erste Raumfahrtpläne: 1883 gelangte der Forscher zu der Schlüsselerkenntnis, dass sich Raketen auch im Vakuum fortbewegen können. Das bedeutet, dass der Antrieb auf Basis eines Rückstoßes keine Atmosphäre benötigt. Ziolkowski beschrieb die technischen Anforderungen für den Aufbruch ins Weltall bereits sehr konkret. Seine theoretische Abhandlung löste sogleich ein wahres Raketenfieber aus – in der ganzen Welt bildeten sich Experimentiergruppen und Raumfahrtklubs. Wenig später, im Jahr 1926, zündete der Amerikaner Robert Goddard die erste Flüssigkeitsrakete der Welt. Sie flog zwar weder lange noch weit, doch sie inspirierte die erfindungsreichen Techniker der Raumfahrtklubs in hohem Maße.

Der Wettlauf ins Weltall

Die tatsächliche Reise in den Weltraum ermöglichten erst die militärisch-technischen Entwicklungen Mitte des 20. Jahrhunderts: In Anlehnung an die Trägerraketen mit großer Reichweite, die mittlerweile für den Transport von Atomwaffen entwickelt worden waren, arbeiteten die UdSSR und die USA fieberhaft an einer schubstarken Rakete. Diese war nötig, um einen Satelliten oder eine Raumkapsel ins All zu befördern.

Die Sowjetunion gewann das Rennen: Sie versetzte den Amerikanern am 4. Oktober 1957 den so genannten »Sputnikschock«, als sie den weltweit ersten Erdsatelliten »Sputnik 1« ins Weltall schickte. Dieser historische Start markiert den Beginn des Raumfahrtzeitalters. In den USA wurde daraufhin noch massiver Geld in die Weltraumforschung gepumpt, die Großmacht wollte im militärischen Bereich nicht hinterherhinken. Knapp ein halbes Jahr später, am 31. Januar 1958, entsendete die NASA dann den ersten amerikanischen Satelliten.

Es sollte nicht lange dauern, ehe die Sowjetunion die Amerikaner erneut mit einer technischen Glanzleistung unter Druck setzte: Der Kosmonaut Juri Gagarin startete am 12. April 1961 zum ersten bemannten Raumflug. Es dauerte fast ein Jahr, ehe der erste Amerikaner, John Glenn, erstmals die Erde in einer Raumkapsel umkreiste. Diese Niederlage konnten die Vereinigten Staaten nur schwer verwinden. Am 20. Juli 1969 gelang es ihnen, die Scharte auszuwetzen: Die US-

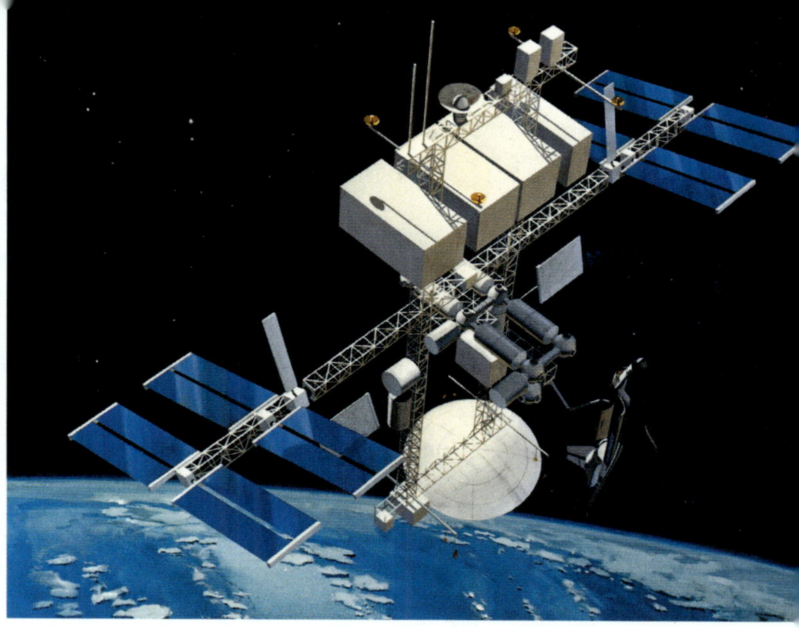

In der Zukunft sind geräumige Raumstationen in einer erdnahen Umlaufbahn Ausgangspunkt für weite Reisen in den Raum.

Astronauten Neil Armstrong und Edwin Aldrin landeten als erste Menschen auf dem Mond. Das atemberaubende Ereignis beobachteten Menschen auf der ganzen Welt live an den Fernsehbildschirmen. Dieser »gewaltige Schritt für die Menschheit« gab der bemannten Raumfahrt in den 1970er- und 1980er-Jahren ungeheuren Auftrieb. Die USA entsandten 1981 den Raumtransporter Spaceshuttle. Die Sowjetunion und nach ihr Russland unterhielt von 1986 bis 2001 die ständig bemannte Raumstation MIR.

Kein Weg zu weit?

Doch trotz dieser Erfolge steht den Wissenschaftlern nur ein kleiner Bereich des Weltalls offen. Die Antriebsraketen, die den Flug ins All erst ermöglichen, sind zwar spektakuläre technische Errungenschaften. Gleichzeitig ist ihre Reichweite im Vergleich zum gesamten Universum aber stark begrenzt: Ob der unüberwindlichen Distanzen im Kosmos müssen sich die Astronauten auf die Erforschung des erdnahen Weltraums konzentrieren. Zur Erkundung des restlichen Sonnensystems werden Satelliten und unbemannte Raumschiffe eingesetzt. Die vielen anderen Sternsysteme bleiben vorerst außer Reichweite des Menschen. Alleine die Reise zum nächstgelegenen Fixstern würde mit der derzeitigen Technologie 100 000 Jahre dauern.

Auch der menschliche Organismus setzt der bemannten Raumfahrt Grenzen: Die Umweltbedingungen bei einem Raumflug sind in jeder Hinsicht extrem – alleine die Schwerelosigkeit bringt unglaubliche Belastungen mit sich: So »wachsen« die Astronauten durch die Minderbelastung ihrer Bandscheiben um etwa vier bis sechs Zentimeter, auch zeigen sich Kreislaufprobleme sowie Muskel- und Knochenschwund. Bei längeren Aufenthalten im Weltraum kann es auch zu einer nachhaltigen Verringerung des Blutvolumens und der roten Blutkörperchen kommen. Ins Weltall werden daher fast ausschließlich unbemannte Raumschiffe entsandt, nur rund fünf Prozent aller Missionen sind von Astronauten begleitet.

Ein kleiner Schritt für einen Menschen, aber ein riesiger Sprung für die Menschheit. Der erste Mensch auf dem Mond.

Teuer, aber lohnend

Der unmittelbare Nutzen, den die doch äußerst kostspieligen Flüge in den Weltraum bringen, findet sich in der Verwendung von Wetter- und Nachrichtensatelliten, in der Klimaforschung sowie in der Medizintechnik. Nicht zu unterschätzen ist die Reihe anderer wissenschaftlicher Disziplinen, die vom Technologietransfer aus der Weltraumforschung profitieren: Wahre Entwicklungsschübe erfahren so beispielsweise die Luftfahrt, Informatik, Elektronik, Medizin, Telekommunikation, Energietechnik, Chemie sowie die Roboter- und Automatisierungstechnik.

Doch kann auch der Einzelne den Weltraum persönlich erleben? Als erster Weltraumtourist ging der US-Millionär Dennis Tito im Frühjahr 2001 in die Geschichte der Raumfahrt ein: Er reiste mit einer russischen Sojusrakete ins All. Dieses Vergnügen war dem Abenteurer immerhin rund 22 Millionen Euro wert – für »Normalsterbliche« bleibt der Flug in den Kosmos wohl weiterhin unerreichbar. Den uralten Traum der Menschheit, zu den Sternen zu fliegen, hat die Raumfahrt vor wenigen Jahrzehnten erfüllt. Der Aufbruch zu neuen Welten ist zwar gelungen, doch am Ziel seiner Reise ist der Mensch noch lange nicht angelangt. Gebremst wird dieser Drang vorerst nur durch die finanziellen und technischen Hürden, die es noch zu überwinden gilt.

Atombombe – Das Ende der Unschuld

Manhattan Project der USA in Los Alamos (1942–1945)

1945

DAS JAHR 1945

- Adolf Hitler begeht am 30. April im »Führerbunker« unter der Berliner Reichskanzlei Selbstmord. Am 7. Mai unterzeichnet Generaloberst Alfred Jodl die bedingungslose Kapitulation Deutschlands.
- Unter dem Eindruck des Weltkrieges gründen 51 Staaten im kalifornischen San Francisco die Vereinten Nationen, die den Frieden auf der Welt sichern sollen.
- US-Präsident Franklin D. Roosevelt stirbt 63-jährig. Sein Vizepräsident Harry S. Truman folgt ihm im Amt nach.
- Nach Abwurf der Atombomben über den japanischen Städten Hiroshima und Nagasaki erklärt auch Japan seine bedingungslose Kapitulation. Der Zweite Weltkrieg ist damit faktisch beendet.

Die Entdeckung der Kernspaltung ist ein Meilenstein der Atomphysik. Leider wurde diese wissenschaftliche Errungenschaft missbraucht: Die beiden ersten Atombomben fielen im August 1945 auf die japanischen Städte Hiroshima und Nagasaki. Nie zuvor hatte eine Militärmacht eine Waffe mit solch furchtbarer Wirkung besessen.

1938 hatten die deutschen Chemiker Otto Hahn (1879–1968) und Friedrich Straßmann (1902–1980) erstmals Urankerne gespalten, indem sie diese mit Neutronen bestrahlten. Vor dem NS-Regime in die USA geflüchtete Wissenschaftler warnten den US-Präsidenten Franklin D. Roosevelt (1882–1945) ab 1939 immer wieder davor, Deutschland könne eine Atombombe bauen und einsetzen. Um dieser Gefahr vorzubeugen, wurde im September 1942 eines der größten wissenschaftlichen Geheimprojekte der Geschichte ins Leben gerufen – das *Manhattan Engineer District*, auch *Manhattan Project* genannt. Etwa 150 000 Personen beteiligten sich daran, aber nur 100 internationale Spitzenwissenschaftler unter der Leitung des Physikers Julius Robert Oppenheimer (1904–1967) kannten das wahre Ziel: den Bau der ersten Atombombe.

Das »Rezept« für die Atombombe kannte die Wissenschaft schon seit 1941. Etwa 23 Kilogramm spaltbares Uran 235, die so genannte »kritische Masse«, die nötig ist, um die Kettenreaktion in Gang zu setzen, musste mit Neutronen beschossen werden. Ein einzelnes Neutron spaltete einen ersten Kern und gab dabei zwei oder drei Neutronen ab. Diese spalteten weitere Kerne, und in Sekundenbruchteilen wuchs die Zahl der Kernspaltungen lawinenartig an – die »Kettenreaktion« hatte begonnen. In einem Gramm Uran 235 stecken 23 000 Kilowattstunden nutzbare Energie. In der Praxis erzeugt man die »kritische Masse«, indem eine konventionelle Sprengstoffexplosion zwei »unkritische« Massen in der Atombombe zusammenbringt. Das Problem der Forscher des »Manhattan-Projekts« bestand darin, eine frühzeitige Explosion der Bombe nach der Zündung zu verhindern, damit sich die Kettenreaktion vollständig aufbauen konnte. Andernfalls würde sich das spaltbare Material zerstreuen und die Atombombe ohne Wirkung verpuffen.

Nach der Kapitulation Deutschlands gelang den Forschern am 16. Juli 1945 der entscheidende Schritt: In der Wüste von New Mexico detonierte der erste Atomsprengkörper – er trug den Namen *Trinity*. Die Gewalt der Kernexplosion überstieg die Erwartungen der beteiligten Wissenschaftler bei weitem. Um die japanische Regierung zur Aufgabe zu zwingen, warfen die USA im August 1945 zwei Atombomben auf die japanischen Städte Hiroshima und Nagasaki ab. Hunderttausende Zivilisten starben entweder sofort oder noch Jahre später an den Folgen der radioaktiven Strahlung. Angesichts dieser erschütternden Ereignisse distanzierten sich viele der beteiligten Wissenschaftler von dem »Manhattan-Projekt«.

Doch die weitere Entwicklung vermochten sie nicht aufzuhalten: Der Einsatz der ersten Atombomben beschwor einen weltweiten nuklearen Rüstungswettlauf herauf. Im ausklingenden 20. Jahrhundert besaßen mindestens zwölf Staaten die Mittel, eine nukleare Auseinandersetzung zu führen. Mit dem Ende des »Kalten Krieges« minimierte sich zwar die akute Bedrohung durch Atomwaffen, sie ist jedoch noch nicht gebannt.

Die militärische Nutzung der Atomkraft stand im Vordergrund der Forschungen, die in den 1940er-Jahren in den USA betrieben wurden.

Photosynthese - Vom Leben der Pflanzen

Melvin Calvin (1911-1997)

1946

DAS JAHR 1946

- In Nürnberg geht der Prozess der Alliierten gegen die wichtigsten Kriegsverbrecher zu Ende. Zwölf Angeklagte werden zum Tod verurteilt, sieben kommen in Haft, drei werden freigesprochen.
- In London eröffnet Heathrow, der weltgrößte Flughafen.
- Winston Churchill ruft in einer Rede an der Universität Zürich zur Gründung der »Vereinigten Staaten von Europa« auf.
- Großbritannien und die USA vereinigen ihre deutschen Besatzungszonen zur so genannten Bizone.

Mitte des 20. Jahrhunderts bauten die Menschen Düsenflugzeuge, sendeten elektronische Bilder um die Welt und bestimmten die Materie ferner Sterne. Aber wie sich die Pflanzen – und sei es nur ein einfaches Gänseblümchen – ernährte, wussten sie noch nicht.

Jede Pflanze verbraucht Kohlendioxid und erzeugt Sauerstoff, dieser Vorgang ist messbar. Aber warum macht sie das und wie geht das vor sich? Der amerikanische Biologe Melvin Calvin hatte eine ebenso nahe liegende wie geniale Idee, diese Fragen zu beantworten: Er synthetisierte radioaktiv markiertes Kohlendioxid und verfolgte seinen Weg durch den Organismus einer Pflanze. So gelang es ihm, die wesentlichen Vorgänge der Photosynthese nachzuvollziehen.

Dieser photochemische Prozess verläuft in zwei Schritten: Bei der Lichtreaktion absorbieren Pigmente (Chlorophyll) der Chloroplasten – winzige, grüne Kügelchen im pflanzlichen Gewebe – Sonnenlicht. Die Absorption führt zu einer photolytischen Spaltung von Wasser unter Freisetzung von Sauerstoff und ATP (Adenosintriphosphat) sowie der Bildung von reduziertem Nicotinamidadenindinucleotid(-Phosphat) (NADPH). Die Dunkelreaktion verwandelt das zuvor entstandene Kohlendioxid durch enzymatische Reaktionen mit einer Pentose (Einfachzucker in Traubenzucker) und unter Verwendung des NADPH und des ATP.

△ Bei der Lichtreaktion absorbiert das Chlorophyll der Pflanzen das Sonnenlicht.

Dieser Vorgang ist nach seinem Entdecker Calvinzyklus benannt. Jeder einzelne Zyklus verbraucht ein Molekül Kohlendioxid, zwei Moleküle NADPH und drei Moleküle ATP. Drei Zyklen ergeben ein Molekül Glycerinaldehyd-3-Phosphat. Zwei dieser Moleküle wiederum sind die Ausgangsstoffe für die Synthese der beiden Zucker Hexose und Glukose. Aus diesen aber bilden sich die wichtigsten Transport- und Speicherformen für Zucker: Saccharose und Stärke. Am Ende des Prozesses entstehen Nährstoffe und Sauerstoff für Mensch und Tier bei einem gleichzeitigen Abbau von Kohlendioxid.

Amerikanische und japanische Forscher vermuten in Purpurbakterien die ersten Lebewesen, die Photosynthese betrieben und damit ein höher entwickeltes Leben auf der Erde erst ermöglichten. Eine künstlich nachvollzogene Photosynthese könnte gewaltige Mengen Sonnenenergie in leicht nutzbare Materie umwandeln. Aus diesem Grund wird auf diesem Gebiet auch intensiv geforscht – doch noch gibt es kein künstliches Molekül als Ersatz für Chlorophyll.

Calvins Entdeckung machte den Menschen erst bewusst, wie wichtig die Grünpflanzen – vor allem die riesigen Waldgebiete der Erde – für das Gleichgewicht der Erde sind. Leider geschah das zu einem Zeitpunkt, da sie schon begonnen hatten, riesige Baumbestände abzuholzen. Und auch heute trägt die Erkenntnis noch nicht zu einem Umdenken bei. Wie fatal die Zerstörung der Wälder ist, verdeutlicht das folgende Beispiel: Ein großer, alter Laubbaum nimmt an einem Sonnentag etwa 10 000 Liter Kohlendioxid auf und erzeugt genügend Sauerstoff, um den Tagesbedarf von zehn Menschen zu decken. Aus dem aufgenommenen Kohlendioxid bildet er etwa zwölf Kilogramm Kohlehydrate.

Die Entdeckung der Photosynthese erklärte den Stoffwechsel von Pflanzen.

Zellen – Der Bauplan des Lebens

Albert Claude (1899-1983)

Erst die Erfindung des Mikroskops im Jahr 1590 gewährte Naturwissenschaftlern einen Einblick in die kleinsten Bausteine von Lebewesen, die Zellen. Es dauerte jedoch noch über 400 Jahre, bis geklärt war, wie diese aufgebaut sind.

1950

DAS JAHR 1950

- In den USA warnt Albert Einstein die Wissenschaftler vor dem Bau der Wasserstoffbombe, den Präsident Harry S. Truman angeordnet hatte.
- Die Bundesrepublik Deutschland tritt dem Europarat bei.
- Südafrika beschließt getrennte Siedlungen für die Angehörigen der verschiedenen ethnischen Gruppen.
- Nordkorea lässt Truppen in Südkorea einmarschieren. Damit beginnt der Koreakrieg. US-Präsident Harry S. Truman droht dem kommunistisch regierten Norden, Atombomben einzusetzen.

Zellen sind die Grundbausteine jedes Lebewesens. Trotz vieler Unterschiede in Aufbau und Funktion besitzen sie eine Reihe von Gemeinsamkeiten. In allen Zellen laufen komplexe chemische Prozesse ab, die dem Stoffwechsel und der Energiegewinnung dienen. Mit wenigen Ausnahmen können sich fast alle Zellen durch Teilung vermehren. Durch spezifische Oberflächenstrukturen stehen sie mit ihrer Umgebung in Verbindung und nehmen Reize auf und beantworten sie. Alle Zellen enthalten die Erbinformation, die in der Desoxyribonukleinsäure (DNS) gespeichert sind: Sie steuert die Zelle und befähigt sie, sich zu teilen und ihre Erbinformation weiterzugeben.

Der Grundbauplan der Zellen ist unter dem Elektronenmikroskop zu erkennen: Ein flüssiger Zellleib (Zytoplasma), der von einer Plasmamembran umschlossen ist, enthält eine Reihe von Körperchen, die Organellen. Dazu gehören das endoplasmatische Retikulum, Ribosomen, der Golgiapparat, Lysosomen, Zentriolen und Mitochondrien. Die eigentlichen »Kraftwerke« der Zellen sind die Mitochondrien: Sie liefern die für alle Stoffwechselprozesse notwendige Energie in Form des universellen biologischen Brennstoffs, Adenosintriphospaht (ATP). In der Mitte der Zelle ruht der Zellkern (Nukleus). In seinem Inneren befinden sich die DNS-Moleküle, welche die genetischen Informationen speichern. Träger der Erbanlagen im Kern, die auch »Gene« heißen, sind die Chromosomen.

Der englische Wissenschaftler Robert Hooke (1635–1703) prägte 1667 als Erster den Begriff »Zelle«. Bei der mikroskopischen Untersuchung von Korkscheiben entdeckte er eine porenartige Struktur. Ähnliche Poren fand er in Holundermark und anderen Pflanzenteilen. Diese nannte er »cells« (lateinisch *cella* = Kammer). Doch erst 1839 beschrieb der deutsche Botaniker Matthias Schleiden (1804–1881) die Zellen als Grundbausteine des Lebens von Pflanzen. Seinem Freund Theodor Schwann (1810–1882) gelang dieser Nachweis bei Tieren: Die beiden Wissenschaftler hatten entdeckt, dass sich Mutterzellen in jeweils zwei Tochterzellen teilen. Schwann stellte daraufhin seine berühmte Zelltheorie auf, die besagte, dass alle lebenden Gewebe aus Zellen bestehen. 1854 vervollständigte Rudolf Virchow (1821–1902) diese Theorie, indem er postulierte: Alle Lebewesen bestehen aus Zellen, und Zellen stammen immer von Zellen ab – lateinisch: »Omnis cellula e cellula«.

Seit 1931 machten es Elektronenmikroskope möglich, den Aufbau der Zelle genau zu betrachten. Besonders in den 1950er-Jahren gewannen Forscher wichtige Erkenntnisse. 1950 konnte der Zytologe (Zellforscher) Albert Claude (1899–1983) vom Rockefeller-Institut in New York erstmals die Zellkomponenten isolieren und analysieren. Für seine Arbeit auf dem Gebiet der strukturellen und funktionellen Organisation der Zellen erhielt er 1974 den Nobelpreis.

Mithilfe der Gentechnik sind menschliche Zellen inzwischen manipulierbar. Damit ist der komplette Nachbau eines lebenden Menschen – das Klonen – aus einer einzigen Zelle keine Utopie mehr.

Darstellung von Pflanzenzellen nach Matthias Schleiden aus dem Jahr 1838.

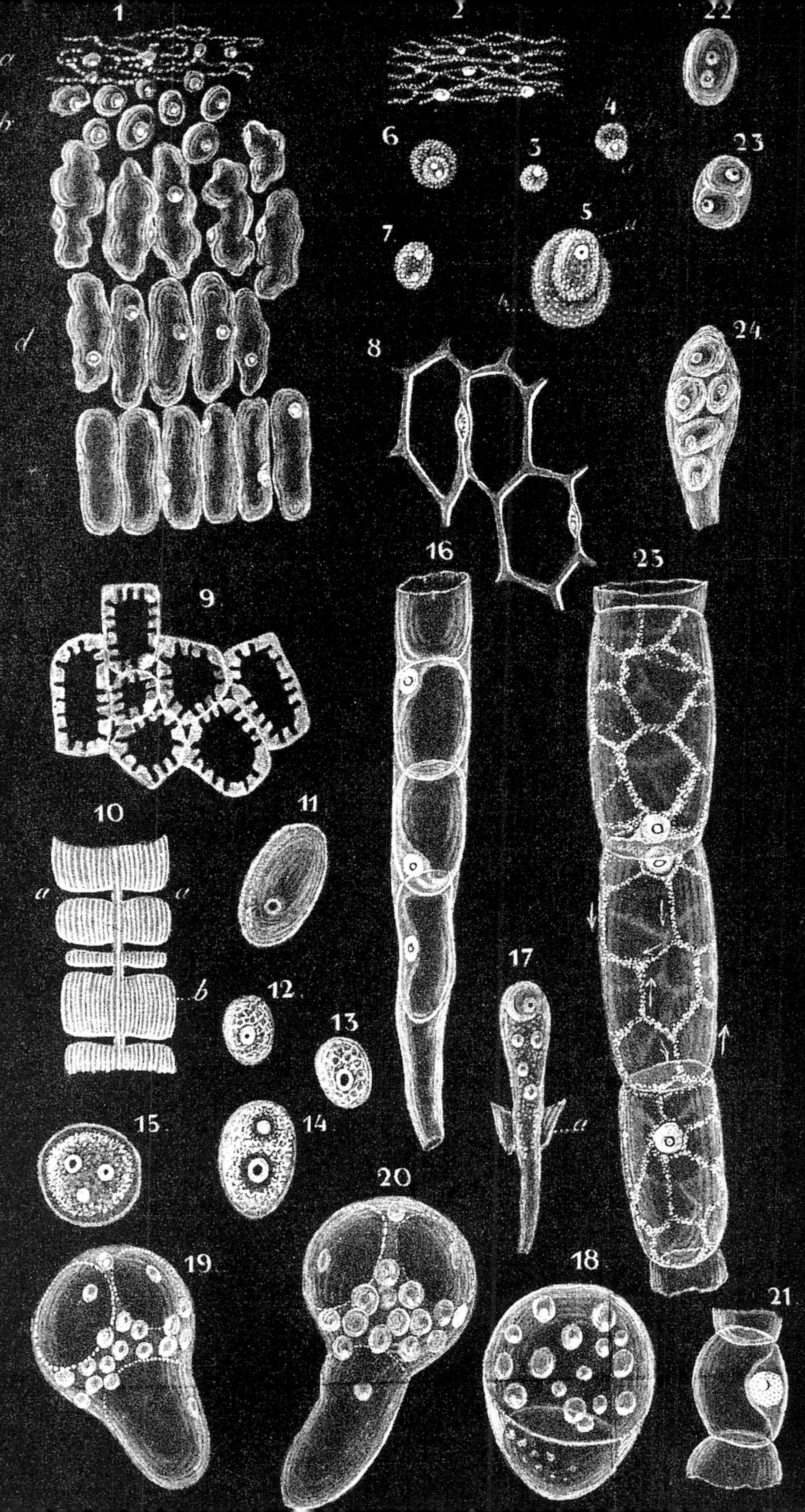
1
a
b
d
2
22
6
3
4
5
a
b
23
7
8
24
16
25
9
10
11
a
a
b
12
13
17
a
15
14
20
19
18
21

Doppelhelix – Das Rätsel des Lebens ist gelöst

Francis Crick (geb. 1916), James Watson (geb. 1928), Maurice Wilkins (geb. 1916)

Man schreibt den 28. Februar 1953. Im Eagle Pub der englischen Universitätsstadt Cambridge lassen zwei Herren den Whiskey in Strömen fließen. Was haben die Wissenschaftler Francis Crick und James Watson zu feiern? Sie sind in diesem Moment die einzigen Menschen der Welt, die wissen, wie das Leben tatsächlich funktioniert.

1953

DAS JAHR 1953

- Elizabeth II. wird zur Königin Großbritanniens und Nordirlands gekrönt.
- Die Volkspolizei der DDR und sowjetische Einheiten schlagen am 17. Juni den Arbeiteraufstand nieder.
- Ein Waffenstillstand beendet den Koreakrieg, das Land bleibt in den kommunistischen Norden und den westlich orientierten Süden geteilt.
- Nach dem Tod Stalins wird Georgi M. Malenkow Vorsitzender des sowjetischen Ministerrats und Nikita S. Chruschtschow Erster Sekretär des Zentralkomitees der KPdSU.
- Jonas Edward Salk entwickelt einen Impfstoff gegen die Kinderlähmung.

Gregor Mendel (1822–1884), der Vater der Vererbungslehre, hatte zwar bereits Mitte des 19. Jahrhunderts erkannt, dass die einzelnen Erbanlagen unabhängig voneinander weitergegeben und bei der Befruchtung neu kombiniert wurden. Doch erst die Entwicklung leistungsfähiger Mikroskope erlaubte einen genaueren Blick in den menschlichen Zellkern (Nukleus).

1869 entdeckte der Biologe Friedrich Miescher (1844–1895) in weißen Blutkörperchen und Samenzellen von Forellen ein in den Chromosomen enthaltenes langes Molekül, dem er den Namen »Desoxyribonukleinsäure« (DNS, englisch: *deoxyribonucleic acid* oder DNA) gab. Auf diesem wichtigsten Bestandteil der Chromosomen befinden sich alle »Gene« (DNS-Abschnitte). 1944 gelang es dem Genetiker Oswald Theodore Avery (1877–1945) erstmals, DNS von einem Individuum – einer Pflanze oder einem Tier – auf ein anderes zu übertragen. Die Information der neuen DNS vererbte sich weiter, sie war damit als Träger der Erbanlagen erkannt. Acht Jahre später hatte dann der britische Chemiker Alexander Todd (1907–1997) alle Bestandteile des Moleküls analysiert. Unklar war noch, wie diese Moleküle miteinander verbunden waren und wie der Aufbau der DNS aussah.

Francis Crick und James Watson fanden 1953 die Antwort auf diese Fragen. Nachdem der Wissenschaftler Maurice Wilkins (geb. 1916) die Richtigkeit ihrer Theorie bewiesen hatte, erhielten die drei Forscher 1962 den Nobelpreis für Medizin. Sie sind die Begründer der modernen Genetik. Wie kam es dazu? Die Wissenschaftler hatten erkannt, dass die DNS meist als so genannte »Doppelhelix« vorliegt. Die Doppel-Helix-Struktur hat die Form einer in sich gedrehten doppelten Kettenleiter. Jeder Holm der Leiter ist eine Kette, die sich aus Phosphaten und Desoxyglykose, einem Zucker, zusammensetzt. An diesem Zuckermolekül hängt als halber Teil der Leitersprosse eine von vier chemischen Basen: A (Adenin), C (Cytosin), G (Guanin) und T (Thymin). Die Kombination aus dem Phosphat, dem Zucker und der Base heißt »Nukleotid«. Diese Nukleotiden sind die »Bausteine« des Lebens. Ein Virus hat 5000 davon, ein Mensch mehr als fünf Milliarden.

Wie entsteht nun aus der halben Leitersprosse eine ganze? Es existieren nicht vier, sondern nur zwei Möglichkeiten, wie sich die Basen chemisch paaren können. Adenin verbindet sich nur mit Thymin und Cytosin verbindet sich nur mit Guanin. Die »vertikale« Reihenfolge bildet den »genetischen Code« der Leiter. Er ist die »Bauanleitung« für ein Lebewesen: Die Gene sind die einzelnen Kapitel dieser Anleitung und legen zum Beispiel die Augenfarbe eines Menschen fest. Zwei Monate nach ihrer Entdeckung schrieben Crick und Watson in der Zeitschrift *Nature*: »Es ist uns nicht entgangen, dass die spezifische Paarung, die wir vorgeschlagen haben, einen möglichen Kopiermechanismus für das genetische Material unmittelbar nahe legt.«

Die Entdeckung der DNS-Struktur half, das Rätsel der Vererbung zu lösen.

Solarzelle – Kostenloser Strom aus Sonnenenergie?

Gerald Pearson (geb. 1905)

Langfristig ist es unumgänglich, dass die begrenzten fossilen Energiequellen wie Erdöl oder Erdgas durch erneuerbare ersetzt werden. Die ewig vorhandene Energie der Sonne bietet sich hierfür ganz besonders an. In den Labors der amerikanischen Bell Telephone Company gelang einem Forscherteam unter der Leitung von Gerald Pearson 1954 der Durchbruch in der Herstellung der ersten Solarzelle.

1954

DAS JAHR 1954

- Das Oberste Gericht der USA erklärt die Rassentrennung an öffentlichen Schulen mit dem Aufsehen erregenden Urteil im Fall »Brown vs. Alabama Board of Education« für verfassungswidrig.
- Mao Zedong wird Präsident der Volksrepublik China.
- Algerische Freiheitskämpfer verüben Bombenattentate gegen die französische Kolonialmacht. Damit beginnt der Algerienkrieg.
- Die deutsche Fußballnationalmannschaft gewinnt die Weltmeisterschaft (»Wunder von Bern«).

Dass Licht Strom erzeugen kann, wenn es auf bestimmte Materialien trifft, hatte der französische Physiker Alexandre Edmond Becquerel (1820–1891) schon 1839 entdeckt. Der von ihm nachgewiesene »Fotoeffekt« bezeichnet die Freisetzung von positiven und negativen Elektronen in einem Festkörper durch Licht.

Es war zunächst nicht möglich, den Strom, den man mittels des Lichts zwar freisetzen konnte, auch praktisch zu nutzen. Um 1880 hat dann Charles Fritts so genannte Vakuumfotozellen mit Selen bedampft. Die Energieausbeute lag nur bei mageren ein bis zwei Prozent, aber man konnte damit schon den Belichtungsmesser eines Fotoapparates mit Strom versorgen.

Silicium, den Schlüssel zur effektiven Stromgewinnung aus Sonnenlicht, entdeckte schließlich Gerald Pearson in den Labors des amerikanischen Telefonkonzerns Bell Anfang der 1950er-Jahre. Die Silicium-Solarzelle funktioniert auf verblüffend einfache Weise: Zwei elektrisch getrennte Schichten von Siliciumkristallen werden so behandelt, dass sich auf der einen Seite ein Elektronenüberschuss, auf der anderen eine Elektronenunterversorgung bildet. Durch das Auftreffen des Sonnenlichts entsteht in beiden Schichten eine elektrische Ladung, die durch Elektroden abgegriffen wird. Als Pearson das behandelte Silicium mit Licht bestrahlte, konnte er sechs Prozent des Lichts in Strom umwandeln.

Die Weltöffentlichkeit staunte, als die Titelseiten der Zeitungen 1954 einen mit Solarstrom betriebenen Transistorradio zeigten. Die *New York Times* schrieb vom »Beginn einer neuen Ära«. Der Nachteil der Solarzellentechnik, der so genannten Photovoltaik, gegenüber anderen Energiequellen waren aber ihre hohen Herstellungskosten.

Zunächst spielte Geld nicht die entscheidende Rolle: Solarzellen wurden für den Einsatz im Weltraum entwickelt. 1958 funkte der US-Satellit Vanguard als Erster mit einer 1-Watt-Zelle aus dem All. Heute wird praktisch jeder Satellit mit »Sonnenstrom« versorgt. Auf der Erde machte sich allerdings bald Ernüchterung breit: Die Energie der Zukunft schien eher in der Atomkraft zu liegen, Öl und Erdgas flossen noch reichlich und billig. Erst mit der Ölkrise in den 1970er-Jahren erwachte das Interesse an erneuerbaren Energien. Neue Technologien führten dazu, dass der Preis des Sonnenstroms innerhalb weniger Jahre von 200 auf fünf Dollar pro Watt fiel. Und am Ende des 2. Jahrtausends konnten mit Solarzellen aus Galliumarsenid 37 Prozent des auftreffenden Lichts zu Strom umgewandelt werden. Trotzdem zweifeln viele Forscher an der Solarzelle. Sonnenlicht kann energietechnisch auch anders genutzt werden: Beispielsweise indem man Wasser erhitzt und damit ganz klassische Dampfturbinen betreibt, die ebenso umweltfreundlichen Strom erzeugen. Im Schwachstrombereich dagegen und außerhalb der Reichweite der öffentlichen Stromversorgung ist die Solarzelle aber zweifellos die Energiequelle der Zukunft.

Unverzichtbar sind Solarzellen zum Betrieb von Satelliten.

Lichtleitfasern - Datentransfer im Höchsttempo

Narinder Singh Kapany

1955 erfindet Narinder Singh Kapany die Lichtleitfasern aus Glas und knüpft damit an die Experimente des Physikers John Tyndall (1820–1893) aus dem Jahr 1870 an. Kapanys Entdeckung hat große technische Bedeutung und ist die Basis der späteren Glasfaser-Breitbandkabel für Anwendungen der modernen Kommunikationstechnik und des Datentransfers.

1955

DAS JAHR 1955

> Die Bundesrepublik Deutschland tritt der NATO bei.
> Die Sowjetunion, Polen, Rumänien, Ungarn, Albanien und die Tschechoslowakei gründen ein Militärbündnis, den Warschauer Pakt.
> In Deutschland blüht die Wirtschaft: Das »Wirtschaftswunder« ist in vollem Gange.
> Südafrika tritt aus den Vereinten Nationen aus, um Proteste gegen die Politik der Apartheid zu umgehen.

Bilder »um die Ecke« übertragen? Anwendungsbereiche dafür gibt es viele. Heinrich Lamm (1908–1974) beispielsweise hatte in den 1920er-Jahren die Idee, aus feinen Glasfasern ein flexibles Gerät zu konstruieren, das problemlos in den Magen eingeführt aus dem Inneren des Bauches Bilder liefern sollte. Lamm gelang eine optische Weiterleitung allerdings nur über wenige Zentimeter. Das Problem bestand darin, dass das Glas fast alles Licht absorbierte und so die Übertragungsqualität minderte.

Nach dem Zweiten Weltkrieg entwickelt dann eine Gruppe holländischer Wissenschaftler mithilfe von Glasfasern ein leistungsfähigeres Periskop für U-Boote. Ihnen gelang die Verbesserung der Lichtleitfähigkeit der Fasern durch eine Ummantelung aus klarem Lack.

Doch das erste wirklich funktionierende Glasfaserkabel stellte erst der indische Wissenschaftler Narinder Kapany 1955 her. Kapany wand und streckte eine einzige Glasfaser mehrere Tausend Mal in Form einer Acht, danach klebte er sie zusammen und sägte das Bündel auf. So fertigte er einen perfekten Lichtwellenleiter mit etwa 20000 feinen Fasern, in dem die einzelnen Fasern exakt gleich waren.

Eine Leitung, die Lichtwellen überträgt, besteht aus einem Kern und einem Mantel. Beide sind aus einem transparenten Material, vorzugsweise Glas, weisen aber unterschiedliche Brechungszahlen auf. Da die Brechung des Kerns höher ist, werden die Wellen an der Grenze zwischen Kern und Mantel reflektiert. So wird das Signal im Kabel gehalten, ohne dass es an Intensität verliert.

Das Lichtwellenkabel von Kapany revolutionierte die Kommunikationstechnologie. 1966 telefonierte der Amerikaner Charles Kao erstmals über Glasfaserkabel. Im Vergleich zu einem Kupferkabel oder einem Koaxialkabel lassen sich darin bei gleichem oder geringerem Durchmesser erheblich mehr Anrufe oder Fernsehprogramme gleichzeitig übertragen. Damit wurde bereits bevor Fernsehen, Computer und Internet unser Leben veränderten, ein Medium geschaffen, das die hierfür nötigen, großen Datenmengen übertragen konnte.

Digitale Informationen werden heute fast ausschließlich über Lichtwellenleiter übertragen. Inzwischen stellt man Kabel aus mehreren Schichten her, deren Brechzahl nach außen langsam geringer wird. In den einfachen Kabeln, die nur aus einem Kern und dem Mantel bestehen, sind manche Informationen länger unterwegs als andere, da sie zur Unterscheidung der Signale in einem anderen Winkel in das Kabel eingespeist werden. In mehrschichtigen Kabeln ist es im Gegensatz dazu möglich, alle Informationen so abzusenden, dass sie auch zusammen ankommen. So lassen sich pro Faser inzwischen nahezu zehn Milliarden Bits pro Sekunde übertragen.

Die Erfindung der Lichtleitfasern revolutionierte die Kommunikationstechnologie.

Antibabypille - Die sexuelle Emanzipation der Frau

Gregory Pincus (1903-1967), John Rock (1890-1984)

Jede ungewollt schwangere Frau steht vor der gleichen schwierigen Entscheidung: das Kind auszutragen oder den Fötus – in einer früher sehr schmerzhaften und gefährlichen, oft illegalen Prozedur – abzutreiben. Erst mit der Antibabypille konnten Frauen einer Empfängnis sicher vorbeugen.

1957

DAS JAHR 1957

- Der Deutsche Bundestagg beschließt ein Gesetz zur Gleichstellung von Mann und Frau.
- François Duvalier wird neuer Staatspräsident Haitis.
- 40 asiatische und afrikanische Staaten gründen in Kairo den Afro-Asiatischen Solidaritätsrat.
- Frankreich beschließt den Bau des Mont-Blanc-Tunnels.

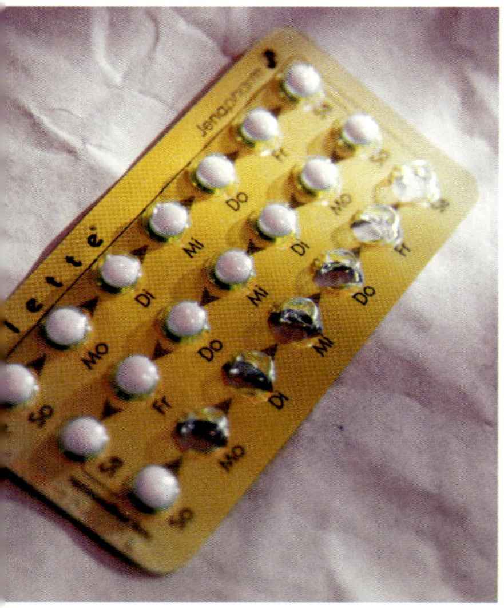

△ **Nicht weniger als 80 Millionen Frauen schützen sich weltweit mit der »Pille« vor ungewollter Schwangerschaft.**

Verhütungsmittel gibt es schon seit Jahrtausenden. Männer benutzten als frühe Form des Kondoms Lederbeutel oder Ziegenblasen. Frauen führten sich Tampons aus Kieferrinde oder Wolle ein. Alle diese Methoden waren unangenehm und unsicher. Viele Frauen wurden durch einen von so genannten »Engelmacherinnen« durchgeführten Schwangerschaftsabbruch unfruchtbar oder starben sogar. Die Lösung des Problems musste also anders aussehen.

Seit etwa 1850 hatte die Wissenschaft Kenntnisse über den weiblichen Zyklus und die Bildung von Eizellen in den Eierstöcken. Ernst Henry Starling (1866–1927) und William Maddock Bayliss (1866–1924) entdeckten 1902 die Sexualhormone, körpereigene Substanzen, die unter anderem die Fortpflanzung steuern. Ganz richtig schlussfolgerten sie, dass ein Eingriff in die Hormonproduktion die Empfängnisfähigkeit beeinflussen würde. 1928 fanden amerikanische Wissenschaftler heraus, dass der Gelbkörper im weiblichen Eierstock nach dem Eisprung ein Hormon erzeugt, welches das Heranreifen einer neuen Eizelle blockiert: das Progesteron (Gelbkörperhormon). Das ein Jahr später entdeckte Östrogen steuert unter anderem die Menstruation und bereitet die Gebärmutterschleimhaut auf die Einnistung der befruchteten Eizelle vor. Östrogene und Gestagene, deren Hauptvertreter das Progesteron ist, beeinflussen also wechselseitig Sexualität und Empfängnis der Frau. Mit einem von Chemikern der Firma Schering entwickelten synthetischen Progesteron führte Werner Bickenbach (1900–1974) 1944 erste Versuche zur Schwangerschaftsverhütung durch. Eine orale Verabreichung blieb jedoch wirkungslos.

Die amerikanische Frauenrechtlerin Margret Sanger (1883–1966) und die Biologin Katherine McCormick (1875–1967) gaben der Entwicklung eines hormonellen Verhütungsmittels in den 1950er-Jahren neuen Antrieb. 1951 gewannen sie den Biologen Gregory Pincus (1903–1967) für ihr Vorhaben. Im gleichen Jahr konnte der Chemiker Carl Djerassi (geb. 1923) erstmalig ein oral wirksames künstliches Progesteron herstellen, das er Norethindron beziehungsweise Norethisteron nannte. Pincus und seine Mitarbeiter waren bald in der Lage, damit bei Versuchstieren den Eisprung und damit die Empfängnis zu verhindern. Die ersten erfolgreichen klinischen Versuche führte Pincus 1954 zusammen mit dem Gynäkologen John Rock (1890–1984) an 50 Frauen in Boston durch. Die Zulassung der kontrazeptiven (empfängnisverhütenden) »Pille«, einem Östrogen-Gestagen-Präparat, erfolgte 1957 zunächst als Medikament zur Behandlung von Menstruationsbeschwerden. 1960 kam die erste »Antibabypille« in den USA auf den Markt.

Nicht nur die katholische Kirche, nach deren Verständnis Geschlechtsverkehr grundsätzlich nur der Fortpflanzung dienen durfte, verurteilte diese Entwicklung. Auch Konservative befürchteten das Ende jeglicher moralischer Werte. Nichtsdestotrotz veränderte die Antibabypille die Gesellschaft: Frauen gewannen ein neues Rollenverständnis. Die Geburtenrate in den Industrieländern sank drastisch. Mittlerweile schützen sich mit der Pille rund 80 Millionen Frauen vor einer ungewollten Schwangerschaft.

Vor der Antibabypille gab es für die Menschheit keine sicheren Methoden der Empfängnisverhütung.

Laser - Ein feiner Strahl für diffizile Aufgaben

Gordon Gould (geb. 1920),
Arthur Leonard Schawlow (1921-1999),
Charles Hard Townes (geb. 1915)

Schon Albert Einstein beschrieb 1917 die »stimulierte Emission«: Er überlegte, Materie energetisch so anzuregen, dass sie energiegeladene Teilchen an die Umgebung abgebe, wenn sie wieder in den Ausgangszustand zurückkehrt. Diese stimulierten andere Atome, Ionen oder Moleküle zur Abgabe von weiteren Teilchen, die in Energie, Phase und Ausrichtung mit ihnen übereinstimmen. Auf diese Weise ließe sich eine extrem hohe, gebündelte Energie erzeugen. Einsteins Theorie bildete die Basis für eine der wichtigsten Erfindungen des 20. Jahrhunderts – den Laser.

Hinter der Abkürzung LASER verbirgt sich der Begriff »light amplification by stimulated emission of radiation« (Lichtverstärkung durch stimulierte Abstrahlung). Damit ist die Grundfunktion eines Lasergerätes bereits geklärt: In einem Resonanzraum – bestehend aus einem reflektierenden und einem gegenüberliegenden, teilweise durchlässigen Spiegel – befindet sich laseraktives Material, das extremer Energie ausgesetzt wird.

Beim Rubinlaser geschieht dies mittels einer Quarzdampflampe. Die Lampe regt die Atome im Rubin an und bringt sie dazu, Photonen (Lichtteilchen) abzustrahlen. Diese wiederum stimulieren weitere Atome zur Emission von neuen Photonen. Innerhalb kürzester Zeit bildet sich so eine große Masse von Teilchen, die von den Spiegeln wechselseitig reflektiert werden. Die Prozesse im Laser verstärken sich und es sammelt sich eine Masse völlig gleich ausgerichteter Teilchen an. Erreicht die Energie eine bestimmte Intensität, schießt die gesammelte Energie als Strahl durch die teilweise lichtdurchlässige Seite nach außen.

Die amerikanischen Physiker Charles Hard Townes und Arthur Leonard Schawlow versuchten sich in den 1950er-Jahren an der Konstruktion eines Geräts, in dem energetisch angeregtes Gas gebündelte Mikrowellen aussendet. 1953 baute ihr Mitarbeiter James Gordon den ersten »Maser«. Townes kam dann auf die Idee, statt Mikrowellen gebündelte Lichtstrahlen zu erzeugen. Er und Schawlow meldeten das Verfahren 1958 zum Patent an. Der US-Atomphysiker Gordon Gould hatte zwar bereits 1957 ähnliche Aufzeichnungen bei einem Notar hinterlegt, um sich später das Patent zu sichern – ein Rechtsstreit um die Urheberschaft endete aber zugunsten von Schawlow und Townes. Den ersten funktionierenden Laser baute dann der Physiker Theodore Maiman im Jahr 1960.

Die punktgenaue Konzentration von Energie durch einen Laserstrahl ermöglicht es, Material präzise zu erhitzen, zu schmelzen oder sogar zu schneiden. Auch menschliches Gewebe kann gezielt bearbeitet werden, beispielsweise bei der Verödung von Blutgefäßen. Drucker oder DVD-Systeme funktionieren mit Lasertechnik. Laser lenken riesige Bohrer beim Tunnelbau und setzen chemische Reaktionen gezielt in Gang. Auch in der Messtechnik spielen sie eine große Rolle. Für Entfernungsmessungen wird der Strahl über die zu bestimmende Distanz geschickt und dort gespiegelt. Dann berechnet man die Entfernung anhand der Lichtlaufzeit.

Der Laser ist vielseitig einsetzbar, Forschung und Technik fanden zahlreiche Anwendungsmöglichkeiten.

1957

DAS JAHR 1957

- Nach dem Rücktritt Robert Anthony Edens wegen der Sueskrise wird Harold Macmillan neuer Premierminister von Großbritannien.
- Der US-Präsident Dwight D. Eisenhower erklärt in der »Eisenhowerdoktrin«, dass die USA vom Kommunismus bedrohten Staaten im Nahen Osten Militärhilfe leisten werden.
- In den USA kommt es zu bürgerkriegsähnlichen Rassenunruhen. In Arkansas hindern Polizei und weißer Mob neun afroamerikanische Schüler am Betreten der *Little Rock Central High School*. Präsident Dwight D. Eisenhower lässt die »Little Rock Nine« unter dem Schutz von Bundestruppen an die Schule bringen.

BAUSCH & LOMB
Technical UpDate Report: Lini-Guide
Electrode Design
Optical Coupling
Assembly Automation

Sputnik – Aufbruch ins Zeitalter der Raumfahrt

Sowjetunion

Am 29. Juli 1955 kündigte US-Präsident Dwight D. Eisenhower an, die USA würden in zwei bis drei Jahren einen Forschungssatelliten in die Erdumlaufbahn schießen. Wenige Tage nach Eisenhowers Bekanntgabe konterte der sowjetische Wissenschaftler Leonid Sedow: Sein Land werde sogar einen weit schwereren Satelliten in die Umlaufbahn bringen.

1957

DAS JAHR 1957

- Nikita Chruschtschow, der Erste Sekretär des Zentralkomitees der KPdSU, spricht sich für ein friedliches Nebeneinander der beiden Weltmächte aus.
- Neuer sowjetischer Außenminister wird Andrej Gromyko.
- Polens Außenminister Adam Rapacki erklärt vor der UN-Vollversammlung einen Plan für ein atomwaffenfreies Europa.
- Die DDR erklärt »Republikflucht« zur Straftat.

Leonid Sedow hatte sich mit seiner provokativen Aussage weit aus dem Fenster gelehnt. 1955 war der Bau der modifizierten Interkontinentalrakete »R-7«, die als Träger des Satelliten dienen sollte, noch nicht verwirklicht. Was noch schlimmer war: Auf dem Startgelände in Baikonur fuhren gerade eben die ersten Bagger auf. Allen Beteiligten wurde allerdings bald klar, dass der geplante über 1000 Kilogramm schwere Satellit zum anvisierten Zeitpunkt im Spätsommer 1957 nie einsatzbereit sein könnte.

Um den USA auf jeden Fall zuvorzukommen, konstruierten sie also einen sehr viel kleineren, leichteren Testsatelliten. »Sputnik Zelmi«, der »Reisebegleiter der Welt«, eine Kugel aus Aluminium, hatte einen Durchmesser von fast 60 Zentimetern und wog etwas über 80 Kilogramm. Obwohl die Tests der »R-7«-Rakete sehr unterschiedlich verlaufen waren, wagten die Wissenschaftler am 4. Oktober 1957 den Start des »Sputnik«. Trotz einiger Probleme hob die »R-7« planmäßig ab. Wenige Minuten später funkte »Sputnik« die ersten Signale aus dem Weltall – die Mission war gelungen, der Wettlauf gegen die USA gewonnen!

Der Schock in den Vereinigten Staaten war entsprechend groß. Während sie fieberhaft an ihrem eigenen Satellitenprogramm arbeiteten, kreiste »Sputnik« 57 Tage lang um die Erde. Noch bevor er wieder in die Atmosphäre eintrat und verglühte, schickten die Sowjetwissenschaftler am 2. November »Sputnik 2« ins All. An Bord befand sich die Hündin »Laika«, die als das erste Lebewesen im Weltraum Berühmtheit erlangte. Die zur Bodenstation gefunkten Daten lieferten den Forschern erste biomedizinische Messergebnisse. Ehe auch der zweite »Sputnik« nach 162 Tagen verglühte, zogen die Amerikaner am 31. Januar 1958 nach.

Der zylindrische Satellit »Explorer 1« wog nur 14 Kilogramm und hatte bei einer Länge von zwei Metern einen Durchmesser von 15 Zentimetern. Messgeräte im Inneren lieferten 112 Tage lang Daten über kosmische Strahlen und Minimeteoriten. Die zweite US-amerikanische Satellitenexpedition im März desselben Jahres führte zu der Entdeckung, dass die Erde nicht ganz kugelförmig, sondern an den Polen abgeflacht ist.

Die europäische Weltraumorganisation ESA begann 1983 mit ersten Starts. Die künstlichen Umlaufkörper dienen inzwischen nicht nur wissenschaftlichen, sondern vor allem militärischen und technologischen Zwecken. Die zivile Nutzung von Satelliten umfasst die Übertragung von Telefongesprächen, Fernsehprogrammen und digitalen Bildern. Die künstlichen Erdtrabanten senden Bilder aus dem All für Wetterprognosen und helfen, Positionen auf See bis auf wenige Meter genau zu bestimmen. 1989 startete zum ersten Mal eine private Rakete, die einen britischen Fernsehsatelliten ins All brachte. Mit dem amerikanischem »Spaceshuttle« lassen sich seit 1984 Satelliten nicht nur in der Umlaufbahn aussetzen, sondern auch wieder einfangen und reparieren.

In der Nachfolge des ersten Satelliten »Sputnik« umkreisen heute Tausende künstlicher Himmelskörper die Erde.

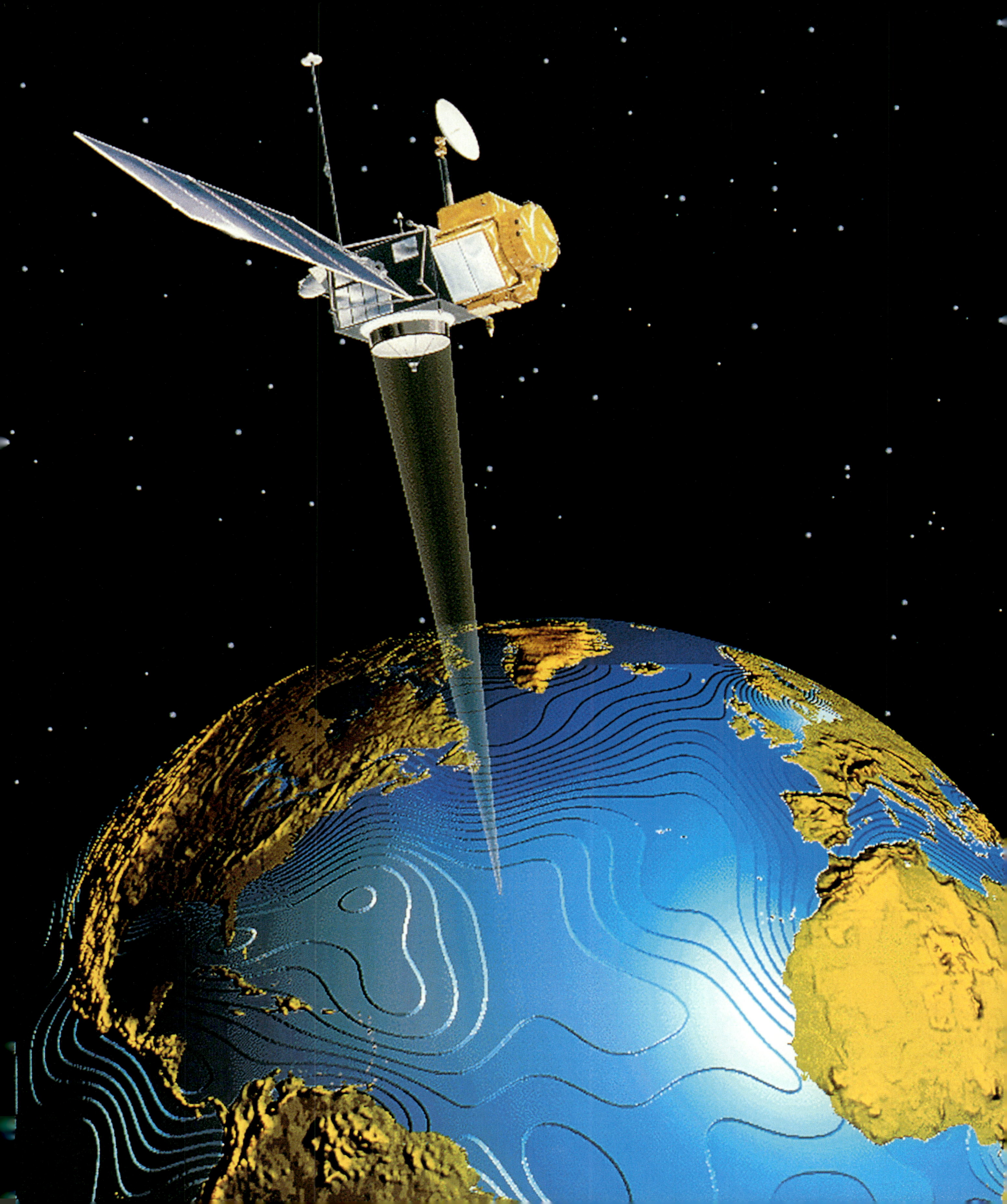

Quarks – Die kleinsten Bestandteile der Materie

George Zweig, Murray Gell-Mann (geb. 1929)

1964

DAS JAHR 1964

- In Jerusalem wird die palästinensische Befreiungsorganisation PLO (Palestine Liberation Organization) gegründet.
- Der südafrikanische Bürgerrechtsaktivist und ANC-Führer Nelson Mandela wird in Pretoria zu lebenslanger Haft verurteilt. Erst 1990 wird er amnestiert.
- Nordvietnamesische Kriegsschiffe torpedieren zwei US-Zerstörer im Golf von Tonking. Kurz darauf beschließt der US-Kongress mit der »Gulf of Tonking Resolution« Militärhilfe für das prowestliche Südvietnam. Damit beginnt die amerikanische Involvierung in den Vietnamkrieg.
- Die UdSSR und die DDR schließen den »Vertrag über Freundschaft, gegenseitigen Beistand und Zusammenarbeit«.

Lange galten Protonen, Neutronen und Elektronen als kleinste Einheiten im Atomkern. 1931 wies Wolfgang Pauli aber nach, dass beim Zerfall eines Neutrons ein völlig neues Teilchen entsteht, das Neutrino. Die elementare Größe im Universum war damit jedoch noch immer nicht entdeckt. Die Wissenschaft fand bald Hinweise auf noch kleinere Bestandteile unseres Universums.

Um den Überblick über alle weiteren Teilchen zu behalten, teilte die Forschung sie in drei Klassen ein: masselose Bosonen, Leptonen – zu denen Elektronen und Neutrinos zählen – und Hadronen. Beim Versuch, die Teilchen in ein System einzuordnen – ähnlich dem Periodensystem –, kamen die amerikanischen Atomphysiker Murray Gell-Mann und George Zweig 1964 unabhängig voneinander zu dem gleichen Schluss: Hadronen mussten aus noch kleineren Bausteinen zusammengesetzt sein.

Gell-Mann nannte die Teilchen »Quarks«, nach dem Ausspruch »Three quarks for muster Mark« in James Joyces Roman *Finnegans Wake*. Joyce hasste die exakten Wissenschaften und liebte das schwer Fassbare. Genauso wenig greifbar und exakt erschienen Gell-Mann die neuen Teilchen zunächst.

Später gelang es dann aber, Quarks tatsächlich nachzuweisen, indem man Protonen mit hochenergetischen Elektronen beschoss. Das Verfahren ähnelte dem des britischen Physikers Ernest Rutherford, der Atomkerne mit Alphateilchen bombardiert hatte und so zeigte, dass die Kernmasse heterogen sei. Quarks sind aber vermutlich noch tausendmal kleiner als der Atomkern.

Gell-Mann und Zweig gingen davon aus, dass es drei verschiedene Quarks gäbe, mit denen sich alle damals bekannten Hadronen beschreiben ließen. Heute kennt man sechs: Sie heißen up (u), down (d), charm (c), strange (s), bottom (b) und top (t). Jede sichtbare und unter normalen Bedingungen existierende Masse ist aus den beiden ersten Quarks aufgebaut. Teilchen aus den anderen vier sind instabil und zerfallen sehr schnell.

Zu jedem Quark gibt es auch noch ein Antiquark, das diesem gleicht, aber nicht positiv, sondern negativ geladen ist. Ein Proton, das positiv geladene Teilchen im Atomkern, besteht zum Beispiel aus einem d-Antiquark und zwei u-Quarks. Quarks sind durch extrem starke Kräfte miteinander verbunden und noch nie frei nachgewiesen worden. Bei der Entstehung des Universums, so die Vermutung, waren sie frei vorhanden.

Für die Leptonen konnte man keine nächstkleinere Baueinheit nachweisen. Nach dem heutigen Stand der Wissenschaft sind alle bisher identifizierten Teilchen aus Quarks und Leptonen zusammengesetzt. Starke Kräfte halten sie zusammen, wobei sie Wechselwirkungsteilchen austauschen, die zur Klasse der Bosonen gehören.

Mit diesem so genannten Standardmodell kann man aber noch immer nicht alle Phänomene (zum Beispiel die Gravitation) erklären. Für die kommenden Generationen von Atomphysikern bleibt also noch viel zu tun.

Die kleinsten bisher entdeckten Teilchen, die Quarks, werden im europäischen Forschungszentrum CERN erforscht.

5

18
17
16
15
14

Internet – Die Welt wird zum Dorf

Advanced Research Projects Agency (ARPA)

Wie kein anderes Medium veränderte das Internet die Massenkommunikation: Nie zuvor wurden Informationen so schnell und über so große Distanzen ausgetauscht. Was Ende der 1950er-Jahre als Vision einiger Computerexperten begann, gehört heute zum Standard jedes PCs.

1969

DAS JAHR 1969

- Der französische Staatspräsident Charles de Gaulle tritt nach der Abstimmungsniederlage eines von ihm inszenierten Referendums zurück.
- In der Bundesrepublik Deutschland kommt es nach den Bundestagswahlen zu einer sozial-liberalen Koalition. Willy Brandt wird Bundeskanzler.
- Die Medienberichterstattung über ein Massaker von US-Soldaten an Zivilpersonen im südvietnamesischen My Lai führt auf der ganzen Welt zu Protesten. In den USA kommt es zu bürgerkriegsähnlichen Unruhen.

Das Internet entstand im Kalten Krieg. Ausgangspunkt waren strategische Überlegungen der US-Regierung, wie im Falle eines Atomkrieges die Kommunikation zwischen Behörden und Militär gesichert werden könnte. Nachdem die Sowjetunion 1957 »Sputnik« ins Weltall geschossen hatte, traf Präsident Dwight D. Eisenhower (1890–1969) Vorkehrungen, um eine derartige »Panne« zukünftig zu verhindern. Die neu gegründete *Advanced Research Projects Agency* (ARPA) hatte die Aufgabe, die technologische Forschung landesweit zu koordinieren.

In die Entwicklung einer Informationsübertragung für wissenschaftliche und auch militärische Zwecke brachten mehrere Wissenschaftler ihre Ideen ein. Paul Baran erkannte, dass ein nationales Kommunikationsnetz über Rechner mindestens zwei Bedingungen erfüllen müsste: Es durfte keine zentrale Steuerungsstelle haben, deren Ausfall die Kommunikation lahmlegte. Außerdem mussten die einzelnen Komponenten des Netzes in sich voll funktionsfähig sein und autark arbeiten. Die praktische Umsetzung dieser Forderungen erfolgte über das so genannte Packet-Switching. Diese Technik teilte die Nachrichten in einzelne »Pakete«, wobei jedes Paket jeweils den »Adressaten« und den »Absender« aufwies.

1962 übernahm Joseph Licklider (geb. 1915) die ARPA und forcierte die Forschungen über Computernetze. Auf einer Konferenz über Informationssysteme in Virginia hielt er 1964 zusammen mit dem jungen Computergenie Larry Roberts einen Vortrag über Computernetze als »die« zukünftige Forschungsaufgabe. Larry Roberts leitete ab 1966 die ersten praktischen Experimente mit größeren Netzwerken am Massachusetts Institute of Technology (MIT).

Ab 1968 förderte die ARPA das Projekt eines Computernetzwerkes mit gemeinsamer Datenquelle an der Universität von Kalifornien in Los Angeles (UCLA). Im Rahmen dieses Projektes formierte sich Anfang 1969 eine »Arbeitsgruppe Netzwerk«, die über Telefonleitungen ein Netz zwischen vier Knoten einrichtete: der UCLA, der Universität von Kalifornien in Santa Barbara, dem Stanford Forschungsinstitut und der Universität von Utah. Mit dem »ARPA-Net« war der Vorgänger des Internets geboren.

Im Oktober 1972 folgte im Rahmen einer internationalen Tagung über computergesteuerte Kommunikation in Washington die erste öffentliche Demonstration dieses Netzes. 1977 waren bereits 111 Rechner an das ARPA-Net angeschlossen. Unabhängig vom ARPA-Net entwickelte sich das »Usenet/News«, das über Telefonleitungen Electronic Mails (»E-Mails«) vermittelte und öffentliche Diskussionsforen bot.

1984 richtete die *National Science Foundation* einen Nachfolger für das total überlastete ARPA-Net ein (NFSNet). Mit der Entwicklung der abstrakten Bildschirmseitenbeschreibung *Hyper Text Markup Language* (HTML) und verschiedener »Browser-Softwares« trat das World Wide Web Anfang der 1990er-Jahre seinen Siegeszug als Massenmedium an.

Tim Berners-Lee gilt als einer der »Erfinder« des World Wide Web. An der Kernforschungsanlage CERN schrieb er den ersten WWW Client, einen Browser-Editor.

World Wide Web Initiative

Mikroprozessor – Ein ganzer Computer auf einem Chip

Marcian Edward Hoff (geb. 1937)

Vor der Entwicklung der Mikroprozessoren gab es zwei Arten von Rechnern: Die »Mainframes« füllten ganze Räume, hatten einen extrem hohen Stromverbrauch und kosteten mehrere Millionen Dollar. Die »Minicomputer« hatten in einem Autokofferraum Platz.

1969

DAS JAHR 1969

- Yassir Arafat wird in Kairo zum Vorsitzenden der PLO gewählt.
- Im amerikanischen Woodstock findet ein Musikfestival statt, das zum Symbol der Hippiekultur wird.
- Japanische Techniker bauen den ersten Videorekorder.
- Elizabeth II. krönt Ihren Sohn Charles zum Prince of Wales.
- Im nordirischen Derry kommt es zu Ausschreitungen zwischen probritischen Protestanten und katholischen Republikanern.

1969 wandte sich die japanische Firma Busicom an die Elektronikfirma Intel mit dem Auftrag, eine programmierbare Rechenmaschine, einen Taschenrechner, zu entwickeln. Intel sollte aus zwölf Halbleiterbausteinen eine fest programmierbare Rechenlogik entwerfen und produzieren. Halbleiterbausteine oder Chips sind – da viele Funktionen auf einem Baustein untergebracht sind – extrem Platz sparende elektronische Schaltkreise. 1969 setzte die Industrie bereits einfache Chips ein. Der Auftrag an Intel wäre heute längst abgehakt und vergessen, hätte nicht Marcian Edward Hoff daran mitgearbeitet. Der Hochschulabsolvent Hoff war gerade erst als Elektroingenieur bei Intel eingestiegen. Er hatte die Idee, statt der geplanten zwölf nur vier Chips in Verbindung mit einem Allround-Logik-Baustein einzusetzen.

Der Auftraggeber Busicom lehnte den Vorschlag bei der Präsentation zwar ab, Intels Chef Robert Noyce (1927–1990) ließ seinen Elektroingenieur jedoch weiter an dem Projekt forschen. Mitte 1969 erhielten Hoff und Noyce Unterstützung durch den Mitarbeiter Stan Mazor. Zusammen entwarfen sie einen ersten Schaltkreis, den so genannten hoffschen Schaltkreis: Der erste Mikroprozessor war, zumindest auf dem Papier, geboren: Ein Mikroprozessor ist also das extrem verkleinerte Rechen- und Steuerwerk einer Rechenanlage. Ein oder mehrere etwa 25 Quadratmillimeter große Halbleiterplättchen befinden sich in einem so genannten Dual-in-Line-Gehäuse mit 18 bis 64 Anschlussstiften.

Diesmal konnte Intel den japanischen Auftraggeber überzeugen. Für rund 60 000 Dollar erstand Busicom die Nutzungsrechte für den von Intel geplanten Mikroprozessor. Mazer, Hoff und ihr Mitarbeiter Frederico Faggin (geb. 1941) bauten daraufhin die ersten Prototypen. Dieser erhielt die Bezeichnung 4000, es folgten die verbesserten Typen 4001, 4002 und 4003. Mit Mikroprozessor 4004 war im Herbst 1971 das erste voll funktionsfähige Exemplar bereit zur Serienherstellung. Dieser erste »Computer auf nur einem Chip« besaß 2300 MOS-Transistoren für rund 4000 Funktionen. MOS ist die Abkürzung für »Metal-Oxide-Semiconductor« und bezieht sich auf die drei grundlegenden Schichten im Aufbau eines MOS-Transistors: Metall als Strom leitendes Material, Siliziumoxid als nicht Strom leitendes Material und Silizium als Halbleiter. Ein einziger Mikroprozessor 4004 von 1971 erbrachte die Leistung des ersten Elektronenrechners »Eniac« von 1946. Im Gegensatz zu diesen riesigen Apparaten war er nur so groß wie eine Streichholzschachtel.

Bald erkannten die Intel-Mitarbeiter, dass 4004 auch auf anderen Gebieten eingesetzt werden konnte. 1970 gewährte Intel Busicom einen Preisnachlass, forderte aber als Gegenleistung die Nutzungsrechte am weltweit ersten Mikroprozessor zurück. In den 1970er-Jahren kamen Mikroprozessoren hauptsächlich in der Fertigungstechnik zum Einsatz, als Steuer- und Regelintelligenz für Maschinen und Anlagen. Erst durch technologische Verbesserungen erweiterten sich die Anwendungsgebiete für die Chips. Der bekannteste »Einsatzort« eines Mikroprozessors ist wohl der Personal Computer, der PC.

Der Mikroprozessor ermöglichte den Siegeszug moderner Informationstechnologie.

Mondlandung – Auf den Schwingen des Adlers

Apollo 11

1869 schrieb Jules Verne seinen phantastischen Roman *Reise um den Mond*. Exakt 100 Jahre später wurde die Fiktion Realität: Am 21. Juli 1969 betraten die Astronauten Neil Armstrong und Edwin Aldrin als erste Menschen den Mond. Ein Menschheitstraum war in Erfüllung gegangen.

1969

DAS JAHR 1969

- In den USA wird der Republikaner Richard M. Nixon als neuer Präsident vereidigt.
- Muammar al-Gaddhafi stürzt den libyschen König Idris I. und ruft die Libysche Republik aus.
- Homosexualität zwischen Volljährigen ist in der Bundesrepublik nicht mehr gesetzlich verboten.
- Olof Palme wird neuer Ministerpräsident Schwedens.

△ Die erste Mondlandung und die folgenden Missionen waren mehr als ein symbolischer Akt, sie dienten auch wissenschaftlichen Zwecken.

385 000 Kilometer von der Erde entfernt blieb der Mond für den Menschen lange Zeit unerreichbar. Die Reise eines Menschen zum Mond ermöglichte erst die Raumfahrttechnik in der Mitte des 20. Jahrhunderts. 1945 begann die Wissenschaft, die entscheidende Voraussetzung dafür zu schaffen: die Entwicklung einer Trägerrakete. Der Vorstoß in den Weltraum war damit nur noch eine Frage der Zeit.

Den ersten Triumph auf diesem Gebiet feierte die sowjetische Raumfahrtbehörde 1957 mit dem Start des Satelliten »Sputnik 1«. Vier Jahre später flog der Russe Jurij Gagarin (1934–1968) mit der Raumkapsel »Wostok 1« als erster Mensch in den Weltraum – das Zeitalter der bemannten Raumfahrt war angebrochen. 1961 erklärte der US-Präsident John F. Kennedy (1917–1963) die Mondlandung zur »nationalen Aufgabe« und räumte dem eigens dafür eingerichteten »Apollo-Programm« der NASA oberste Priorität ein.

Zunächst mussten aufwändige Vorbereitungen getroffen werden: Unbemannte Mondsonden (Ranger, Lunar Orbiter, Surveyor) erkundeten das Weltall. Auf bemannten Raumflügen um die Erde (Mercury- und Gemini-Programm) testeten die Wissenschaftler, wie leistungsfähig die Astronauten in der Schwerelosigkeit waren. Auch die exakte Steuerung der Kapsel beim Wiedereintritt in die Atmosphäre musste untersucht werden. 1965 startete das eigentliche Mondlandeprogramm: Die ersten unbemannten Apollo-Missionen erprobten das neue Raumfahrzeug zunächst im Orbit. Das Programm benötigte nun mehrere Raumfahrzeugeinheiten und eine entsprechende Trägerrakete. Mit der Entwicklung der »Saturn 5«, einer dreistufigen, etwa 2900 Tonnen schweren Trägerrakete war das Ziel zum Greifen nahe. 1968 gelang »Apollo 8« mit »Saturn 5« der erste bemannte Flug in eine Mondumlaufbahn. Sieben Monate und drei weitere Testflüge später kam dann der entscheidende Moment.

Am 16. Juli 1969 trat die Raumfähre »Columbia« vom John F. Kennedy Space Center in Florida ihren Weg zum Mond an. An Bord waren die Astronauten Neil Armstrong (geb. 1930), Edwin Aldrin (geb. 1930) und Michael Collins (geb. 1930). Nachdem sie die Mondumlaufbahn erreicht hatten, stiegen Armstrong und Aldrin von der Führungseinheit in die Mondlandefähre »Eagle« (Adler) um und betraten am 21. Juli 1969 erstmals den Mond. Das Unternehmen »Apollo 11« war geglückt. 500 Millionen Fernsehzuschauer verfolgten das wohl spektakulärste Abenteuer aller Zeiten live vor den Bildschirmen.

Die Mondlandung war aber mehr als ein symbolischer Akt – sie diente auch wissenschaftlichen Zwecken. Die Aufgabe der Astronauten bestand darin, Gestein zu sammeln, fotografische Dokumentationen anzufertigen und kleine Forschungsstationen aufzubauen. Diese brachten Erkenntnisse über den Sonnenwind, Magnetfelder und eine mögliche Mondatmosphäre. Dennoch blieb die Mission den Menschen vor allem in Erinnerung, weil sie das scheinbar Unmögliche möglich gemacht hatte.

Mit der Mondlandung wurde das scheinbar Unmögliche möglich gemacht.

UNITED
STATES

Die christliche Schöpfungsgeschichte wurde durch die Evolutionstheorie revolutioniert.

Anthropologie: Auf der Suche nach dem Ursprung des Menschen

Woher kommen wir?

Diese Frage gehört wohl zu den ältesten der Menschheit. Dabei war die Antwort bis ins 19. Jahrhundert recht einfach: Jede Kultur besaß Mythen über ihren Ursprung. Das Christentum glaubt an den Schöpfergott, der die Erde und alle Arten buchstäblich in sechs Tagen geschaffen hatte. Der Mensch nahm darin eine Sonderstellung ein. Doch schon bevor Charles Darwin dieses Weltbild 1859 mit seinem Werk *Die Entstehung der Arten durch natürliche Zuchtwahl* erschütterte, veranlassten Fossilienfunde die Forscher seit Mitte des 18. Jahrhunderts zu alternativen Überlegungen.

Die erste eigentliche – wenn auch falsche – Evolutionstheorie, also die Annahme, die Arten hätten sich seit ihrem Ursprung verändert und weiterentwickelt, stammte von Jean-Baptiste Lamarck (1744–1829): Er ging davon aus, jedem Individuum wohne ein Trieb zur Vervollkommnung inne. Darwin dagegen ging davon aus, dass die natürliche Auslese für eine zweckmäßige Anpassung der Lebewesen an ihre Umwelt und damit für die stammesgeschichtliche Entwicklung sorgt (Selektionstheorie). Zeitgenössische Proteste gegen die Vorstellung, »der Mensch stamme vom Affen ab«, mussten sich der wissenschaftlichen Beweislast beugen.

Gerade die Genetik, deren Anfänge auf den mendelschen Vererbungsregeln

Charles Darwin legte mit seinen Theorien über die Entstehung der Arten den Grundstein für die moderne Anthropologie.

(1866) basieren, konnte erklären, wie Evolution durch Vererbung zustande kommt. Vor allem unter Einbeziehung der Mutationsprinzipien wurde die klassische Theorie zum modernen synthetischen Darwinismus modifiziert. Obwohl selbst die katholische Kirche seit 1996 die Evolutionstheorie anerkennt, gibt es immer noch Gegner: Die Kreationisten, biblische Fundamentalisten, halten auch heute noch an der göttlichen Erschaffung der Arten fest, weil kaum Übergangsformen zwischen den Artgruppen gefunden wurden, die eine Weiterentwicklung belegen: Wo also sind die »Missing links«? Die Lückenhaftigkeit sei unbestritten, doch wurden mittlerweile viele fossile Zwischenglieder gefunden, etwa der Archäopteryx – das Bindeglied zwischen zwei Arten mit Reptilien- und Vogelmerkmalen.

Der Weg zum Menschen

Die spezifisch menschliche Entwicklung seit ihren Ursprüngen zu erforschen, ist das Anliegen der Anthropologie als »Lehre vom Menschen«. Sie vergleicht Gene, Kulturen, Fähigkeiten, Verhaltensweisen und Sozialsysteme vergangener und heute lebender Bevölkerungen. Historische Überbleibsel fügen sich dabei zu folgendem Bild:

Der erste bekannte Hominide (Menschenartige) erschien vor rund 4,4 Millionen Jahren in Gestalt des Ardipithecus ramidus, dem verschiedene Arten der Gattung Australopithecus folgten. Diese gingen teilweise aufrecht und lebten gleichzeitig nebeneinander. Längst überholt ist die »Ein-Arten-Hypothese«, nach der zu jeder Zeit in der menschlichen Evolution stets nur eine Art existierte, die sich in gerader Linie zum modernen Menschen entwickelte: Mit jedem Fund wird eine große Vielfalt parallel lebender Arten wahrscheinlicher.

Als erster »Homo«, dem eigentlichen Entwicklungsbeginn zum heutigen Menschen, wurde häufig der Homo habilis angesehen. Er konnte nämlich mit Sicherheit

Die Theorie, der Mensch stamme vom Affen ab, erwies sich als wissenschaftlich nicht haltbar. Doch stammen Mensch und Affe von den gleichen »Vorfahren« ab.

Steinwerkzeuge herstellen und bewies damit vorausschauendes und planerisches Denken. Tatsächlich ist ihm in punkto Alter und Werkzeugbau jedoch der »Mensch vom Rudolfsee«, der circa 2,5 Millionen Jahre alte Homo rudolfensis, voraus. Das Feuer kannte erst sein Nachfahre Homo erectus, dessen Skelett dem des heutigen Menschen stark ähnelt. Weiter schritt die Evolution zu archaischen Formen des Homo sapiens, denen auch der Neandertaler angehörte. Dieser Höhlenmensch erschien erstmals vor gut 150 000 Jahren in Europa. Er zeichnete sich dadurch als »Mensch« aus, dass er seine Toten begrub. DNA-Analysen fossiler Neandertaler weisen allerdings seine Art als eine vom modernen Menschen getrennte aus.

Homo sapiens sapiens ist mindestens 100 000 Jahre alt und lässt sich laut der »Out of Africa«-Theorie in seinem Ursprung auf den dunklen Kontinent zurückführen. Von dort wanderte er in alle Teile der Alten Welt aus und traf dabei auf den Neandertaler. Nachdem beide Arten eine Weile koexistierten, verdrängte der moderne Mensch den Neandertaler vor etwa 30 000 Jahren schließlich, offenbar aufgrund seiner besseren Anpassungsfähigkeit. Bemerkenswert neu war am Homo sapiens sapiens vor allem sein Repertoire moderner Verhaltensweisen. Raffiniertere Werkzeuge, Körperschmuck, Knochenflöte und reiche Verzierungen von Gebrauchsgegenständen lassen auf einen ausgeprägten Sinn für Kunst und Ästhetik schließen.

Drei Schritte zum Menschen

Aufrechter Gang, Zunahme des Gehirnvolumens und Sprache markieren drei Meilensteine auf dem Weg zur Menschwerdung. Zweibeinigkeit, die vermutlich auf Umweltveränderungen zurückgeht, stellte buchstäblich den ersten Schritt hominider Anpassung dar. Waldgebiete schrumpften zu Steppen, sodass es vorteilhaft war, aus einer »erhöhten« Position nach Feinden und Nahrungsquellen auszuspähen. Außerdem wurden Gehirn und Körper auf diese Weise besser gekühlt.

Das heutige menschliche Gehirn besitzt ein Volumen von rund 1400 bis 1500 Kubikzentimetern; ein Schimpansenhirn fasst zum Beispiel lediglich 400 Kubikzentimeter und verfügt damit über ähnliche Ausmaße wie alle Arten der Australopithecinen. Ein voluminöseres Gehirn hatten erst die Angehörigen der Homogattung, entscheidender war aber die Ausbildung der Hirnstruktur. Denn an die Entwicklung der »grauen Zellen«, der Großhirnrinde, die sich in zwei Hirnhälften und mehrere Funktionsbereiche teilt, sind Bewusstsein und Lernen, Intelligenz und Integrationsleistungen gebunden.

Diese Strukturierungen bedingen auch den dritten Entwicklungsschritt, die Sprache. Zwar sind die zuständigen Hirnregionen anhand von Gehirnabgüssen der Schädelinnenwand schon seit Homo habilis vorhanden, doch war die verbale Kommunikation des Neandertalers und Homo erectus wohl nur bedingt möglich. Wie Rekonstruktionen ihres Sprechapparats und die Simulation von Artikulationsmöglichkeiten ergaben, konnten sie wichtige Vokale nicht äußern. Ihnen fehlte der entsprechende Sprechapparat, der durch einen ungewöhnlich tief sitzenden Kehlkopf Platz für den Stimmtrakt schaffte. Eine solche Veränderung brachte gleichzeitig erhebliche Nachteile mit sich, da sie die Gefahr des Verschluckens erhöhte und das Atmen bei Belastung erschwerte. Dies dokumentiert, wie wichtig Sprachfähigkeit vom evolutionären Gesichtspunkt gewesen sein muss.

Dass Sprache ein Charakteristikum des modernen Menschen ist, legen auch Studien mit Menschenaffen nahe, die Wissenschaftler seit den 1960er-Jahren durchführen. Zwar sind die Tiere ebenfalls nur eingeschränkt artikulationsfähig, Zeichensprachen können sie jedoch nach intensivem Training erlernen. Sie verstehen und gebrauchen einige Hundert Zeichen, doch bleiben sie auf diesem Niveau, das von jedem normalen Kleinkind übertroffen wird. Offensichtlich ist Sprache etwas genuin Menschliches, das nicht allein aus seinem Sozialleben resultiert, sondern in engem Zusammenhang mit seinem Bewusstsein, Reflexions- und Vorstellungsvermögen zu sehen ist. Da solche inneren Entwicklungen anscheinend den Ursprung des (modernen) Menschen begründen, gilt es, weiterhin zumindest äußere Indizien für sie zu finden.

Handy – Jederzeit erreichbar

Deutsche Bundespost

1972

DAS JAHR 1972

- Nordvietnam startet die Tet-Offensive gegen den Süden.
- Im Washingtoner Watergate-Hotel werden fünf Einbrecher gefasst, die im dort befindlichen Wahlkampfbüro der Demokraten Abhörwanzen installieren wollten. Bald stellt sich heraus, dass die Männer zum Team des Präsidenten Richard Nixon gehören.
- Die Olympischen Sommerspiele in München werden von einem Überfall palästinensischer Terroristen überschattet, die zwei Sportler des israelischen Teams töten und neun Geiseln nehmen. Beim Versuch, die Geiseln zu befreien, werden alle Geiseln, fünf Terroristen und ein deutscher Polizist getötet.

Über Funk war mobile, drahtlose Kommunikation seit dem Ende des 19. Jahrhunderts möglich. Doch der Teilnehmerkreis war begrenzt. Den Versuch, mobile Telefone mit dem stationären Netz zu verbinden, unternahm 1927 erstmals die Deutsche Reichsbahn. In der 1. Klasse zwischen Berlin und Hamburg, später auch auf einigen anderen Strecken richtete sie ein öffentliches Zugtelefon ein.

Nach dem Zweiten Weltkrieg wurde schnelle Erreichbarkeit im Wirtschaftsleben immer wichtiger. Viele Geschäftsleute wollten ständig erreichbar sein – und zwar für alle Teilnehmer öffentlicher Netze. Die USA richteten das erste Mobilfunknetz 1946 ein. Das dazu gehörige Telefon wog fast 18 Kilogramm. Seine Akkus reichten für acht Minuten Sendezeit.

Voraussetzung für den Mobilfunk ist ein dichtes Netz von Sende- und Empfangsanlagen, das von den Mobiltelefonen abgegebene Signale aufnehmen und eine Verbindung zum Festnetz herstellen kann. Heute ist eine reibungslose Übergabe zwischen den verschiedenen Funkstationen und sogar Netzen auch dann möglich, wenn der Teilnehmer einen Sendebereich verlässt. Das war früher noch nicht der Fall. Die Deutsche Bundespost bot ab 1958 einen Autotelefondienst an. Das so genannte A-Netz deckte zwar rund 80 Prozent des Bundesgebietes ab, teilte sich aber in viele nicht miteinander verbundene Funkbereiche auf. Aufgrund des hohen Anschaffungspreises und der umfangreichen Technik nahmen nur rund 10 000 Kunden den Dienst in Anspruch. Trotzdem war das A-Netz damals das größte Mobilfunknetz der Welt.

Der Durchbruch gelang der Bundespost mit der Einführung des vollautomatischen B-Netzes im Jahr 1972. Der Anrufer musste allerdings ungefähr wissen, wo sich sein gewünschter Gesprächspartner gerade aufhielt, um die richtige Vorwahl eingeben zu können. 1986 wurde das von Siemens entwickelte C-Netz in Betrieb genommen. Erstmals waren nun alle Teilnehmer unter einer Vorwahl erreichbar. Ein Jahr später brachte Siemens auch das erste wirklich mobile Telefongerät in der Größe eines Kofferradios auf den Markt.

1982 gründete die CEPT (Konferenz der Europäischen Post- und Telekommunikationsorganisationen) eine Projektgruppe mit dem Namen GSM *(Groupe Speziale Mobile)*, um den Standard für ein einheitliches europäisches digitales Mobilfunknetz festzulegen. Nach der weltweiten Übernahme dieses Standards wurde seine Abkürzung in *Global System for Mobile Telecommunications* umbenannt. Deutschland führte den GSM-Standard 1992 mit dem D-Netz ein. Die entscheidende Voraussetzung für die Verbreitung des Handys schaffte die Digitaltechnik: Sie verbesserte die Übertragungsqualität erheblich und reduzierte die Störanfälligkeit. Immer kleinere, leistungsfähigere Handys sind mit immer größeren technischen Möglichkeiten ausgestattet – und sind vor allem für jedermann erschwinglich.

Der geplante UMTS-Standard *(Universal Mobile Telecommunication System)* soll unter anderem die drahtlose Breitbandübertragung von Videosequenzen, Internet- und Intranetseiten gewährleisten. Die WAP-Technik *(Wireless Application Protocol)* ermöglicht allerdings schon heute das Senden kurzer Nachrichten *(Short Messages)* und einen Zugang zum Internet über das Handy. Möglicherweise liegt die Zukunft aber im Weltraum. Satelliten könnten schon bald die drahtlosen erdgebundenen Sende- und Empfangsstationen überflüssig machen.

In einigen Ländern Europas hat die Zahl der Handys die der Festanschlüsse innerhalb nur weniger Jahre übertroffen.

Computertomographie – Der gläserne Mensch

Godfrey Newbold Hounsfield (geb. 1919), Allan MacLeod Cormack (geb. 1924)

Die von dem englischen Wissenschaftler Godfrey Newbold Hounsfield und seinem amerikanischen Kollegen Allan MacLeod Cormack entwickelte »Computertomographie« eröffnet dem Mediziner völlig neue Blicke in den menschlichen Organismus: Röntgenstrahlen tasten den Körper Schicht für Schicht ab, ein Computer errechnet dann aus den einzelnen Querschnitten ein Gesamtbild. Die Diagnostik von Verletzungen an Weichteilen erleichtert dieses Verfahren ungemein.

1972

DAS JAHR 1972

- Ein konstruktives Misstrauensvotum gegen den deutschen Bundeskanzler Willy Brandt scheitert. Vorgezogene Neuwahlen stärken die sozial-liberale Regierung. Auslöser der innenpolitischen Krise waren die 1970 geschlossenen Ostverträge mit der Sowjetunion und Polen.
- In Frankfurt am Main werden die Terroristen Andreas Baader, Holger Mains und Jan-Carl Raspe verhaftet.
- Richard Nixon besucht als erster US-Präsident die Volksrepublik China.
- Die britische Regierung übernimmt im bisher autonomen Nordirland die direkte Regierungsgewalt.

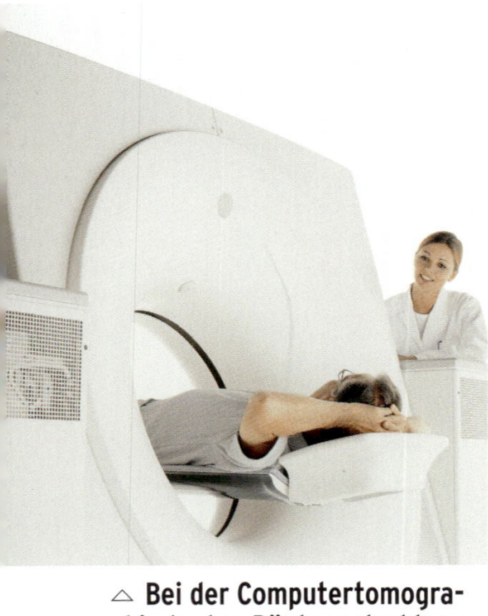

△ Bei der Computertomographie tasten Röntgenstrahlen den Körper Schicht für Schicht ab. Der Computer errechnet dann ein Gesamtbild.

Die Computertomographie – »Tomographie« bedeutet Darstellung in Schichten – basiert auf dem Prinzip des Röntgenapparates. Auch die CT »durchleuchtet« den menschlichen Körper mit Röntgenstrahlen. Grundlage beider Verfahren ist, dass diese elektromagnetischen Wellen abgeschwächt werden, wenn sie einen Körper durchdringen. Je dichter das menschliche Gewebe ist, desto mehr werden die Strahlen geschwächt und desto heller wird das Abbild auf einem Film, der die Strahlung auf ihrer Austrittsseite auffängt. Aus diesem Grund zeigen sich Knochen oder Zähne auf einem Röntgenbild als die hellsten Stellen: Sie besitzen das dichteste Gewebe. Vermutet der Arzt einen Knochenbruch, kann er den Nachweis mit einem herkömmlichen Röntgenbild leicht erbringen. Sind aber innere Organe wie die Lunge verletzt, »verschleiert« die darüber liegende hellere Abbildung von Rippenknochen und Wirbelsäule die der Lunge und erschwert die Diagnostik. Damit zeigt sich das Hauptproblem des klassischen Röntgens: Die Strahlen werden nur in einer Richtung geschickt und liefern ausschließlich ein Aufbild ohne Tiefendarstellung.

Wie können Mediziner diese Schwierigkeit umgehen? Natürlich kann man den Patienten drehen und einzelne Röntgenbilder aus verschiedenen Richtungen erzeugen. Aber wie lassen sich diese Bilder zu einem Ganzen zusammenfügen, um dem Arzt eine sichere Diagnose zu ermöglichen? Die Forscher Godfrey Newbold Hounsfield und Allan MacLeod Cormack hatten die zündende Idee. Sie entwickelten 1972 ein Röntgengerät, das sich um den Patienten bewegt und den Körper Schicht für Schicht mit den Strahlen abtastet. Aus den übereinander liegenden Grautönen der einzelnen Querschnittsbilder errechnet der Computer dann einen Mittelwert und stellt diesen als Bild zur Verfügung.

Der Vorteil der Computertomographie (CT) liegt darin, dass sie es Medizinern ermöglicht, kleinere Gewebestrukturen ohne störende Überlagerungen darzustellen. Weichteilgewebe wie Nerven, Muskeln, Rückenmark und andere Organe erscheinen direkt und in hoher Auflösung, wobei sich der Kontrast noch verbessert, wenn man dem Patienten vor der CT-Untersuchung ein Kontrastmittel verabreicht. 1979 erhielten die beiden Forscher für ihre Leistung den Nobelpreis für Medizin.

Seither wurde die Methode stetig verbessert, vor allem um die Strahlenbelastung zu senken. Die für eine CT erforderliche Aufnahmezeit konnte so auf unter 500 Millisekunden gesenkt werden. Die CT ist einfach zu handhaben, schnell und kostengünstiger als neuere Hightechverfahren wie die Kernspintomographie. Daher kommt sie vor allem zur Erstuntersuchung bei akuten Blutungen, Schädelverletzungen und Schlaganfällen zum Einsatz.

Die Computertomographie ermöglicht dem Mediziner neue Einblicke in den menschlichen Körper.

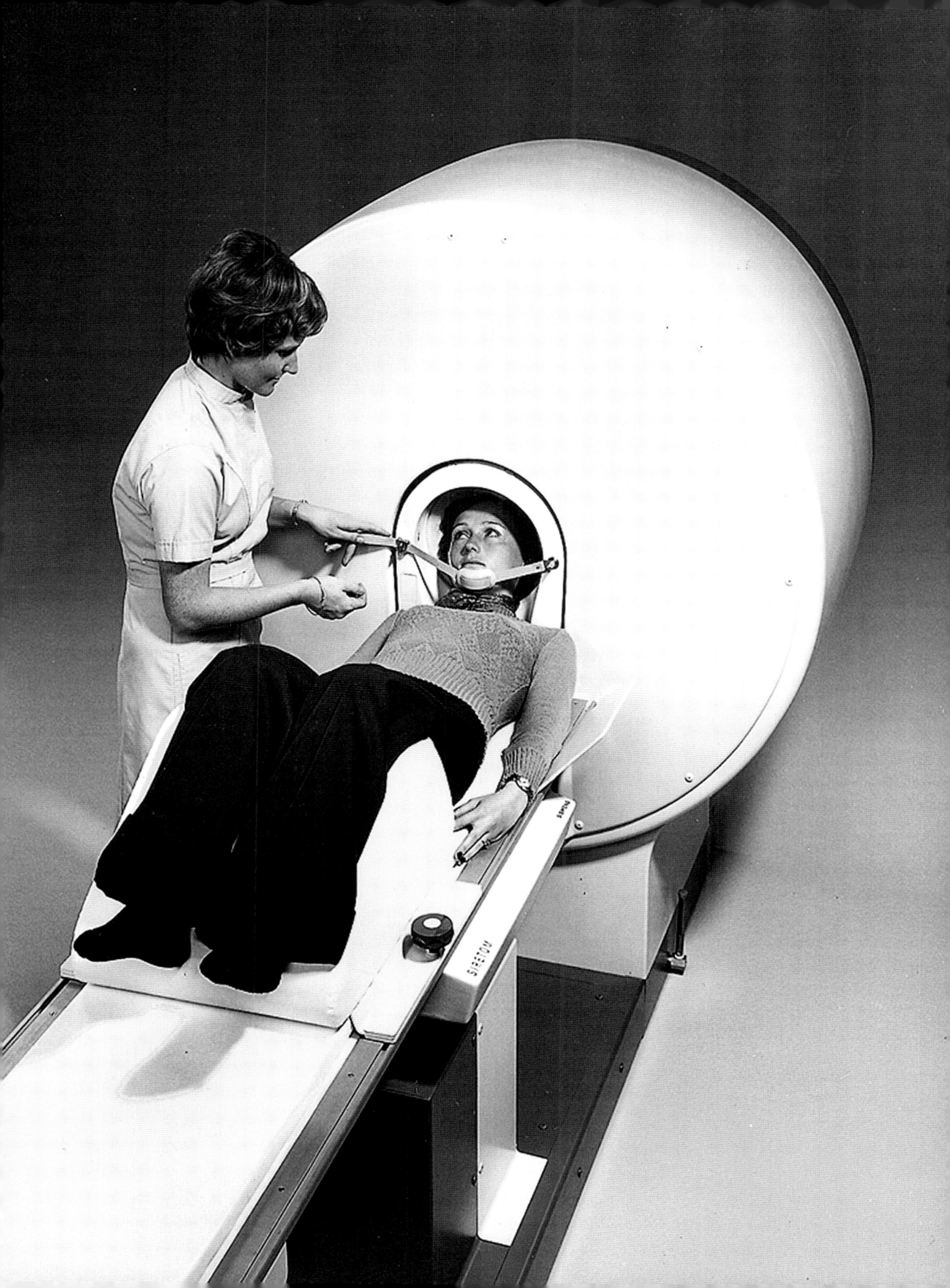
SIRETOM

Erstes Retortenbaby - Der Natur auf die Sprünge geholfen

Louise Brown (geb. 1978)

1978

DAS JAHR 1978

- Volkswagen stellt die Produktion des Käfers in Deutschland ein.
- Im amerikanischen Camp David einigen sich der israelische Ministerpräsident Menachem Begin und der ägyptische Staatspräsident Anwar el-Sadat über einen Friedensvertrag zwischen ihren Ländern.
- In Afghanistan putschen sich prosowjetische Militärführer an die Macht, die einen Beistandsvertrag mit der UdSSR schließen.
- Nach nur 34 Tagen im Amt verstirbt Papst Johannes Paul I. Ihm folgt der polnische Kardinal Karol Wojtyla als Johannes Paul II. nach.

Bis zum Ende der 1970er-Jahre blieb Paaren, die sich ein Kind wünschten, aber auf natürlichem Wege keines bekommen konnten, nur die Möglichkeit einer Adoption. Dann entwickelte die Medizin die Methode der »In-vitro-Befruchtung«, bei der weibliche Eizellen im Labor mit Spermien befruchtet werden.

Am 25. Juli 1978 wurde in Cambridge, England das weltweit erste »Retortenbaby« geboren: Louise Brown. Die Zeugung des Mädchens war nicht auf natürlichem Wege durch einen Geschlechtsakt der Eltern erfolgt, sondern durch die so genannte »In-vitro-Befruchtung«: Bei dieser Methode werden die weiblichen Eierstöcke hormonell stimuliert. Dann entnimmt der Arzt der Frau ein bis drei Eizellen und bringt sie in einem Reagenzglas mit den männlichen Spermien zusammen. Das befruchtete Ei wird in die Gebärmutter der Frau eingepflanzt, wo es sich im Idealfall wie ein »normaler« Embryo entwickelt. Die Begriffe »künstliche Befruchtung« und »Retortenbaby« sind demnach irreführend: Die Befruchtung der Eizelle verläuft im Grunde genauso wie die natürliche. Und das Baby wächst nicht in der »Retorte«, einem gläsernen Laborgefäß, sondern im Körper der Frau.

Das Verfahren klingt zwar einfach, birgt aber gesundheitliche Risiken für die Frau: Außer den Nebenwirkungen der Hormonbehandlungen muss sie unangenehme Bauchspiegelungen, mögliche Eileiterschwangerschaften, Fehlgeburten oder Mehrlingsgeburten in Kauf nehmen. Die Entnahme der Eizelle gelingt in fast 100 Prozent der Fälle. Die Wahrscheinlichkeit einer Schwangerschaft liegt aber bei nur 10 bis 20 Prozent, die einer Geburt ohne Komplikationen sogar nur bei 4 bis 6 Prozent. Zweifel an der Effektivität der »In-vitro-Befruchtung« sind angesichts dieser geringen Zahlen mehr als gerechtfertigt.

Dennoch entscheiden sich viele Paare, die auf natürlichem Weg – beispielsweise aufgrund einer falschen Zusammensetzung des Spermas oder einer Missbildung der weiblichen Geschlechtsorgane – keine Kinder bekommen können, für diese Methode. Nach der erfolgreichen Zeugung von Louise diskutierte die Öffentlichkeit nicht nur den medizinischen Wert der »In-vitro-Befruchtung«, sondern auch ihre ethischen, theologischen und juristischen Aspekte. In Vorgesprächen versuchen Psychologen herauszufinden, ob sich hinter dem unerfüllten, dringenden Kinderwunsch nicht eine andere Problematik verbirgt. Des Weiteren stellt sich die Frage, in wessen »Kompetenzbereich« die Kontrolle und der Umgang mit noch unentwickeltem menschlichen Leben fällt. Während es in Deutschland verboten ist, befruchtete Eizellen aufzubewahren, sehen die Gesetzgeber in Frankreich oder den USA es als ethisch unbedenklich an, Embryonen für etwaige Folgeversuche einzufrieren.

1998 ging anlässlich ihres 20. Geburtstags das Bild der anscheinend gesunden und glücklichen Louise Brown um die Welt. Seit 1978 machte die Forschung auf dem Gebiet der Reproduktionsmedizin weitere Fortschritte. Nachdem die menschlichen Erbanlagen heute weit gehend entschlüsselt sind und mit »Dolly« das erste Schaf geklont wurde, scheint es nicht mehr unmöglich, Menschen zu klonen. Das erste Retortenbaby war nur der Anfang.

Das erste Retortenbaby blieb kein Einzelkind.

Laptop und Palmtop – Mobile Kommunikation ohne Grenzen

Epson, Hewlett Packard

Auf der Zugfahrt, im Flugzeug oder im Hotelzimmer irgendwo auf der Welt – mit einem »Laptop« oder einem »Palmtop« sind der mobilen Kommunikation praktisch keine Grenzen mehr gesetzt. Diese Arten von Computern sind so klein und leicht, dass sie bequem in einer Tasche transportiert werden können. Die Stromversorgung über einen Akku – und nicht über Kabelanschlüsse – macht sie noch flexibler.

1982

DAS JAHR 1982

- Erstmals verhandeln die USA und die UdSSR nicht über eine Rüstungsbegrenzung, sondern über eine tatsächliche Abrüstung bereits bestehender Waffen: In Genf beginnen die START-Verhandlungen (»Strategic Arms Reduction Talks«).
- Im Deutschen Bundestag gelingt ein konstruktives Misstrauensvotum gegen Bundeskanzler Helmut Schmidt (SPD). Der CDU-Vorsitzende Helmut Kohl wird zum neuen Kanzler gewählt.
- Nach der Besetzung der britischen Falklandinseln durch argentinische Truppen erklärt Großbritannien Argentinien den Krieg. Nach knapp zwei Monaten muss Argentinien kapitulieren.
- Erstmals wird in den USA ein zum Tode Verurteilter mit einer Giftinjektion hingerichtet.

Anfang der 1980er-Jahre war die Technologie zwar so weit fortgeschritten, dass – dank des »Personal Computers« – jedermann einen elektronischen Rechner erstehen konnte. Die bis dahin gebräuchlichen Computer ermöglichten die Datenverarbeitung in (theoretisch) jedem Haushalt oder Büro – aber eben auch nur dort. Das Gewicht der Monitore, empfindliche Bauteile und unzählige Kabelanschlüsse »verbanden« den Benutzer im wahrsten Sinne des Wortes mit seinem Arbeitsplatz. Die Anwender verlangten nach mobilen Geräten.

1982 brachte die Firma »Epson« einen Computer auf den Markt, der dank eines Akkus auch ohne Stromanschluss überall zu benutzen war, den »HX-20«. Er hatte die Maße eines DIN-A4-Blattes, war nur fünf Zentimeter hoch und verdiente damit als Erstes die Bezeichnung »Laptop« (englisch *lap* = Schoß), eines Gerätes also, das auf dem Schoß Platz fand. Wie die folgenden Laptops besaß der nur 1,6 Kilogramm schwere »HX-20« statt einer Bildröhre eine flache Anzeige. Dieses zweifarbige LCD-Display (englisch: *liquid crystal display* = Flüssigkristallanzeige) konnte 20 mal 4 Textzeichen gleichzeitig darstellen, was für die damaligen Anwendungen ausreichte. Ein internes Bandlaufwerk speicherte die Daten auf dem Rechner, auch ein Drucker war in das Gerät eingebaut. Eine Akkuladung ließ den »HX-20« bis zu 40 Stunden lang arbeiten.

Nach dem erfolgreichen »Epson HX-20« zogen viele andere Firmen mit immer leistungsfähigeren Laptops nach. Ob in Konferenzen, Wartesälen, im Flugzeug oder auf Baustellen, Laptops erleichterten die flexible Arbeit. Der Grund, warum die stationären PCs bis heute trotzdem in der Überzahl sind, liegt im höheren Preis eines Laptops bei einer vergleichbaren Rechenleistung. Das kleine Laptopgehäuse zwingt die Hersteller zu einer teuren Platz sparenden Bauweise. Außerdem ist die Konstruktion der Flachbildschirme verhältnismäßig aufwendig.

Dann läutete das Jahr 1991 eine neue Generation von Computern ein: So genannte »Palmtops« (englisch *palm* = Handfläche) passten auf eine Hand. Das erste Modell war der »Palm Top 95LX« von der Firma »Hewlett Packard«. Trotz seiner geringen Größe war er ein vollwertiger Computer, auf dem das damals aktuelle Betriebssystem »MS-DOS 3.2.« lief. Für den Betrieb genügten zwei AA-Batterien.

Das Palmtop wurde ein voller Erfolg. Im Laufe seiner Entwicklung führten die Hersteller Nachfolgemodelle mit immer raffinierteren Fähigkeiten ein. Die Eingabe erfolgt bei Palmtops oft mit einem Stift, der Handschriften erkennt oder eine virtuelle Tastatur auf dem Bildschirm bedient. Und natürlich öffnet der Anschluss eines Palmtops an das Internet alle Möglichkeiten des Netzes wie beispielsweise die Kommunikation per E-Mail.

Die Entwicklung mobiler Computer ist noch in vollem Gange.

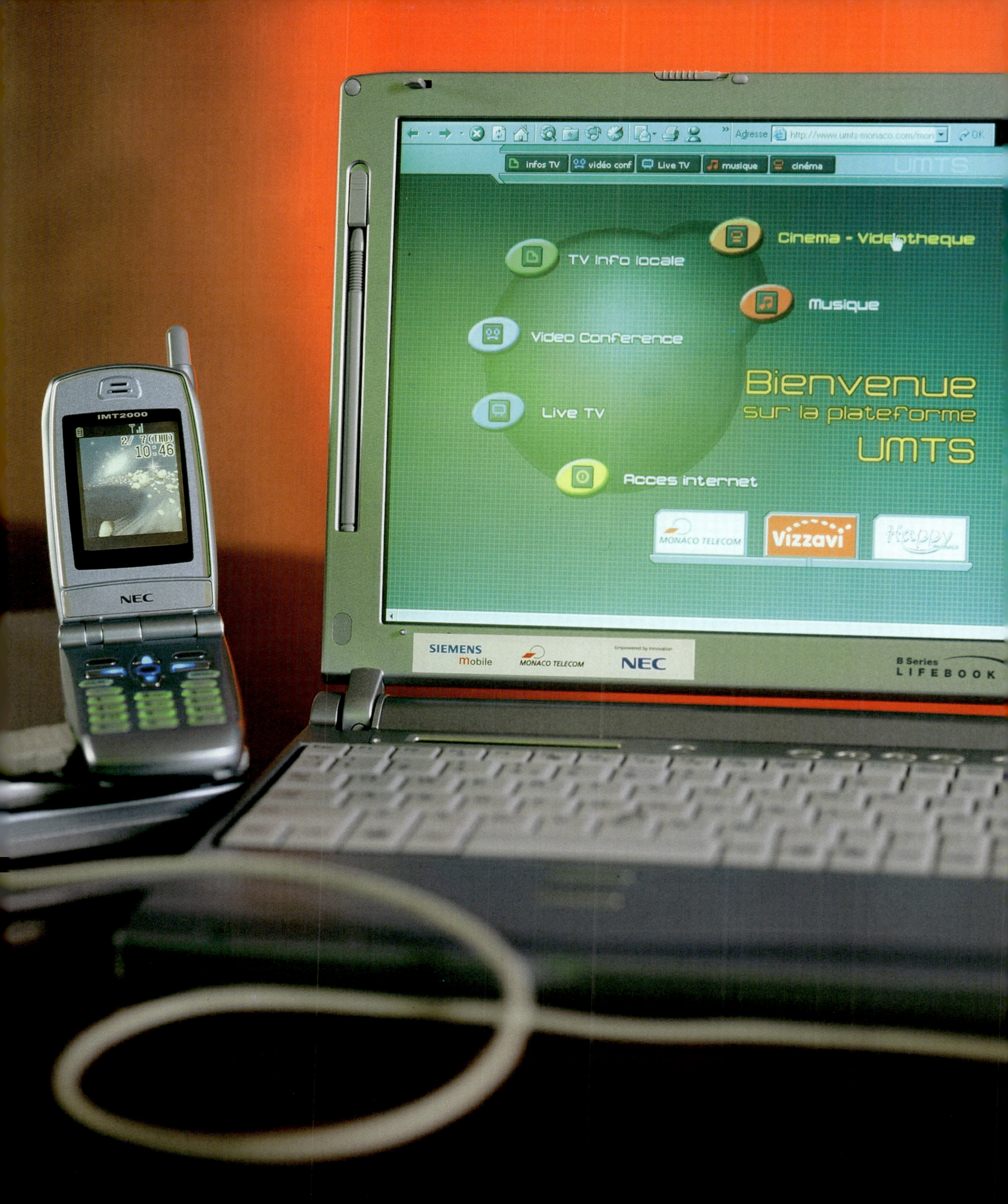

infos TV
vidéo conf
Live TV
musique
cinéma
UMTS
Cinema - Videotheque
TV Info locale
Musique
Video Conference
Bienvenue
sur la plateforme
UMTS
Live TV
Acces internet
MONACO TELECOM
Vizzavi
Happy
IMT2000
NEC
SIEMENS
mobile
MONACO TELECOM
NEC
B Series
LIFEBOOK

Personal Computer – Elektronische Rechner für jedermann

Steven Wozniak (geb. 1950), Steve Jobs (geb. 1955)

Die Konstruktion eines leicht zu bedienenden, kleinen, kostengünstigen Computers – das ist die Idee hinter der Entwicklung des PC, des »Personal Computers«. Die Firma IBM verkaufte im Jahr 1981 einen Rechner unter dieser Bezeichnung. Doch erst der Computer LISA ließ sich so bedienen, wie wir es heute kennen: mit Maus und grafischer Benutzeroberfläche.

1983

DAS JAHR 1983

- Der Deutsche Bundestag bewilligt die Stationierung US-amerikanischer Mittelstreckenraketen im Land.
- Ein südkoreanisches Passagierflugzeug, das den Luftraum der UdSSR durchquert, wird von sowjetischen Abfangjägern abgeschossen. Alle 269 Menschen an Bord sterben.
- Das Hamburger Magazin »Stern« veröffentlicht die angeblichen Tagebücher Adolf Hitlers, die sich bald als Fälschung erweisen.
- Lech Walesa, der Führer der verbotenen polnischen Gewerkschaft Solidarnosc, wird mit dem Friedensnobelpreis ausgezeichnet.

Die Geschichte des Computers begann eigentlich schon, als Menschen anfingen, mathematische Vorgänge exakt zu formulieren. Im 17. Jahrhundert gelang es dann, die verschiedenen als Rechenvorschriften vorgegebenen Algorithmen maschinell durchführen zu lassen. Über die folgenden Jahrhunderte entstanden immer komplexere Rechenmaschinen wie etwa die Lochkartenapparate. Mitte des 20. Jahrhunderts bauten Firmen wie »IBM« erste programmgesteuerte Rechenmaschinen auf der Grundlage eines einfachen elektronischen Gerätes, dem Relais. Die Computer nach dem Zweiten Weltkrieg basierten auf Elektronenröhren als Schaltelementen, erreichten bald eine immer größere Leistungsfähigkeit (Ende der 1950er-Jahre waren mehrere Zehntausend Additionen pro Sekunde möglich) und nahmen durch die Anwendung integrierter Schaltkreise immer mehr an Umfang ab. Anfang der 1970er-Jahre kamen zu den bisherigen Speicherbausteinen die ersten Mikroprozessoren.

1981 drängte dann der »Personal Computer« von IBM auf den Markt. Damit war es möglich, Daten über eine Tastatur einzugeben, am Monitor abzulesen und auf Disketten zu sichern. Zur sicheren und schnellen Speicherung von »großen« Datenmengen (damals waren das wenige Megabyte) konnten die Benutzer erste Festplatten an den PC anschließen. Außerdem war zu dem PC eine Bürosoftware erhältlich. Der Rechner für 4000 Dollar setzte sich durch.

Neben Unternehmen wie Commodore, Sinclair und Atari etablierte sich die Firma Apple in der stetig wachsenden Computerbranche. Steve Jobs (geb. 1955) und Steven Wozniak (geb. 1950) gründeten den Computerhersteller 1976. Bereits bei den frühen Modellen legte das Unternehmen Wert auf Benutzerfreundlichkeit. Der »Apple II« von 1977 war der erste komplett zusammengebaute Computer. Das damals revolutionäre Floppy-Disc-Laufwerk und die einfache Erweiterbarkeit sorgten für einen reißenden Absatz des 1200-Dollar-Computers. Die Tabellenkalkulation VisiCalc machte den »Apple II« auch für den Einsatz in Büros attraktiv.

Der erste »richtige« PC aber war der Apple LISA von 1983. Als erster Computer in Großserie verfügte er über eine »Maus« und eine grafische Benutzeroberfläche: Mit einer Rollkugel und einer Taste ausgestattet ermöglichte die Maus eine »intuitive« Bedienung: Durch Rollen auf der Tischplatte steuerte der Anwender den Cursor (Mauszeiger) auf dem Bildschirm zu grafisch dargestellten Befehlen. Drückte der Benutzer dann die Maustaste (»anklicken«), führte LISA den gewünschten Befehl aus. Die Ergebnisse speicherte der Anwender bequem auf der serienmäßigen Festplatte. Trotz der Fortschrittlichkeit von LISA sabotierten aber der hohe Anschaffungspreis (20000 Dollar) und die Übermacht des zwei Jahre zuvor eingeführten IBM-PCs seinen Erfolg. Viele Jahre später setzte sich dann mit »Windows« die grafische Benutzeroberfläche durch.

Im Prinzip gab es sie schon länger – Lisa, der erste »richtige« PC von Apple war ein Meilenstein auf dem Weg des Computers zum Massenmedium.

HI-Virus – Einem teuflischen Virus auf der Spur

Luc Montagnier (geb. 1932), Robert Gallo (geb. 1937)

Anfang der 1980er-Jahre berichtete die staatliche Gesundheitsbehörde der USA über eine auffällige Statistik: Unverhältnismäßig viele junge homosexuelle Männer erkrankten an der seltenen Krebsform Kaposi-Sarkom und einer ungewöhnlichen Variante der Lungenentzündung.

1984

DAS JAHR 1984

- Die UdSSR beginnt mit der Stationierung von Raketen in der DDR.
- Die britische Premierministerin Margaret Thatcher und der chinesische Ministerpräsident Zao Ziyang einigen sich darauf, dass Großbritannien seine Kronkolonie Hongkong nach Ende des Pachtvertrags im Jahr 1997 an China zurückgeben wird.
- Aus undichten Leitungen einer Fabrik für Pflanzenschutzmittel im indischen Bhopal treten giftige Gase aus. 2000 Menschen sterben, mehrere Tausend erblinden infolge des Giftgasunfalls.
- In Europa schreitet das durch den »Sauren Regen« ausgelöste Waldsterben fort.

Untersuchungen an den Patienten ergaben, dass in ihrem Blut der Anteil an T-Helferzellen – Leukozyten, die bei der Immunabwehr eine wesentliche Rolle spielen – gegen null gesunken war. Ab 1982 traten die genannten Symptome auch bei heterosexuellen Erwachsenen und Neugeborenen auf. Die Ursachen der bisher unbekannten Krankheit konnten also nicht im Zusammenhang mit Homosexualität stehen. Da die Erkrankung vornehmlich das Immunsystem angriff, erhielt sie bald den Namen »Aids« – »acquired immune deficiency syndrome« (»Krankheitsbild einer erworbenen Immunschwäche«).

Im Oktober 1984 identifizierte der Virologe Luc Montagnier in Paris ein Virus als Erreger der Symptome. Gleichzeitig beanspruchte der US-Wissenschaftler Robert Gallo diese Entdeckung für sich. Um den Streit zwischen ihnen zu schlichten, bekamen beide den Verdienst zugesprochen. Das neu entdeckte Virus erhielt die Bezeichnung HIV (»Human Immune Deficiency Virus«), also das »Virus, welches das menschliche Immunsystem schwächt«.

Wie aber geht der tückische Erreger vor? Darüber gewann die weitere Forschung bald neue Erkenntnisse. HIV besetzt die Kommandozentrale des Immunsystems – die CD4-Zellen (Helferzellen) – und zerstört sie. Auf diese Weise bereitet das HI-Virus anderen, eigentlich weniger gefährlichen Viren den Weg. Ein Patient im Endstadium der Immunschwäche stirbt also nicht »an Aids«, sondern an einer Infektionskrankheit wie Lungenentzündung, Toxoplasmose, Tuberkulose oder Krebs.

Auch die Ansteckungswege konnten bald nachgewiesen werden. Das HI-Virus wird durch den Austausch von Körperflüssigkeiten wie Blut, Samenflüssigkeit, Scheidensekret und Muttermilch übertragen. Eine Infektion durch Speichelflüssigkeit ist unwahrscheinlich. Das Risiko einer Ansteckung wächst mit verschiedenen Faktoren wie zum Beispiel Verletzungen der Schleimhäute. Die größte Infektionsgefahr besteht bei ungeschützten Sexualkontakten und der gemeinsamen Benutzung von Spritzen durch Drogenabhängige. Heute kann ein »Aidstest« Antikörper gegen den HI-Virus im Blut nachweisen, aber erst einige Wochen nach der Übertragung.

Zwar ist die Forschung seit der Entdeckung des Virus weit vorangekommen, dennoch ist Aids nicht heilbar. Medikamente können lediglich den Ausbruch der Immunschwächung verzögern und die Symptome mildern. Wichtigstes Ziel einer möglichen Therapie ist es, die CD4-Zellzahl im Blut zu erhöhen. Da sich das Virus ständig verändert – mittlerweile unterscheidet bereits die Wissenschaft mehrere Arten (HIV0, HIV1, HIV2) –, erweist sich auch die Entwicklung eines Impfstoffes als besonders schwierig.

Wie gefährlich diese Infektion ist, scheint vielen Menschen in den Industrieländern immer noch nicht bewusst zu sein. Dennoch ist Aids heute vor allem eine Seuche der Entwicklungsländer: 70 Prozent der weltweit Infizierten leben in der »Dritten Welt«, 80 Prozent der Aids-Opfer sind Afrikaner. In Afrika ist die HIV-Infektion inzwischen die häufigste Todesursache.

Aufnahme einer Riesenzelle, die durch Verschmelzen mit einer HIV-produzirenden Zelle entstanden ist.

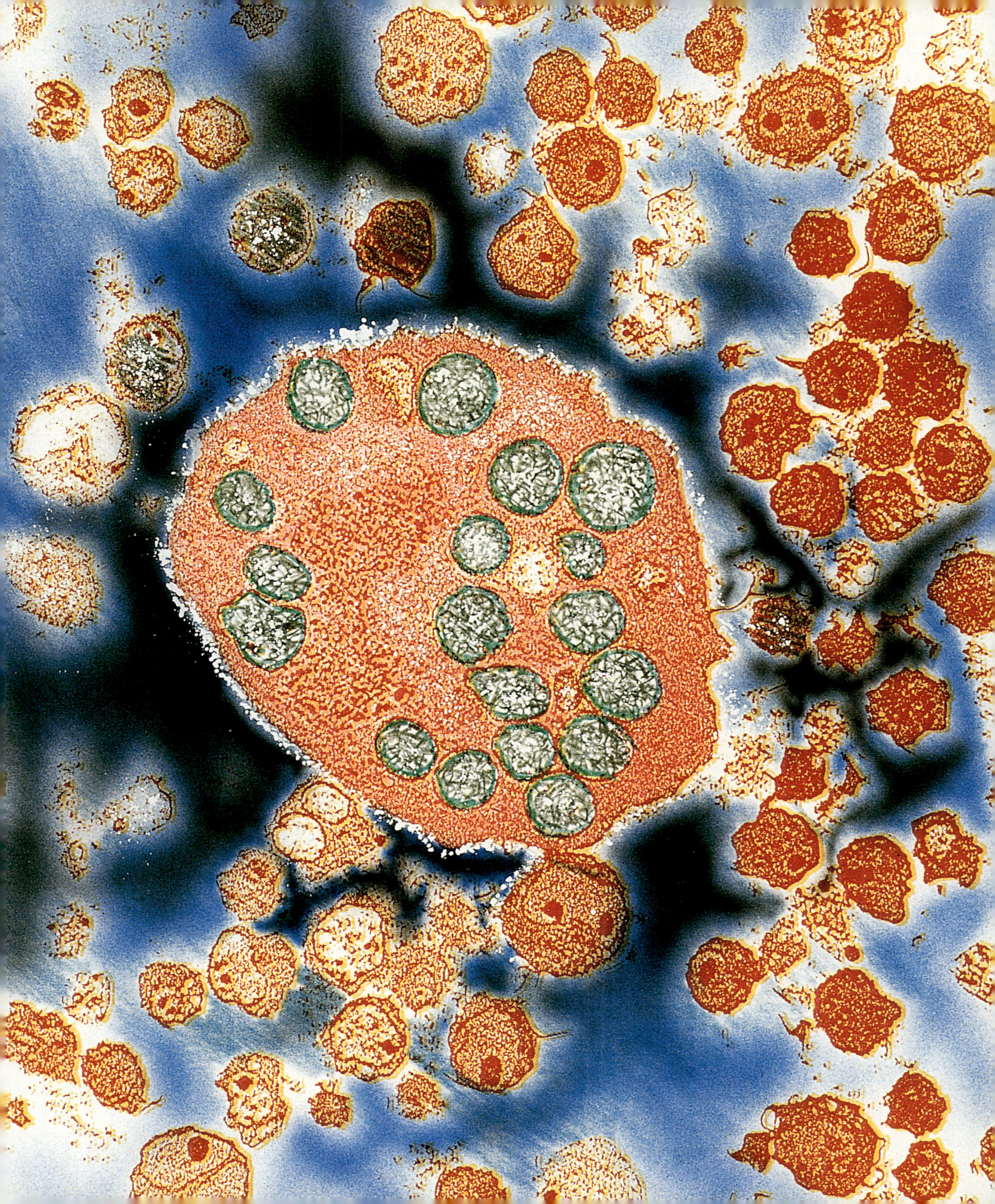

Raumstation MIR - Vom Leben im Weltall

Sowjetunion und Russland

Der Wettlauf zwischen den Großmächten USA und UdSSR in Wissenschaft und Technik prägte die Jahre des Kalten Krieges. Natürlich erstreckte er sich auch auf die bemannte Raumfahrt. Wer würde als Erster eine Raumstation einrichten können?

1986

DAS JAHR 1986

- Millionen Fernsehzuschauer verfolgen live den Start der US-Raumfähre *Challenger*. 73 Sekunden nach dem Start explodiert das Spaceshuttle, alle sieben Astronauten an Bord kommen ums Leben.
- Der seit 1965 regierende philippinische Diktator Ferdinand Marcos wird gestürzt. Corazón Aquino wird neue Staatspräsidentin.
- Der schwedische Ministerpräsident Olof Palme fällt einem Attentat zum Opfer.
- Im ukrainischen Kernkraftwerk Tschernobyl passiert der schwerste Unfall in der Geschichte der zivilen Nutzung der Atomkraft. Die Strahlenbelastung ist 40-mal höher als bei der Atombombenexplosion in Hiroshima.

Der Mission der sowjetischen Raumstation »MIR« gingen mehrere Versuche voraus, im All eine Forschungsstation einzurichten. Im April 1971 schoss die sowjetische Raumfahrtbehörde die 18 000 Kilogramm schwere »Saljut 1« ins All. Den Astronauten Georgij Dobrowolskij, Wladislaw Wolkow und Viktor Pazajew gelang es im zweiten Anlauf, die Saljut 1 zu betreten und dort 24 Tage lang physikalische, chemische und biologische Experimente durchzuführen. Auf der Rückreise zur Erde kamen unglücklicherweise alle drei durch ein Leck in der Luftversorgung ums Leben. Eine zweite Raumstation, die »Saljut 2«, geriet 1973 außer Kontrolle. Bis 1982 brachten die sowjetischen Wissenschaftler insgesamt sieben kleinere Raumstationen vom Typ Saljut ins All. Die einzige Raumstation der Amerikaner war das zwischen den Jahren 1973 und 1974 dreimal angeflogene »Skylab«.

All diese Stationen waren klein und nur kurzfristig bewohnbar. Die sowjetische Raumfahrtbehörde aber strebte die Entwicklung einer großen, dauerhaft verfügbaren Station an. Die Konstruktion aus einem Kernstück mit mehreren ankoppelbaren Modulen, über die auch die Versorgung mit Energie, Luft und technischen Geräten erfolgen konnte, sollte gewährleisten, dass die Station unbegrenzt verwendbar und erweiterbar war. Am 19. Februar 1986 gelang der Plan: Das Kernstück der »MIR« (Frieden) war auf dem Weg ins All. Ein Jahr später dockte das Labormodul »Kwant« an. »Kwant« enthielt unter anderem vier Röntgenteleskope, mit deren Hilfe die Kosmonauten die kurz vorher entdeckte Supernova »1987 A« beobachteten.

Nach der Koppelung weiterer Forschungsmodule war die Station 1986 endlich vollständig. Die Schwerelosigkeit an Bord der Raumstation ermöglichte medizinische, technische und pharmazeutische Experimente, die auf der Erde nur schwer zu bewerkstelligen waren. Dabei handelte es sich zum Beispiel um die Herstellung von großen Halbleiterkristallen, besonders fehlerfreien Gläsern, extrem starken Magneten oder auch bestimmter Medikamente wie Insulin. Mit ihrem einjährigen Aufenthalt im Weltraum – von 1987 bis 1988 – stellten die beiden Kosmonauten Wladimir Titow und Musa Manarow einen neuen Rekord auf.

Nach dem Ende der Sowjetunion nutzten immer mehr internationale Besatzungen die »MIR«. Zu den Mitgliedern der verschiedenen Teams gehörten auch die deutschen Astronauten Klaus-Dieter Flade (1992), Ulf Merbold (1994), Thomas Reiter (1995) und Reinhold Ewald (1997). 1995 wurde erstmals das amerikanische Raumfahrzeug »Spaceshuttle« an die »MIR« angekoppelt. Insgesamt besuchten über 100 Astronauten die Station.

1999 jedoch wollte die russische Raumfahrtbehörde die inzwischen technisch veraltete und mit jährlich 250 Millionen Dollar Betriebskosten zu teuer gewordene Raumstation außer Betrieb nehmen. Am 23. März 2001 stürzte die »MIR«, gezielt aus der Bahn gebracht, in den Pazifischen Ozean – ein Ereignis, das die Medien in die ganze Welt übertrugen.

Mehr als 100 Weltraumfahrer haben die »MIR« zwischen 1986 und 2001 besucht.

Supraleitfähigkeit - Schneller geht's nicht

Johannes Georg Bednorz (geb. 1950), Karl Alexander Müller (geb. 1927)

Im 19. Jahrhundert erkannte der Physiker Georg Simon Ohm (1789–1854), dass ein elektrischer Leiter – je nach Länge, Querschnitt und Materialkonstante – dem Stromfluss einen Widerstand entgegensetzt. Seitdem kämpft die Elektrotechnik gegen den dadurch ausgelösten Stromverlust.

1986

DAS JAHR 1986

- Aus den Stichwahlen zum Präsidenten Österreichs geht Kurt Waldheim von der ÖVP als Sieger hervor. Aufgrund seiner Vergangenheit als Offizier der Wehrmacht löst das Wahlergebnis international Proteste aus.
- Michail Gorbatschow stellt einen Plan für den Abbau aller atomaren Waffen bis zum Jahr 2000 vor.
- Corazon Aquino wird nach dem Sturz des Diktators Ferdinand Marcos Präsidentin der Philippinen.
- Wegen seiner Verwicklung in die Iran-Contra-Affäre um illegale Waffengeschäfte mit dem Iran muss der US-Sicherheitsberater John Poindexter zurücktreten.

Den ersten wissenschaftlichen Vorstoß in diese Richtung unternahm der Physiker Heike Kamerlingh-Onnes (1853–1926). 1911 entdeckte er ein Phänomen, das in der Fachsprache seither »Supraleitfähigkeit« heißt: Sobald die Temperatur bestimmter Strom leitender Materialien einen gewissen Wert, die so genannte Sprungtemperatur, unterschritt, ging der elektrische Widerstand schlagartig auf nahezu null zurück. Quecksilber besitzt beispielsweise diese Eigenschaft, ebenso wie viele andere Metalle.

Ganz problemlos gestaltet sich die Verwendung von Supraleitern jedoch nicht: Um die gewünschte Wirkung zu erzielen, muss die Temperatur des Materials nahe des absoluten Nullpunktes (0 Kelvin, das sind -273,15 Grad Celsius) liegen. Um diese Werte zu erreichen, müssen die Leiter mit flüssigem Helium gekühlt werden – das ist aber weitaus energieaufwändiger als die Stromerzeugung mit »normalen« Leitern. Zudem sind die Supraleiter gegenüber elektrischen Strömungen von außen extrem empfindlich.

Jahrzehntelang bemühte sich die Forschung, diese Probleme zu beheben. Erst 1986 entdeckten die Physiker Johannes Georg Bednorz und Karl Alexander Müller vom IBM Zürich Research Laboratory das »Zürich-Oxid«. Diese keramische Legierung wird schon bei Temperaturen um minus 200 Grad Celsius zum Supraleiter. Solche Werte sind mit flüssigem Stickstoff durchaus zu erreichen, was wesentlich geringere Kosten verursacht als die Kühlung mit Helium. Darüber hinaus reagieren die neuen keramischen Legierungen weniger stark auf externe Störungen als die metallischen Supraleiter.

Der Medizin eröffnete die Methode der Supraleitung ganz neue Möglichkeiten. Momentan arbeitet die Wissenschaft beispielsweise an der Entwicklung von SQUIDs (Quanten-Interferenz-Detektoren), supraleitenden Sensoren. Auf die Körperoberfläche gelegt, messen SQUIDs die durch elektrische Ströme von Herz oder Gehirn hervorgerufenen Magnetfelder. Die Sensoren registrieren Abweichungen von der Norm, erkennen, wo die Veränderung auftritt und wie stark sie ist. Ein Einsatz von SQUIDs könnte den Durchbruch bei der Früherkennung von Infarkten bedeuten. Auch andere Disziplinen profitieren von der enormen Messgenauigkeit der SQUIDs. Bodenschätze oder eine Materialermüdung bei Brücken oder Flugzeugteilen verursachen winzige Veränderungen im elektrischen Feld. Geologen oder Ingenieure können diese mit den Sensoren nachweisen und so den »Schatz« oder die Fehlerquelle besser orten.

Neben den Fortschritten in der Messtechnik revolutioniert die Supraleittechnologie viele technische Anwendungen. Sie beschleunigt elektronische Schaltkreise, dezimiert ihren Rauschpegel, ermöglicht eine kompaktere Bauweise einzelner Elemente und erhöht die Leistung von Prozessoren. Auch verringert ein zwischen Stromerzeuger und Verbraucher geschalteter Supraleiter den Verlust beim Stromtransport.

Supraleitfähigkeit funktioniert nur nahe des absoluten Nullpunktes, das sind -273,15 Grad Celsius.

-273,15 °C

Supernova – Wenn Sterne sterben

Chile

Im Jahr 1054 beobachteten chinesische Astronomen im Sternbild Stier die Explosion eines Sternes. Die Reste dieser kosmischen »Katastrophe«, einer »Supernova«, sind heute als immer noch expandierender »Krebsnebel« zu sehen. Bis 1987 wurden nach der Beobachtung in China nur zwei weitere Supernovae zweifelsfrei gesichtet: 1572 und 1604. Bei keinem Ereignis verfügten die Wissenschaftler über die technische Ausrüstung, das Geheimnis der explodierenden Sterne zu erforschen.

1987

DAS JAHR 1987

- Der schleswig-holsteinische CDU-Ministerpräsident Uwe Barschel erklärt kurz nach dem Wahlsieg der SPD seinen Rücktritt: Sein ehemaliger Medienreferent Reiner Pfeiffer hatte vor den Wahlen publik gemacht, Barschel habe eine Diffamierungskampagne gegen seinen Herausforderer Björn Engholm lanciert. Barschel bestreitet das. Wenige Wochen später wird er tot in der Badewanne seines Zimmers in einem Genfer Hotel gefunden. Ob es sich um Selbstmord oder Mord handelte, ist bis heute nicht klar erwiesen.
- US-Präsident Ronald Reagan und der sowjetische Parteivorsitzende Michail Gorbatschow unterzeichnen in Washington einen Vertrag, der die Verschrottung aller atomaren Mittelstreckenraketen regelt.
- Mit seiner Cessna fliegt der 19-jährige Deutsche Matthias Rust nach Moskau und landet auf dem Roten Platz.

Der Begriff »Nova« bezeichnet einen veränderlichen Stern, der plötzlich heller erstrahlt, dann langsam verblasst, danach aber noch eine Weile weiterexistiert. Frühe Astronomen nahmen zunächst nur die Helligkeit wahr und glaubten, einen neuen Stern (lateinisch *novum* = neu) entdeckt zu haben. Die Ursache dieser Erscheinung ist aber eine übermäßige Heliumproduktion in den äußersten Schichten des Himmelskörpers. Die extrem schnelle Ausdehnung des Gases verursacht viele kleinere Explosionen. Dadurch entsteht eine leuchtende Gashülle um den Stern. Bei einer »Supernova« – einer besonders intensiven »Nova« – kann die Helligkeit des Sterns das 100millionenfache der Ausgangshelligkeit erreichen.

Die jüngste Supernova entdeckte Ian Shelton, ein Wissenschaftler des chilenischen Las-Campanas-Observatoriums am 24. Februar 1987 in der Großen Magellanschen Galaxie. Diese Supernova war außergewöhnlich hell und erreichte ihr Maximum erst am 88. Tag. Mit modernsten Methoden durchgeführte Untersuchungen dieser Erscheinung lieferten den Forschern wichtige Erkenntnisse: Im Gegensatz zu den kleineren Explosionen bei einer Nova zerstört eine Supernova den Stern oder verändert ihn zumindest grundlegend. Die Sterne erreichen manchmal eine zehn Milliarden-Mal größere Helligkeit als die Sonne und geben in wenigen Tagen oder Wochen so viel Energie ab wie die Sonne in mehreren Millionen Jahren. Dann verblassen sie für immer. Meist bleibt außer einer sich ausdehnenden Gashülle – wie dem erwähnten »Krebsnebel« – wenig von dem Stern übrig. Im Inneren entsteht manchmal ein schnell rotierender Neutronenstern, ein so genannter Pulsar.

Obwohl die Forscher über Supernovae noch viel weniger wissen als über Novae, haben sie schon einiges herausgefunden: Es gibt zwei verschiedene Arten von Supernovae. Die erste und hellere Erscheinung entsteht vermutlich durch Doppelsterne. Einer der beiden nimmt von seinem Begleiter Materie auf, was ihn extrem instabil macht und schließlich zur Entzündung von Kohlenstoff führt. Der zweite, nicht ganz so helle Typ, zu dem die Erscheinung von 1987 gehört, stellt das Ende der Entwicklung eines massereichen Sterns dar. Alle Energiereserven sind erschöpft und der Stern fällt in einem Gravitationskollaps in sich zusammen. Dabei werden die äußeren Sternschichten mit Geschwindigkeiten von 5000 bis 10 000 Kilometern pro Sekunde abgestoßen. Nur solche Explosionen erzeugen die schwersten chemischen Elemente und schleudern sie in den Weltraum.

Aus den Überresten der Supernovae bilden sich neue Sterne, die mehr schwere chemische Elemente enthalten als ältere Himmelskörper. Von einer Beobachtung der Supernovae erhoffen sich Forscher Rückschlüsse auf Geschichte und Entwicklung des Weltalls. Unserer Sonne droht das »Schicksal« einer Supernova nicht – sie ist zu massearm, um auf diese Weise zu enden.

Aus den Resten einer Supernova bilden sich neue Himmelskörper.

Weltraumteleskop Hubble – Den Sternen ganz nah

Vereinigte Staaten von Amerika

Die Apparaturen, mit denen Forscher den Himmel beobachten, sind umso störungsanfälliger, je empfindlicher sie sind. Turbulenzen in der Atmosphäre und die Hintergrundhelligkeit auf der Erde beeinträchtigen und verzerren die Bilder ferner Gestirne. Um solche Komplikationen zu vermeiden, kamen Wissenschaftler auf die Idee, die Beobachtungsgeräte einfach in das All zu verlagern.

Gemeinsam entwickelten die US-amerikanische Raumfahrtbehörde NASA (National Aeronautics and Space Administration) und die europäische ESA (European Space Agency) das bisher größte Fernrohr zur Sternenbeobachtung, das »Hubble Space Telescope«. Es ist nach dem Astronom Edwin Powell Hubble (1889–1953) benannt, der im Jahr 1924 die Entfernung des Andromedanebels berechnet hatte. Damit hatte er erstmals nachgewiesen, dass außerhalb der Milchstraße noch andere Galaxien existierten. Mit dem Hubble-Teleskop lassen sich diese Galaxien etwa zehnmal genauer beobachten als bei klarer Sicht mit Teleskopen auf der Erde.

Am 24. April 1990 schickte die Raumfähre Discovery »Hubble« auf seine Umlaufbahn in 600 Kilometer Höhe. Das 13 Meter lange Teleskop ist weit mehr als ein einfaches Fernrohr: Im Grunde handelt es sich um ein multifunktionales Observatorium zur Beobachtung des Weltalls. Hubbles Hauptspiegel hat einen Durchmesser von fast 2,5 Metern. Zu seiner Ausrüstung gehören eine Weitwinkel-Planetenkamera, eine Spezialkamera für schwache Strahlung, zwei hoch auflösende Spektrografen und mehrere hochsensible Messgeräte, mit denen zum Beispiel die Entfernung von Sternen auf das Exakteste bestimmt werden kann. Die nötige Energie liefern Solarzellen. Die Geräte werden von der Erde aus fernbedient, zusätzlich fliegen Techniker alle 30 Monate das Observatorium an und warten es. Bevor Hubble voll einsatzfähig war, musste die Raumfähre Endeavour 1993 einen Fehler des Hauptspiegels beheben.

Die gesammelten Daten liefert Hubbles Bordcomputer via Kommunikationssatelliten an das Space Telescope Science Institute in Baltimore, das eigens für die wissenschaftliche Betreuung des Teleskops eingerichtet wurde. Mithilfe von Hubble hoffen die Forscher, ferne Galaxien beobachten zu können, mehr über den Lebensweg von Sternen und die Entstehung von Planetensystemen zu erfahren, Planeten im Bereich anderer Sterne zu finden sowie das Alter des Universums errechnen zu können, indem sie die Geschwindigkeit seiner Ausbreitung messen.

Astronomen aus zahlreichen Ländern reichen ihre Beobachtungsvorschläge in Baltimore ein, aus denen jährlich etwa 300 ausgewählt werden. Hubble lieferte den Forschern zum Beispiel faszinierende Bilder von der 1987 erschienenen Supernova oder vom Einschlag der Bruchstücke des Kometen Shoemaker-Levy 9 auf dem Jupiter 1994. Mittels Spektralanalyse konnten die Wissenschaftler die chemische Zusammensetzung der Jupiteratmosphäre genauer ermitteln. Die Originalbilder von Hubble sind schwarz-weiß, die der Öffentlichkeit vorgestellten Farbaufnahmen am Computer bearbeitet.

Hubbles Mission endet wahrscheinlich um 2010. Die Bilder aus dem All sind jedoch so aufschlussreich, dass NASA und ESA schon einen Nachfolger planen – noch größer, noch besser, aber kostengünstiger als das zwei Millionen Dollar teure Hubble.

Seit 1993 sendet das amerikanische Weltraumteleskop in 600 Kilometer Höhe Bilder aus dem All.

1990

DAS JAHR 1990

- Die südafrikanische Regierung entlässt den Bürgerrechtler Nelson Mandela, den Führer des ANC, aus der Haft. Er hatte 24 Jahre im Gefängnis verbracht.
- Aus den ersten freien Volkskammerwahlen in der DDR geht das konservative Parteienbündnis »Allianz für Deutschland« als Sieger hervor. Lothar de Maizière (CDU) wird Ministerpräsident.
- Die Außenminister der USA, Sowjetunion, Großbritanniens und Frankreichs sowie der BRD und der DDR unterzeichnen den »Zwei-plus-Vier-Vertrag«. Er schafft die Voraussetzungen für die deutsche Wiedervereinigung.
- Die britische Premierministerin Margaret Thatcher tritt nach elf Jahren im Amt zurück. Auch den Vorsitz der Konservativen Partei gibt sie ab.

Der »Mann vom Similaun« - Geschichten aus der Steinzeit

Konrad Spindler (geb. 1939)

Seit den Ausgrabungen der vom Vesuv 79 n. Chr. verschütteten Städte Pompeji und Herculaneum gab es keinen archäologischen Fund, der den Menschen des 20. Jahrhunderts das Leben ihrer frühzeitlichen Vorfahren so anschaulich vor Augen hielt wie »Ötzi«. Der Körper des in den Ötztaler Alpen entdeckten »Eismannes« ist besonders gut erhalten – und machte so bisher unerreichte wissenschaftliche Erkenntnisse möglich.

1991

DAS JAHR 1991

- Streitkräfte mit Soldaten aus 31 Nationen beginnen eine Militäraktion zur Befreiung des vom Irak besetzten Kuwait.
- Der Warschauer Pakt löst sich aufgrund des politischen Wandels in Osteuropa auf.
- Nachdem Kroatien und Slowenien ihren Austritt aus Jugoslawien erklärt haben, entbrennt ein Bürgerkrieg zwischen dem serbisch dominierten Bund und den beiden Teilrepubliken. Kurz darauf löst sich auch Bosnien-Herzegowina von Jugoslawien.
- Die Sowjetunion löst sich auf: Elf ihrer Teilrepubliken bilden die Gemeinschaft Unabhängiger Staaten (GUS), Michail Gorbatschow erklärt seinen Rücktritt als sowjetischer Staatspräsident.

Im September 1991 erreichte ein Nürnberger Ehepaar auf einer Bergtour in den Ötztaler Alpen (Tirol) den Similaungletscher. Auf der teilweise geschmolzenen Gletscherkuppe machten die Wanderer einen Fund, der ihnen zunächst das Blut in den Adern gefrieren ließ: einen Toten. Die Eheleute verständigten den Wirt einer nahe gelegenen Hütte, der wiederum die Bergrettung informierte. Nachdem auch ein Innsbrucker Gerichtsmediziner eingetroffen war, begann die Mannschaft, den Toten mit Eispickeln zu bergen. Die Arbeiter gingen recht unvorsichtig mit dem Leichnam um – zu diesem Zeitpunkt rechnete niemand damit, die Leiche könnte archäologische Bedeutung haben.

Einige Tage nach dem Ereignis erhielt der Ordinarius für Ur- und Frühgeschichte der Universität Innsbruck, Konrad Spindler, Nachricht von dem Fund. Spindler datierte die Waffen und die Ausrüstung des Mannes in den Übergang vom Neolithikum zur Kupferzeit (3350–3100 v. Chr.). Damit hatte er den sensationellen Wert »Ötzis« als älteste Mumie Europas erkannt.

Mit »Ötzi« lag erstmals nicht nur das Skelett eines Urzeitmenschen vor, sondern ein relativ gut erhaltener Körper. Die Untersuchungen brachten demnach völlig neue Erkenntnisse über das Leben im Alpenraum vor 5000 Jahren. Der »Similaunmann« hatte ein Alter zwischen 40 und 50 Jahren erreicht und war zum Zeitpunkt seines Todes in schlechter gesundheitlicher Verfassung. Fellgefütterte Kleidung und gepolstertes Schuhwerk schützten ihn nur unzureichend vor den eisigen Temperaturen im Hochgebirge. »Ötzi« trug mehrere Gegenstände bei sich: ein zu seiner Lebzeit seltenes Bronzebeil sowie einen kleinen Dolch mit Feuersteinklinge als Waffen, Werkzeuge und etwas Proviant, ein Glutgefäß zum Feuermachen und ein Mittel zur Wundversorgung. Ein nicht vollständig ausgeführter Bogen und halbfertige Pfeile zeugen davon, dass »Ötzi« beim Schnitzen unterbrochen wurde. Durch welche Umstände, ist unklar.

Ebenso bleibt die Frage offen, was diesen einsamen Wanderer in das unwirtliche Hochgebirge trieb. Die Erklärungsversuche reichen von der Theorie, »Ötzi« wurde als Kundschafter auf die Suche nach Metallvorkommen oder einem sicheren Alpenübergang geschickt, bis hin zu der scherzhaften These, er sei ein von einem Nebenbuhler verfolgter Liebhaber gewesen.

Zumindest gaben Pollen, die in seiner Kleidung hafteten, relativ sichere Hinweise zu seiner Herkunft aus dem Südtiroler Vintschgau. Ebenfalls in Oberitalien finden sich seiner Ausrüstung vergleichbare Stücke. Außerdem stammte der Feuerstein seiner Waffen aus einem dortigen Steinbruch.

Kürzlich wurde bekannt, dass Wissenschaftler in der Nähe seines Schulterblattes eine Pfeilspitze gefunden haben. Wurde der Mann ermordet? Dieses Geheimnis hat »Ötzi« wohl mit in sein Grab genommen.

Dieses Bronzebeil, das »Ötzi« bei sich trug, war vor 5000 Jahren eine ausgesprochene Kostbarkeit.

Webschwert
Spindeln
Spinnwirteln
Webgewichte
Schaber
Schnur aus Tiersehen
Flechttasche
Birkenrindengefäß
Steingefäß
Hackbeil

Klonschaf Dolly – Fluch und Segen der Gentechnik

Ian Wilmut (geb. 1945)

1996

DAS JAHR 1996

- Im afghanischen Bürgerkrieg nehmen die radikalen Islamisten der Taliban Kabul ein und bilden eine Übergangsregierung.
- Großbritanniens Thronfolger Prinz Charles und seine Frau Diana lassen sich scheiden.
- Peruanische Rebellen der »Tupac Amaru«-Bewegung besetzen die japanische Botschaft in Lima. Sie nehmen 490 Geiseln und fordern die Freilassung von 400 einsitzenden Anhängern.
- Vor der Dominikanischen Republik stürzt kurz nach dem Start eine Passagiermaschine der türkischen Birgen Air ins Meer. Alle 189 Insassen des Flugzeugs kommen bei dem Unfall ums Leben.

Am 5. Juli 1996 hielt nicht nur die Wissenschaft für einen kurzen Moment den Atem an. Mit der Geburt des geklonten Schafs Dolly präsentierten schottische Forscher der staunenden Weltöffentlichkeit ein Lamm, das seiner »Mutter« bis aufs Haar glich. Gingen damit kühne Träume oder Horrorvisionen in Erfüllung?

Der Embryologe und Leiter des Forschungsteams am schottischen Roslin Institut, Ian Wilmut, hatte schon einige Zeit versucht, ein Lebewesen zu klonen. 1996 entnahm er einem Schaf eine Eizelle und entfernte ihr Erbmaterial, die DNS. Nun implantierte Wilmut das Erbgut aus der Euterzelle eines zweiten Schafes in die Eizelle. Nun regte er die Eizelle an, sich zu teilen, als sei sie befruchtet worden. Wilmut verpflanzte den Zellhaufen in den Uterus eines dritten Schafes. Diese »Leihmutter« brachte im Sommer 1996 ein gesundes Lamm zur Welt – Dolly. Da die künstliche Schaffung genetisch identischer Nachkommen »reproduktives Klonen« heißt, wird Dolly als »Klonschaf« bezeichnet.

Mit Dolly fand eine Entwicklung ihren vorläufigen Höhepunkt, die 1859 mit der Evolutionstheorie von Charles Darwin (1809–1882) ihren Anfang nahm. Bereits 1930 erzeugte der deutsche Wissenschaftler Hans Spemann (1869–1941) den ersten künstlichen Klon, indem er einen Molchembryo mit einem Haar halbierte. Nachdem Forscher 1944 Nukleinsäuren (Desoxiribonukleinsäure oder DNS) als Träger der Erbanlagen erkannt hatten, entschlüsselten Francis Harry Compton Crick (geb. 1916) und James Dewey Watson (geb. 1928) 1953 gemeinsam die DNS-Struktur (Chromosomenstruktur). Das Jahr 1973 markierte dann die »Geburtsstunde der Gentechnik«. Es gelang erstmals, DNS aus zwei verschiedenen Organismen miteinander zu verbinden. Diese Voraussetzungen ermöglichten erst das Klonen eines Säugetieres im Embryonalstadium: 1981 teilten Wissenschaftler in den USA Rinderembryonen, seit Mitte der 1980er-Jahre ist das Embryosplitting bei Tieren auch in Europa Routine. Mit Dolly war es aber erstmals gelungen, das Klonen mit einer einzigen Zelle zu beginnen.

Beginnen Genforscher nun bald, Menschen zu klonen? Die Technik ist heute bereits so ausgereift, dass dem eigentlich nichts mehr im Weg steht. Heiß umstritten ist allerdings die Frage, ob dieser Vorgang ethisch zu vertreten ist. Als im März 2001 Wissenschaftler in den USA und Italien ankündigten, in naher Zukunft tatsächlich Menschen zu klonen, strebten Deutschland und Frankreich eine UN-Initiative dagegen an. Im August desselben Jahres beschloss das US-Repräsentantenhaus ein generelles Verbot menschlichen Klonens. Doch bereits Ende November 2001 existierten die ersten menschlichen Embryonen, produziert von US-amerikanischen Forschern, die daraus Stammzellen zur Entwicklung von Gentherapien gegen Krebs gewinnen wollten. Weltweit meldeten Wissenschaftler weitere Klonversuche mit menschlichen Zellen an.

Derzeit ist in den meisten Industrieländern ausschließlich das therapeutische Klonen eingeschränkt erlaubt. Dabei sollen innere Organe reproduziert werden, die dem Empfänger ohne Risiko implantiert werden könnten. Vielleicht stellt sich aber heraus, dass das Klonen nicht halten kann, was Befürworter sich erwarten: Dolly leidet heute schon als junges Schaf an den Beschwerden seiner »Mutter«: Sie hat Arthritis.

Die künstliche Schaffung identischer Nachkommen gelang zum ersten Mal bei einem Schaf.

BSE-Prionen – Die Rache der Natur

Stanley Prusiner (geb. 1942)

1984 untersuchte der Veterinär David Bee im englischen Sussex eine Kuh, die durch ihren torkelnden Gang auffiel. Bee konnte nicht herausfinden, warum sich die »Kuh 133« so merkwürdig verhielt. Sechs Wochen später verendete das Tier.

1997

DAS JAHR 1997

- In Paris stirbt Lady Diana bei einem schweren Autounfall.
- Peruanische Soldaten beenden die Geiselnahme in der japanischen Botschaft in Lima. Bei dem Einsatz werden 71 Geiseln befreit, eine Geisel, zwei Offiziere und alle 14 Geiselnehmer sterben während der Aktion. Die Tupac-Amaru-Rebellen hatten die meisten Geiseln bereits in den 126 Tagen seit ihrer Besetzung der Botschaft freigelassen.
- Die Labour Party erringt bei den Wahlen zum britischen Unterhaus den Sieg. Ihr Vorsitzender Tony Blair wird neuer Premierminister.

In den folgenden zwei Jahren beobachteten immer mehr Bauern und Ärzte auf der Insel ähnliche Fälle: Rinder schwankten beim Laufen und hatten Schaum vor den Mäulern. Die betroffenen Rinder zeigten stets Bewegungs- und Koordinationsstörungen, Orientierungslosigkeit, Versagen des Zentralnervensystems. Die Gehirne befallener Tiere zeigten sich bei der Obduktion schwammartig durchlöchert.

1986 erkannten britische Forscher den Auslöser des sonderbaren Verhaltens: Die Kühe waren von einer bisher unbekannten Krankheit befallen, die sie BSE nannten (»Bovine Spongiforme Enzephalopathie«), also die »schwammartige Hirnkrankheit beim Rind«. Im Volksmund aber setzte sich die Bezeichnung »Mad Cow Disease«, »Rinderwahnsinn« durch.

Der US-amerikanische Wissenschaftler Stanley Prusiner wies 1984 erstmals auf Erkrankungen hin, wie BSE sie darstellt. Im Gegensatz zu Infektionen, die von Viren oder Bakterien übertragen werden, hat BSE andere Erreger: komplex strukturierte, infektiöse Eiweißverbindungen. Diese nannte Prusiner »Prionen«. Eine Infektion erfolgt durch Ansteckung und durch Vererbung. 1997 erhielt Prusiner für seine Prionenforschung den Nobelpreis für Medizin.

Wie BSE entstand, ist allerdings unklar. Eine Theorie geht davon aus, dass mit Scrapieerregern infiziertes Tiermehl dafür verantwortlich sei. Scrapie, die Traberkrankheit, ist eine ebenfalls von Prionen übertragene Erkrankung der Schafe. Mitte der 1970er-Jahre erkrankten in Großbritannien etwa 100 000 Schafe daran. Die Tiere wurden notgeschlachtet, die Kadaver zu Tiermehl verarbeitet und an Rinder verfüttert. Tiermehl galt als hochwertiges, proteinreiches Kraftfutter – nur mit Gras und Heu erreicht heute keine Kuh in kurzer Zeit das nötige Schlachtgewicht.

Aber wie konnte der Erreger die Artenschranke vom Schaf zum Rind überschreiten? Möglicherweise ist die nicht artgerechte Fütterung dafür verantwortlich: Kühe sind Wiederkäuer und Pflanzenfresser. Die Agrarindustrie aber machte sie aus wirtschaftlichen Erwägungen zu »Fleischfressern« und »Kannibalen« – auch Schlachtabfälle aus Rindfleisch wurden zu Tiermehl verarbeitet. Offiziell sind weltweit über 200 000 Rinder von BSE befallen. In Deutschland gab es bis Juni 2002 183 Fälle. Die Dunkelziffer beträgt nach Einschätzung von Experten jedoch bis zu 800 000 Tiere weltweit, die bereits vor Ausbruch der Erkrankung geschlachtet, verarbeitet und verzehrt wurden.

Prionenkrankheiten sind nicht neu: Sie kommen in ähnlicher Form bei anderen Tierarten und beim Menschen vor: Bereits 1920 hatten der Neurologe Hans-Georg Creutzfeldt (1885–1964) und sein Kollege Alfons Jakob (1884–1931) beim Menschen eine Krankheit ausgemacht, die einen ähnlichen Verlauf wie BSE nimmt und tödlich endet – die Creutzfeldt-Jakob-Krankheit (CJK). Mitte der 1990er-Jahre traten die ersten Fälle einer Creutzfeldt-Jakob-ähnlichen Erkrankung beim Menschen auf. Sie befiel auch jüngere Menschen, die normalerweise nicht von CJK betroffen sind. Schnell war klar, dass BSE auch Menschen befallen kann.

Tiermehl als Kraftfutter machte Kühe zu »Fleischfressern« und begünstigte die Verbreitung von BSE.

El Niño - Eine schöne Bescherung

Europäisches Zentrum für mittelfristige Wettervorhersage und Max-Planck-Institut für Meteorologie

Nicht nur liebevoll erwarteten bereits im letzten Jahrhundert peruanische Fischer die Ankunft »El Niños«, des Christkinds. Um die Weihnachtszeit blieben die Passatwinde aus und das erwärmte, nährstoffarme Wasser wirkte sich negativ auf den Fischbestand und ihre Fangerfolge aus.

1997

DAS JAHR 1997

- Nach 156 Jahren geht die britische Kronkolonie Hongkong an die Volksrepublik China über. Es soll aber für weitere 50 Jahre den Status einer Sonderverwaltungszone mit einem hohen Maß an Autonomie erhalten.
- Die im bolivianischen Andendorf Vallegrande gefundenen menschlichen Gebeine sind die sterblichen Überreste des kubanischen Revolutionärs Che Guevara. Das bestätigen gerichtsmedizinische Analysen. Guevara hatte 1967 versucht, einen Umsturz in Bolivien anzuzetteln und war dabei erschossen worden.

Das Phänomen »El Niño« ist kein Kind unserer Tage. Schon 1567 dokumentierten die spanischen Eroberer in Südamerika ähnliche Erscheinungen. Alle drei bis sieben Jahre findet eine völlige Umkehrung der klimatischen Verhältnisse vor der Küste Südamerikas statt. Normalerweise ist das Wasser im östlichen Pazifik viel kälter als im Westpazifik. Dies führt zu einem Hochdruckgebiet an der südamerikanischen Küste, zu niedrigerem Luftdruck und viel Regen in Nordaustralien und Südostasien. Starke Passatwinde wehen von Osten nach Westen und schieben das von der Sonne erwärmte Oberflächenwasser von Südamerika nach Westen. »Das Christkind« lässt die Passatwinde an Kraft verlieren oder sogar wenden. Warmes Wasser fließt nun von Westen nach Osten und führt im Ostpazifik zu Temperaturerhöhungen von bis zu zehn Grad Celsius. Es kommt in der Folge zu starken Regenfällen in Südamerika sowie Dürreperioden in Südostasien und Australien. Die wirtschaftlichen Folgen für die betroffenen Gebiete, beispielsweise durch Missernten, sind meist ebenso katastrophal.

△ Computerbild der Klimaveränderungen im Ostpazifik und vor der Küste Südamerikas.

In manchen Jahren wird »El Niño« von einer »Schwester« begleitet, »La Niña« (das kleine Mädchen). Sie bewirkt, dass der Temperaturunterschied zwischen kaltem Wasser im Ost- und warmem Wasser im Westpazifik stärker wird – ein Auslöser für verheerende Wirbelstürme.

Im Jahr 1982/83 trat El Niño mit besonderer Heftigkeit auf – und traf Wissenschaftler und Bevölkerung völlig überraschend. 1997 gelang es den Klimaexperten des Europäischen Zentrums für mittelfristige Wettervorhersage im englischen Reading und des Max-Planck-Institutes für Meteorologie in Hamburg, schon zu Jahresbeginn vor dem El-Niño-Effekt zu warnen. Mittels eines Ozean-Atmosphäre-Modells war es ihnen gelungen, die Vorboten des »Christkinds« erstmals früh genug zu deuten. Einer der wichtigsten Parameter ist dabei die Oberflächentemperatur des Wassers im Ostpazifik, die schon ein Jahr im Voraus Veränderungen zeigt. Weiter verfeinerte Prognosen könnten es den betroffenen Ländern in Zukunft ermöglichen, Schutzmaßnahmen zu treffen und etwa die Landwirtschaft den Klimaanomalien anzupassen.

Es hat den Anschein, dass Bruder wie Schwester immer stärker und häufiger auftreten. Einen Grund vermutet man in einem langsamen Klimawandel, Beweise dafür fanden die Forscher allerdings noch nicht. Auf jeden Fall zeigt die El-Niño-Forschung die große Bedeutung der Weltmeere für das Klima. Inzwischen hat man auch über dem Atlantik einen leichten El-Niño-ähnlichen Effekt festgestellt. Manche Wetterkundler halten es für nicht unwahrscheinlich, dass sich auch dieser verstärkt und Stürme, die jetzt über dem Atlantik toben, in einigen Jahren Südwesteuropa treffen.

Erst mithilfe von Wetterdaten aus dem Weltraum, beispielsweise von Raumstationen, können globale Wetterphänomene wie El Niño nachgewiesen werden.

Expedition zum Jupiter – Bilder einer unbekannten Welt

Raumsonde Galileo (unterwegs von 1989 bis 1999)

1997

DAS JAHR 1997

- Timothy MacVeigh, der 1995 ein Hochhaus der Bundesverwaltung in Oklahoma City gesprengt haben soll, wird von den Geschworenen im Prozess schuldig gesprochen und zum Tode verurteilt. Bei dem Bombenattentat waren 168 Menschen gestorben.
- In Kalkutta stirbt die katholische Ordensfrau Mutter Theresa, die sich als Oberin ihres Ordens »Missionarinnen der Nächstenliebe« für die Armen eingesetzt hatte.
- Islamische Extremisten verüben vor dem ägyptischen Hatschepsuttempel ein blutiges Attentat. Mit Maschinenpistolen und Messern töten sie 58 ausländische Touristen und vier Ägypter.

Im 17. Jahrhundert hatte Galileo Galilei (1564–1642) beim Blick durch sein Fernrohr den Jupiter erstmals wahrgenommen. Fast 400 Jahre später sendete die Raumsonde »Galileo« in der bisher größten planetaren fernkundlichen Mission faszinierende Bilder des Planeten aus dem All.

Genauere Kenntnis über den Planeten Jupiter besaß die neuzeitliche Astronomie, seit Galileo Galilei ihn 1609/1610 mit einem Fernrohr beobachtet hatte. Der Wissenschaftler erkannte den Himmelskörper als rotierende Kugel, die von vier Monden (»galilesche Monde«) umgeben war. Mit der Verbesserung der Technik entdeckten Astronomen dann auch Wolkenstrukturen in der Atmosphäre des Jupiters, in der seit Jahrhunderten ein Wirbelsturm tobt.

Doch der Wissensdurst der Himmelsforscher war damit noch nicht gestillt. Im Dezember 1973 passierte die Raumsonde »Pioneer 10« den Jupiter im Abstand von 131 400 Kilometern, 1974 näherte sich »Pioneer 11« dem Planeten auf nur 42 000 Kilometer. 1979 brachten die Raumsonden »Voyager 1« und »Voyager 2« mehrere Tausend Fotografien des Jupiters zurück. Auf ihnen waren ein Ringsystem und Nahansichten der Monde Amalthea, Io, Europa, Ganymed und Kallisto zu sehen. Mithilfe der Bilder identifizierten die Forscher zwei neue Monde.

Am 18. Oktober 1989 schickte die NASA (National Aeronautics and Space Administration) die Raumsonde »Galileo« – die sie nach dem Entdecker des Planeten benannt hatte –, auf ihren Weg zum Jupiter. Diese Reise dauerte fast so lange wie ihre Planungsphase. Seit Beginn des Projekts im Mai 1977 wurde der Starttermin immer wieder verschoben, die Konfiguration der Sonde und der Träger ständig geändert. Ein halbes Jahr vor der Ankunft am Jupiter wurde die Atmosphären-Eintauchsonde, die so genannte Probe, abgetrennt. Sie drang im Dezember 1995 in die Jupiteratmosphäre ein und übermittelte während ihrer einstündigen Mission Informationen: grundlegende physikalische, chemische und meteorologische Daten der oberen Jupiteratmosphäre. Galileo selbst wurde kurze Zeit später auf eine Jupiterumlaufbahn gebracht. Zu den wissenschaftlichen Zielen der Jupiterbeobachtung gehörten in erster Linie die Beschreibung und das Verständnis verschiedener Wetterphänomene sowie des Nordlichts Aurora. Die kleinen, inneren Satelliten Metis, Adrastea, Amalthea und Thebe wurden als Verursacher der Form und Erscheinung, ja sogar der Existenz des sehr schwachen Ringsystems von Jupiter ausgemacht. Eine Kamera an Bord der Galileosonde, das so genannte SSI-Experiment (Solid State Imaging), lieferte erstaunliche Bilder, unter anderem auch die ersten Bilder von der Rotation der Erde. Diese Kamera arbeitete mit einem CCD-Chip, der eine Auflösung von 800 x 800 Bildpunkten hat: Mit einer Teleoptik von 1500 Millimeter Brennweite und 176,5 Millimeter Öffnung sendete sie detailreiche Bilder der Oberflächen der Monde – beispielsweise den aktiven Vulkanen auf Io – und der Wolkenstruktur des Jupiters.

Nach dem Einschwenken in die Umlaufbahn umrundete »Galileo« während seiner zweijährigen Primärmission bis 1997 den Jupiter elfmal. Aufgrund des großen Erfolges verlängerte die NASA die Mission um insgesamt zwei Jahre.

Zwei Jahre lang umkreiste die Raumsonde Galileo den größten Planeten unseres Sonnensystems.

Menschliches Erbgut – Das letzte Rätsel ist gelüftet

Craig Venter (geb. 1946)

Ein Ereignis kommt in seiner Bedeutung für den Menschen der ersten Mondlandung 1969 gleich: Die vollständige Entschlüsselung des menschlichen Genoms – die Beschreibung der individuellen Erbanlagen. Anhand dieser »Genkarte« will die molekulare Medizin Heilmethoden für erbliche Krankheiten wie Krebs, Alzheimer oder Osteoporose entwickeln.

2000

DAS JAHR 2000

- Die Bonner Staatsanwaltschaft nimmt Ermittlungen gegen Exbundeskanzler Helmut Kohl auf. Kohl hatte von 1993 bis 1998 Bargeldspenden in Höhe von zwei Millionen D-Mark angenommen und auf schwarze Konten eingezahlt. Er weigert sich, die Namen der Spender zu nennen.
- In Österreich wird Wolfgang Schüssel neuer Bundeskanzler. Seine konservative ÖVP war eine Koalition mit Jörg Haiders rechtspopulistischer FPÖ eingegangen.
- Nachdem Serbiens Diktator Slobodan Milosevic die Ergebnisse der Präsidenten- und Parlamentswahlen annulliert hatte, wird er gestürzt. Neuer Präsident wird Vojislav Kostunica, der Führer der demokratischen Opposition.
- George W. Bush geht aus den umstrittensten Wahlen der US-Geschichte als Sieger hervor. Nachdem irreführende Stimmzettel und ein veraltetes maschinelles Zählverfahren in Florida für Proteste gesorgt hatten, lehnt der Oberste Gerichtshof eine Handauszählung der Stimmen ab.

Um mehr über Erbkrankheiten zu erfahren und neue Wege der Diagnostik und der Therapie aufzuzeigen, gründeten Wissenschaftler 1988 in den USA die Human Genome Organisation (HUGO). Ihr Ziel war es, das menschliche Erbgut zu entschlüsseln. Als Genom bezeichnen Fachleute den einfachen Chromosomensatz und die auf ihm befindlichen Gene. Chromosomen sind unter dem Mikroskop sichtbare Träger der genetischen Informationen, der Desoxyribonukleinsäure (DNS). In den menschlichen Körperzellen befinden sich 46 Chromosomen, in den Keimzellen nur 23 – mit der Verschmelzung von Ei- und Samenzelle sind es wieder 46. In den Chromosomen liegt die spiralig gewundenen Leiter aus DNS. Die »Sprossen« der Leiter bilden die Basenpaare Adenin–Thymin und Guanin–Cytosin. Diese »horizontale« Folge ist festgelegt, da nur diese Verbindungen möglich sind. In der »vertikalen« Abfolge der Sprossen A, T, g und C liegt der Schlüssel zum Genom – und diese Sequenz galt es zu knacken.

Die Leitung von HUGO übernahm anfangs James Watson (geb. 1928), der 1953 die DNS-Struktur entdeckt hatte. Bereits 1992 gelang den Forschern die vollständige Kartierung des Chromosoms 23 und des Y-Chromosoms, das beim Menschen das männliche Geschlecht festlegt. Am Wettlauf um die vollständige Entschlüsselung der menschlichen Gene nahm auch der US-amerikanische Wissenschaftler und Geschäftsmann Craig Venter mit seiner eigens dafür gegründeten Biotechnologie-Firma Celera Genomics teil. Am Ende gewann Venter das Rennen. Im Juni 2000 verkündete er der versammelten Weltpresse, dass er bereits 99 Prozent des menschlichen Genoms entschlüsselt habe. Die Wissenschaftler der HUGO warfen Venter, der hauptsächlich mit seinem eigenen Erbgut arbeitete, vor, ein Egozentriker und Scharlatan zu sein.

Im Januar 2001 stellten dann die Forscher des Genom-Projekts ihre Ergebnisse vor. Danach besitzt der Mensch mit etwa 26 000 bis 40 000 Genen (man hatte über 100 000 erwartet) gerade einmal doppelt so viele wie eine Fruchtfliege oder ein Wurm. Dennoch tragen die Erbanlagen der Tatsache Rechnung, dass der Mensch ein sehr viel komplexeres Lebewesen ist: Menschliche Gene sind nämlich komplizierter aufgebaut als die eines Tieres. Außerdem gibt es auf der menschlichen Genkarte »Wüsten«, also Felder, auf denen keine oder nur sehr wenig Gene liegen. Nur rund zwei Prozent der Gene bilden die für die Steuerung der Körperfunktionen wichtigen Proteine. Andererseits sind so genannte »Hot Spots« besonders aktiv.

Die erwartete Gleichung »ein Gen für eine Krankheit« ging leider nicht auf. Es dauert wohl noch einige Zeit, bis die Wirkungsweise aller Gene enträtselt ist. Ob eine solche Manipulation ethisch zu vertreten ist, ist eine schwierige Frage – jeder erbkranke Mensch wird sie wohl mit »Ja« beantworten.

Von der Entschlüsselung des Erbguts versprechen sich die Wissenschaften den Durchbruch bei der Heilung erblicher Krankheiten.

Was die Welt im Innersten zusammenhält

Griechische Philosophen

Erstaunlicherweise hegten schon Philosophen in der griechischen Antike die Vorstellung, dass alle Körper sich aus winzig kleinen, identischen Stücken zusammensetzen. Leukippos (um 450–370 v. Chr.) und sein Schüler Demokrit (um 460–370 v. Chr.) nannten diese Elementarteilchen aller Materie »Atome« (griechisch atoma = unteilbar) und gründeten die Schule der so genannten »Atomisten«. Diese glaubten, die Atome seien unzerstörbar und würden ewig existieren. Sie seien so klein, dass man sie nicht sehen könne, und außer der Leere das einzig Existierende. Durch ihre Bewegung, ihr Aufeinanderprallen und Anhäufungen sei die Welt entstanden. Die Eigenschaften der Gegenstände werde allein durch den Zusammenhalt der Atome bestimmt. Veränderungen entstünden durch Bewegung in den Atomanhäufungen. Unter den »Atomisten« wurde vor allem die Frage diskutiert, ob die einzelnen Atome wirklich identisch seien. Der Philosoph Anaxagoras vertrat die Überzeugung, jede Substanz bestehe aus unterschiedlichen Atomen. Empedokles meinte, es gäbe vier verschiedene Atomarten der Elemente Feuer, Wasser, Erde und Luft.

Die moderne Atomtheorie

Diese Gedanken aus dem alten Griechenland gerieten 2000 Jahre lang in Vergessenheit. Erst im 17. Jahrhundert diskutierten Philosophen wieder über diese kleinsten Bausteine der Natur. René Descartes (1596–1650) nahm an, dass diese Elementarteilchen – er nannte sie Korpuskeln – unterschiedliche Masse, verschiedene Bewegung und andersartige Eigenschaften haben, die mathematisch berechnet werden könnten. Die Atomtheorie, auf der die moderne physikalische Wissenschaft beruht, entwickelte im Jahr 1803 der britische Chemiker und Physiker John Dalton (1766–1844). Demnach besteht die Materie aus Atomen verschiedener Gewichte, die zueinander in einfachen Verhältnissen stehen. Jedes chemische Element setzt sich aus Atomen einer dieser Gewichtsklassen zusammen. Chemische Substanzen bestehen aus Verbindungen verschiedener Atome. Zersetzt man die Verbindungen, gehen die Atome daraus unverändert hervor. 1808 versuchte Dalton in seinem Buch *A New System of Chemical Philosophy* die Atomgewichte der damals bekannten Elemente in ein Verhältnis zueinander zu setzen. Als Bezugsgröße diente ihm das Wasserstoffatom, dass er gleich 1 setzte.

All diesen Theorien lag jedoch die Annahme zugrunde, dass die Atome feste Materiestücke seien. Dann jedoch entdeckte Antoine Henri Becquerel (1852–1908) 1896, dass Uransalze Strahlen abgeben, die feste Stoffe durchdringen und nur durch Blei abgeschirmt werden können. Marie (1867–1934) und Pierre Curie (1859–1906) fanden mit dem Polonium und dem Radium weitere strahlende Elemente. Diese Strahlung, so stellten sie fest, konnte nicht durch den chemischen oder physikalischen Zustand der Ausgangssubstanzen hervorgerufen werden – die sich ja nicht sichtbar veränderten – sondern musste aus dem Inneren der Materie selbst kommen. Zur gleichen Zeit entdeckte der britische Physiker Joseph John Thomson (1856–1940) das Elektron, ein Teilchen mit einer wesentlich geringeren Masse als die Atome.

Atommodelle

Mit diesen Entdeckungen musste die Frage nach den kleinsten Bausteinen der Natur und der Beschaffenheit eines Atoms völlig neu gestellt werden. Doch erst die intensiven Experimente des in Neuseeland geborenen britischen Physikers Ernest Rutherford (1871–1973) führten 1911 zu einem Atommodell, das heute noch Gültigkeit hat. Nun wusste man, dass ein Atom aus einer Hülle besteht, auf der negativ geladene Elektronen kreisen, sowie einem Kern, in dem sich Neutronen und positiv geladene Protonen befinden. Doch das Modell erklärte noch nicht alle Kräfte, die im Atomkern wirken. So müsste zum Beispiel eine beschleunigte bewegte Ladung wie die Elektronen

Marie Curie (1867–1934)

Albert Einstein (1878–1955)

Energie in Form von Licht abgeben, dadurch allmählich an Bewegungsenergie verlieren und schließlich in den Kern stürzen.

Der dänische Physiker Niels Bohr versuchte diese Widersprüche 1913 zu erklären. Er postulierte, die Elektronen würden ganz bestimmte Energiezustände einnehmen. Nur beim Übergang von einer energiereicheren Bahn auf eine energieärmere ist das Elektron in der Lage, Licht zu emittieren. Grundsätzlich befinden sich die Elektronen jedoch im energieärmsten und damit stabilen Zustand. Nur wenn man dem System Energie zuführe, würden sie für kurze Zeit in einen angeregten, aber instabilen Zustand übergehen. Bohr nahm an, dass mehrere Elektronen den Kern im selben Abstand umlaufen und damit eine »Elektronenschale« bilden. Nach der 1900 von Max Planck (1858–1947) entwickelten Quantentheorie spielen sich Vorgänge im molekularen, atomaren und subatomaren Bereich nicht kontinuierlich ab, sondern sprunghaft.

1905 erkannte dann Albert Einstein (1878–1955), dass Licht nicht nur in Form von Energiewellen auftritt, sondern auch Teilchencharakter besitzt. Manche physikalische Vorgänge lassen sich nur erklären, indem man vom Wellencharakter des Lichts ausgeht, andere nur, wenn man Teilchen zugrunde legt. Diese Lichtteilchen bzw. Lichtquanten nannte er Photonen. 1923 fragte Louis de Broglie (1892–1987), ob auch Teilchen wie Elektronen oder Protonen Wellencharakter haben, was in der Folgezeit durch Experimente bestätigt wurde. 1927 postulierte Werner Heisenberg (1901–1976) mit seiner Unschärfetheorie, dass Ort und Impuls eines Elementarteilchens wie eines Elektrons nie gleichzeitig bestimmt werden kann, weil die Beobachtung das Verhalten ändert.

Die wissenschaftlichen Erkenntnisse der Atomphysik haben in der Praxis zwei gegensätzliche Seiten. Die entfesselte Energie der Atombombe stellte die Menschheit vor einen gesellschaftlichen Abgrund. Gleichzeitig könnte die friedliche Nutzung der Atomenergie die Energieversorgung der Menschheit für Jahrtausende sichern.

Die Kräfte im Atom

Außerdem stellten die Wissenschaftler nun die Frage nach den »Kernkräften«, die Protonen und Neutronen im Atomkern zusammenhalten. Um diese Kräfte zu überwinden, beschossen sie Atomkerne mit hochenergetischen Teilchen. Bei diesen Experimenten – und in kosmischer Strahlung – fanden sich bislang über 200 so genannte Elementarteilchen. Diese winzigen, subatomaren Bausteine haben meist eine Lebensdauer unter einer hundertmillionstel Sekunde. So werden die Kernbestandteile nach der derzeit gültigen Theorie durch Austauschkräfte zusammengehalten.

Die Vielfalt der Elementarteilchen ist nur schwer in ein System zu bringen. Heute teilt man sie nach den Kräften, die auf sie wirken, in Hadronen, Leptonen und Bosonen. Zu jedem Teilchen gibt es auch ein Antiteilchen, das die umgekehrte Ladung trägt. 1963 postulierten die amerikanischen Physiker Murray Gell-Mann und George Zweig, dass Hadronen aus noch grundlegenderen Elementarteilchen zusammengesetzt seien. Heute gelten diese von Gell-Mann »Quarks« genannten Teilchen als kleinste Einheit von Atomkernen.

Neben der Frage nach der Natur des Atomkerns stellte sich die der praktischen Verwendbarkeit dieser Entdeckungen. In den frühen 1930er-Jahren gelang es dem französischem Ehepaar Frédéric und Irène Joliot-Curie, künstlich radioaktive Elemente (Isotope) herzustellen, indem sie stabile, nicht strahlende Elemente mit passenden Teilchen beschossen. Später erzeugte der italienische Physiker Enrico Fermi in der Natur nicht vorkommende, strahlende Elemente, die schwerer als Uran sind (Transurane).

1939 gelang es den deutschen Wissenschaftlern Otto Hahn und Friedrich Straßmann durch Zufall, einen Atomkern zu spalten. Damit war sowohl der Weg zur militärischen, als auch zur friedlichen Nutzung der Kernenergie geebnet.

Register

Themenüberblick

Bild- und Textnachweis

1 Bayer AG; 2 Twinbooks, München; 6 Stockbyte; 9 Twinbooks, München; 11 Twinbooks, München; 12 Twinbooks, München; 13 Pfeile, Ötzi Dorf Umhausen; 15 Ägyptische Lampe mit Träger, Twinbooks, München; 16 Alter Staudamm von Assuan, Twinbooks, München; 17 Bewässerungssystem in Ägypten, Twinbooks, München; 18 Webstuhl aus Kreta, Twinbooks, München; 19 Römischer Webstuhl, Foto: Römerstadt Augusta Raurica; 20 Steinzeitliches Gefäß, Ötzi Dorf Umhausen; 21 Interfoto, München; 22 Getty Images; 23 Fenstersonnenuhr Rottweil, Wuppertaler Uhrenmuseum; 24 Hängebrücke, Twinbooks, München; 25 Brückenbau, Twinbooks, München; 26 Stonehendge, Twinbooks, München; 27 Hekeser Steine, Mario Fietz, www.stonepages.de; 28 Sternbild, Twinbooks, München; 29 Himmelskarte, Twinbooks, München; 30l Nikolaus Kopernikus, Twinbooks, München; 30r Galileo Galilei, Twinbooks, München; 31o Sonnenflecken, Getty Images; 31m Weltraumteleskop Hubble, Getty Images; 31u Isaak Newton, Twinbooks, München; 32 Papierschöfen, Basler Papiermühle; 33 Kolorierter historischer Stich: Papierherstellung, Basler Papiermühle; 35 Attische Schale, Kampf zwischen Griechen und Amazonen, Twinbooks, München; 37 Twinbooks, München; 38 Jan van Eyck: Die Madonna des Kanzlers Rolin (um 1425), Twinbooks, München; 39 Albrecht Dürer: Anbetung der Könige (1504), Twinbooks, München; 40 Psalter von Corbie, Initiale (8.-9.Jh.), Twinbooks, München; 41 Attische Vase: Streitwagen und Löwen (8.-7.Jh.v.Chr.), Twinbooks, München; 42 Twinbooks, München; 43 Chefren-Pyramide, Twinbooks, München; 44 Twinbooks, München; 45 Computergrafik, Getty Images; 46 ägyptische Waage, Twinbooks, München; 47 Petrus Christus: Der hl. Eligius in seiner Werkstatt (1449), Twinbooks, München; 49 Louis Jean Francois Lagrenée d. Ä.: Schmiede des Vulkans, DuMont-Archiv; 51 chinesischer Kompass, Twinbooks, München; 53 Twinbooks, München; 55 Sonnenfinsternis, Getty Images; 56 Römische Wasserleitung, Twinbooks, München; 57 Languedoc Pont du Gard, Interfoto, München; 58 Chaldäische Keilschrift, Twinbooks, München; 59o Mittelalterliches Hausbuch: Gelehrte am Lesepult (15.Jh.), Twinbooks, München; 59u Handschrift Canterbury (Anf. 12.Jh.), Twinbooks, München; 60 Deutsches Kaufhaus (um 1520), Twinbooks, München; 61 Twinbooks, München; 63 Skulptur des Hippokrates, Twinbooks, München; 65 DuMont-Archiv; 67 Twinbooks, München; 69 Twinbooks, München; 71 Twinbooks, München; 73 Kaffeeservice mit Landschaftsmalerei nach Pascha Weitsch, Fürstenberg (um 1790), Museum im Schloss der Porzellanmanufaktur Fürstenberg; 75 Twinbooks, München; 76 Windmühle in Griechenland, Twinbooks, München; 77 Jacob van Ruysdael: Die Mühle von Wijk bei Duurstede, Detail (1670), Twinbooks, München; 78 Twinbooks, München; 79 Twinbooks, München; 81 Amethystzepter, Mörchnerkar/ Zillertal, Foto: Hermann Brunner; 83 Hans Holbein d. Ä.: Die Gesandten, Detail (1533), Twinbooks, München; 84 Bankett, etruskische Wandmalerei, Twinbooks, München; 85 DuMont-Archiv; 86 Herstellung von Sanduhren, Wuppertaler Uhrenmuseum; 87o Chinesische Wasseruhr, Wuppertaler Uhrenmuseum; 87u Stockbyte; 88 Twinbooks, München; 89 Twinbooks, München; 91 Räderuhrwerk, Stockbyte; 92 Twinbooks, München; 93 Quinten Massys (1465/66-1531): Der Kanonikus Stephan Gardiner, Twinbooks, München; 94 Twinbooks, München; 95 Edmund Heller: Der Alchimist, Twinbooks, München; 97 Regenbogen, Foto: Hans Schremmer, www.himmelsfarbe.de; 99 Wandmalerei in Herculaneum, Twinbooks, München; 100 Johannes Gutenberg, Twinbooks, München; 101 Twinbooks, München; 102 Nikolaus Kopernikus, Twinbooks, München; 103 Sonne, Getty Images; 105 Twinbooks, München; 106 Twinbooks, München; 107 Leonardo da Vinci (1452-1519): Anatomische Zeichnung, DuMont-Archiv; 108 Schiefer Turm, Pisa, Twinbooks, München; 109 Galilei im Dom zu Pisa, Twinbooks, München; 110 Twinbooks, München; 111 Historisches Mikroskop, Carl Zeiss Jena GmbH; 112o Gottfried Wilhelm Leibniz, Twinbooks, München; 112u René Descartes, Twinbooks, München; 113 Quinten Massys: Der Wechsler und seine Frau (1514), Twinbooks, München; 114 Hans Sebald Beham: Deutsches Stadtleben (um 1550), Twinbooks, München; 115o Rechenmaschine (1623), Quelle: IBM; 115u Eniac Computer, US-Army Photo; 117 Twinbooks, München; 119 Leonardo da Vinci (1452-1519): Anatomische Zeichnung, DuMont-Archiv; 120 Stockbyte; 121 Jupiter, Getty Images; 122 Planetenbahnen, Twinbooks, München; 123 Johannes Kepler, Twinbooks, München; 125 Sternwarte in Nizza, Twinbooks, München; 127 U-Boot, Howaldtswerke Deutsche Werft AG, Kiel; 129 Rechenmaschine (1623), Quelle: IBM; 131 Twinbooks, München; 133 Descartes in Amsterdam, Twinbooks, München; 134 Otto von Guericke, Twinbooks, München; 135 Die Magdeburger Halbkugeln, Twinbooks, München; 137 Stockbyte; 139 Twinbooks, München; 140o Postbote (18.Jh.), Twinbooks, München; 140u Gabriel Metsu (1629-1667): Der Briefschreiber, Twinbooks, München; 141o Stockbyte; 141u Twinbooks, München; 142 Gottfried Wilhelm Freiherr von Leibniz, Twinbooks, München; 143 Twinbooks, München; 145 Isaak Newton, Twinbooks, München; 146 Edmund Halley, Twinbooks, München; 147 Halleyscher Komet, Getty Images; 149 Blutdruckmessgerät, Interfoto, München; 151 Twinbooks, München; 152 Immanuel Kant, Twinbooks, München; 153 Meteorit in der Milchstraße, Getty Images; 154 Benjamin Franklin, Twinbooks, München; 155 Blitz Miyuki Shishido, Foto: Hans Schremmer, www.himmelsfarbe.de; 156 Galen und Hippokrates, Fresko Anagni (ca. 1255), Twinbooks, München; 157 Rembrandt van Rijn: Der Arzt Nicolaes Tulp bei der Demonstration der Anatomie des Armes (1632), DuMont-Archiv; 159 Dampfmaschine von James Watt, Twinbooks, München; 160 Twinbooks, München; 161 Twinbooks, München; 162 Twinbooks, München; 163 Ballon der Brüder Montgolfiere, Twinbooks, München; 165 Mechanischer Webstuhl (Anf. 19.Jh.), Twinbooks, München; 166 Galvanis Froschschenkelversuche, Twinbooks, München; 167 Twinbooks, München; 168 Mittelrheinischer Meister: Das Paradiesgärtlein (geg. 1420), Twinbooks, München; 169l Florence Nightingale (1855), Twinbooks, München; 169r Computertomographie, Siemens AG; 169u Getty Images; 170 Impfung (um 1830), Twinbooks, München; 171 Meister von Alkmaar: Speisung der Hungrigen (1540), Twinbooks, München; 172 Pierre Simon Laplace, Twinbooks, München; 173 Illustration eines Schwarzen Loches, Getty Images; 175 Twinbooks, München; 176 Hochdruckdampfmaschine, DuMont- Archiv; 177 Twinbooks, München; 179 Twinbooks, München; 181 Twinbooks, München; 182 Bogenlampe, Twinbooks, München; 183 Twinbooks, München; 185 Lilienthal, Fliegeberg (16.8.1894), Archiv Otto-Lilienthal-Museum, www.lilienthal-museum.de; 187o Draisine, Twinbooks, München; 187u Tretkurbelrad (ca. 1860), Zweirad Museum Havel-Auen-Werder; 189 Dinosaurier-Freilichtmuseum Münchehagen; 191 Twinbooks, München; 193 Twinbooks, München; 194 Jan Vermeer: Der Soldat und das lachende Mädchen (geg. 1655-1660), Twinbooks, München; 195lo Vasco da Gama, Twinbooks, München; 195mo Christoph Kolumbus, Twinbooks, München; 195ro Roald Admundsen, Twinbooks, München; 195u Stanley sucht Livingstone in Afrika (1872), Twinbooks, München; 197 Stockbyte; 198 Stockbyte; 199 DuMont-Archiv; 201 Morseapparat, Twinbooks, München; 202 Eniac Computer, US-Army Photo; 203 Stockbyte; 205 Faraday in seinem Laboratorium in London, Twinbooks, München; 206 Twinbooks, München; 207 Honoré Daumier: Die Geduld ist die Tugend der Esel (1839), Twinbooks, München; 208 Sonnenkorona, Getty Images; 209 Sonne, Getty Images; 211 Twinbooks, München; 212 Charles Darwin, Twinbooks, München; 213 Twinbooks, München; 215 Neanderthal Museum; 216 Mendeldenkmal in Brünn, Twinbooks, München; 217 Twinbooks, München; 219 Werbeplakat, Robert Bosch GmbH; 220 Robert Wilhelm Bunsen, Twinbooks, München; 221 Spektralanalyse, Twinbooks, München; 222 Carmina Burana: Sommerlandschaft (13.Jh.), Twinbooks, München; 223 Ankunft der Löwen im Londoner Zoo (1876), Twinbooks, München; 224o Botanischer Garten in London (1852), Twinbooks, München; 224u Sebastian Münsters Cosmographie (1550), Twinbooks, München; 225 Mikroskop-Aufnahme der DNA, Bayer AG; 226 Twinbooks, München; 227 Twinbooks, München; 229 Getty Images; 230 Sueskanal, Twinbooks, München; 231 Alfred Nobel, Twinbooks, München; 233 Periodisches System nach Mendelejeff, Twinbooks, München; 235 Bakterienproben unter der Lupe, Bayer AG; 237 Bild der Erde, Computergraphik, Getty Images; 239 Benz´sche Patent-Motorwagen, Daimler Benz Archiv; 241 Werbung für Edisons Phonograph, Twinbooks, München; 243 Louis Pasteur, Twinbooks, München; 245 Interfoto, München; 247 Britische Truppen in Burma (1887), Twinbooks, München; 248 BASF Aktiengesellschaft; 249 New Yorker Riesenhäuser, Twinbooks, München; 250o Hasenjagd, Kastilien (Anf. 12.Jh.), Twinbooks, München; 250u Die Ermordung der Marschälle von Clermont und von Champagne (14.Jh.), Twinbooks, München; 251 Britische Truppen im 2. WK, Twinbooks, München; 253 Vertikale Lochkarten-Sortiermaschine von Hollerith (1908), Quelle: IBM; 255 Bert Kaempert mit Grammofon (1961), Interfoto, München; 256 DuMont-Archiv; 257 Guglielmo Marconi mit Telegraph (1930), Twinbooks, München; 259 Louis und Auguste Lumiere, Film Museum Berlin, Deutsche Kinemathek; 260 Wilhelm Konrad Röntgen, Twinbooks, München; 261 Twinbooks, München; 263 Siegmund Freud, Twinbooks, München; 265 Marie Curie mit ihrer Tochter Irène, Twinbooks, München; 267 Labor für Aidsforschung, Bayer AG; 268 Twinbooks, München; 269 Luftschiff Hindenburg steht in Flammen (1937), Twinbooks, München; 271 Palast von Knossos, Twinbooks, München; 272 Rote Blutkörperchen, Twinbooks, München; 273 Twinbooks, München; 275 Doppeldecker der Gebrüder Wright, Twinbooks, München; 276 Durchfahrt des Moses durchs Rote Meer (geg. 1100), Twinbooks, München; 277lo Bahnhof von Cambridge (1848), Twinbooks, München; 277ro London in den 80ern, Twinbooks, München; 277u Twinbooks, München; 279 Twinbooks, München; 281 Menschliches Gehirn, Twinbooks, München; 283 Christian Weber, www.integrativ.ch; 285 Stockbyte; 286 Mikroskop-Aufnahme Chromosomen, Max-Planck-Gesellschaft; 287 John Fox Images; 288 Getty Images; 289 Vitamin C, Kristallaufnahme, Roche Vitamine GmbH; 291 Twinbooks, München; 292 Alfred-Wegener Institut für Polar- und Meeresforschung; 293 Twinbooks, München; 294 Twinbooks, München; 295 Fließband, Robert Bosch GmbH; 297 Untergang der Titanic, Twinbooks, München; 299 Albert Einstein, Twinbooks, München; 300 Twinbooks, München; 301 Bienentanz, Deutscher Imkerbund e.V. Wachterberg-Villip; 302 M. Santos-Dumont und sein Zeppelin in Paris, Chaps Elysées, Twinbooks, München; 303l Louis Blériots erster Flug über England (1909), Twinbooks, München; 303r Stockbyte; 304 Wetterkarte, Deutscher Wetterdienst; 305 Getty Images; 306 Nervenfluoreszenzaufnahme, Max-Planck-Gesellschaft; 307 Twinbooks, München; 309 Twinbooks, München; 311 Space Shuttle, Getty Images; 313 Bakterienkultur, Bayer AG; 315 Interfoto, München; 317 RAMAC IBM 305 (1958), Quelle: IBM; 319 Desy, Deutsches Elektronen-Synchotron; 320 Getty Images; 321 Twinbooks, München / Stefanie Zehender; 323 Interfoto, München; 325 Twinbooks, München; 327 Stockbyte; 328 Stockbyte; 329 Kernkraftwerke Gundremmingen (o) und Biblis (u), RWE Power AG; 331 Bayer AG; 332 Twinbooks, München; 333o Grafik einer Raumstation, Getty Images; 333lu Twinbooks, München; 333ru Twinbooks, München; 335 Detonation einer Atombombe, Getty Images; 336 Getty Images; 337 Getty Images; 339 Twinbooks, München; 341 Molecular Modelling, dreidimensionale DNA-Struktur, Bayer AG; 343 Grafik eines Wetter-Satelliten, Getty Images; 345 Lichtleitfaser, Stockbyte; 346 Hieronymus Bosch: Der Garten der Lüste, Mittelstück (geg. 1485), Twinbooks, München; 347 Twinbooks, München; 349 Interfoto, München; 351 Illustration eines Satelliten, Getty Images; 353 CERN, European Organisation for Nuclear Research; 355 Tim Berners Lee (11.Juli 1994), CERN, European Organisation for Nuclear Research; 357 Mikroprozessor, Quelle: IBM; 358 Luna Modul, Getty Images; 359 Getty Images; 360o Erschaffung Evas, Fresko (Ende 12.Jh.), Twinbooks, München; 360m Charles Darwin, Twinbooks, München; 361 Gorilla, Twinbooks, München; 363 Stockbyte; 364 Untersuchung mit CT-Gerät, Siemens AG; 365 Siemens AG; 367 John Fox Images; 369 Siemens AG; 371 Apple; 373 AIDS Mikroskopaufnahme einer Riesenzelle, Bayer AG; 375 Raumstation MIR über dem Pazifik, Getty Images; 377 Explodierendes Gas-Globul, Getty Images; 379 Hubble-Teleskop, Getty Images; 381 Werkzeug, Ötzi Dorf Umhausen; 383 Twinbooks, München; 385 Silvestris Verlags- und Vertriebs-GmbH ; 386 NASA, R. B. Husar, Washington University ; 387 Raumstation über dem Pazifik, Getty Images; 389 Galileo Sonde im Weltall, Getty Images; 391 Twinbooks, München; 393 Labor, Max-Planck-Gesellschaft; 394l Marie Curie, Twinbooks, München; 394r Albert Einstein, Twinbooks, München; 395l Atombombenexplosion (1945), Digital Stock; 395r Stockbyte

Bibliographische Information Der Deutschen Bibliothek
Die Deutsche Bibliothek verzeichnet diese Publikation in der Deutschen Nationalbibliographie; detaillierte bibliographische Daten sind im Internet über http://dnb.ddb.de abrufbar.

Konzept und Realisation: Twin Books, München
Texte: Karl-Heinz Asenbaum, Dr. Thomas Barth, Andreas Faber, Claudia Fink, Dr. Bernhard Fritscher, Katharina Geiger, Esther Grau, Axel Hilterhaus, Dr. Christa Kordt, Birgit Kremser, Sandra Papadopoulos, Christa Pöppelmann, Dr. Andrea Rottloff, Annerose Sieck, Anja Voss
Redaktion: Sonya Mayer, Christina Fröhlich, Dr. Thomas Rosky
Bildredaktion: Thomas Martin, Claudia Sandtner, Christiane Fritsche
Layout: H3A GmbH, München
Druck und buchbinderische Verarbeitung: Stalling GmbH, Oldenburg

ISBN 3-8320-8764-8

Printed in Germany

DUMONTS CHRONIK DER

Erfindungen & Entdeckungen

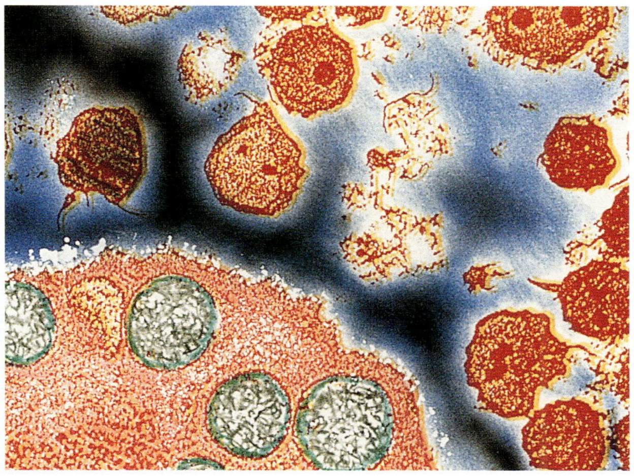

1
f
f

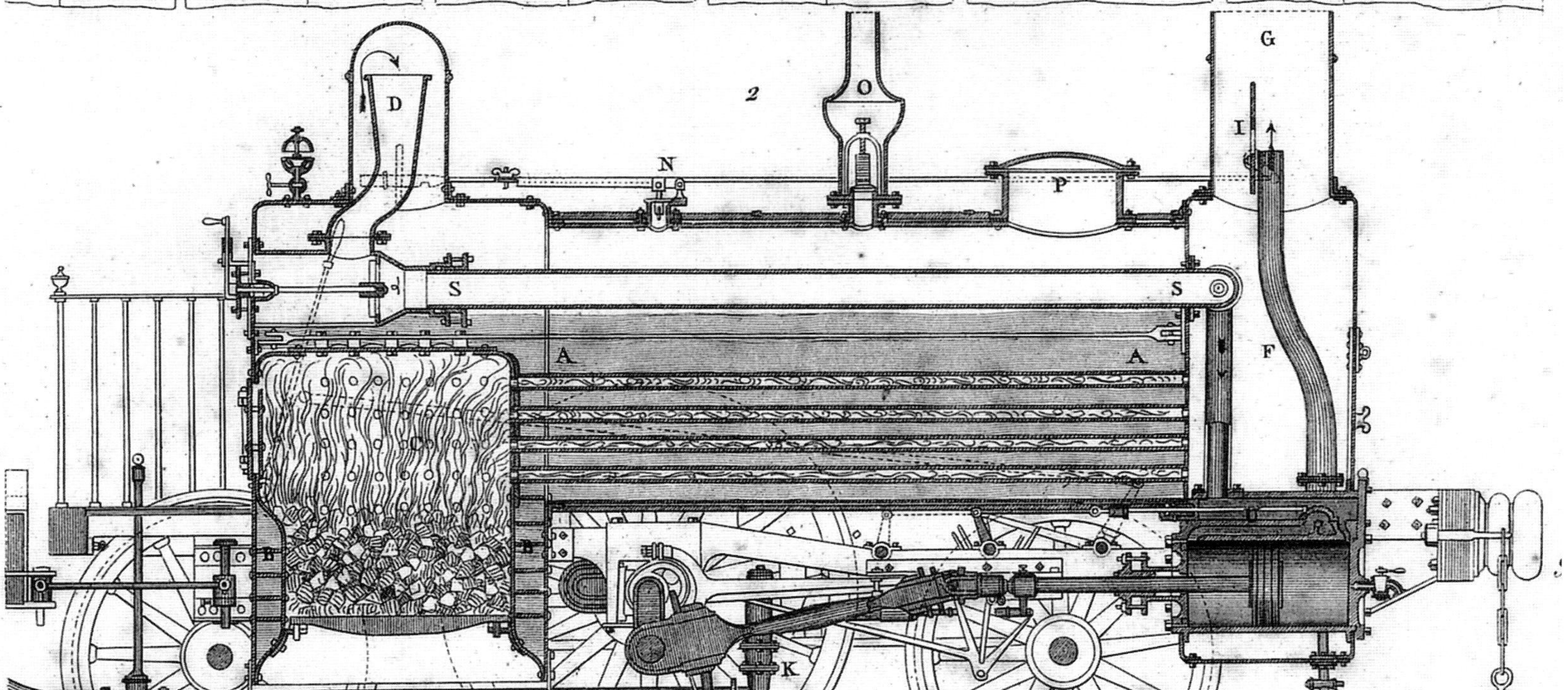
2
G
D
O
I
N
P
S
S
A
A
F
B
B
K

DUMONTS CHRONIK DER

Erfindungen & Entdeckungen

Herausgegeben von
Dr. Jörg Meidenbauer

DUMONT
monte

Inhalt

Vorwort

Sternstunden der Wissenschaft

Schon immer bildet die Chronologie die Leitlinie jeder Geschichtsschreibung, und es ist Aufgabe und zugleich Herausforderung, aus dem Meer von Fakten eine erzählende Darstellung der naturwissenschaftlichen Evolution des Menschen und seines Menschseins zu formen.

Darüber, wie sich die Geschichte der Naturwissenschaften abgespielt hat und welche Rolle den einzelnen Erfindungen und Entdeckungen hierbei zukommt, gehen die Meinungen ebenso auseinander wie darüber, was eine Chronik dieser Ereignisse enthalten sollte. Geschichtsschreibung bedeutet stets eine Auswahl zu treffen, das gilt auch für das vorliegende Werk. Es kann also bestenfalls ein Versuch sein, die wichtigsten Elemente der vergangenen Entwicklungen und Prozesse festzuhalten, ihre Wirkung aufzuzeigen und Ausblicke in kommende Vorstellungen zu geben.

Dem Patentamtsangestellten Albert Einstein genügten theoretische Denkspiele und etwas höhere Mathematik, um die Sicht auf die Welt ähnlich nachhaltig zu revolutionieren wie damals, als Astronomen wie Galileo Galilei unter Gefährdung ihres Lebens nachwiesen, dass die Erde eine Kugel sei, die sich um die Sonne drehe. Erst nach und nach wurden Einsteins Theorien im Labor verifiziert, unter anderem durch Werner Heisenberg, der eher zufällig den »Quantensprung« entdeckte. Umgangssprachlich Sinnbild eines gewaltigen Schritts in einer Entwicklung, doch in Realität das Springen atomarer Teilchen, ein Vorgang von solcher Winzigkeit, dass er nur durch hochfeine Messmethoden überhaupt nachweisbar wurde. Doch war diese Erkenntnis die Voraussetzung für die Entfesselung der Kräfte der Nuklearenergie, der ungeheuersten und zerstörerischsten Energien in der Geschichte der Menschheit.

So ist die Geschichte der Wissenschaft keine zufällige Folge von unabhängigen Ereignissen. Jede gefundene Antwort auf die Rätsel der Welt wirft zwangsläufig neue Fragen auf. Das Fragenstellen und die Suche nach Antworten ist Teil der menschlichen Sehnsucht nach Reflektion über sich selbst und seine Umgebung. Der erste Spaziergang eines Menschen auf dem Mond war der vorläufig wichtigste Markstein auf dem Weg über die eigene, räumliche Begrenztheit hinaus. Aber sicher nicht der letzte. Viele, oft wenig beachtete Entdeckungen und Erfindungen haben unseren Alltag aber radikaler verändert, als so manche anfangs hochgepriesene wissenschaftliche Errungenschaft. Ohne Autos, Telefone, Fernsehgeräte und Computer, in denen so viel an menschlicher Kreativität, beharrlichem Forscherdrang und begeistertem Erfindergeist steckt, ist das tägliche Leben der Industrienationen nicht mehr vorstellbar. Selbst das Buch, eine oft schon totgesagtes Medium ist heute immer noch eine der wichtigsten Informationsquellen- und Wissensquellen unserer Zeit. Als handgeschriebenes Einzelstück, wie im Mittelalter, wäre es unerschwinglich. Als Produkt einer Manufaktur nach Art der Gutenberg'schen Druckerwerkstatt war es einer gebildeten Elite zugänglich, die lesen konnte. Erst unsere moderne »Wissensgesellschaft« stellt Bücher zur allgemeinen Verfügung und ermöglicht es dank der bisherigen Sternstunden der Wissenschaft, etwas von der Jahrtausende alten Kontinuität des Forschens und Entwickelns zu begreifen und sich von einer Fülle interessanter Fakten und faszinierender Geschichten begeistern und mitreißen zu lassen.

Am Anfang war das Feuer

China

Am Anfang der menschlichen Zivilisation war das Feuer: Fackeln erleuchteten die Dunkelheit und wärmten in kalten Zeiten. Fleisch und andere Nahrungsmittel wurden über den Flammen gegart. Der Umgang mit dem Feuer ist eine der herausragenden Leistungen des Homo sapiens.

500000 v. Chr.

UM 500000 V. CHR.

- Vor etwa 2,5 Millionen Jahren beginnt der Homo habilis, einfache Werkzeuge herzustellen.
- Vor 1,7 Millionen Jahren beginnt der Mensch, aufrecht zu gehen. Die frühesten Funde des Homo erectus stammen aus Afrika.
- Vor 1,5 Millionen Jahren erreicht der Homo erectus auch Europa. Verschiedene Werkzeugfunde aus Frankreich lassen diesen Schluss zu.
- Der älteste Fund des Homo erectus in Asien stammt aus Indonesien.

Waldbrände, Gewitter, Blitzeinschläge oder Wasserfluten richten seit der Urzeit immer wieder verheerende Schäden an – und überließen die Menschen dem meist vergeblichen Versuch, diese Naturgewalten unter Kontrolle zu bringen. Das Feuer zu »domestizieren« und für seine Zwecke einzusetzen gelang dem Menschen aber schon recht früh in der Entwicklungsgeschichte. Er lernte, selbst ein Feuer zu entzünden und es zu erhalten. Zunächst brauchte er die Flammen, um seine existenziellen Bedürfnisse zu sichern: sich vor wilden Tieren zu schützen und seine Nahrung zuzubereiten. Später stellte er mithilfe des Feuers Gebrauchs- oder Luxusgegenstände her: Keramikgefäße aus gebrannter Erde, Werkzeuge, Waffen oder Schmuck aus geschmolzenem Metall.

Schon um 1 500 000 bis 1 400 000 v. Chr. nutzten die Vorfahren des Menschen in Afrika bei Buschbränden zufällig auftretendes Feuer. Im Frühpleistozän (730 000–200 000 v. Chr.) suchten die Urmenschen ebenfalls schon natürliches Feuer, ohne jedoch eigene Feuerstellen anzulegen: Durchglühte Steine oder Holzstücke aus dieser Zeit lassen diesen Schluss zu. Um 500 000 v. Chr. gebrauchten dann die Hominiden der Gattung Homo erectus in China das Feuer. Gegen Ende des Mittelpleistozäns (200 000–60 000 v. Chr.) gelang der erste entscheidende Fortschritt: Nun bauten die Menschen erstmals eigene Feuerstellen, um ihre Nahrung zu garen.

Das Feuer änderte das Leben der urgeschichtlichen Menschen enorm – es bedeutete Schutz, Wärme und Nahrung. Mit Feuer tauten sie beispielsweise gefrorene Tierkadaver aus den Vorratskammern auf. Als sie von der nomadischen zur sesshaften Existenz übergingen, kamen neue Einsatzbereiche hinzu: Die Brandrodung des Landes für den Ackerbau oder das »Abfeuern« von Brandpfeilen im Kriegsfall. So musste das Feuer immer sorgfältig gehütet werden. Erlosch es, gereichte das der ganzen Siedlung zum Schaden.

Noch während die Menschen in Höhlen wohnten, sahen sie in den Flammen auch magische oder religiöse Kräfte. Feuer galt als lebendiges Wesen, das durch (Brand-)Opfer besänftigt werden musste. Erst spätere Kulturen gaben ihren »Feuergöttern« Namen: Girru, Hephaistos oder Prometheus. Wer die heiligen Feuer hütete, hatte eine ehrenvolle Aufgabe. Die Römer der Antike verehrten Vesta als Patronin des Herdfeuers. Am Tag ihres Festes besuchten die Frauen den Tempel der Göttin auf dem Forum. Das ewig brennende Feuer im Inneren des Heiligtums unterhielten die »Vestalinnen« – Jungfrauen, die mit dem Tod bestraft wurden, wenn sie unkeusch waren.

Auch wenn wir das Feuer vermeintlich gezähmt haben – ganz lässt sich die Natur das Heft nicht aus der Hand nehmen. Die Umweltverschmutzung begünstigte klimatische Veränderungen – das Wetter wird heißer und regenärmer. Das führt in vielen Teilen der Welt immer wieder zu großen Waldbränden. Die Bewohner des Südwestens der USA zum Beispiel kämpfen regelmäßig gegen verheerende Flammenmeere an, die rasend schnell ganze Landstriche in Schutt und Asche legen.

Feuer spendet Licht und Wärme; durch seine Kraft hat sich die Menschheit weiterentwickelt. Aber auch, wenn wir ihre Gewalten vermeintlich gezähmt haben – ganz lässt sich die Natur das Heft nicht aus der Hand nehmen.

30000 v. Chr.

UM 30000 V. CHR.

- Vor 100 000 Jahren entsteht der Homo sapiens in Afrika.
- Vor 40 000 Jahren verdrängt der Homo sapiens den Neandertaler in Europa. Er fertigt Stein-, Knochen- sowie Horngeräte und jagt mit der Speerschleuder.
- Die altsteinzeitlichen Höhlenmalereien von Lascaux und Chauvet in Frankreich sind etwa 40 000 Jahre alt. Sie zeigen Menschen und Tiere.

Zahlen - Die Beute auf dem Kerbholz

Kulturen der Frühgeschichte

Das Zählen war schon in der Frühzeit eine dringende Notwendigkeit im Alltag der Menschen. Um sich in ihrer Umwelt zu orientieren und um ihre Vorratshaltung planbar zu machen, erfanden sie ein Zeichensystem, das klar beschrieb, wie viele Einwohner beispielsweise ein Dorf hatte oder wie viele Tiere schon erlegt waren.

Dem Ursprung des Wortes nach (althochdeutsch *zala*) sind Zahlen »Einschnitte im Kerbholz«. Die ersten »natürlichen« Zahlen, die den Ausgangspunkt für die »ganzen« Zahlen 1, 2, 3 ... bildeten, dienten praktischen Zwecken: Die steinzeitlichen Jäger ritzten ab etwa 30 000 v. Chr. für jedes erlegte Tier eine Kerbe in Knochen oder Holz, um den Überblick über ihre Beute zu behalten. Ein etwa 20 000 Jahre alter Wolfsknochen aus Dolní Věstonice im heutigen Mähren weist beispielsweise 55 Kerben in zwei Reihen von Fünfergruppen auf.

Eine solche Zählweise in Fünferschritten deutet bereits auf das zugrunde liegende System: Das Zählen mithilfe der eigenen Körperteile, vorzugsweise der Finger. Unser heutiges Dezimalsystem stammt vermutlich von dieser archaischen Zählweise her. Zog man auch die Zehen hinzu, basierte das Verfahren auf der 20. Dieses wendeten schon die alten Ägypter, Griechen und Perser an. Gerade aus Ägypten gibt es zahlreiche Darstellungen von Personen, die auf dem Markt zählen oder um Ware feilschen. Die Römer drückten bestimmte Zahlen auch durch verschiedene Fingerbewegungen aus. Als Entdecker der Zahl »0« gelten die Sumerer und Babylonier. Die Grundlage ihres Zahlensystems, die Zahl 60, war der Ursprung unserer Einteilung der Minuten und Sekunden sowie der Einteilung des Kreises in 360 Grad.

Eng mit der Entwicklung der Zahlen verknüpft ist die der Schrift. Schließlich mussten die Menschen dokumentieren, was sie denn zählten – Pferde, Sklaven, Äpfel oder Münzen. Dies geschah durch Bilderschrift oder auch durch abstrakte Beischriften.

Eine Voraussetzung für die Entwicklung komplexer Zahlensysteme war die Benennung von Grundzahlen, die weitere Zahlen definieren: Fünf und Zehn sind Fünfzehn, Acht und Hundert sind 800 und so fort. Gleichzeitig brauchte man so nicht unendlich viele Begriffe für die Zahlen, sondern kombinierte stets die gleichen zu neuen Bezeichnungen.

Mit den Zahlensystemen entwickelte sich gleichzeitig eine Zahlenmystik, die in enger Verbindung mit dem Orakelwesen stand – wir kennen heute noch die angeblich magische Eigenschaft bestimmter Zahlen. Dieser Aberglaube hielt sich während der gesamten Antike und war vor allem in Byzanz sehr weit verbreitet. Mithilfe der Zahlenmystik versuchten die Menschen beispielsweise, das Geschlecht eines ungeborenen Kindes oder die eigene Todesstunde zu berechnen. Sie brachten Zahlen auch mit astronomischen Phänomenen in Verbindung, insbesondere die Zahlen 30, 12 und besonders die 7 hatten eine große kosmische Bedeutung.

Die heute gängigen arabischen Zahlen stammten ursprünglich aus Indien. Die bedeutendsten Unterschiede zu einfacheren Zahlensystemen ist die Verwendung der Null als Zahl und der positionsabhängige Zahlwert der Ziffern.

Schon in der Steinzeit stellten die Menschen ihre Jagdbeute dar – hier ein Ausschnitt der Felsmalerei von Lascaux. Um den Überblick zu behalten, erfanden die Jäger ein Zahlensystem.

Pfeil und Bogen – Hilfe für Jagd und Krieg

Jäger des Paläolithikums

Pfeil und Bogen gehörten zu den wichtigsten Fernwaffen, die erst mit Erfindung der Feuerwaffen ausstarben. Mit Pfeil und Bogen bestritten die Menschen lange den Kampf ums Überleben – auf der Jagd oder im Krieg.

30000 v. Chr.

UM 30000 V. CHR.

- Ab der Jungsteinzeit bestatten die Menschen ihre Toten – oder bei Kopfbestattungen nur deren Köpfe – mit kunstvollen Grabbeigaben.
- Die Jäger der Jungsteinzeit stellen Mammuts, Pferden, Rentieren, Wisents und Bären nach.
- Um 25 000 v. Chr.: Die Cro-Magnon-Menschen verwenden Nadeln aus Tierknochen, um ihre Kleidung zu nähen.

△ **Schon sehr früh gab es im alten Ägypten einfache Bogen, die nicht nur im Kampf, sondern auch der Jagd dienten.**

Etwa ab dem Paläolithikum (30 000–20 000 v. Chr.) gingen die Jäger und Krieger dazu über, einen Speer nicht mehr nur im Nahkampf einzusetzen oder zu werfen. Durch einen gespannten Bogen erhielt ein kleiner Speer – ein Pfeil – wesentlich mehr Geschwindigkeit und Durchschlagskraft. Wildtiere oder Feinde konnten die Männer so auch über eine größere Entfernung hinweg treffen. Pfeil und Bogen verwendeten besonders die Jäger ab dem Mesolithikum zur Jagd auf Rot- und Rehwild sowie Wildschweine. Mit so genannten Mikrolithen (winzige Gesteinsteile) oder Stacheln von Pflanzen »schärften« sie die Spitzen der Pfeile zusätzlich.

In der Regel bestanden die Bogen aus Ulmenholz und waren zwischen 1,50 und 1,90 Meter lang. Zwar sind die Waffen heute kaum mehr erhalten – da sie aus Holz gefertigt waren, verrotteten sie mit der Zeit – doch gibt es indirekte Zeugnisse ihrer Verwendung: Armschutzplatten aus Stein zeugen heute noch vom Gebrauch des Bogens: Die langrechteckigen, abgerundeten Panzer dienten dazu, den Bogenarm vor der Wucht der zurückschnellenden Sehne zu schützen. Höhlenmalereien in Spanien und Südfrankreich stellen zudem die Jagd mit Pfeil und Bogen dar.

In Ägypten gab es einfache Bogen schon früh. Bereits dem Grab Tutenchamuns (um 1325 v. Chr.) waren ein verzierter Kompositbogen, ein Bogenfutteral und ein lederner Armschutz beigegeben. Die Verbindung mehrerer Lagen verleimten Holzes oder Horns durch einen gelatineartigen Überzug (Kompositttechnik) gewährte eine höhere Flexibilität des Bogens. Die Darstellung eines Holzkastens im Grab zeigt, wie der jugendliche Pharao auf Fische zielt.

Sowohl den Griechen als auch den Assyrern galten Pfeil und Bogen als »Königswaffe«. Die Amazonen griffen im Kampf ebenfalls oft zu Pfeil und Bogen, wie Darstellungen auf griechischen Vasen, aber auch Bodenfunde in Amazonengräbern beweisen. In hellenistischer Zeit waren Bogentruppen ein wichtiger Teil der leicht bewaffneten Truppen, die häufig aus skythischen oder kretischen Söldnern bestanden.

Im alten Rom existierten die Sagittarii (lateinisch *sagitta* = Pfeil) – aus Söldnern bestehende Bogenschützeneinheiten, Pfeil und Bogen kamen bei den Römern aber eher selten zum Einsatz. Nachweisbar sind sie ab dem Zweiten Punischen Krieg. Wirkliche Bedeutung erlangten sie dann ab dem 3. Jahrhundert n. Chr., als spezielle Einheiten aus dem syrisch-persischen Raum sich einen besonderen Ruf als Bogenschützen erwarben. Zu dieser Zeit gab es die größte Variationsbreite an Pfeilspitzen (blattförmige, dreiflügelige, vierkantige etc.).

Im frühen Mittelalter waren Pfeil und Bogen die typischen Waffen der Reiternomaden, aber auch des byzantinischen Heeres, in dem die Sagittarii und Panzerreiter, die Cataphractarii, eine taktische Einheit bildeten. Das hohe Mittelalter erlebte eine Renaissance des Bogenschießens durch den englischen Langbogen, wie ihn der legendäre Robin Hood verwendete.

Seit der Mittelsteinzeit wurden Pfeil und Bogen zur Jagd verwendet. Winzige Gesteinsteile oder Pflanzenstachel schärften die Spitzen der Pfeile.

Die Lampe - Licht ins Dunkel

Kulturen der Jungsteinzeit

Bis zur Erfindung des elektrischen Lichts mussten sich die Menschen, wollten sie die Nacht erleuchten, mit Feuer, Öl oder Petroleum aushelfen. Das Licht der Lampen erhellte dunkle Behausungen und »verlängerte« den Tag. Auch im kultischen Bereich spielte es eine große Rolle.

2000 v. Chr.

UM 20000 V. CHR.

- Ab 10 000 v. Chr.: Steinzeitmenschen verwenden einfache Kalender: Sie ritzen die Mondphasen auf Knochen.
- Um 10 000 v. Chr.: Die Bewohner Jerichos bauen Häuser mit Ziegeln.
- Ab 8000 v. Chr.: Die Menschen der Jungsteinzeit gehen vom Leben als Jäger und Sammler zum Ackerbau über. Im Zuge dessen geben sie das nomadische Leben auf und werden sesshaft.

Die Entwicklung der Lampe ging mit der »Beherrschung« des Feuers einher. Bereits um 75 000 v. Chr. verwendeten Urmenschen brennende Holzscheite als primitive Fackeln. Die so genannten »natürlichen Lampen« des Paläolithikums waren schon etwas ausgefeilter: In natürliche Mulden von Steinen gaben die Menschen Talg oder einen Docht aus Pflanzenfasern und zündeten ihn an. Je nach Größe des Steins konnten sie diese Lichter sogar mit sich tragen.

Um bessere und handlichere Lampen zu erhalten, »halfen« die Menschen der Natur bald nach: Sie schabten die Steine selbst aus. Der weiche Speckstein eignete sich für die Herstellung solcher Lampen besonders. Ab 20 000 v. Chr. setzte sich tierisches Öl oder Tran als Brennstoff durch, der im Gefäß schwimmende Docht bestand weiterhin aus Pflanzenfasern. Diese Steinlampen gaben das Vorbild ab für die einfachste Variante der Schalenlampen aus Ton.

Im alten Ägypten existierten bereits zahlreiche Varianten schalenförmiger Öllampen aus Ton, Stein oder Metall. Daneben gab es luxuriöse Einzelstücke wie beispielsweise die aus einem Alabasterblock herausgearbeitete, dreiflammige Lotosblütenlampe aus dem Grab des Pharaos Tutenchamun (gestorben um 1325 v. Chr.). Einmal angezündet zauberte das durchscheinende Material geheimnisvolle Muster an die Wand. Damit die Flamme nicht rauchte, setzten die Ägypter dem Lampenöl Salz zu.

Im antiken Griechenland waren Fackeln und Kienspäne vor allem zu kultischen Zwecken in Gebrauch. Diese Verwendung lässt sich bis in die Römerzeit verfolgen. Im Alltag traten erstmals die beiden Typen in Erscheinung, welche die Erscheinung der Lampe für viele Jahrhunderte prägten: die offene und die geschlossene Lampe, die verhinderte, dass man das Öl verschüttete. Zur besseren Handhabung besaßen die schalenförmigen Lampen zurechtgekniffene »Schnauzen«, in welche die Dochte eingelegt wurden. Viele Lampen der klassischen Zeit waren mit einem Glanzton überzogen oder mit geometrischen Mustern verziert. Lampen aus Metall stellten oft Tierformen dar. Die hellenistischen und römischen Tonlampen gab es in vielen typologischen Varianten wie Warzenlampen oder Vogelkopflampen.

Um die Leuchtkraft zu verstärken, war hinter der Flamme oft ein Spiegel angebracht, den zahlreiche Bilder schmückten – besonderer Beliebtheit erfreuten sich erotische Motive. Im Mittelmeerraum und den Provinzen entstanden in fast jeder größeren Stadt Werkstätten zur Herstellung von Lampen – ein einträglicher Wirtschaftszweig war entstanden. Neben den einschnäuzigen Lampen gab es auch Sonderformen mit einer Vielzahl an nebeneinander liegenden Schnauzen oder Lampen in Schiffs-, Kopf- oder Tierform. Ein Exemplar aus Pompeji bestand sogar aus reinem Gold. Lampen blieben sowohl im römischen Alltag als auch für Begräbnisse von entscheidender Bedeutung. Die Menschen der Spätantike und der Byzantinischen Zeit benutzten mit Vorliebe in Radleuchtern oder an metallenen Gehängen montierte Glaslampen. Auch Kerzen kamen häufiger zum Einsatz. In der Folge ging die Tonlampenproduktion in vielen Provinzen zurück oder verschwand ganz.

Die ersten Schalenlampen waren ausgesprochen einfach und aus Ton. Im alten Ägypten gab es bereits zahlreiche Varianten; das rechts abgebildete Exemplar beispielsweise ist über einen Meter hoch.

Bewässerungsfeldbau - Blühende Felder in der Trockenzeit

Mesopotamien

6000 v. Chr.

UM 6000 V. CHR.

- Ab 7000 v. Chr.: Die Ägypter und Mesopotamier brennen Keramik.
- Ab dem 6. Jahrtausend v. Chr.: Die Menschen verwenden Eisen aus Meteoriten, das sie sammeln, erhitzen und dann bearbeiten.
- Ab 6000 v. Chr.: Die Menschen in Vorderasien bauen Flöße aus Baumstämmen.

Der »Fruchtbare Halbmond«, ein bogenförmiger Landstreifen von Kleinasien über Syrien und Palästina bis zu den Mündungen von Euphrat, Tigris und Nil, gilt als Wiege der Zivilisation. Jedoch konnten nur ausgeklügelte Bewässerungstechniken das Land so fruchtbar machen, dass hier die ersten großen Hochkulturen der Menschheit entstanden.

In Mesopotamien, dem Zweistromland, waren Ackerbau und Viehzucht die Grundlagen des menschlichen Lebens. Felder und Pflanzen, Tiere und Menschen aber brauchten Wasser. Die Wasserversorgung hing wiederum von den natürlichen Bedingungen der besiedelten Landschaft ab. Generell sind in Gebirgsregionen größere Wasservorkommen zu finden, weil die Regenwolken an den Bergen »hängen bleiben« und abregnen. In den Ebenen herrscht dagegen Trockenheit, vor allem wenn es nur wenige Flüsse gibt. In unmittelbarer Nähe der Flüsse hat die Landwirtschaft aber auch gegen feuchte Sumpflandschaften und regelmäßige Überschwemmungen zu kämpfen.

△ Schon seit alters her versuchte man in Ägypten das Wasser des Nils durch Staudämme und Kanäle ganzjährig für die Landwirtschaft zu nutzen.

In weiten Teilen des Zweistromlandes regnete es in der Tat zu wenig, sodass die Landwirtschaft die Bevölkerung nicht ernähren konnte. Die Menschen passten sich dieser Situation aber an: Zum einen lernten sie, solche Pflanzen anzubauen und zu nutzen, die wenig Wasser brauchen, zum anderen verwendeten sie das Wasser der Flüsse für ihre Zwecke. Die Bauern legten die Felder in der Nähe der Wasserläufe an und entwickelten für diesen Boden geeignete Pflugtypen. Beim Bau von Bewässerungsanlagen beschränkten sich die Mesopotamier der Frühzeit darauf, Gräben auszuheben. Durch Zuschütten und Wiederausheben des Grabens regulierten sie den Wasserzulauf. Als die Erde mit der Zeit zunehmend versandete und das Wasser immer schneller versickerte, errichteten die Arbeiter gemauerte oder mit Steinplatten ausgelegte Kanäle. Um das wertvolle Nass zu gewinnen und zu speichern, legten sie auch Staudämme, Aquädukte, Brunnen und Zisternen an. Im Laufe der Jahre mussten die Böden jedoch nicht nur be-, sondern auch entwässert werden, da sie sonst versalzten.

Um das System der Bewässerungskanäle zu erhalten, beschäftigten die Mesopotamier einen großen Verwaltungsapparat und viele Arbeiter. Um die Felder zu bewässern, brauchten sie vor allem eine straffe Organisation und eine große Zahl von Helfern. Die Wasserversorgung stellte die sozialen Beziehungen zwischen den Dörfern allerdings auf eine harte Probe: Der Streit um das wertvolle Gut endete nicht selten im Krieg.

Dennoch überwogen die Vorteile solche negativen Begleiterscheinungen: Die verschiedenen Techniken der Wasserverteilung ermöglichten es den Mesopotamiern, Ertragsüberschüsse zu erwirtschaften, bis schließlich die frühen Hochkulturen im Zweistromland und in Ägypten entstanden.

Das Entstehen der frühen Hochkulturen hing auch mit der Erfindung von Bewässerungssystemen zusammen. Vielerorts änderten sie sich bis in die Neuzeit hinein kaum, wie hier in Ägypten.

Webstuhl – Der Wegbereiter der Mode

Kulturen der Jungsteinzeit

5000 v. Chr.

UM 5000 V. CHR.

- Ab 5000 v. Chr.: Die Menschen nutzen die schiefe Ebene und die Hebelwirkung.
- Um 5000 v. Chr.: Die Menschen auf dem indischen Subkontinent beginnen, Reis anzubauen.
- Ab 4500 v. Chr.: Die Mesopotamier verwenden den Pflug.

Gewebte Kleidung bietet den Menschen ganz neue Möglichkeiten, sich anzuziehen und in ihrem sozialen Status darzustellen. Nun ging es nicht mehr nur darum, sich vor Kälte, Sonne und Regen zu schützen: Die Mode wurde zu einem bestimmenden Element menschlichen Lebens.

Jahrtausendelang fertigten die Menschen ihre Kleidung aus Tierfellen oder Leder. Doch diese war vergleichsweise unpraktisch und schwer. Die Vorteile von Fasern pflanzlicher oder tierischer Herkunft wie Baumwolle oder Wolle drangen mit der Zeit in das Bewusstsein der Menschen. Also lernten sie im Laufe der Jahre, daraus leichte, haltbare und gut zu färbende Kleidungsstücke herzustellen.

Die Entwicklung der Textilherstellung ist eng verknüpft mit dem Sesshaftwerden der Menschen im Neolithikum. Primitive Webstühle lassen sich in allen jungsteinzeitlichen Kulturen nachweisen. Die frühen Bauern bauten als Rohstoffe für Textilien Pflanzen wie Flachs und Baumwolle an und züchteten Schafe und Ziegen. Die Chinesen hielten sich sogar Seidenraupen. Stoffe webte jede Familie aber nur für den eigenen Bedarf – das war einzig und allein Arbeit der Frauen und Kinder.

△ Dieser Webstuhl aus Kreta wurde noch im 20. Jahrhundert verwendet. Er zeigt, dass das technische Prinzip von den einfachen Anfängen bis zur Industrialisierung unverändert blieb.

Eine kommerzielle Herstellung von Gewändern kannte man erst ab der Römerzeit und dem Mittelalter. Hier kamen erst vorindustrielle Produktionsmethoden und Berufsorganisationen (Gilden) auf.

Der älteste Typ in der langen Entwicklungsreihe der Webstühle ist der Gewichtswebstuhl. Der Weber befestigte die Kettfäden (die Fäden in Längsrichtung) an einem horizontal verlaufenden Holzbalken, dem Kettbaum. Um die Kettfäden möglichst straff zu ziehen, spannte sie der Weber mithilfe von Webgewichten aus Ton oder Stein. Zum Fertigen einer Stoffbahn benötigte er außerdem eine Vorrichtung, welche die Kettfäden nach Bedarf in die so genannten »Fächer« aufteilte: Bei der Leinwandbindung, der einfachsten Bindungsart, wurde abwechselnd jeder zweite Kettfaden angehoben, der Schussfaden in dieses Fach eingebracht und am bereits fertigen Gewebe festgeklopft. Im nächsten Arbeitsgang hob man dann die zuvor in der Grundstellung belassenen Kettfäden an und verfuhr ebenso. Zum Einschießen der Fäden in das Fach verwendete man die Hände, bei breiteren Fäden benutzte man Webschiffchen aus Holz oder Knochen, an denen der Faden befestigt wurde. Der früheste Nachweis eines solchen Webschiffchens stammt aus der neolithischen Hemudukultur in China. Dieses dürfte wohl zur Herstellung von Seidengeweben gedient haben.

Der Webstuhl gilt als eine der wichtigsten und folgenreichsten Erfindungen der Menschheit, auf gleicher Stufe wie das Rad, die Töpferscheibe oder die Metallverarbeitung. Seine Entwicklung führt schrittweise vom primitiven Gewichtswebstuhl bis in die riesigen Maschinenhallen der neuzeitlichen Textilzentren.

Schon im alten Rom war eine der wichtigsten Erfindungen der Menschheit im Gebrauch: der Webstuhl.

Astronomie - Der Blick in die Sterne

Mesopotamien, Ägypten, China, Griechenland

4000 v. Chr.

UM 4000 V. CHR.

- 5000 v. Chr.: In China beginnt der Reisanbau auf Nassfeldern.
- Um 5000 v. Chr.: In Palästina am Berg Sinai entstehen erste Kupferbergwerke.
- Ab 4000 v. Chr.: Die Ägypter und Sumerer beginnen mit der Verhüttung von Kupfer.

Der Sternenhimmel faszinierte schon die Menschen in vorgeschichtlicher Zeit. Meist aus religiösen Gründen wollten sie mehr über das Weltall wissen. Doch auch rein wirtschaftliche Interessen standen hinter ihrer Neugier: In Kalendern erfasste Zyklen der Natur machten nämlich die Landwirtschaft planbar. In der Sternenkunde widmeten sie sich also der Erforschung dieses unendlichen Raumes und dem Gang seiner Gestirne.

Auch wenn frühe Kulturen noch nicht über die uns heute zur Verfügung stehenden Mittel verfügten – allein aus der systematischen Beobachtung von Sonne, Mond und den Sternen ergaben sich schon damals wichtige Rückschlüsse auf gewisse Gesetzmäßigkeiten. Die Bestimmung der Himmelsrichtungen diente dabei in erster Linie kultischen Handlungen wie der Ausrichtung von Gräbern. Ein Monument der Jungsteinzeit, die Steinkreise von Stonehenge in England, zeugt noch heute von den bemerkenswerten astronomischen Kenntnissen seiner Erbauer: Zwei Steine der Anlage sind so ausgerichtet, dass sich an ihrer Achse exakt der Aufgangspunkt der Sonne zur Sommersonnwende beobachten lässt. Möglicherweise dienten an der Stellung der Steine vorgenommene Berechnungen auch zur Vorhersage von Sonnen- und Mondfinsternissen.

Um 5000 v. Chr. benötigten die Menschen mit der Einführung von Ackerbau und Viehzucht einen Plan der Jahreszeiten. Die Bauern mussten schließlich wissen, wann es Zeit zum Säen, Ernten und für andere Tätigkeiten war. Da der Mond eher als die Sonne durch raschen Lauf und veränderliche Gestalt auffiel, nahmen nicht nur die mesopotamischen Völker ihn zum Ausgangspunkt eines Kalenders. Sie teilten das Jahr in zwölf Monate mit jeweils 29 oder 30 Tagen ein. Um 4000 v. Chr. beobachteten sie bereits jahreszeitliche Veränderungen der Sternkonstellationen am Nachthimmel und gaben einigen davon Tiernamen. Die Beziehung der Sternbilder wie Stier, Löwe und Skorpion zu irdischen Ereignissen deutete die Astrologie.

Einen am Sonnenlauf orientierten Kalender verwendeten dann zu Beginn des 3. Jahrtausends v. Chr. die Ägypter, in deren Religion die Sonne eine zentrale Rolle spielte. Sie beobachteten auch die »heliakischen Aufgänge« von Sternen, den Zeitpunkt, an dem ein Stern und die Sonne gemeinsam am Himmel aufgehen. Den heliakischen Aufgang des Sirius feierten sie besonders, da er in etwa mit der Nilflut zusammenfiel, die das dringend benötigte Wasser brachte. Außerdem bauten die Ägypter Pyramiden nach astronomischen Gesichtspunkten: Die Seiten der um 2520 v. Chr. erbauten Cheopspyramide richten sich nach den vier Himmelsrichtungen, ihre Lüftungsschächte nach bestimmten Sternen und Sternbildern. Über einen sowohl auf dem Sonnenjahr wie auf den Mondphasen basierenden Kalender verfügten im 5. Jahrhundert v. Chr. die Chinesen, deren astronomische Aufzeichnungen bis in die Zeit der Shang-Dynastie, also bis etwa 1500 v. Chr. zurückreichen.

Seit 600 v. Chr. erforschten griechische Gelehrte Sternphänomene wie die Kugelgestalt der Erde, die Entfernung von Sonne und Mond oder den Erdumfang. Nach dem Niedergang der griechischen Wissenschaft erlebte die Astronomie im Abendland erst nach 1300 eine neue Blüte.

△ Mit bildlichen Darstellungen versuchte man Sternenkonstellationen zu veranschaulichen.

Faszination und Geheimnis des Sternenhimmels – Astrologen deuten seit den Anfängen der Astronomie die Sternkonstellationen.